测度论基础与高等概率论学习指导

下册

袁德美　王学军　编著

科学出版社

北　京

内 容 简 介

第 13—25 章是《测度论基础与高等概率论学习指导》下册, 主体内容是高等概率论的基本理论, 其中第 19—25 章又归属于概率论极限理论.

作为学习指导用书, 本书与作者编著的《测度论基础与高等概率论》教材配套, 目的是部分地解决初学者学习“高等概率论”和“概率论极限理论”等课程的过程中在做题环节常常无从下手、方向感差、不知论证是否严谨, 解答是否完整等问题.

与教材体系一样, 本书仍然以节为单元, 每节都包含两个板块: 一是内容提要, 起提纲挈领作用; 二是全部习题的完整解答及部分习题解答完毕后的评注, 评注的目的是让初学者学会举一反三、打开思维, 或架起与相关知识的桥梁.

本书可作为概率论与数理统计、统计学、金融数学 (工程)、基础数学、计算数学、运筹学、计量经济学等专业研究生学习“高等概率论”和“概率论极限理论”等课程时的辅助用书, 也可作为相关领域科研工作者的参考书.

图书在版编目(CIP)数据

测度论基础与高等概率论学习指导: 全 2 册/袁德美, 王学军编著. —北京: 科学出版社, 2023.4

ISBN 978-7-03-074270-4

Ⅰ. ①测… Ⅱ. ①袁… ②王… Ⅲ. ①测度论-研究生-教学参考资料 ②概率论-研究生-教学参考资料 Ⅳ. ①O174.12 ②O211

中国版本图书馆 CIP 数据核字(2022) 第 236183 号

责任编辑: 王丽平 贾晓瑞 / 责任校对: 彭珍珍
责任印制: 吴兆东 / 封面设计: 无极书装

科学出版社 出版
北京东黄城根北街 16 号
邮政编码: 100717
http://www.sciencep.com
北京九州迅驰传媒文化有限公司 印刷
科学出版社发行 各地新华书店经销
*
2022 年 4 月第 一 版 开本: 720 × 1000 1/16
2022 年 4 月第一次印刷 印张: 36
字数: 720 000

定价: 168.00 元（全 2 册）
(如有印装质量问题, 我社负责调换)

目　　录

第 13 章　独立性与卷积

独立性概念是概率论区别于测度论的重要标志之一, 它是经典概率论中最富特色的概念, 没有独立性概念就没有经典概率论可言. 在尝试减弱经典概率论成立条件的探索中成就了现代概率论的发展, 经典概率论为现代概率论的研究提供了不少启发和借鉴.

本章恒设 $(\Omega, \mathcal{F}, P)$ 是概率空间, 如果没有特别声明, 本章言及的事件都属于 $\mathcal{F}$, 随机变量都属于 $\mathcal{L}(\Omega, \mathcal{F})$.

13.1　事件或事件类的独立性

13.1.1　内容提要

定义 13.1　(i) 称有限多个事件 $A_1, A_2, \cdots, A_n$ 是**独立的**, 如果对每个子集 $I \subset \{1, 2, \cdots, n\}$ 都有

$$P\left(\bigcap_{i \in I} A_i\right) = \prod_{i \in I} P(A_i); \tag{13.1}$$

(ii) 称一个事件类 $\{A_t, t \in T\}$ 是独立的, 如果其中任意有限多个事件都是独立的.

注记 13.2　独立性是要求非常强的一个概念, 比如 (13.1) 式意味着 $\mathrm{C}_n^2 + \mathrm{C}_n^3 + \cdots + \mathrm{C}_n^n = 2^n - n - 1$ 个概率等式同时成立.

定理 13.3　设 $\{A_t, t \in T\}$ 是一个事件类, 则下列两条等价:

(i) $\{A_t, t \in T\}$ 是独立的;

(ii) $\{B_t, t \in T\}$ 是独立的, 其中 B_t 是 A_t 和 A_t^{c} 中任意一个.

定义 13.4　(i) 称有限多个事件类 $\mathcal{A}_1, \mathcal{A}_2, \cdots, \mathcal{A}_n$ 是独立的, 如果在每个 $\mathcal{A}_i$ 中任取一个成员 A_i, 事件 $A_1, A_2, \cdots, A_n$ 都是独立的;

(ii) 称一族事件类 $\{\mathcal{A}_t, t \in T\}$ 是独立的, 如果其中任意有限多个事件类都是独立的.

定理 13.5 (一族独立 π 类扩张后仍然独立)　若 $\{\mathcal{C}_t, t \in T\}$ 是一族独立事件类, 且诸 $\mathcal{C}_t$ 都是 π 类, 则 $\{\sigma(\mathcal{C}_t), t \in T\}$ 也是一族独立事件类.

13.1.2 习题 13.1 解答与评注

13.1 证明定理 13.3.

证明 “(i)⇒(ii)”. 往证 $P\left(\bigcap\limits_{i=1}^{n} B_i\right)=\prod\limits_{i=1}^{n} P\left(B_i\right)$ 对任意的有限子集 $\{1,2,\cdots,n\}\subset T$ 都成立.

首先假设对任意的 $\{1,2,\cdots,n\}\subset T$, $B_1,B_2,\cdots,B_n$ 中恰有一个等于 A_i^{c}, 不妨设 $B_n=A_n^{\mathrm{c}}$, 那么

$$
\begin{aligned}
P\left(\bigcap_{i=1}^{n} B_i\right) &= P\left(A_1\cdots A_{n-1}A_n^{\mathrm{c}}\right)\\
&= P\left(A_1\cdots A_{n-1}\right)-P\left(A_1\cdots A_{n-1}A_n\right)\\
&= P\left(A_1\right)\cdots P\left(A_{n-1}\right)-P\left(A_1\right)\cdots P\left(A_{n-1}\right)P\left(A_n\right)\\
&= P\left(A_1\right)\cdots P\left(A_{n-1}\right)P\left(A_n^{\mathrm{c}}\right)\\
&= \prod_{i=1}^{n} P\left(B_i\right).
\end{aligned}
$$

接下来假设对任意的 $\{1,2,\cdots,n\}\subset T$, $B_1,B_2,\cdots,B_n$ 中恰有两个等于 A_i^{c}, 不妨设 $B_{n-1}=A_{n-1}^{\mathrm{c}}$, $B_n=A_n^{\mathrm{c}}$, 那么利用已证结论有

$$
\begin{aligned}
P\left(\bigcap_{i=1}^{n} B_i\right) &= P\left(A_1\cdots A_{n-2}A_{n-1}^{\mathrm{c}}A_n^{\mathrm{c}}\right)\\
&= P\left(A_1\cdots A_{n-2}A_n^{\mathrm{c}}\right)-P\left(A_1\cdots A_{n-2}A_{n-1}A_n^{\mathrm{c}}\right)\\
&= P\left(A_1\right)\cdots P\left(A_{n-2}\right)P\left(A_n^{\mathrm{c}}\right)-P\left(A_1\right)\cdots P\left(A_{n-2}\right)P\left(A_{n-1}\right)P\left(A_n^{\mathrm{c}}\right)\\
&= P\left(A_1\right)\cdots P\left(A_{n-2}\right)P\left(A_{n-1}^{\mathrm{c}}\right)P\left(A_n^{\mathrm{c}}\right)\\
&= \prod_{i=1}^{n} P\left(B_i\right).
\end{aligned}
$$

继续上述过程, 最终得到所需结论.

“(ii)⇒(i)”. 交换前面证明过程中 A_t 与 B_t 的角色即可.

13.2 独立重复地抛一枚硬币 (不必要求这枚硬币均匀), 记

$$
A_n=\{\text{第 } n \text{ 次和第 } n+1 \text{ 次都出现正面}\},\quad n\geqslant 1,
$$

则 $P(A_n,\text{i.o.})=1$.

证明 考虑 $A_1,A_3,A_5,\cdots$, 显然这是一个独立的事件序列,

$$\sum_{n=1}^{\infty}P(A_{2n-1})=\sum_{n=1}^{\infty}p^2=\infty,$$

其中 p 表示每次抛硬币出现正面的概率, 所以 $P(A_{2n-1},\ \text{i.o.})=1$. 注意到 $\{A_n,\ \text{i.o.}\}\supset\{A_{2n-1},\text{i.o.}\}$, 故 $P(A_n,\text{i.o.})=1$.

13.3 若事件类 $\mathcal{C}$ 与它自身独立, 则 $\forall A\in\mathcal{C}$, $P(A)$=0 或 1.

证明 $\forall A\in\mathcal{C}$, 由于 $\mathcal{C}$ 与它自身独立, 所以

$$P(A)=P(A\cap A)=P(A)P(A),$$

故 $P(A)=0$ 或 1.

13.4 设 $\{\mathcal{C}_t,t\in T\}$ 是一族独立事件类, $\{S_i,i\in I\}$ 是指标集 T 的一个划分, 对每个 $i\in I$, 令 $\mathcal{D}_i=\sigma\left(\bigcup\limits_{t\in S_i}\mathcal{C}_t\right)$, 则 $\{\mathcal{D}_i,i\in I\}$ 也是一族独立事件类.

证明 对每个 $i\in I$, 用 $\mathcal{P}_i$ 表示 $\bigcup\limits_{t\in S_i}\mathcal{C}_t$ 中集合的有限交全体, 则 $\mathcal{P}_i$ 为 π 类, 且 $\{\mathcal{P}_i,i\in I\}$ 为独立事件类. 再者, 易知 $\mathcal{D}_i=\sigma(\mathcal{P}_i)$, 于是由定理 13.5 知 $\{\mathcal{D}_i,i\in I\}$ 为独立事件类.

【评注】 这里给出本题结论的一个应用: 设 $\{X_n,n\geqslant 1\}$ 是独立 r.v. 序列, 令 $Y_n=X_{2n-1}+X_{2n}$, 则 $\{Y_n,n\geqslant 1\}$ 仍然是独立 r.v. 序列.

13.2 随机变量或随机变量族的独立性

13.2.1 内容提要

定义 13.6 (i) 称有限多个 r.v. $X_1,X_2,\cdots,X_n$ 是独立的, 如果$\sigma(X_1),\sigma(X_2),\cdots,\sigma(X_n)$ 是独立的;

(ii) 称一族 r.v. 是独立的, 如果其中任意有限多个 r.v. 都是独立的.

定理 13.8 (随机变量独立的分布函数判定法) r.v. $X_1,X_2,\cdots,X_n$ 独立的充分必要条件是

$$F_{X_1,X_2,\cdots,X_n}(x_1,x_2,\cdots,x_n)=\prod_{i=1}^{n}F_{X_i}(x_i),\quad x_1,x_2,\cdots,x_n\in\mathbb{R},$$

即联合分布函数等于边缘分布函数的乘积.

定理 13.9 (离散型随机变量独立的判定法)　离散型 r.v. $X_1, X_2, \cdots, X_n$ 独立的充分必要条件是对 $(X_1, X_2, \cdots, X_n)$ 的每个可能取值 $(a_1, a_2, \cdots, a_n)$, 都有

$$P\{X_1 = a_1, X_2 = a_2, \cdots, X_n = a_n\} = \prod_{i=1}^{n} P\{X_i = a_i\},$$

即联合分布列等于边缘分布列的乘积.

定理 13.10 (绝对连续随机变量独立的判定法)　绝对连续 r.v. $X_1, X_2, \cdots, X_n$ 独立的充分必要条件是

$$f_{X_1, X_2, \cdots, X_n}(x_1, x_2, \cdots, x_n) = \prod_{i=1}^{n} f_{X_i}(x_i), \quad x_1, x_2, \cdots, x_n \in \mathbb{R},$$

即联合密度等于边缘密度的乘积.

定理 13.11　r.v. $X_1, X_2, \cdots, X_n$ 独立$\Leftrightarrow$对任意有界可测函数 $f_1, f_2, \cdots, f_n$, 有

$$\mathrm{E}\prod_{i=1}^{n} f_i(X_i) = \prod_{i=1}^{n} \mathrm{E} f_i(X_i).$$

注记 13.12　(i) X, Y 独立 $\Rightarrow \mathrm{E}XY = \mathrm{E}X \cdot \mathrm{E}Y$ (假设一阶矩都存在);

(ii) X, Y 独立 $\Rightarrow X, Y$ 不相关 (假设相关系数存在);

(iii) X, Y 独立 $\Rightarrow \mathrm{Var}(X+Y) = \mathrm{Var}X + \mathrm{Var}Y$ (假设二阶矩都存在).

定义 13.13　(i) 称 r.v. $X_1, X_2, \cdots, X_m$ 与 r.v. $Y_1, Y_2, \cdots, Y_n$ 是独立的, 如果事件类 $\sigma(X_i, 1 \leqslant i \leqslant m)$ 与 $\sigma(Y_j, 1 \leqslant j \leqslant n)$ 是独立的;

(ii) 称两族 r.v. $\{X_t, t \in T\}$ 与 $\{Y_\alpha, \alpha \in \Lambda\}$ 是独立的, 如果分别在 $\{X_t, t \in T\}$ 和 $\{Y_\alpha, \alpha \in \Lambda\}$ 中任取有限多个 r.v. $X_1, X_2, \cdots, X_m$ 和 $Y_1, Y_2, \cdots, Y_n$, $X_1, X_2, \cdots, X_m$ 与 $Y_1, Y_2, \cdots, Y_n$ 都是独立的.

注记 13.14　(i) 若 $X_1, \cdots, X_m, X_{m+1}, \cdots, X_n$ 独立, 则 $X_1, \cdots, X_m$ 与 $X_{m+1}, \cdots, X_n$ 独立;

(ii) 若 $X_1, X_2, \cdots$ 独立, 则对任意固定的 $n \geqslant 1$, $X_1, X_2, \cdots, X_n$ 与 $X_{n+1}, X_{n+2}, \cdots$ 独立.

命题 13.15 (随机向量独立的概率分布判定法)　设 $P \circ \boldsymbol{X}^{-1}$ 和 $P \circ \boldsymbol{Y}^{-1}$ 分别是 R.V. $\boldsymbol{X} = (X_1, X_2, \cdots, X_m)$ 和 R.V. $\boldsymbol{Y} = (Y_1, Y_2, \cdots, Y_n)$ 的概率分布, 则 $\boldsymbol{X}$ 与 $\boldsymbol{Y}$ 独立的充分必要条件是 $P \circ (\boldsymbol{X}, \boldsymbol{Y})^{-1} = (P \circ \boldsymbol{X}^{-1}) \times (P \circ \boldsymbol{Y}^{-1})$, 即联合概率分布等于边缘概率分布的乘积.

定理 13.16　设 $a, b \in \mathbb{R}$, $\{X_n, n \geqslant 1\}$ 和 $\{Y_n, n \geqslant 1\}$ 是两个 r.v. 序列, 若 $X_n + Y_n \stackrel{\text{a.s.}}{\to} a+b$, $Y_n \stackrel{P}{\to} b$, 且对每个 $n \geqslant 1$, $X_1, X_2, \cdots, X_n$ 与 Y_n 独立, 则 $X_n \stackrel{\text{a.s.}}{\to} a$, $Y_n \stackrel{\text{a.s.}}{\to} b$.

命题 13.17 设 $F_1, F_2, \cdots, F_n$ 是任意给定的 d.f., 则存在某个概率空间 $(\Omega, \mathcal{F}, P)$ 上的独立 r.v. $X_1, X_2, \cdots, X_n$, 使得 $X_i \sim F_i(x_i)$, $i = 1, 2, \cdots, n$.

命题 13.18 设 $\{F_n, n \geqslant 1\}$ 是一列任意给定的 d.f., 则存在某个概率空间 $(\Omega, \mathcal{F}, P)$ 上的独立 r.v. 序列 $\{X_n, n \geqslant 1\}$, 使得 $X_n \sim F_n(x_n)$, $n \geqslant 1$.

13.2.2 习题 13.2 解答与评注

13.5 事件 $A_1, A_2, \cdots, A_n$ 是独立的 $\Leftrightarrow$ r.v. $I_{A_1}, I_{A_2}, \cdots, I_{A_n}$ 是独立的.

证明 我们仅证明 $n = 2$ 的情形.

"$\Rightarrow$". 假设 A_1, A_2 是独立的, 那么

$$P\{I_{A_1}=1, I_{A_2}=1\} = P(A_1A_2) = P(A_1)P(A_2) = P\{I_{A_1}=1\}P\{I_{A_2}=1\},$$

$$P\{I_{A_1}=1, I_{A_2}=0\} = P(A_1A_2^c) = P(A_1)P(A_2^c) = P\{I_{A_1}=1\}P\{I_{A_2}=0\},$$

$$P\{I_{A_1}=0, I_{A_2}=1\} = P(A_1^cA_2) = P(A_1^c)P(A_2) = P\{I_{A_1}=0\}P\{I_{A_2}=1\},$$

$$P\{I_{A_1}=0, I_{A_2}=0\} = P(A_1^cA_2^c) = P(A_1^c)P(A_2^c) = P\{I_{A_1}=0\}P\{I_{A_2}=0\},$$

这表明 I_{A_1}, I_{A_2} 是独立的.

"$\Leftarrow$". 假设 I_{A_1}, I_{A_2} 是独立的, 那么

$$P(A_1)P(A_2) = P\{I_{A_1}=1\}P\{I_{A_2}=1\} = P\{I_{A_1}=1, I_{A_2}=1\} = P(A_1A_2),$$

这表明 A_1, A_2 是独立的.

【评注】 本题中的结论可以推广到任意多个事件类.

13.6 设 X, Y 是满足 $P\{XY = c\} = 1$ 的独立 r.v., 其中 $c \neq 0$ 为常数, 则 X, Y 皆退化.

证明 由 $P\{XY = c\} = 1$ 及独立性得

$$0 = \mathrm{Var}XY = \mathrm{E}(XY)^2 - (\mathrm{E}XY)^2 = \mathrm{E}X^2\mathrm{E}Y^2 - (\mathrm{E}X)^2(\mathrm{E}Y)^2. \qquad ①$$

接下来分两种情况讨论.

(a) 若 $\mathrm{E}X = 0$ 或 $\mathrm{E}Y = 0$, 则 ① 式变成

$$\mathrm{E}X^2\mathrm{E}Y^2 = 0,$$

从而 $\mathrm{E}X^2 = 0$ 或 $\mathrm{E}Y^2 = 0$. 不妨假设 $\mathrm{E}X^2 = 0$, 那么 X 退化, 再由 $P\{XY = c\} = 1$ 知 Y 也退化.

(b) 若 $\mathrm{E}X \neq 0$ 且 $\mathrm{E}Y \neq 0$, 谬设 X 非退化, 从而 $\mathrm{Var}X = \mathrm{E}X^2 - (\mathrm{E}X)^2 > 0$, 则由 ① 式必有 $\mathrm{Var}Y = \mathrm{E}Y^2 - (\mathrm{E}Y)^2 < 0$, 这是不可能的, 故 X 退化. 同理 Y 也退化.

13.7[①] 设 X, Y 是独立 r.v..

(1) 若 f 是 $\mathbb{R}$ 上的凸函数, 则 $\mathrm{E}f(X+\mathrm{E}Y) \leqslant \mathrm{E}f(X+Y)$;

(2) 若 $p \geqslant 1$, $B \in \mathcal{B}(\mathbb{R})$, $\mathrm{E}Y = 0$, 则 $\mathrm{E}|X|^p I_B(X) \leqslant \mathrm{E}|X+Y|^p I_B(X)$.

证明 (1) 依次使用积分变换定理 (定理 7.22)、命题 13.15 和 Fubini 定理得

$$\begin{aligned}
\mathrm{E}f(X+Y) &= \int_\Omega f(X+Y)\,\mathrm{d}P = \int_{\mathbb{R}^2} f(x+y)\,\mathrm{d}P\circ(X,Y)^{-1} \\
&= \int_{\mathbb{R}^2} f(x+y)\,\mathrm{d}\left(\left(P\circ X^{-1}\right)\times\left(P\circ Y^{-1}\right)\right) \\
&= \int_{\mathbb{R}} \mathrm{d}P\circ X^{-1}\int_{\mathbb{R}} f(x+y)\,\mathrm{d}P\circ Y^{-1} \\
&= \int_{\mathbb{R}} \mathrm{E}f(x+Y)\,\mathrm{d}P\circ X^{-1}.
\end{aligned}$$

而 Jensen 不等式保证

$$\mathrm{E}f(x+Y) \geqslant f(x+\mathrm{E}Y),$$

故

$$\mathrm{E}f(X+Y) \geqslant \int_{\mathbb{R}} f(x+\mathrm{E}Y)\,\mathrm{d}P\circ X^{-1} = \mathrm{E}f(X+\mathrm{E}Y).$$

(2) 类似于 (1) 的证明,

$$\begin{aligned}
\mathrm{E}|X+Y|^p I_B(X) &= \int_\Omega |X+Y|^p I_B(X)\,\mathrm{d}P \\
&= \int_{\mathbb{R}^2} |x+y|^p I_B(x)\,\mathrm{d}P\circ(X,Y)^{-1} \\
&= \int_{\mathbb{R}} \mathrm{d}P\circ X^{-1}\int_{\mathbb{R}} |xI_B(x)+yI_B(x)|^p\,\mathrm{d}P\circ Y^{-1} \\
&= \int_{\mathbb{R}} \mathrm{E}\,|xI_B(x)+YI_B(x)|^p\,\mathrm{d}P\circ X^{-1} \\
&\geqslant \int_{\mathbb{R}} |xI_B(x)+\mathrm{E}YI_B(x)|^p\mathrm{d}P\circ X^{-1} \\
&= \int_{\mathbb{R}} |xI_B(x)|^p\,\mathrm{d}P\circ X^{-1} \\
&= \mathrm{E}|X|^p I_B(X).
\end{aligned}$$

① 本题的一个推广见习题 15.20.

【评注】 本题导出一个非常实用的命题：设 X, Y 是独立 r.v., 则对任意的 $p \geqslant 1$ 有 $\mathrm{E}|X+\mathrm{E}Y|^p \leqslant \mathrm{E}|X+Y|^p$.

13.8 设 $\{X_t, t\in T\}$ 是一族独立 r.v., 而 $\{Y_t, t\in T\}$ 满足：对每个 $t\in T$, $Y_t = X_t$ a.s., 试证 $\{Y_t, t\in T\}$ 独立.

证明 设 I 是 T 的任意有限子集, 为证 $\{Y_t, t\in T\}$ 独立, 只需证明 $\{Y_t, t\in I\}$ 独立. 事实上, $\forall B_t \in \mathcal{B}(\mathbb{R})$, $t\in I$, 由 $Y_t = X_t$ a.s. 及 $\{X_t, t\in T\}$ 独立我们得到

$$P\left(\bigcap_{t\in I} Y_t^{-1}(B_t)\right) = P\left(\bigcap_{t\in I} X_t^{-1}(B_t)\right) = \prod_{t\in I} P\left(X_t^{-1}(B_t)\right) = \prod_{t\in I} P\left(Y_t^{-1}(B_t)\right),$$

这就完成了 $\{Y_t, t\in I\}$ 独立的证明.

13.9 证明注记 13.14.

证明 (1) 为证 $X_1,\cdots,X_m$ 与 $X_{m+1},\cdots,X_n$ 独立, 即证 $(X_1,\cdots,X_m)^{-1}(\mathcal{B}(\mathbb{R}^m))$ 与 $(X_{m+1},\cdots,X_n)^{-1}(\mathcal{B}(\mathbb{R}^{n-m}))$ 独立, 注意到 $\mathcal{E}_n = \{B_1\times\cdots\times B_n :$ 诸$B_i\in\mathcal{B}(\mathbb{R})\}$ 是生成 $\mathcal{B}(\mathbb{R}^n)$ 的 π 类, 所以由定理 13.5, 只需证明 $(X_1,\cdots,X_m)^{-1}(\mathcal{E}_m)$ 与 $(X_{m+1},\cdots,X_n)^{-1}(\mathcal{E}_{n-m})$ 独立. 事实上,

$$\begin{aligned}
&P\left\{(X_1,\cdots,X_m)^{-1}(B_1\times\cdots\times B_m)\cap(X_{m+1},\cdots,X_n)^{-1}(B_{m+1}\times\cdots\times B_n)\right\}\\
&= P\left(\bigcap_{i=1}^n \{X_i\in B_i\}\right) = \prod_{i=1}^n P\{X_i\in B_i\}\\
&= \prod_{i=1}^m P\{X_i\in B_i\}\cdot\prod_{i=m+1}^n P\{X_i\in B_i\}\\
&= P\left\{(X_1,\cdots,X_m)^{-1}(B_1\times\cdots\times B_m)\right\}\\
&\quad\cdot P\left\{(X_{m+1},\cdots,X_n)^{-1}(B_{m+1}\times\cdots\times B_n)\right\}.
\end{aligned}$$

(2) 为证 $X_1,\cdots,X_n$ 与 $X_{n+1},X_{n+2},\cdots$ 独立, 只需证明 $\forall m\geqslant 1$, $X_1,\cdots,X_n$ 与 $X_{n+1},\cdots,X_{n+m}$ 独立, 但由 $X_1,X_2,\cdots$ 独立易知 $X_1,\cdots,X_n,X_{n+1},\cdots,X_{n+m}$ 独立, 从而由已证的 (1) 知结论成立.

13.10 r.v. X_1, X_2 独立等价于对每一对非负 Borel 可测函数 f_1, f_2, 都有 $\mathrm{E}f_1(X_1)f_2(X_2) = \mathrm{E}f_1(X_1)\mathrm{E}f_2(X_2)$.

证明 “$\Rightarrow$”. 记 $\boldsymbol{X} = (X_1, X_2)$, 注意到 X_1, X_2 的独立性, 由命题 13.15 知 $P\circ\boldsymbol{X}^{-1} = \left(P\circ X_1^{-1}\right)\times\left(P\circ X_2^{-1}\right)$, 进而由积分变换定理 (定理 7.22) 及 Fubini 定理得到

$$\mathrm{E}f_1(X_1)f_2(X_2) = \int_\Omega f_1(X_1)f_2(X_2)\,\mathrm{d}P$$

$$
\begin{aligned}
&= \int_{\mathbb{R}^2} f_1(x_1) f_2(x_2) \, \mathrm{d}P \circ \boldsymbol{X}^{-1} \\
&= \int_{\mathbb{R}^2} f_1(x_1) f_2(x_2) \, \mathrm{d}\left[\left(P \circ X_1^{-1}\right) \times \left(P \circ X_2^{-1}\right)\right] \\
&= \int_{\mathbb{R}} f_1(x_1) \, \mathrm{d}P \circ X_1^{-1} \int_{\mathbb{R}} f_2(x_2) \, \mathrm{d}P \circ X_2^{-1} \\
&= \mathrm{E} f_1(X_1) \, \mathrm{E} f_2(X_2) .
\end{aligned}
$$

“$\Leftarrow$”. $\forall A_1, A_2 \in \mathcal{B}(\mathbb{B})$, 取 $f_1 = I_{A_1}$, $f_2 = I_{A_2}$, 由 $\mathrm{E} I_{A_1}(X_1) I_{A_2}(X_2) = \mathrm{E} I_{A_1}(X_1) \mathrm{E} I_{A_2}(X_2)$ 得

$$
P\{X_1 \in A_1, X_2 \in A_2\} = P\{X_1 \in A_1\} P\{X_2 \in A_2\},
$$

这表明 X_1 与 X_2 独立.

13.11 设 $X_1, X_2, \cdots, X_n$ 是来自绝对连续总体 X 的随机样本, 则 $X_1, X_2, \cdots, X_n$ 以概率 1 互不相等.

证明 令 $A_{ij} = \{X_i = X_j\}$, $i \neq j$, 则

$$
\{X_1, X_2, \cdots, X_n \text{中至少有两个相等}\} =: A = \bigcup_{j=1}^{n-1} \bigcup_{i=j+1}^{n} A_{ij},
$$

为证 $P(A) = 0$, 只需证明诸 $P(A_{ij}) = 0$ 即可. 事实上, 令 $B_{ij} = \{(x_i, x_j) \in \mathbb{R}^2 : x_i = x_j\}$, 则对任意固定的 $x_i \in \mathbb{R}$, B_{ij} 在 x_i 处的截口

$$
(B_{ij})_{x_i} = \{x_j \in \mathbb{R} : (x_i, x_j) \in B_{ij}\} = \{x_j \in \mathbb{R} : x_i = x_j\} = \{x_i\},
$$

于是, 由 X_i 与 X_j 的独立性及定理 10.10 得

$$
\begin{aligned}
P(A_{ij}) &= P\{X_i = X_j\} \\
&= P \circ (X_i, X_j)^{-1} (B_{ij}) \\
&= \left[\left(P \circ X_i^{-1}\right) \times \left(P \circ X_j^{-1}\right)\right] (B_{ij}) \\
&= \int_{\mathbb{R}} \left(P \circ X_j^{-1}\right) \left((B_{ij})_{x_i}\right) \left(P \circ X_i^{-1}\right) (\mathrm{d}x_i) \\
&= \int_{\mathbb{R}} \left(P \circ X_j^{-1}\right) \{x_i\} \left(P \circ X_i^{-1}\right) (\mathrm{d}x_i) .
\end{aligned}
$$

注意到这里是绝对连续总体, 因而 $\left(P \circ X_j^{-1}\right)\{x_i\} = 0$, 故 $P(A_{ij}) = 0$.

【评注】 本题的结论在推导来自绝对连续总体次序统计量的密度函数 (或联合密度函数) 时起重要作用.

13.12 设 r.v. X 可积, 则存在 r.v. 序列 $\{X_n, n \geqslant 1\}$, 使得诸 $\mathrm{E}X_n = 0$ 且 $X_n \to X$ a.s..

证明 对每个 $n \geqslant 1$, 取 r.v. ξ_n, 使得 ξ_n 的分布列为

$$P\{\xi_n = 0\} = \frac{1}{n^2}, \quad P\{\xi_n = 1\} = 1 - \frac{1}{n^2},$$

且 ξ_n 与 X 独立. 令

$$X_n = XI\{\xi_n = 1\} - \left(n^2 - 1\right) \mathrm{E}X \cdot I\{\xi_n = 0\},$$

则

$$\begin{aligned}
\mathrm{E}X_n &= \mathrm{E}X \cdot P\{\xi_n = 1\} - \left(n^2 - 1\right) \mathrm{E}X \cdot P\{\xi_n = 0\} \\
&= \left(1 - \frac{1}{n^2}\right) \mathrm{E}X - \left(n^2 - 1\right) \frac{1}{n^2} \mathrm{E}X = 0.
\end{aligned}$$

而 $\forall \varepsilon > 0$,

$$\sum_{n=1}^{\infty} P\{|X_n - X| > \varepsilon\} \leqslant \sum_{n=1}^{\infty} P\{\xi_n = 0\} = \sum_{n=1}^{\infty} \frac{1}{n^2} < \infty,$$

此结合习题 6.11 知 $X_n \to X$ a.s..

【评注】 从本题的解答过程可知

$$X_n \to X \text{ a.s. 且诸 } \mathrm{E}X_n = 0 \nRightarrow \mathrm{E}X = 0.$$

13.13 设 $X \sim F(x)$, 则

$$\mathrm{Var}X = \frac{1}{2} \iint_{\mathbb{R}^2} (x - y)^2 \, \mathrm{d}F(x) \, \mathrm{d}F(y).$$

证明 设 r.v. Y 与 X 独立同分布, 则命题 13.15 保证

$$P \circ (X, Y)^{-1} = \left(P \circ X^{-1}\right) \times \left(P \circ Y^{-1}\right),$$

于是

$$\mathrm{E}(X - Y)^2 = \iint_{\mathbb{R}^2} (x - y)^2 \, \mathrm{d}P \circ (X, Y)^{-1}$$

$$
\begin{aligned}
&= \iint_{\mathbb{R}^2} (x-y)^2 \,\mathrm{d}\left[\left(P\circ X^{-1}\right)\times\left(P\circ Y^{-1}\right)\right] \\
&= \int_{\mathbb{R}} \mathrm{d}P\circ Y^{-1} \int_{\mathbb{R}} (x-y)^2 \,\mathrm{d}P\circ X^{-1} \\
&= \int_{\mathbb{R}} \mathrm{d}F(y) \int_{\mathbb{R}} (x-y)^2 \,\mathrm{d}F(x) \\
&= \iint_{\mathbb{R}^2} (x-y)^2 \,\mathrm{d}F(x)\,\mathrm{d}F(y).
\end{aligned}
$$

另一方面, 由独立同分布得

$$
\mathrm{E}(X-Y)^2 = \mathrm{Var}(X-Y) = \mathrm{Var}X + \mathrm{Var}Y = 2\mathrm{Var}X,
$$

故欲证等式成立.

13.14 设 $\{X_n, n \geqslant 1\}$ 是独立同分布于 X 的 r.v. 序列, $\mathrm{E}|X| < \infty$, $\varepsilon > 0$, 证明:

(1) $P\left\{\max\limits_{1\leqslant k\leqslant n} |X_k| \geqslant n\varepsilon\right\} \leqslant nP\{|X| \geqslant n\varepsilon\}$;

(2) 对充分大的 n, $P\left\{\max\limits_{1\leqslant k\leqslant n} |X_k| \geqslant n\varepsilon\right\} \geqslant \dfrac{1}{2}nP\{|X| \geqslant n\varepsilon\}$.

证明 (1) 由独立同分布性,

$$
\begin{aligned}
P\left\{\max_{1\leqslant k\leqslant n} |X_k| \geqslant n\varepsilon\right\} &= 1 - P\left\{\max_{1\leqslant k\leqslant n} |X_k| < n\varepsilon\right\} = 1 - \Big[P\{|X| < n\varepsilon\}\Big]^n \\
&= 1 - \Big[1 - P\{|X| \geqslant n\varepsilon\}\Big]^n \leqslant nP\{|X| \geqslant n\varepsilon\},
\end{aligned}
$$

最后一步使用了不等式 $1-(1-x)^n \leqslant nx$, $0 \leqslant x \leqslant 1$.

(2) 注意

$$
\begin{aligned}
\Big[1 - P\{|X| \geqslant n\varepsilon\}\Big]^n &= \exp\left\{n\log\Big[1 - P\{|X| \geqslant n\varepsilon\}\Big]\right\} \\
&\leqslant \exp\Big[-nP\{|X| \geqslant n\varepsilon\}\Big],
\end{aligned}
$$

其中的不等号利用了 $\log(1-x) \leqslant -x$, $0 \leqslant x \leqslant 1$ 这个简单的函数不等式.

又注意到 $\mathrm{E}|X| < \infty$, 例 7.30 保证 $nP\{|X| \geqslant n\varepsilon\} \to 0$, 从而对充分大的 n, 有

$$
\exp\Big[-nP\{|X| \geqslant n\varepsilon\}\Big] \leqslant 1 - \frac{1}{2}nP\{|X| \geqslant n\varepsilon\},
$$

这里使用了不等式 $e^{-x} \leqslant 1-\frac{1}{2}x$ (只要 $x \geqslant 0$ 且 $\frac{1}{2}x \leqslant e^{-x}$). 于是

$$\begin{aligned} P\left\{\max_{1\leqslant k\leqslant n}|X_k| \geqslant n\varepsilon\right\} &= 1-\Big[1-P\{|X|\geqslant n\varepsilon\}\Big]^n \\ &\geqslant 1-\exp\Big[-nP\{|X|\geqslant n\varepsilon\}\Big] \\ &\geqslant 1-\Big[1-\frac{1}{2}nP\{|X|\geqslant n\varepsilon\}\Big] \\ &= \frac{1}{2}nP\{|X|\geqslant n\varepsilon\}. \end{aligned}$$

13.3 Borel-Cantelli 引理和三大 0-1 律

13.3.1 内容提要

定理 13.19 (Borel-Cantelli 引理) 设 $\{A_n, n\geqslant 1\}$ 是一列事件.

(i) 若 $\sum\limits_{n=1}^{\infty} P(A_n) < \infty$, 则 $P(A_n, \text{i.o.}) = 0$;

(ii) 若 $\{A_n, n\geqslant 1\}$ 独立, $\sum\limits_{n=1}^{\infty} P(A_n) = \infty$, 则 $P(A_n, \text{i.o.}) = 1$.

定理 13.22 (Borel 0-1 律) 设 $\{A_n, n\geqslant 1\}$ 是独立事件序列, 则

(i) $P(A_n, \text{i.o.}) = 0 \Leftrightarrow \sum\limits_{n=1}^{\infty} P(A_n) < \infty$;

(ii) $P(A_n, \text{i.o.}) = 1 \Leftrightarrow \sum\limits_{n=1}^{\infty} P(A_n) = \infty$.

定义 13.24 设 $\{X_n, n\geqslant 1\}$ 为 r.v. 序列, 对每个 $n\geqslant 1$, 记 $\mathcal{F}_n = \sigma(X_n, X_{n+1}, \cdots)$, 称

$$\mathcal{F}_\infty = \bigcap_{n=1}^{\infty} \mathcal{F}_n$$

为 $\{X_n\}$ 的**尾 σ 代数**, $\mathcal{F}_\infty$ 中的每个事件称为 $\{X_n\}$ 的**尾事件**, $\mathcal{F}_\infty$-可测函数称为 $\{X_n\}$ 的**尾函数**.

定理 13.26 设 $\{X_n, n\geqslant 1\}$ 是独立 r.v. 序列, 则

(i) 每个尾事件的概率非 0 即 1;

(ii) 每个尾函数都退化.

推论 13.27 设 $\{X_n, n\geqslant 1\}$ 是独立 r.v. 序列, 则

(i) X_n 或者 a.s. 收敛到某个实数, 或者 a.s. 发散;

(ii) $\sum\limits_{n=1}^{\infty} X_n$ 或者 a.s. 收敛, 或者 a.s. 发散;

(iii) $\frac{1}{n}\sum_{k=1}^{n} X_k$ 或者 a.s. 收敛于某个实数, 或者 a.s. 发散.

定义 13.28 称双射 $\pi:\mathbb{N}\to\mathbb{N}$ 是 $\mathbb{N}$ 上的一个**有限置换**, 如果只有有限多个 $i\in\mathbb{N}$, 使得 $\pi(i)\neq i$.

定义 13.29 对 r.v. 序列 $\{X_n, n\geqslant 1\}$, 记 $\boldsymbol{X}=(X_1,X_2,\cdots)$.

(i) 容易证明

$$\mathcal{F}_e=\left\{\boldsymbol{X}^{-1}(B_\infty):B_\infty\in\mathcal{B}(\mathbb{R}^\infty)\text{满足}P\left\{\boldsymbol{X}^{-1}(B_\infty)\Delta(\pi\boldsymbol{X})^{-1}(B_\infty)\right\}=0,\forall\pi\in Q\right\}$$

是 $\mathcal{F}$ 上的一个 σ 代数, 称之为 $\boldsymbol{X}$ 的**可交换事件$\boldsymbol{\sigma}$ 代数**;

(ii) $\mathcal{F}_e$ 中的每个事件称为 $\{X_n, n\geqslant 1\}$ 的**可交换事件**;

(iii) 若对每个 $B_\infty\in\mathcal{B}(\mathbb{R}^\infty)$ 都有 $\boldsymbol{X}^{-1}(B_\infty)\in\mathcal{F}_e$, 则称 $\{X_n, n\geqslant 1\}$ 是**可交换随机变量序列**.

定理 13.31 设 $\{X_n, n\geqslant 1\}$ 是独立同分布的 r.v. 序列, 则

(i) 每个可交换事件的概率非 0 即 1;

(ii) 每个关于 $\mathcal{F}_e$ 可测的函数都退化.

推论 13.32 设 $\{X_n, n\geqslant 1\}$ 是独立同分布的 r.v. 序列, $\{S_n, n\geqslant 1\}$ 是其部分和序列, 则

(i) $\{S_n\}$ 的每个尾事件的概率非 0 即 1;

(ii) $\{S_n\}$ 的每个尾函数都退化.

定义 13.33 称函数 $g:\mathbb{R}^\infty\to\mathbb{R}$ 是对称的, 如果任意的 $\pi\in Q$, 都有 $g(\pi\boldsymbol{x})=g(\boldsymbol{x})$.

引理 13.34 设 $\{X_n, n\geqslant 1\}$ 是 r.v. 序列, $g:\mathbb{R}^\infty\to\mathbb{R}$ 是可测的对称函数, 则 $g(\boldsymbol{X})$ 关于 $\mathcal{F}_e$ 可测, 其中 $\boldsymbol{X}=(X_1,X_2,\cdots)$.

命题 13.35 设 $\{X_n, n\geqslant 1\}$ 是独立同分布的 r.v. 序列, $g:\mathbb{R}^\infty\to\mathbb{R}$ 是可测的对称函数, 则对任意的 $B\in\mathcal{B}(\mathbb{R})$, 有 $P\{g(\boldsymbol{X})\in B\}=0$ 或 1, 其中 $\boldsymbol{X}=(X_1,X_2,\cdots)$.

引理 13.36 设 $\{X_n, n\geqslant 1\}$ 是 r.v. 序列, $B\in\mathcal{B}(\mathbb{R})$, 则下列诸 $A_i\in\mathcal{F}_e$, 其中

$$A_1=\{\{X_n,n\geqslant 1\}\text{永不到达 }B\};$$

$$A_2=\left\{\varlimsup_{n\to\infty}S_n\in B\right\};$$

$$A_3=\left\{\varliminf_{n\to\infty}S_n\in B\right\}.$$

命题 13.37 设 $\{X_n, n\geqslant 1\}$ 是独立同分布的 r.v. 序列, $B\in\mathcal{B}(\mathbb{R})$, 则下列诸 A_i 均满足 $P(A_i)=0$ 或 1, 其中

$$A_1 = \left\{\{X_n, n \geqslant 1\} \text{永不到达 } B\right\};$$

$$A_2 = \left\{\varlimsup_{n\to\infty} S_n \in B\right\};$$

$$A_3 = \left\{\varliminf_{n\to\infty} S_n \in B\right\};$$

$$A_4 = \left\{\{X_n, n \geqslant 1\} \text{经有限步到达 } B\right\}.$$

13.3.2 习题 13.3 解答与评注

13.15 设 $\{A_n, n \geqslant 1\}$ 是独立事件序列, 若 $A_n \to A$, 则 $P(A) = 0$ 或 1.

证明 注意到 $P(A) = P\left(\lim\limits_{n\to\infty} A_n\right) = P\left(\varlimsup\limits_{n\to\infty} A_n\right) = P(A_n, \text{i.o.})$, 由 Borel 0-1 律即得欲证.

13.16 设 $\{X_n, n \geqslant 1\}$ 是独立同分布的 r.v. 序列, 则对任意的实数 a, $P\{X_n \to a\} = 1$ 或 0.

证明 由定理 6.5 的证明过程知

$$\{X_n \to a\} = \bigcap_{m=1}^{\infty}\bigcup_{n=1}^{\infty}\bigcap_{k=n}^{\infty}\left\{|X_k - a| < \frac{1}{m}\right\}.$$

下面分两种情况讨论.

(a) 若对每个 $m \geqslant 1$, 都有 $\sum\limits_{n=1}^{\infty} P\left\{|X_n - a| \geqslant \frac{1}{m}\right\} < \infty$, 则由 Borel-Cantelli 引理知

$$P\left(\bigcap_{n=1}^{\infty}\bigcup_{k=n}^{\infty}\left\{|X_k - a| \geqslant \frac{1}{m}\right\}\right) = 0,$$

这表明 $P\{X_n \to a\} = 1$.

(b) 若存在某个 $m \geqslant 1$, 使得 $\sum\limits_{n=1}^{\infty} P\left\{|X_n - a| \geqslant \frac{1}{m}\right\} = \infty$, 则由 Borel 0-1 律知

$$P\left(\bigcap_{n=1}^{\infty}\bigcup_{k=n}^{\infty}\left\{|X_k - a| \geqslant \frac{1}{m}\right\}\right) = 1,$$

等价地

$$P\left(\bigcup_{n=1}^{\infty}\bigcap_{k=n}^{\infty}\left\{|X_k - a| < \frac{1}{m}\right\}\right) = 0,$$

注意到 $\{X_n \to a\} \subset \bigcup\limits_{n=1}^{\infty} \bigcap\limits_{k=n}^{\infty} \left\{|X_k - a| < \dfrac{1}{m}\right\}$, 我们得到 $P\{X_n \to a\} = 0$.

13.17 设独立 r.v. 序列 $\{X_n, n \geqslant 1\}$ 满足

$$P\{X_n = 1\} = p_n, \quad P\{X_n = 0\} = 1 - p_n,$$

则 $X_n \xrightarrow{P} 0 \Leftrightarrow \lim\limits_{n\to\infty} p_n = 0$, $X_n \xrightarrow{\text{a.s.}} 0 \Leftrightarrow \sum\limits_{n=1}^{\infty} p_n < \infty$.

证明 前一个结论由依概率收敛的定义得到, 后一个结论直接由例 13.23 得到.

13.18 设 $\{X, X_n, n \geqslant 1\}$ 是独立同分布的 r.v. 序列, 则

(1) $\mathrm{E}|X| < \infty \Leftrightarrow n^{-1}X_n \to 0$ a.s.;

(2) $\mathrm{E}|X|^p < \infty \Leftrightarrow n^{-\frac{1}{p}}X_n \to 0$ a.s., 其中 $p > 0$.

证明 (1) 由定理 7.16 知

$$\begin{aligned}
\mathrm{E}|X| < \infty &\Leftrightarrow \sum_{n=1}^{\infty} P\{|X| \geqslant \varepsilon n\} < \infty, \quad \forall \varepsilon > 0 \\
&\Leftrightarrow \sum_{n=1}^{\infty} P\{|X_n| \geqslant \varepsilon n\} < \infty, \quad \forall \varepsilon > 0 \\
&\Leftrightarrow n^{-1}X_n \to 0 \text{ a.s.},
\end{aligned}$$

最后一步使用了例 13.23 的结果.

(2) 由 (1) 即得.

【评注】 本题将扩展为习题 20.6.

13.19 $\varliminf\limits_{n\to\infty} X_n$, $\varlimsup\limits_{n\to\infty} X_n$, $\varliminf\limits_{n\to\infty} \dfrac{1}{n}\sum\limits_{k=1}^{n} X_k$, $\varlimsup\limits_{n\to\infty} \dfrac{1}{n}\sum\limits_{k=1}^{n} X_k$ 都是 $\{X_n, n \geqslant 1\}$ 的尾函数.

证明 (1) 证明 $\varliminf\limits_{n\to\infty} X_n$ 是 $\{X_n, n \geqslant 1\}$ 的尾函数: $\forall x \in \mathbb{R}$,

$$\left\{\varliminf_{n\to\infty} X_n \leqslant x\right\} = \left\{\sup_{n\geqslant 1}\inf_{k\geqslant n} X_k \leqslant x\right\} = \bigcap_{n=1}^{\infty}\left\{\inf_{k\geqslant n} X_k \leqslant x\right\} \in \bigcap_{n=1}^{\infty}\mathcal{F}_n.$$

(2) 证明 $\varlimsup\limits_{n\to\infty} X_n$ 是 $\{X_n, n \geqslant 1\}$ 的尾函数: $\forall x \in \mathbb{R}$,

$$\left\{\varlimsup_{n\to\infty} X_n \geqslant x\right\} = \left\{\inf_{n\geqslant 1}\sup_{k\geqslant n} X_k \geqslant x\right\} = \bigcap_{n=1}^{\infty}\left\{\sup_{k\geqslant n} X_k \geqslant x\right\} \in \mathcal{F}_n.$$

(3) 证明 $\varliminf\limits_{n\to\infty}\frac{1}{n}\sum\limits_{k=1}^{n}X_k$ 是 $\{X_n,n\geqslant 1\}$ 的尾函数：$\forall m\geqslant 1$,

$$\varliminf_{n\to\infty}\frac{1}{n}\sum_{k=1}^{n}X_k=\varliminf_{n\to\infty}\frac{1}{m+n}\sum_{k=1}^{m+n}X_k=\varliminf_{n\to\infty}\frac{1}{m+n}\sum_{k=m+1}^{m+n}X_k,$$

而 $\forall x\in\mathbb{R}$,

$$\left\{\varliminf_{n\to\infty}\frac{1}{m+n}\sum_{k=m+1}^{m+n}X_k\leqslant x\right\}=\bigcap_{j=1}^{\infty}\left\{\inf_{n\geqslant j}\frac{1}{m+n}\sum_{k=m+1}^{m+n}X_k\leqslant x\right\}\in\mathcal{F}_m,$$

故 $\left\{\varliminf\limits_{n\to\infty}\frac{1}{n}\sum\limits_{k=1}^{n}X_k\leqslant x\right\}\in\mathcal{F}_\infty$.

(4) 证明 $\varlimsup\limits_{n\to\infty}\frac{1}{n}\sum\limits_{k=1}^{n}X_k$ 是 $\{X_n,n\geqslant 1\}$ 的尾函数：$\forall m\geqslant 1$,

$$\varlimsup_{n\to\infty}\frac{1}{n}\sum_{k=1}^{n}X_k=\varlimsup_{n\to\infty}\frac{1}{m+n}\sum_{k=1}^{m+n}X_k=\varlimsup_{n\to\infty}\frac{1}{m+n}\sum_{k=m+1}^{m+n}X_k,$$

而 $\forall x\in\mathbb{R}$,

$$\left\{\varlimsup_{n\to\infty}\frac{1}{m+n}\sum_{k=m+1}^{m+n}X_k\geqslant x\right\}=\bigcap_{j=1}^{\infty}\left\{\sup_{n\geqslant j}\frac{1}{m+n}\sum_{k=m+1}^{m+n}X_k\geqslant x\right\}\in\mathcal{F}_m,$$

故 $\left\{\varlimsup\limits_{n\to\infty}\frac{1}{n}\sum\limits_{k=1}^{n}X_k\geqslant x\right\}\in\mathcal{F}_\infty$.

13.20 若 r.v. X 与它自身独立, 则 X 是退化 r.v..

证明 由题设, $\sigma(X)$ 与它自身独立, 进而由习题 13.3 知, $\forall A\in\sigma(X)$, $P(A)=0$ 或 1, 即 $\forall B\in\mathcal{B}(\mathbb{R})$, $P\{X^{-1}(B)\}=0$ 或 1, 特别地, $\forall x\in\mathbb{R}$, $F(x)=P\{X\leqslant x\}=0$ 或 1. 接下来, 沿用定理 13.26 之 (ii) 证明中后半部分使用的方法即知结论成立.

13.21 证明由 (13.6) 式定义的 $\mathcal{F}_e$ 是 $\mathcal{F}$ 上的一个 σ 代数.

证明 下面三条保证 $\mathcal{F}_e$ 是 $\mathcal{F}$ 上的一个 σ 代数.

(a) 取 $B=\mathbb{R}^\infty$, 则 $\boldsymbol{X}^{-1}(B)=\Omega$, $(\pi\boldsymbol{X})^{-1}(B)=\Omega$, 这表明 $\Omega\in\mathcal{F}_e$.

(b) 若 $\boldsymbol{X}^{-1}(B)\in\mathcal{F}_e$, 其中 $B\in\mathcal{B}(\mathbb{R}^\infty)$, 则由 $P\left\{\boldsymbol{X}^{-1}(B)\,\Delta\,(\pi\boldsymbol{X})^{-1}(B)\right\}=0$ 易得

$$P\left\{\boldsymbol{X}^{-1}(B^{c})\,\Delta\,(\pi\boldsymbol{X})^{-1}(B^{c})\right\}=0,$$

这表明 $\mathcal{F}_e$ 对补封闭.

(c) 若 $\boldsymbol{X}^{-1}(B_n)\in\mathcal{F}_e$, 其中 $B_n\in\mathcal{B}(\mathbb{R}^\infty)$, $n\geqslant 1$, 则由诸 $P\left\{\boldsymbol{X}^{-1}(B_n)\Delta(\pi\boldsymbol{X})^{-1}(B_n)\right\}=0$ 及习题 1.6 之 (4) 得

$$\begin{aligned}
&P\left\{\boldsymbol{X}^{-1}\left(\bigcup_{n=1}^{\infty}B_n\right)\Delta(\pi\boldsymbol{X})^{-1}\left(\bigcup_{n=1}^{\infty}B_n\right)\right\}\\
&=P\left\{\left[\bigcup_{n=1}^{\infty}\boldsymbol{X}^{-1}(B_n)\right]\Delta\left[\bigcup_{n=1}^{\infty}(\pi\boldsymbol{X})^{-1}(B_n)\right]\right\}\\
&\leqslant P\left\{\bigcup_{n=1}^{\infty}\left[\boldsymbol{X}^{-1}(B_n)\Delta(\pi\boldsymbol{X})^{-1}(B_n)\right]\right\}\\
&\leqslant\sum_{n=1}^{\infty}P\left\{\boldsymbol{X}^{-1}(B_n)\Delta(\pi\boldsymbol{X})^{-1}(B_n)\right\}=0,
\end{aligned}$$

这表明 $\mathcal{F}_e$ 对可列并封闭.

13.22 设 $\{X_n,n\geqslant 1\}$ 是 r.v. 序列, $A\in\sigma(X_1,X_2,\cdots)$, 则存在 $A_n\in\sigma(X_1,\cdots,X_n)$, $n\geqslant 1$, 使得 $P(A\Delta A_n)\to 0$.

证明 由习题 5.2, $\bigcup\limits_{n=1}^{\infty}\sigma(X_1,\cdots,X_n)$ 是代数, 且

$$\sigma(X_1,X_2,\cdots)=\sigma\left(\bigcup_{n=1}^{\infty}\sigma(X_1,\cdots,X_n)\right),$$

进而由习题 4.14, 存在 $B_1\in\bigcup\limits_{n=1}^{\infty}\sigma(X_1,\cdots,X_n)$, 使得 $P(A\Delta B_1)<\dfrac{1}{2}$. 不妨假设 $B_1\in\sigma(X_1,\cdots,X_{n_1})$.

对于 $A\Delta B_1\in\sigma(X_1,X_2,\cdots)$, 根据同样的道理, 存在 $B_2\in\sigma(X_1,\cdots,X_{n_2})$, 其中 $n_1<n_2$, 使得 $P(A\Delta B_1\Delta B_2)<\dfrac{1}{2^2}$. 这个过程无限继续下去, 得到一列 $\{B_i\}$, 满足 $B_i\in\sigma(X_1,\cdots,X_{n_i})$, $n_i\uparrow$, 且 $P(A\Delta B_1\Delta\cdots\Delta B_i)<\dfrac{1}{2^i}$, $i=1,2,\cdots$.

令 $B_1^*=B_1$, $B_i^*=B_{i-1}^*\Delta B_i$, $i=2,3,\cdots$. 于是 $B_i^*\in\sigma(X_1,\cdots,X_{n_i})$, $i=1,2,\cdots$, 且 $P(A\Delta B_i^*)<\dfrac{1}{2^i}$, $i=1,2,\cdots$. 令

$$A_n=\begin{cases}\Omega, & n\leqslant n_1-1,\\ B_i^*, & n_i\leqslant n\leqslant n_{i+1}-1, i=1,2,\cdots,\end{cases}$$

则 $A_n \in \sigma(X_1, \cdots, X_n)$, 且 $P(A\Delta A_n) \to 0$.

13.23 证明 (13.8) 式.

证明 首先由习题 1.6 之 (2) 得

$$A\Delta A_n^{(n)} \subset \left(A\Delta A^{(n)}\right) \cup \left(A^{(n)}\Delta A_n^{(n)}\right),$$

此结合 (13.7) 式得 $P\left(A\Delta A_n^{(n)}\right) \leqslant P\left(A^{(n)}\Delta A_n^{(n)}\right)$. 同理 $P\left(A^{(n)}\Delta A_n^{(n)}\right) \leqslant P\left(A\Delta A_n^{(n)}\right)$, 故

$$P\left(A^{(n)}\Delta A_n^{(n)}\right) = P\left(A\Delta A_n^{(n)}\right).$$

其次由独立同分布性知 $A_n^{(n)} = A^{(n)}$, 于是 $P\left(A\Delta A_n^{(n)}\right) = P\left(A\Delta A^{(n)}\right)$, 故 (13.8) 式成立.

13.24 设 $\{X_n, n \geqslant 1\}$ 是 r.v. 序列, $\{S_n, n \geqslant 1\}$ 是其部分和序列, 则

(1) $\{S_n\}$ 的每个尾事件都是 $\{X_n\}$ 的可交换事件;

(2) $\{S_n\}$ 的每个尾函数都关于 $\mathcal{F}_e$ 可测, 其中 $\mathcal{F}_e$ 如 (13.6) 式定义.

证明 (1) 设 A 是 $\{S_n\}$ 的一个尾事件, 则对每个 $n \geqslant 1$, 由于 $A \in \sigma(S_{n+1}, S_{n+2}, \cdots)$, 所以存在 $B_{n+1} \in \mathcal{B}(\mathbb{R}^\infty)$, 使得 $A = (S_{n+1}, S_{n+2}, \cdots)^{-1}(B_{n+1})$. $\forall \pi \in Q$, 不妨假设 π 置换 $\mathbb{N}$ 的前 n 个指标, 即 $\pi: \mathbb{N} \to (\pi(1), \pi(2), \cdots, \pi(n), n+1, \cdots)$, 记 $\boldsymbol{S} = (S_1, S_2, \cdots)$, 则

$$\boldsymbol{S}^{-1}(\mathbb{R}^n \times B_{n+1}) = (\pi \boldsymbol{S})^{-1}(\mathbb{R}^n \times B_{n+1}),$$

这表明 $\boldsymbol{S}^{-1}(\mathbb{R}^n \times B_{n+1})$ 是 $\{X_n\}$ 的可交换事件, 注意到

$$(S_{n+1}, S_{n+2}, \cdots)^{-1}(B_{n+1}) = \boldsymbol{S}^{-1}(\mathbb{R}^n \times B_{n+1})$$

就得知 A 是 $\{X_n\}$ 的可交换事件.

(2) 设 Y 是 $\{S_n\}$ 的一个尾函数, 则 $\forall B \in \mathcal{B}(\mathbb{R})$, $Y^{-1}(B)$ 是 $\{S_n\}$ 的一个尾事件, 从而由 (1) 知 $Y^{-1}(B)$ 是 $\{X_n\}$ 的一个可交换事件, 这表明 Y 关于 $\mathcal{F}_e$ 可测.

13.25 设 $\{X_n, n \geqslant 1\}$ 是独立同分布的 r.v. 序列, $\{S_n, n \geqslant 1\}$ 是其部分和序列, 则

(1) 对任意的 $B_n \in \mathcal{B}(\mathbb{R})$, $n \geqslant 1$, $P\{S_n \in B_n, \text{i.o.}\} = 0$ 或 1;

(2) $\varliminf\limits_{n\to\infty} S_n$ 和 $\varlimsup\limits_{n\to\infty} S_n$ 都是退化 r.v..

证明 (1) 注意到 $\{S_n \in B_n, \text{i.o.}\}$ 是 $\{S_n\}$ 的尾事件, 由推论 13.32 之 (i) 知欲证成立.

(2) 由习题 13.19 知 $\varliminf\limits_{n\to\infty} S_n$ 和 $\varlimsup\limits_{n\to\infty} S_n$ 都是 $\{S_n\}$ 的尾函数, 由推论 13.32 之 (ii) 知欲证成立.

【评注】 针对本题之 (1) 略举一例. 设独立同分布 r.v. 序列 $\{X_n, n \geqslant 1\}$ 满足

$$P\{X_1 = 1\} = p, \quad P\{X_1 = -1\} = q,$$

其中 $q = 1-p$, 则 (参考文献 [7] 第 102-103 页)

$$P\{S_n = 0, \text{ i.o. }\} = \begin{cases} 0, & p \neq q, \\ 1, & p = q = \dfrac{1}{2}. \end{cases}$$

13.26 设 $B \in \mathcal{B}(\mathbb{R})$, $g(x_1, x_2, \cdots) = \prod\limits_{n=1}^{\infty} I_B(x_n)$, 则 g 关于 $\mathcal{B}(\mathbb{R}^\infty)$ 可测.

证明 注意 g 的取值非 0 即 1, 而

$$\begin{aligned} \{(x_1, x_2, \cdots) : g(x_1, x_2, \cdots) = 1\} &= \left\{(x_1, x_2, \cdots) : \prod_{n=1}^{\infty} I_B(x_n) = 1\right\} \\ &= \{(x_1, x_2, \cdots) : \text{诸 } x_n \in B\} \\ &= \mathop{\times}_{n=1}^{\infty} B \in \mathcal{B}(\mathbb{R}^\infty). \end{aligned}$$

13.27 设 $g(x_1, x_2, \cdots) = \varlimsup\limits_{n\to\infty} s_n$, 其中 $s_n = \sum\limits_{k=1}^{n} x_k$, 则 g 关于 $\mathcal{B}(\mathbb{R}^\infty)$ 可测.

证明 令 $g_n(x_1, x_2, \cdots) = s_n$, 若能证明 g_n 是连续函数, 则 g_n 是可测函数, 进而 $g = \varlimsup\limits_{n\to\infty} g_n$ 是可测函数.

下面证明 g_n 在点 $\boldsymbol{x}^{(0)} = \left(x_1^{(0)}, x_2^{(0)}, \cdots\right)$ 处连续. 事实上, 对于 $\boldsymbol{x} = (x_1, x_2, \cdots)$, 我们有

$$\left\|\boldsymbol{x}^{(0)} - \boldsymbol{x}\right\| = \sum_{k=1}^{\infty} \frac{\left|x_k - x_k^{(0)}\right|}{2^k\left(1 + \left|x_k - x_k^{(0)}\right|\right)},$$

$$\begin{aligned} \left|g_n(\boldsymbol{x}) - g_n\left(\boldsymbol{x}^{(0)}\right)\right| &= \left|\sum_{k=1}^{n} x_k - \sum_{k=1}^{n} x_k^{(0)}\right| \leqslant \sum_{k=1}^{n}\left|x_k - x_k^{(0)}\right| \\ &= \sum_{k=1}^{n} \frac{\left|x_k - x_k^{(0)}\right|}{2^k\left(1 + \left|x_k - x_k^{(0)}\right|\right)} \cdot 2^k\left(1 + \left|x_k - x_k^{(0)}\right|\right) \end{aligned}$$

$$
\begin{aligned}
&\leqslant 2^n \left\|\boldsymbol{x}^{(0)}-\boldsymbol{x}\right\| \sum_{k=1}^{n}\left(1+\left|x_k-x_k^{(0)}\right|\right) \\
&=2^n \left\|\boldsymbol{x}^{(0)}-\boldsymbol{x}\right\| \left(n+\sum_{k=1}^{n}\left|x_k-x_k^{(0)}\right|\right) \\
&=2^n \left\|\boldsymbol{x}^{(0)}-\boldsymbol{x}\right\| \left(n+\left|g_n(\boldsymbol{x})-g_n\left(\boldsymbol{x}^{(0)}\right)\right|\right).
\end{aligned}
$$

$\forall \varepsilon>0$, 取一个满足不等式 $2^n n\delta<(1-2^n\delta)\varepsilon$ 的正数 δ, 则当 $\left\|\boldsymbol{x}^{(0)}-\boldsymbol{x}\right\|<\delta$ 时, $\left|g_n(\boldsymbol{x})-g_n\left(\boldsymbol{x}^{(0)}\right)\right|<\varepsilon$, 故 g_n 在点 $\boldsymbol{x}^{(0)}$ 处连续.

13.28 设 $g(x_1,x_2,\cdots)=\varliminf\limits_{n\to\infty} s_n$, 其中 $s_n=\sum\limits_{k=1}^{n} x_k$, 则 g 关于 $\mathcal{B}(\mathbb{R}^\infty)$ 可测.

证明 完全类似于上题的证明.

13.29 设 $\{X_n, n\geqslant 1\}$ 是独立同分布的 r.v. 序列, 记 $S_n=\sum\limits_{k=1}^{n} X_k$, $n\geqslant 1$. 证明：有且只有下列四种情形之一发生：

(1) 对每个 $n\geqslant 1$, $S_n=0$ a.s.;

(2) $S_n\to-\infty$ a.s.;

(3) $S_n\to\infty$ a.s.;

(4) $\varliminf\limits_{n\to\infty} S_n=-\infty$, $\varlimsup\limits_{n\to\infty} S_n=\infty$ a.s..

证明 令 $g(x_1,x_2,\cdots)=\varlimsup\limits_{n\to\infty} s_n$, 在引理 13.36 的证明中已经得知 $\varlimsup\limits_{n\to\infty} s_n$ 是对称的可测函数, 进而由引理 13.34 知 $\varlimsup\limits_{n\to\infty} S_n$ 关于 $\mathcal{F}_e$ 可测, 再由定理 13.31 之 (ii) 知 $\varlimsup\limits_{n\to\infty} S_n$ a.s. 是一个常数 $c\in[-\infty,\infty]$. 令 $S_n'=S_{n+1}-X_1$, 注意到 $S_n'\overset{d}{=}S_n$ 并取上极限得 $c=c-X_1$ a.s., 如果 $c\in(-\infty,\infty)$, 那么 $X_1=0$ a.s., 由此得到情形 (1); 如果 $c=-\infty$, 就得到情形 (2).

考虑下极限, 类似于上述讨论就完成本题的证明.

【评注】 设 $\{X_n, n\geqslant 1\}$ 是独立同分布的 r.v. 序列, 若 X_1 的分布关于 0 对称且非退化, 则本题中的情形 (4) 必然成立.

13.4 卷　积

13.4.1 内容提要

引理 13.38 设 $A\in\mathcal{B}(\mathbb{R}^d)$, 则

$$
\left\{(\boldsymbol{x}_1,\boldsymbol{x}_2)\in\mathbb{R}^d\times\mathbb{R}^d: \boldsymbol{x}_1+\boldsymbol{x}_2\in A\right\}\in\mathcal{B}\left(\mathbb{R}^d\right)\times\mathcal{B}\left(\mathbb{R}^d\right).
$$

注记 13.39　(i) 按 (13.11) 式, (13.12) 式可以写成

$$(\mu_1 * \mu_2)(A) = (\mu_1 \times \mu_2)\left(g^{-1}(A)\right), \quad A \in \mathcal{B}\left(\mathbb{R}^d\right),$$

或简单地写成

$$\mu_1 * \mu_2 = (\mu_1 \times \mu_2) \circ g^{-1};$$

(ii) 按 (10.6) 式, (13.12) 式又可以写成

$$(\mu_1 * \mu_2)(A) = \int_{\mathbb{R}^d} \mu_1(A - \boldsymbol{x}_2)\, \mu_2(\mathrm{d}\boldsymbol{x}_2), \quad A \in \mathcal{B}\left(\mathbb{R}^d\right),$$

等价地

$$(\mu_1 * \mu_2)(A) = \int_{\mathbb{R}^d} \mu_2(A - \boldsymbol{x}_1)\, \mu_1(\mathrm{d}\boldsymbol{x}_1), \quad A \in \mathcal{B}\left(\mathbb{R}^d\right),$$

其中 $A - \boldsymbol{x} = \{\boldsymbol{z} - \boldsymbol{x} : \boldsymbol{z} \in A\}$.

定理 13.40　设 μ_1, μ_2 都是 $\left(\mathbb{R}^d, \mathcal{B}\left(\mathbb{R}^d\right)\right)$ 上的有限测度, 则 $\mu_1 * \mu_2$ 仍然是 $\left(\mathbb{R}^d, \mathcal{B}\left(\mathbb{R}^d\right)\right)$ 上的有限测度, 称为 μ_1 与 μ_2 的**卷积**. 特别地, 当 μ_1, μ_2 都是 $\left(\mathbb{R}^d, \mathcal{B}\left(\mathbb{R}^d\right)\right)$ 上的概率测度时, $\mu_1 * \mu_2$ 仍然是 $\left(\mathbb{R}^d, \mathcal{B}\left(\mathbb{R}^d\right)\right)$ 上的概率测度.

定理 13.41　设 $\boldsymbol{X}, \boldsymbol{Y}$ 是独立的同维数的 R.V., 则

$$P \circ (\boldsymbol{X} + \boldsymbol{Y})^{-1} = \left(P \circ \boldsymbol{X}^{-1}\right) * \left(P \circ \boldsymbol{Y}^{-1}\right),$$

即独立随机向量和的概率分布等于概率分布的卷积.

定理 13.42　设 F_1 和 F_2 是同维数的 d.f., 则

$$P_{F_1 * F_2} = P_{F_1} * P_{F_2},$$

即由分布函数的卷积诱导的概率测度等于由各分布函数诱导的概率测度的卷积.

定理 13.43　设 $\boldsymbol{X}, \boldsymbol{Y}$ 是独立的同维数的 R.V., 则 $F_{\boldsymbol{X}+\boldsymbol{Y}} = F_{\boldsymbol{X}} * F_{\boldsymbol{Y}}$, 即独立随机向量和的分布函数等于分布函数的卷积.

推论 13.44　设 $\boldsymbol{X}, \boldsymbol{Y}$ 是独立的 d 维 R.V., 则

$$P\{\boldsymbol{X} + \boldsymbol{Y} \leqslant \boldsymbol{z}\} = \int_{\mathbb{R}^d} F_{\boldsymbol{X}}(\boldsymbol{z} - \boldsymbol{y})\, \mathrm{d}F_{\boldsymbol{Y}}(\boldsymbol{y}).$$

推论 13.45　设 $\boldsymbol{X}, \boldsymbol{Y}$ 是独立的 d 维 R.V., 若 $\boldsymbol{X}, \boldsymbol{Y}$ 中至少有一个绝对连续, 则 $\boldsymbol{X} + \boldsymbol{Y}$ 绝对连续, 其密度函数为

$$f_{\boldsymbol{X}+\boldsymbol{Y}}(\boldsymbol{z}) = \begin{cases} \displaystyle\int_{\mathbb{R}^d} f_{\boldsymbol{X}}(\boldsymbol{z} - \boldsymbol{y})\, \mathrm{d}F_{\boldsymbol{Y}}(\boldsymbol{y}), & \boldsymbol{X} \text{ 绝对连续}, \\ \displaystyle\int_{\mathbb{R}^d} f_{\boldsymbol{Y}}(\boldsymbol{z} - \boldsymbol{x})\, \mathrm{d}F_{\boldsymbol{X}}(\boldsymbol{x}), & \boldsymbol{Y} \text{ 绝对连续}, \end{cases}$$

特别地, 当 $\boldsymbol{X}, \boldsymbol{Y}$ 都绝对连续时, 其密度函数为

$$f_{\boldsymbol{X}+\boldsymbol{Y}}(\boldsymbol{z}) = \begin{cases} \displaystyle\int_{\mathbb{R}^d} f_{\boldsymbol{X}}(\boldsymbol{z}-\boldsymbol{y}) f_{\boldsymbol{Y}}(\boldsymbol{y}) \mathrm{d}\boldsymbol{y}, \\ \displaystyle\int_{\mathbb{R}^d} f_{\boldsymbol{Y}}(\boldsymbol{z}-\boldsymbol{x}) f_{\boldsymbol{X}}(\boldsymbol{x}) \mathrm{d}\boldsymbol{x}. \end{cases}$$

13.4.2 习题 13.4 解答与评注

13.30 设 μ_1, μ_2, μ_3 是 $\left(\mathbb{R}^d, \mathcal{B}\left(\mathbb{R}^d\right)\right)$ 上的三个有限测度, 则

(1) (交换律) $\mu_1 * \mu_2 = \mu_2 * \mu_1$;

(2) (结合律) $(\mu_1 * \mu_2) * \mu_3 = \mu_1 * (\mu_2 * \mu_3)$.

证明 (1) $\forall A \in \mathcal{B}\left(\mathbb{R}^d\right)$, 由卷积的定义,

$$\begin{aligned}(\mu_1 * \mu_2)(A) &= (\mu_1 \times \mu_2)\left\{(\boldsymbol{x}_1, \boldsymbol{x}_2) \in \mathbb{R}^d \times \mathbb{R}^d : \boldsymbol{x}_1 + \boldsymbol{x}_2 \in A\right\} \\ &= (\mu_2 \times \mu_1)\left\{(\boldsymbol{x}_2, \boldsymbol{x}_1) \in \mathbb{R}^d \times \mathbb{R}^d : \boldsymbol{x}_2 + \boldsymbol{x}_1 \in A\right\} \\ &= (\mu_2 * \mu_1)(A).\end{aligned}$$

(2) $\forall A \in \mathcal{B}\left(\mathbb{R}^d\right)$, 由卷积的定义,

$$\begin{aligned}&((\mu_1 * \mu_2) * \mu_3)(A) \\ =& (\mu_1 \times \mu_2 \times \mu_3)\left\{(\boldsymbol{x}_1, \boldsymbol{x}_2, \boldsymbol{x}_3) \in \mathbb{R}^d \times \mathbb{R}^d \times \mathbb{R}^d : \boldsymbol{x}_1 + \boldsymbol{x}_2 + \boldsymbol{x}_3 \in A\right\} \\ =& ((\mu_1 * \mu_2) * \mu_3)(A).\end{aligned}$$

13.31 设 μ 是 $\mathbb{R}^d$ 上的有限 Borel 测度, $\delta_{\mathbf{0}}$ 是 $\mathbb{R}^d$ 中点 $\mathbf{0}$ 处的 Dirac 测度①, 则 $\mu * \delta_{\mathbf{0}} = \mu$.

证明 $\forall A \in \mathcal{B}\left(\mathbb{R}^d\right)$,

$$(\mu * \delta_0)(A) = \int_{\mathbb{R}^d} \mu(A - \boldsymbol{x}) \delta_{\mathbf{0}}(\mathrm{d}\boldsymbol{x}) = \int_{\{\mathbf{0}\}} \mu(A - \boldsymbol{x}) \delta_{\mathbf{0}}(\mathrm{d}\boldsymbol{x}) = \mu(A),$$

这表明 $\mu * \delta_{\mathbf{0}} = \mu$.

【评注】 本习题将应用于定理 17.15 的证明.

13.32 设 $\{\mu, \nu, \mu_n, n \geqslant 1\}$ 是 $\mathbb{R}^d$ 上的有限 Borel 测度列, $\mu_n \xrightarrow{w} \mu$, 则 $\mu_n * \nu \xrightarrow{w} \mu * \nu$.

① Dirac 测度的定义见例 4.13 之 (ii).

证明　$\forall g \in C_b(\mathbb{R}^d)$, 注意到对任意固定的 $\boldsymbol{y} \in \mathbb{R}^d$, 函数 $\boldsymbol{x} \mapsto g(\boldsymbol{x}+\boldsymbol{y})$ 仍然属于 $C_b(\mathbb{R}^d)$, 依次由测度卷积的定义、Fubini 定理和弱收敛的定义得

$$\begin{aligned}\int_{\mathbb{R}^d} g\mathrm{d}(\mu_n * \nu) &= \int_{\mathbb{R}^d\times\mathbb{R}^d} g(\boldsymbol{x}+\boldsymbol{y})\,\mathrm{d}(\mu_n \times \nu)\\ &= \int_{\mathbb{R}^d} \nu(\mathrm{d}\boldsymbol{y}) \int_{\mathbb{R}^d} g(\boldsymbol{x}+\boldsymbol{y})\,\mu_n(\mathrm{d}\boldsymbol{x})\\ &\to \int_{\mathbb{R}^d} \nu(\mathrm{d}\boldsymbol{y}) \int_{\mathbb{R}^d} g(\boldsymbol{x}+\boldsymbol{y})\,\mu(\mathrm{d}\boldsymbol{x})\\ &= \int_{\mathbb{R}^d} g\mathrm{d}(\mu * \nu),\end{aligned}$$

这表明 $\mu_n * \nu \xrightarrow{w} \mu * \nu$.

【评注】　(a) 若 $\mu_n \xrightarrow{w} \delta_{\mathbf{0}}$, 其中 $\delta_{\mathbf{0}}$ 是 $\mathbb{R}^d$ 中点 $\mathbf{0}$ 处的 Dirac 测度, 则 $\mu_n * \nu \xrightarrow{w} \nu * \delta_{\mathbf{0}}$, 但由习题 13.31 知 $\nu * \delta_{\mathbf{0}} = \nu$, 所以 $\mu_n * \nu \xrightarrow{w} \nu$;

(b) 本习题将应用于定理 17.15 的证明.

13.33　设二维离散型 R.V. (X, Y) 的联合分布列和边缘分布列如下:

X	Y			$p_{i\cdot}$
	0	1	2	
0	$\frac{2}{18}$	$\frac{1}{18}$	$\frac{3}{18}$	$\frac{1}{3}$
1	$\frac{3}{18}$	$\frac{2}{18}$	$\frac{1}{18}$	$\frac{1}{3}$
2	$\frac{1}{18}$	$\frac{3}{18}$	$\frac{2}{18}$	$\frac{1}{3}$
$p_{\cdot j}$	$\frac{1}{3}$	$\frac{1}{3}$	$\frac{1}{3}$	

试证 $P\circ(X+Y)^{-1} = (P\circ X^{-1}) * (P\circ Y^{-1})$, 但 X, Y 不独立.

证明　显然联合分布列不等于边缘分布列的乘积, 所以 X, Y 不独立.

不难得到 $X+Y$ 的分布列

$X+Y$	0	1	2	3	4
P	$\frac{1}{9}$	$\frac{2}{9}$	$\frac{3}{9}$	$\frac{2}{9}$	$\frac{1}{9}$

为证 $P\circ(X+Y)^{-1}=(P\circ X^{-1})*(P\circ Y^{-1})$, 还必须求 $(P\circ X^{-1})*(P\circ Y^{-1})$ 的分布.

$$\begin{aligned}\left[\left(P\circ X^{-1}\right)*\left(P\circ Y^{-1}\right)\right]\{0\}&=\left[\left(P\circ X^{-1}\right)\times\left(P\circ Y^{-1}\right)\right](\{0\}\times\{0\})\\&=P\{X=0\}P\{Y=0\}\\&=\frac{1}{3}\times\frac{1}{3}=\frac{1}{9},\end{aligned}$$

$$\begin{aligned}\left[\left(P\circ X^{-1}\right)*\left(P\circ Y^{-1}\right)\right]\{1\}&=\left[\left(P\circ X^{-1}\right)\times\left(P\circ Y^{-1}\right)\right](\{0\}\times\{1\}\cup\{1\}\times\{0\})\\&=P\{X=0\}P\{Y=1\}+P\{X=1\}P\{Y=0\}\\&=\frac{1}{3}\times\frac{1}{3}+\frac{1}{3}\times\frac{1}{3}=\frac{2}{9},\end{aligned}$$

同理

$$\left[\left(P\circ X^{-1}\right)*\left(P\circ Y^{-1}\right)\right]\{2\}=\frac{3}{9},$$

$$\left[\left(P\circ X^{-1}\right)*\left(P\circ Y^{-1}\right)\right]\{3\}=\frac{2}{9},$$

$$\left[\left(P\circ X^{-1}\right)*\left(P\circ Y^{-1}\right)\right]\{4\}=\frac{1}{9},$$

可见, $P\circ(X+Y)^{-1}=(P\circ X^{-1})*(P\circ Y^{-1})$.

【评注】 “随机变量独立 $\Rightarrow$ 和的分布等于分布的卷积”, 这是教材中已有的结论, 本题告诉我们:

和的分布等于分布的卷积 $\nRightarrow$ 随机变量独立.

13.34 设 μ_1,μ_2 是 $\left(\mathbb{R}^d,\mathcal{B}\left(\mathbb{R}^d\right)\right)$ 上的两个有限测度, h 是关于 $\mu_1*\mu_2$ 可积的 Borel 可测函数, 则

$$\int_{\mathbb{R}^d}h(\boldsymbol{x})(\mu_1*\mu_2)(\mathrm{d}\boldsymbol{x})=\int_{\mathbb{R}^d}\left[\int_{\mathbb{R}^d}h(\boldsymbol{x}_1+\boldsymbol{x}_2)\mu_1(\mathrm{d}\boldsymbol{x}_1)\right]\mu_2(\mathrm{d}\boldsymbol{x}_2).$$

证明 注意到教材中 (13.13) 式, 由积分变换定理 (定理 7.22),

$$\begin{aligned}&\int_{\mathbb{R}^d}h\mathrm{d}(\mu_1*\mu_2)=\int_{\mathbb{R}^d}h\mathrm{d}(\mu_1\times\mu_2)\circ g^{-1}\\=&\int_{\mathbb{R}^d\times\mathbb{R}^d}h\circ g\mathrm{d}(\mu_1\times\mu_2)=\int_{\mathbb{R}^d}\left[\int_{\mathbb{R}^d}h(\boldsymbol{x}_1+\boldsymbol{x}_2)\mu_1(\mathrm{d}\boldsymbol{x}_1)\right]\mu_2(\mathrm{d}\boldsymbol{x}_2),\end{aligned}$$

最后一步使用了 Fubini 定理.

13.35 设 μ_1, μ_2 是 $(\mathbb{R}, \mathcal{B}(\mathbb{R}))$ 上的两个概率测度, $p \geqslant 1$, 则

$$\int_{\mathbb{R}} |x|^p (\mu_1 * \mu_2)(\mathrm{d}x) < \infty$$

当且仅当

$$\int_{\mathbb{R}} |x|^p \mu_1(\mathrm{d}x) < \infty, \quad \int_{\mathbb{R}} |x|^p \mu_2(\mathrm{d}x) < \infty.$$

证明 "$\Leftarrow$". 由习题 13.34,

$$\begin{aligned}\int_{\mathbb{R}} |x|^p (\mu_1 * \mu_2)(\mathrm{d}x) &= \int_{\mathbb{R}} \mu_2(\mathrm{d}x_2) \int_{\mathbb{R}} |x_1 + x_2|^p \mu_1(\mathrm{d}x_1) \\ &\leqslant 2^{p-1} \int_{\mathbb{R}} \mu_2(\mathrm{d}x_2) \int_{\mathbb{R}} (|x_1|^p + |x_2|^p) \mu_1(\mathrm{d}x_1) \\ &= 2^{p-1} \left[\int_{\mathbb{R}} |x_1|^p \mu_1(\mathrm{d}x_1) + \int_{\mathbb{R}} |x_2|^p \mu_2(\mathrm{d}x_2) \right] < \infty.\end{aligned}$$

"$\Rightarrow$". 由

$$\int_{\mathbb{R}} \mu_2(\mathrm{d}x_2) \int_{\mathbb{R}} |x_1 + x_2|^p \mu_1(\mathrm{d}x_1) = \int_{\mathbb{R}} |x|^p (\mu_1 * \mu_2)(\mathrm{d}x) < \infty$$

知

$$\int_{\mathbb{R}} |x_1 + x_2|^p \mu_1(\mathrm{d}x_1) < \infty \quad \mu_2\text{-a.s. } x_2,$$

于是, 任取使上式成立的 $x_2 \in \mathbb{R}$, 有

$$\begin{aligned}\int_{\mathbb{R}} |x_1|^p \mu_1(\mathrm{d}x_1) &\leqslant 2^{p-1} \int_{\mathbb{R}} (|x_1 + x_2|^p + |x_2|^p) \mu_1(\mathrm{d}x_1) \\ &= 2^{p-1} \int_{\mathbb{R}} |x_1 + x_2|^p \mu_1(\mathrm{d}x_1) + 2^{p-1} |x_2|^p < \infty.\end{aligned}$$

由对称性得

$$\int_{\mathbb{R}} |x_2|^p \mu_2(\mathrm{d}x_2) < \infty.$$

13.36 设 X, Y 独立, 则存在至多可数个 $x_n \in \mathbb{R}$ 使得

$$P\{X + Y = 0\} = \sum_n P\{X = -x_n\} P\{Y = x_n\}.$$

证明　在 $P\{X+Y\leqslant z\}=\int_{\mathbb{R}}F_X(z-y)\,\mathrm{d}F_Y(y)$ 中令 $z=0$ 得

$$P\{X+Y\leqslant 0\}=\int_{\mathbb{R}}F_X(-y)\,\mathrm{d}F_Y(y),$$

等价地

$$P\{X+Y\leqslant 0\}=\int_{\mathbb{R}}P\{X\leqslant -y\}\,\mathrm{d}P\circ Y^{-1}(y). \qquad ①$$

在 $P\{X+Y\leqslant z\}=\int_{\mathbb{R}}F_X(z-y)\,\mathrm{d}F_Y(y)$ 中令 $z\uparrow 0$ 并使用单调收敛定理得

$$P\{X+Y<0\}=\int_{\mathbb{R}}F_X(-y-0)\,\mathrm{d}F_Y(y),$$

等价地

$$P\{X+Y<0\}=\int_{\mathbb{R}}P\{X<-y\}\,\mathrm{d}P\circ Y^{-1}(y). \qquad ②$$

由①式 −②式得

$$P\{X+Y=0\}=\int_{\mathbb{R}}P\{X=-y\}\,\mathrm{d}P\circ Y^{-1}(y), \qquad ③$$

而由习题 5.27 知, 使得 $P\{X=-x_n\}>0$ 的 $x_n\in\mathbb{R}$ 的个数至多可数, 所以 ③ 式变成

$$\begin{aligned}P\{X+Y=0\}&=\sum_n P\{X=-x_n\}\int_{\{x_n\}}\mathrm{d}P\circ Y^{-1}(y)\\&=\sum_n P\{X=-x_n\}P\{Y=x_n\}.\end{aligned}$$

13.37　设 X, Y 独立同分布, 且 $X\sim \mathrm{U}\left(-\frac{1}{2},\frac{1}{2}\right)$, 则 $X+Y$ 服从三角分布[①].

证明　由推论 13.45

$$f_{X+Y}(z)=\int_{-\infty}^{\infty}f_X(z-y)\,f_Y(y)\,\mathrm{d}y=\int_{-\frac{1}{2}}^{\frac{1}{2}}f_X(z-y)\,\mathrm{d}y,$$

① 三角分布的密度函数见表 8.2.

令 $z-y=x$, 对上式作积分变换得

$$f_{X+Y}(z)=\int_{z-\frac{1}{2}}^{z+\frac{1}{2}} f_X(x)\,\mathrm{d}x=\begin{cases}\displaystyle\int_{-\frac{1}{2}}^{z+\frac{1}{2}}\mathrm{d}x, & -1\leqslant z\leqslant 0,\\ \displaystyle\int_{z-\frac{1}{2}}^{\frac{1}{2}}\mathrm{d}x, & 0<z\leqslant 1,\\ 0, & \text{其他}\end{cases}$$

$$=\begin{cases}1+z, & -1\leqslant z\leqslant 0,\\ 1-z, & 0<z\leqslant 1,\\ 0, & \text{其他}\end{cases}=\begin{cases}1-|z|, & |z|\leqslant 1,\\ 0, & \text{其他}.\end{cases}$$

此即三角分布的密度函数.

【评注】 除巩固推论 13.45 之外, 设置本题的另一个目的是为例 17.5 搭建平台.

13.38 设 d 维 R.V. $\boldsymbol{X},\boldsymbol{Y}$ 独立, 如果 $\boldsymbol{X}$ 奇异连续, $\boldsymbol{Y}$ 离散型, 那么 $\boldsymbol{X}+\boldsymbol{Y}$ 奇异连续.

证明 首先由推论 13.44 及连续参数的控制收敛定理知 $\boldsymbol{X}+\boldsymbol{Y}$ 的 d.f. 连续.

其次, 假设 $E\in\mathcal{B}(\mathbb{R}^d)$, 使得 $\lambda(E)=0$, $P\circ\boldsymbol{X}^{-1}(E)=1$, 而 $A=\{\boldsymbol{y}_1,\boldsymbol{y}_2,\cdots,\boldsymbol{y}_n,\cdots\}\subset\mathbb{R}^d$ 是至多可数集, 使得 $P\circ\boldsymbol{Y}^{-1}(A)=1$. 令

$$B=\{\boldsymbol{x}+\boldsymbol{y}:\boldsymbol{x}\in E,\boldsymbol{y}\in A\},$$

则由定理 13.41 知

$$\begin{aligned}P\circ(\boldsymbol{X}+\boldsymbol{Y})^{-1}(B)&=\left(\left(P\circ\boldsymbol{X}^{-1}\right)*\left(P\circ\boldsymbol{Y}^{-1}\right)\right)(B)\\&=\left(\left(P\circ\boldsymbol{X}^{-1}\right)\times\left(P\circ\boldsymbol{Y}^{-1}\right)\right)\left\{(\boldsymbol{x},\boldsymbol{y})\in\mathbb{R}^d\times\mathbb{R}^d:\boldsymbol{x}+\boldsymbol{y}\in B\right\}\\&\geqslant\left(\left(P\circ\boldsymbol{X}^{-1}\right)\times\left(P\circ\boldsymbol{Y}^{-1}\right)\right)(E\times A)\\&=\left(P\circ\boldsymbol{X}^{-1}\right)(E)\cdot\left(P\circ\boldsymbol{Y}^{-1}\right)(A)=1\times 1=1,\end{aligned}$$

但由命题 4.48 知

$$\lambda(B)=\lambda\left(\biguplus_n(E+\boldsymbol{y}_n)\right)=\sum_n\lambda(E+\boldsymbol{y}_n)=\sum_n\lambda(E)=0,$$

这表明 $P\circ(\boldsymbol{X}+\boldsymbol{Y})^{-1}\perp\lambda$.

第 14 章　概率不等式

概率论中许多结论, 特别是深刻结果的导出都离不开不等式的放缩, 因此不等式在概率论中具有举足轻重的地位, 本章建立概率论中若干常见且重要的不等式.

14.1 矩不等式

14.1.1 内容提要

命题 14.1 设函数 $g:(-\infty,\infty)\to[0,\infty)$ 单调不减, r.v. X 满足 $\mathrm{E}g(X)<\infty$, 则对任意的 $\varepsilon>0$, 有

$$P\{X\geqslant\varepsilon\}\leqslant\frac{\mathrm{E}g(X)}{g(\varepsilon)},$$

$$P\{|X|\geqslant\varepsilon\}\leqslant\frac{\mathrm{E}g(|X|)}{g(\varepsilon)}.$$

定理 14.2 (Markov 不等式) 设 $\mathrm{E}|X|^r<\infty$, 其中 $r>0$, 则对任意的 $\varepsilon>0$, 有

$$P\{|X|\geqslant\varepsilon\}\leqslant\frac{\mathrm{E}|X|^r}{\varepsilon^r}.$$

定理 14.4 (Chebyshëv 不等式) 设 $\mathrm{Var}X<\infty$, 则对任意的 $\varepsilon>0$, 有

$$P\{|X-\mathrm{E}X|\geqslant\varepsilon\}\leqslant\frac{\mathrm{Var}X}{\varepsilon^2}.$$

定义 14.5 设 X 是 r.v., c 是正常数.

(i) 称 $X^c=XI\{|X|<c\}$ 为 X 在 c 处的 **Markov 截尾**, 简称 X 的 c 截尾;

(ii) 称

$$\tau_c(X)=\begin{cases}-c, & X\leqslant -c,\\ X, & |X|<c,\\ c, & X\geqslant c\end{cases}$$

为 X 在 c 处的 **Lipschitz 截尾**.

定理 14.6 (Chebyshëv 不等式的截尾版本)　对独立 r.v. $X_1, X_2, \cdots, X_n$ 及正数 $c_1, c_2, \cdots, c_n$, 令

$$X_k' = X_k I\{|X_k| < c_k\}, \quad k = 1, 2, \cdots, n,$$

则对任意的 $\varepsilon > 0$, 有

$$P\{|S_n - \mathrm{E}S_n'| \geqslant \varepsilon\} \leqslant \frac{\mathrm{Var}S_n'}{\varepsilon^2} + \sum_{k=1}^{n} P\{|X_k| \geqslant c_k\},$$

其中 $S_n = \sum\limits_{k=1}^{n} X_k$, $S_n' = \sum\limits_{k=1}^{n} X_k'$.

定理 14.7 (概率论中的 c_r 不等式)　设 $r \geqslant 1$, 则对任意的 r.v. $X_1, X_2, \cdots, X_n$, 有

$$\mathrm{E}\left|\sum_{i=1}^{n} X_i\right|^r \leqslant n^{r-1} \sum_{i=1}^{n} \mathrm{E}|X_i|^r.$$

定理 14.8　设 $r > 0$, $\mathrm{E}|X+Y|^r < \infty$, 若 X 与 Y 独立, 则 $\mathrm{E}|X|^r < \infty$, $\mathrm{E}|Y|^r < \infty$.

14.1.2　习题 14.1 解答与评注

14.1　(1) 当 $|x| \leqslant 1$ 时, $\mathrm{e}^x \leqslant 1 + x + x^2$;

(2) 设 $P\{|X| \leqslant b\} = 1$, 其中 $b > 0$ 为常数, 若 $\mathrm{E}X = 0$, $\mathrm{Var}X = \sigma^2$, 则对任意的 $t \in \left(0, \frac{1}{b}\right)$ 及 $\varepsilon > 0$, 有

$$P\{X \geqslant \varepsilon\} \leqslant \mathrm{e}^{-t\varepsilon + t^2\sigma^2},$$

$$P\{|X| \geqslant \varepsilon\} \leqslant 2\mathrm{e}^{-t\varepsilon + t^2\sigma^2}.$$

证明　(1) 不难得到

$$\mathrm{e}^x = 1 + x + x^2 \sum_{k=2}^{\infty} \frac{x^{k-2}}{k!} \leqslant 1 + x + x^2 \sum_{k=2}^{\infty} \frac{1}{k!}$$
$$= 1 + x + x^2(\mathrm{e} - 2) \leqslant 1 + x + x^2.$$

(2) 在命题 14.1 中取 $g(x) = \mathrm{e}^{tx}$, 由已证的 (1), 我们有

$$P\{X \geqslant \varepsilon\} \leqslant \frac{\mathrm{E}\mathrm{e}^{tX}}{\mathrm{e}^{t\varepsilon}} \leqslant \mathrm{e}^{-t\varepsilon}\left[1 + \mathrm{E}(tX) + \mathrm{E}(tX)^2\right]$$
$$= \mathrm{e}^{-t\varepsilon}\left(1 + t^2\sigma^2\right) \leqslant \mathrm{e}^{-t\varepsilon}\mathrm{e}^{t^2\sigma^2} = \mathrm{e}^{-t\varepsilon + t^2\sigma^2}.$$

同理可得 $P\{-X \geqslant \varepsilon\} \leqslant \mathrm{e}^{-t\varepsilon+t^2\sigma^2}$, 故 $P\{|X| \geqslant \varepsilon\} \leqslant 2\mathrm{e}^{-t\varepsilon+t^2\sigma^2}$.

14.2 设 $\{X_n, n \geqslant 1\}$ 是独立同分布的 r.v. 序列, $\mathrm{Var}X_1 < \infty$, 则

$$\frac{2}{n(n+1)}\sum_{k=1}^{n} kX_k \xrightarrow{P} \mathrm{E}X_1.$$

证明 计算得

$$\mathrm{E}\left(\frac{2}{n(n+1)}\sum_{k=1}^{n} kX_k\right) = \frac{2}{n(n+1)}\sum_{k=1}^{n} k\mathrm{E}X_k = \mathrm{E}X_1,$$

$$\mathrm{Var}\left(\frac{2}{n(n+1)}\sum_{k=1}^{n} kX_k\right) = \frac{4}{n^2(n+1)^2}\mathrm{Var}X_1\sum_{k=1}^{n} k^2 = \frac{2(2n+1)}{3n(n+1)}\mathrm{Var}X_1 \to 0,$$

由例 14.3 得到欲证.

14.3 设离散型随机变量 X 的分布列为

X	$-x$	0	x
P	p	$1-2p$	p

其中 $x > 0$, 验证 $P\{|X-\mathrm{E}X| \geqslant x\} = \dfrac{\mathrm{Var}X}{x^2}$, 即 **Chebyshëv 不等式的边界是可以达到的**.

证明 因为

$$\mathrm{E}X = (-x)p + 0\cdot(1-2p) + xp = 0,$$

$$\mathrm{Var}X = \mathrm{E}X^2 = (-x)^2 p + 0^2\cdot(1-2p) + x^2 p = 2px^2,$$

$$P\{|X-\mathrm{E}X| \geqslant x\} = P\{|X| \geqslant x\} = P\{X=-x\} + P\{X=x\} = 2p,$$

所以 $P\{|X-\mathrm{E}X| \geqslant x\} = \dfrac{\mathrm{Var}X}{x^2}$.

【评注】 本题表明, 尽管 Chebyshëv 不等式比较粗糙, 但在没有附加条件下是不能改进的.

14.4 (Cantelli 不等式①) 设 $\mathrm{Var}X = \sigma^2 < \infty$, 则对任意的 $\varepsilon \geqslant 0$, 有

$$P\{X-\mathrm{E}X \geqslant \varepsilon\} \leqslant \frac{\sigma^2}{\varepsilon^2+\sigma^2},$$

$$P\{X-\mathrm{E}X \leqslant -\varepsilon\} \leqslant \frac{\sigma^2}{\varepsilon^2+\sigma^2},$$

① 又称为**单边 Chebyshëv 不等式**.

$$P\{|X-\mathrm{E}X| \geqslant \varepsilon\} \leqslant \frac{2\sigma^2}{\varepsilon^2+\sigma^2}.$$

证明　不妨假设 $\mathrm{E}X=0$ (否则用 $X-\mathrm{E}X$ 代替 X), 显然

$$\begin{aligned}\varepsilon &= \mathrm{E}(\varepsilon-X) = \mathrm{E}(\varepsilon-X)I\{X<\varepsilon\} + \mathrm{E}(\varepsilon-X)I\{X\geqslant\varepsilon\} \\ &\leqslant \mathrm{E}(\varepsilon-X)I\{X<\varepsilon\},\end{aligned}$$

两边平方, 由 Cauchy-Schwarz 不等式得

$$\varepsilon^2 \leqslant \mathrm{E}(\varepsilon-X)^2\,\mathrm{E}I\{X<\varepsilon\} = \left(\sigma^2+\varepsilon^2\right)P\{X<\varepsilon\},$$

由此得到第一个不等式. 用 $-X$ 代替 X 得到 $P\{-X\geqslant\varepsilon\} \leqslant \dfrac{\sigma^2}{\varepsilon^2+\sigma^2}$, 两式相加就完成第二个不等式的证明.

【评注】　设 r.v. X 的分布列为

$$P\{X=\mathrm{E}X+\varepsilon\} = \frac{\sigma^2}{\varepsilon^2+\sigma^2}, \quad P\left\{X=\mathrm{E}X-\frac{\sigma^2}{\varepsilon}\right\} = \frac{\varepsilon^2}{\varepsilon^2+\sigma^2},$$

立知 **Cantelli 不等式的边界是可以达到的**.

14.5　设 X 是方差有限的非负 r.v., 则 $\forall\lambda\in(0,1)$, 有

$$\mathrm{E}X^2\cdot P\{X\geqslant\lambda\mathrm{E}X\} \geqslant (1-\lambda)(\mathrm{E}X)^2.$$

证明　由

$$\begin{aligned}\mathrm{E}X &= \mathrm{E}XI\{0\leqslant X<\lambda\mathrm{E}X\} + \mathrm{E}XI\{X\geqslant\lambda\mathrm{E}X\} \\ &\leqslant \lambda\mathrm{E}X\cdot P\{0\leqslant X<\lambda\mathrm{E}X\} + \mathrm{E}XI\{X\geqslant\lambda\mathrm{E}X\} \\ &\leqslant \lambda\mathrm{E}X + \mathrm{E}XI\{X\geqslant\lambda\mathrm{E}X\}\end{aligned}$$

得

$$(1-\lambda)\mathrm{E}X \leqslant \mathrm{E}XI\{X\geqslant\lambda\mathrm{E}X\},$$

进而由 Cauchy-Schwarz 不等式得

$$(1-\lambda)\mathrm{E}X \leqslant \left(\mathrm{E}X^2\right)^{\frac{1}{2}}\left(\mathrm{E}I\{X\geqslant\lambda\mathrm{E}X\}\right)^{\frac{1}{2}},$$

此即

$$(1-\lambda)^2(\mathrm{E}X)^2 \leqslant \mathrm{E}X^2\cdot P\{X\geqslant\lambda\mathrm{E}X\}.$$

14.6 设 $r>0$, 举例说明：即使 $\mathrm{E}|X+Y|^r<\infty$, 也未必有 $\mathrm{E}|X|^r<\infty$, $\mathrm{E}|Y|^r<\infty$.

解 设 X 的分布列为

$$P\left\{X=2^{\frac{n}{r}}\right\}=\frac{1}{2^n},\quad n=1,2,\cdots,$$

$Y=-X$, 此时 $\mathrm{E}|X+Y|^r=0$, 但

$$\mathrm{E}|X|^r=\mathrm{E}|Y|^r=\sum_{n=1}^{\infty}\left(2^{\frac{n}{r}}\right)^r\frac{1}{2^n}=\sum_{n=1}^{\infty}1=\infty.$$

14.7 设 X, Y 为独立的 r.v., 证明

(1) 当 x 充分大时,

$$P\{|X|>x\}\leqslant 2P\left\{|X|>x,|Y|\leqslant\frac{x}{2}\right\}\leqslant 2P\left\{|X+Y|>\frac{x}{2}\right\};$$

(2) 当 y 充分大时,

$$P\{|Y|>y\}\leqslant 2P\left\{|X|\leqslant\frac{y}{2},|Y|>y\right\}\leqslant 2P\left\{|X+Y|>\frac{y}{2}\right\};$$

(3) 若对某个 $p>0$, $\mathrm{E}|X+Y|^p<\infty$, 则 $\mathrm{E}|X|^p<\infty$ 且 $\mathrm{E}|Y|^p<\infty$.

证明 (2) 与 (1) 的证明是平行的, 这里仅证 (1).

因为 $P\left\{|Y|<\frac{x}{2}\right\}+P\left\{|Y|\geqslant\frac{x}{2}\right\}=1$, 而 $P\left\{|Y|<\frac{x}{2}\right\}$ 随 x 增大而增大, $P\left\{|Y|\geqslant\frac{x}{2}\right\}$ 随 x 增大而减小, 所以当 x 充分大时, $P\left\{|Y|\geqslant\frac{x}{2}\right\}\leqslant P\left\{|Y|<\frac{x}{2}\right\}$. 于是当 x 充分大时, 由独立性得

$$\begin{aligned}P\{|X|>x\}&=P\{|X|>x\}P\left\{|Y|<\frac{x}{2}\right\}+P\{|X|>x\}P\left\{|Y|\geqslant\frac{x}{2}\right\}\\&\leqslant 2P\{|X|>x\}P\left\{|Y|<\frac{x}{2}\right\}\\&=2P\left\{|X|>x,|Y|<\frac{x}{2}\right\}\\&\leqslant 2P\left\{|X+Y|>\frac{x}{2}\right\}.\end{aligned}$$

(3) 为确定起见, 不妨假设当 $x>x_0$ 时, (1) 中的不等式成立, 于是由习题 10.26 之 (2) 得

$$\mathrm{E}|X|^p=p\int_0^{\infty}x^{p-1}P\{|X|>x\}\mathrm{d}x$$

$$
\begin{aligned}
&= p\int_0^{x_0} x^{p-1}P\{|X|>x\}\,\mathrm{d}x + p\int_{x_0}^{\infty} x^{p-1}P\{|X|>x\}\,\mathrm{d}x \\
&\leqslant x_0^p + 2p\int_{x_0}^{\infty} x^{p-1}P\left\{|X+Y|>\frac{x}{2}\right\}\mathrm{d}x \\
&= x_0^p + 2p\int_{\frac{x_0}{2}}^{\infty} (2z)^{p-1}\,P\{|X+Y|>z\}\cdot 2\mathrm{d}z \\
&\leqslant x_0^p + 2^{p+1}\mathrm{E}\,|X+Y|^p,
\end{aligned}
$$

这意味着 $\mathrm{E}\,|X|^p<\infty$.

同理, 利用 (2) 得到 $\mathrm{E}\,|Y|^p<\infty$.

14.2 与中位数或对称化有关的不等式

14.2.1 内容提要

定义 14.9 设 X 是 r.v., 称

$$
\mathrm{med}\,(X)=\inf\left\{x\in\mathbb{R}:P\{X\leqslant x\}\geqslant\frac{1}{2}\right\} \tag{14.1}
$$

为 X 的**中位数**.

注记 14.10 (i) 虽然 (14.2) 式并不蕴含 (14.1) 式, 即 (14.1) 式严格强于 (14.2) 式, 但在概率论的理论推导中, 中位数所起的作用仅限于 (14.2) 式, 所以大部分文献都用 (14.2) 式作为随机变量的中位数的定义;

(ii) 本书用 (14.1) 式作为随机变量的中位数的定义, 是为了与数理统计的相关概念接轨 (见定义 19.13).

命题 14.11 (i) 若 $P\{|X|\geqslant a\}<\frac{1}{2}$, 则 $|\mathrm{med}\,(X)|<a$;

(ii) 若对某个 $r>0$, $\mathrm{E}\,|X|^r<\infty$, 则 $|\mathrm{med}\,(X)|\leqslant 2^{\frac{1}{r}}\,\|X\|_r$;

(iii) 若对某个 $r\geqslant 1$, $\mathrm{E}\,|X|^r<\infty$, 则 $|\mathrm{med}\,(X)-\mathrm{E}X|\leqslant 2^{\frac{1}{r}}\,\|X-\mathrm{E}X\|_r$, 特别地, 若 $\mathrm{Var}X<\infty$, 则 $|\mathrm{med}\,(X)-\mathrm{E}X|\leqslant\sqrt{2\mathrm{Var}X}$.

定理 14.12 设 r.v. $X_1,X_2,\cdots,X_n$ 独立, 记 $S_k=\sum\limits_{i=1}^{k}X_i$, $k=1,2,\cdots,n$, 则对任意的 $\varepsilon>0$, 有

$$
P\left\{\max_{1\leqslant k\leqslant n}\Big[S_k-\mathrm{med}\,(S_k-S_n)\Big]\geqslant\varepsilon\right\}\leqslant 2P\{S_n\geqslant\varepsilon\},
$$

$$P\left\{\max_{1\leqslant k\leqslant n}\left|S_k-\operatorname{med}(S_k-S_n)\right|\geqslant\varepsilon\right\}\leqslant 2P\{|S_n|\geqslant\varepsilon\}.$$

命题 14.13 对任意的 r.v. X, 存在 r.v.X', X'', 使得 X', X'' 独立同分布于 X.

命题 14.14 对任意的 R.V. $(X_1,X_2,\cdots,X_n)$, 存在 R.V. $(X_1',X_2',\cdots,X_n')$ 和 $(X_1'',X_2'',\cdots,X_n'')$, 使得 $(X_1',X_2',\cdots,X_n')$, $(X_1'',X_2'',\cdots,X_n'')$ 独立同分布于 $(X_1,X_2,\cdots,X_n)$.

命题 14.15 对任意的 r.v. 序列 $\{X_n,n\geqslant1\}$, 存在 r.v. 序列 $\{Y_n,n\geqslant1\}$ 和 $\{Z_n,n\geqslant1\}$, 使得 $\{Y_n,n\geqslant1\}$, $\{Z_n,n\geqslant1\}$ 独立同分布于 $\{X_n,n\geqslant1\}$.

定义 14.16 若 $-X\overset{d}{=}X$, 则称 X 具有**对称分布**或称 X 是**对称随机变量**.

定义 14.17 (i) 对于 r.v. X, 称 X^{s} 是 X 的**对称化**, 其中 $X^{\mathrm{s}}=X-X'$, X' 与 X 独立同分布;

(ii) 对于 R.V. $(X_1,X_2,\cdots,X_n)$, 称 $(X_1^{\mathrm{s}},X_2^{\mathrm{s}},\cdots,X_n^{\mathrm{s}})$ 是 $(X_1,X_2,\cdots,X_n)$ 的对称化, 其中诸 $X_i^{\mathrm{s}}=X_i-X_i'$, $(X_1',X_2',\cdots,X_n')$ 与 $(X_1,X_2,\cdots,X_n)$ 独立同分布;

(iii) 对于 r.v. 序列 $\{X_n,n\geqslant1\}$, 称 $\{X_n^{\mathrm{s}},n\geqslant1\}$ 是 $\{X_n,n\geqslant1\}$ 的对称化, 其中诸 $X_n^{\mathrm{s}}=X_n-X_n'$, $\{X_n',n\geqslant1\}$ 与 $\{X_n,n\geqslant1\}$ 独立同分布.

注记 14.18 (i) 在概率空间 $(\Omega,\mathcal{F},P)$ 上, 未必存在与某个特定 r.v. (相应地, R.V. 或 r.v. 序列) 独立同分布的 r.v. (相应地, R.V. 或 r.v. 序列), 从而 r.v. (相应地, R.V. 或 r.v. 序列) 的对称化未必能够实现;

(ii) 但由命题 14.13 (相应地, 命题 14.14 或命题 14.15), 在 "扩大" 了的概率空间上, 对称化总是能够实现的;

(iii) 因此, 不失一般性, 我们总可以假定概率空间 $(\Omega,\mathcal{F},P)$ 如此之 "大", 在它上面定义着一个与特定 r.v. (相应地, R.V. 或 r.v. 序列) 独立同分布的 r.v. (相应地, R.V. 或 r.v. 序列), 因而也定义着它的对称化 r.v. (相应地, R.V. 或 r.v. 序列).

命题 14.19 $\operatorname{med}(X^{\mathrm{s}})=0$.

命题 14.20 (弱对称化不等式) 对任意实数 x 和 a,

$$\frac12P\{X-\operatorname{med}(X)\geqslant x\}\leqslant P\{X^{\mathrm{s}}\geqslant x\},$$

$$\frac12P\{|X-\operatorname{med}(X)|\geqslant x\}\leqslant P\{|X^{\mathrm{s}}|\geqslant x\}\leqslant 2P\left\{|X-a|\geqslant\frac{x}{2}\right\},$$

特别地,

$$\frac12P\{|X-\operatorname{med}(X)|\geqslant x\}\leqslant P\{|X^{\mathrm{s}}|\geqslant x\}\leqslant 2P\left\{|X-\operatorname{med}(X)|\geqslant\frac{x}{2}\right\}.$$

命题 14.21 (强对称化不等式)　对任意实数 x 和有穷数列 $\{a_k, 1 \leqslant k \leqslant n\}$,

$$\frac{1}{2}P\left\{\max_{1\leqslant k\leqslant n}\Big[X_k-\mathrm{med}\,(X_k)\Big]\geqslant x\right\}\leqslant P\left\{\max_{1\leqslant k\leqslant n}X_k^{\mathrm{s}}\geqslant x\right\},$$

$$\begin{aligned}\frac{1}{2}P\left\{\max_{1\leqslant k\leqslant n}\Big|X_k-\mathrm{med}\,(X_k)\Big|\geqslant x\right\}&\leqslant P\left\{\max_{1\leqslant k\leqslant n}|X_k^{\mathrm{s}}|\geqslant x\right\}\\&\leqslant 2P\left\{\max_{1\leqslant k\leqslant n}|X_k-a_k|\geqslant \frac{x}{2}\right\},\end{aligned}$$

特别地,

$$\begin{aligned}\frac{1}{2}P\left\{\max_{1\leqslant k\leqslant n}\Big|X_k-\mathrm{med}\,(X_k)\Big|\geqslant x\right\}&\leqslant P\left\{\max_{1\leqslant k\leqslant n}|X_k^{\mathrm{s}}|\geqslant x\right\}\\&\leqslant 2P\left\{\max_{1\leqslant k\leqslant n}\Big|X_k-\mathrm{med}\,(X_k)\Big|\geqslant \frac{x}{2}\right\}.\end{aligned}$$

14.2.2　习题 14.2 解答与评注

14.8　证明 (14.1) 式蕴含 (14.2) 式.

证明　假设 (14.1) 式成立, 则当 $x > \mathrm{med}\,(X)$ 时, $P\{X \leqslant x\} \geqslant \frac{1}{2}$, 令 $x \downarrow \mathrm{med}\,(X)$ 得到

$$P\{X \leqslant \mathrm{med}\,(X)\} \geqslant \frac{1}{2}.$$

当 $x < \mathrm{med}\,(X)$ 时, 由下确界的定义, $P\{X \leqslant x\} < \frac{1}{2}$, 等价地 $P\{X > x\} > \frac{1}{2}$, 于是

$$\begin{aligned}P\{X \geqslant \mathrm{med}\,(X)\} &= P\left(\bigcap_{n=1}^{\infty}\left\{X > \mathrm{med}\,(X) - \frac{1}{n}\right\}\right)\\&= \lim_{n\to\infty}P\left\{X > \mathrm{med}\,(X) - \frac{1}{n}\right\} \geqslant \frac{1}{2}.\end{aligned}$$

综上, $P\{X \leqslant \mathrm{med}\,(X)\} \wedge P\{X \geqslant \mathrm{med}\,(X)\} \geqslant \frac{1}{2}$, 即 (14.2) 式成立.

14.9　设 X 是任意一个 r.v., 则

(1) $\mathrm{med}\,(X) \leqslant \sup\left\{x \in \mathbb{R} : P\{X < x\} \leqslant \frac{1}{2}\right\}$;

(2) $\text{med}\,(-X) \leqslant -\text{med}\,(X)$.

证明 (1) 设 $x^* = \sup\left\{x \in \mathbb{R} : P\{X < x\} \leqslant \frac{1}{2}\right\}$, 则 $\forall \varepsilon > 0$, 由上确界的定义知

$$P\{X < x^* + \varepsilon\} > \frac{1}{2},$$

更有

$$P\{X \leqslant x^* + \varepsilon\} \geqslant \frac{1}{2},$$

从而 $\text{med}\,(X) \leqslant x^* + \varepsilon$, 由 ε 的任意性便得欲证.

(2) 由 (1) 得

$$\begin{aligned}\text{med}\,(-X) &= \inf\left\{x \in \mathbb{R} : P\{-X \leqslant x\} \geqslant \frac{1}{2}\right\} = \inf\left\{x \in \mathbb{R} : P\{X \geqslant -x\} \geqslant \frac{1}{2}\right\} \\ &= \inf\left\{-y \in \mathbb{R} : P\{X \geqslant y\} \geqslant \frac{1}{2}\right\} = -\sup\left\{y \in \mathbb{R} : P\{X \geqslant y\} \geqslant \frac{1}{2}\right\} \\ &= -\sup\left\{y \in \mathbb{R} : P\{X < y\} \leqslant \frac{1}{2}\right\} \leqslant -\text{med}\,(X).\end{aligned}$$

【评注】 这里再次提请读者注意: $\text{med}\,(-X) = -\text{med}\,(X)$ 未必成立, 见教材想一想 14.1 解答中给出的反例.

14.10 对每个 $n \geqslant 1$, m_n 是 r.v. X_n 的中位数, m 是集合 $\{m_n, n \geqslant 1\}$ 的一个聚点, 若 $X_n \xrightarrow{d} X$, 则 m 必然满足 $P\{X \geqslant m\} \wedge P\{X \leqslant m\} \geqslant \frac{1}{2}$.

证明 不妨假设 $\lim\limits_{n\to\infty} m_n = m$ (否则根据命题 2.45, 可用 $\{m_n\}$ 的某个子序列代替 $\{m_n\}$), 任取使 $m - \frac{\varepsilon}{2}$, $m + \varepsilon$ 同时是 $F_X(x)$ 的连续点的正数 ε, 则对充分大的 n, 有

$$m - \varepsilon < m_n < m + \varepsilon,$$

因而

$$\frac{1}{2} \leqslant P\{X_n \leqslant m_n\} \leqslant P\{X_n \leqslant m + \varepsilon\},$$

$$\frac{1}{2} \leqslant P\{X_n \geqslant m_n\} \leqslant P\{X_n \geqslant m - \varepsilon\} \leqslant P\left\{X_n > m - \frac{\varepsilon}{2}\right\}.$$

先令 $n \to \infty$ 得到

$$\frac{1}{2} \leqslant P\{X \leqslant m + \varepsilon\}, \quad \frac{1}{2} \leqslant P\left\{X > m - \frac{\varepsilon}{2}\right\},$$

再令 $\varepsilon \downarrow 0$ 得到

$$\frac{1}{2} \leqslant P\{X \leqslant m\}, \quad \frac{1}{2} \leqslant P\{X \geqslant m\},$$

所以 $P\{X \geqslant m\} \wedge P\{X \leqslant m\} \geqslant \frac{1}{2}$.

14.11　设 $X_1, X_2, \cdots, X_n$ 是独立且均具有对称分布的 r.v., 记 $S_k = \sum_{i=1}^{k} X_i$, $k = 1, 2, \cdots, n$, 则对任意的 $\varepsilon > 0$, 有

(1) $P\left\{\max_{1 \leqslant k \leqslant n} |X_k| \geqslant 2\varepsilon\right\} \leqslant P\left\{\max_{1 \leqslant k \leqslant n} |S_k| \geqslant \varepsilon\right\} \leqslant 2P\{|S_n| \geqslant \varepsilon\}$;

(2) 进一步假设 $X_1, X_2, \cdots, X_n$ 同分布, F 是公共分布函数, 则

$$P\{|S_n| \geqslant \varepsilon\} \geqslant \frac{1}{2}\left\{1 - \mathrm{e}^{-n[1-F(2\varepsilon)+F(-2\varepsilon)]}\right\}.$$

证明　(1) 由 $|X_k| \leqslant |S_k| + |S_{k-1}|\,(S_0 = 0)$ 得

$$\begin{aligned}\max_{1 \leqslant k \leqslant n} |X_k| &\leqslant \max_{1 \leqslant k \leqslant n} |S_k| + \max_{1 \leqslant k \leqslant n} |S_{k-1}| \\ &= \max_{1 \leqslant k \leqslant n} |S_k| + \max_{1 \leqslant k \leqslant n-1} |S_k| \leqslant 2 \max_{1 \leqslant k \leqslant n} |S_k|,\end{aligned}$$

由此得到欲证双向不等式的左半部分.

注意到独立性及诸 X_k 对称, 由想一想 14.3 的解答知 $\operatorname{med}(S_k - S_n) = 0$, 于是 Lévy 不等式保证欲证双向不等式的右半部分.

(2) 由已证的 (1) 得

$$P\{|S_n| \geqslant \varepsilon\} \geqslant \frac{1}{2} P\left\{\max_{1 \leqslant k \leqslant n} |X_k| \geqslant 2\varepsilon\right\} = \frac{1}{2}\left[1 - P\left\{\max_{1 \leqslant k \leqslant n} |X_k| < 2\varepsilon\right\}\right], \quad ①$$

而

$$\begin{aligned}P\left\{\max_{1 \leqslant k \leqslant n} |X_k| < 2\varepsilon\right\} &= \Big[P\{-2\varepsilon < X_1 < 2\varepsilon\}\Big]^n \leqslant \Big[P\{-2\varepsilon < X_1 \leqslant 2\varepsilon\}\Big]^n \\ &= \Big[F(2\varepsilon) - F(-2\varepsilon)\Big]^n = \Big\{1 - \Big[1 - F(2\varepsilon) + F(-2\varepsilon)\Big]\Big\}^n \\ &\leqslant \left\{\mathrm{e}^{-[1-F(2\varepsilon)+F(-2\varepsilon)]}\right\}^n = \mathrm{e}^{-n[1-F(2\varepsilon)+F(-2\varepsilon)]},\end{aligned}$$

倒数第二步使用了不等式 $1 - x \leqslant \mathrm{e}^{-x}$, $0 \leqslant x \leqslant 1$. 将上式代入①式就得到欲证.

【评注】　(a) 在题设条件下, 由 (1) 知, 对任意的正数列 $\{b_n, n \geqslant 1\}$, 若 $\frac{S_n}{b_n} \xrightarrow{P} 0$, 则 $\frac{\max_{1 \leqslant k \leqslant n} |X_k|}{b_n} \xrightarrow{P} 0$. 此结论将应用于定理 19.21 的证明.

(b) 由 (1) 可得如下压缩原理: 设 $X_1, X_2, \cdots, X_n$ 是独立同分布且均具有对称分布的 r.v., 实数 $a_1, a_2, \cdots, a_n$ 满足 $\max\limits_{1\leqslant k\leqslant n}|a_k| \leqslant 1$, 则 $\forall\varepsilon>0$, 有 $P\left\{\left|\sum\limits_{k=1}^{n} a_k X_k\right| \geqslant \varepsilon\right\} \leqslant 2P\left\{\left|\sum\limits_{k=1}^{n} X_k\right| \geqslant \varepsilon\right\}$.

14.12 设 $X_1, X_2, \cdots, X_n$ 是期望为零方差有限的独立 r.v., 记 $S_k = \sum\limits_{i=1}^{k} X_i$, $k = 1, 2, \cdots, n$, 则对任意的 $\varepsilon > 0$, 有

$$P\left\{\max_{1\leqslant k\leqslant n} S_k \geqslant \varepsilon\right\} \leqslant 2P\left\{S_n \geqslant \varepsilon - \sqrt{2\mathrm{Var}S_n}\right\}.$$

证明 由定理 14.12 得

$$P\left\{\max_{1\leqslant k\leqslant n}\left[S_k - \mathrm{med}\,(S_k - S_n)\right] \geqslant \varepsilon\right\} \leqslant 2P\left\{S_n \geqslant \varepsilon\right\},$$

而

$$\begin{aligned}\max_{1\leqslant k\leqslant n}\left[S_k - \mathrm{med}\,(S_k - S_n)\right] &\geqslant \max_{1\leqslant k\leqslant n}\left[S_k - \max_{1\leqslant k\leqslant n}\mathrm{med}\,(S_k - S_n)\right]\\ &= \max_{1\leqslant k\leqslant n} S_k - \max_{1\leqslant k\leqslant n}\mathrm{med}\,(S_k - S_n)\\ &\geqslant \max_{1\leqslant k\leqslant n} S_k - \max_{1\leqslant k\leqslant n}\left|\mathrm{med}\,(S_k - S_n)\right|,\end{aligned}$$

所以

$$P\left\{\max_{1\leqslant k\leqslant n} S_k - \max_{1\leqslant k\leqslant n}\left|\mathrm{med}\,(S_k - S_n)\right| \geqslant \varepsilon\right\} \leqslant 2P\left\{S_n \geqslant \varepsilon\right\}.$$

用 $\varepsilon - \max\limits_{1\leqslant k\leqslant n}\left|\mathrm{med}\,(S_k - S_n)\right|$ 代替上式中的 ε 就得到

$$P\left\{\max_{1\leqslant k\leqslant n} S_k \geqslant \varepsilon\right\} \leqslant 2P\left\{S_n \geqslant \varepsilon - \max_{1\leqslant k\leqslant n}\left|\mathrm{med}\,(S_k - S_n)\right|\right\}.$$

但由命题 14.11 之 (iii) 知

$$\left|\mathrm{med}\,(S_k - S_n)\right| \leqslant \sqrt{2\mathrm{Var}\,(S_k - S_n)} \leqslant \sqrt{2\mathrm{Var}S_n},$$

所以

$$\max_{1\leqslant k\leqslant n}\left|\mathrm{med}\,(S_k - S_n)\right| \leqslant \sqrt{2\mathrm{Var}S_n},$$

故

$$P\left\{\max_{1\leqslant k\leqslant n} S_k \geqslant \varepsilon\right\} \leqslant 2P\left\{S_n \geqslant \varepsilon - \sqrt{2\mathrm{Var}S_n}\right\}.$$

14.13 对任意的 $r>0$ 和 $a\in\mathbb{R}$,

$$\frac{1}{2}\mathrm{E}\Big|X-\mathrm{med}\,(X)\Big|^r \leqslant \mathrm{E}\,|X^{\mathrm{s}}|^r \leqslant 2c_r\mathrm{E}\,|X-a|^r\,,$$

其中 $c_r = 2^{r-1}\vee 1$, 特别地,

$$\frac{1}{2c_r}\mathrm{E}\,|X|^r \leqslant \mathrm{E}\,|X^s|^r + |\mathrm{med}\,(X)|^r \leqslant 2c_r\mathrm{E}\,|X|^r + |\mathrm{med}\,(X)|^r\,,$$

$$\mathrm{E}\,|X|^r < \infty \Leftrightarrow \mathrm{E}\,|X^{\mathrm{s}}|^r < \infty.$$

证明 由习题 10.26 之 (2) 及命题 14.20 得

$$\begin{aligned}\frac{1}{2}\mathrm{E}\Big|X-\mathrm{med}\,(X)\Big|^r &= \frac{1}{2}r\int_0^\infty x^{r-1}P\Big\{\Big|X-\mathrm{med}\,(X)\Big|\geqslant x\Big\}\mathrm{d}x\\ &\leqslant r\int_0^\infty x^{r-1}P\left\{|X^{\mathrm{s}}|\geqslant x\right\}\mathrm{d}x\\ &= \mathrm{E}\,|X^{\mathrm{s}}|^r\,,\end{aligned}$$

这就完成了第一个双向不等式左半部分的证明. 至于右半部分, 是因为

$$\begin{aligned}\mathrm{E}\,|X^{\mathrm{s}}|^r &= \mathrm{E}\,|(X-a)-(X'-a)|^r\\ &\leqslant c_r\left(\mathrm{E}\,|X-a|^r + \mathrm{E}\,|X'-a|^r\right) = 2c_r\mathrm{E}\,|X-a|^r\,,\end{aligned}$$

由此不难得到其余结论的证明.

【评注】 特别地, 取 $r=1$ 时, 我们得到 $\mathrm{E}\,|X-a|\geqslant\dfrac{1}{4}\mathrm{E}\,|X-\mathrm{med}\,(X)|$, 接下来的习题 14.14 之 (2) 加强了这个不等式.

14.14 对任意的 r.v. X, 有

(1) $\inf\limits_{-\infty<a<\infty}\mathrm{E}\,(X-a)^2 = \mathrm{E}\,(X-\mathrm{E}X)^2$;

(2) $\inf\limits_{-\infty<a<\infty}\mathrm{E}\,|X-a| = \mathrm{E}\Big|X-\mathrm{med}\,(X)\Big|$.

证明 (1) 在任何一本初等概率论教材中都可发现这个结论的证明.

(2) 不妨假设 $\mathrm{med}\,(X)=0$, 否则用 $X-\mathrm{med}\,(X)$ 代替 X.

当 $a=0$ 时, 平凡地有 $\mathrm{E}\,|X-a|\geqslant\mathrm{E}\,|X|$.

当 $a>0$ 的, 注意

$$|X-a|-|X|\geqslant a\left[I\left\{X\leqslant 0\right\}-I\left\{X>0\right\}\right], \qquad ①$$

而

$$\mathrm{E}\left[I\left\{X \leqslant 0\right\}-I\left\{X>0\right\}\right]=P\left\{X \leqslant 0\right\}-P\left\{X>0\right\}$$
$$=2P\{X \leqslant 0\}-1 \geqslant 0,$$

最后的不等式成立是因为 0 是 X 的中位数, 所以 $\mathrm{E}\left|X-a\right| \geqslant \mathrm{E}\left|X\right|$.

当 $a<0$ 时, 将①式替换为

$$|X-a|-|X| \geqslant a\left[I\left\{X<0\right\}-I\left\{X \geqslant 0\right\}\right]$$

即可.

【评注】 (a) 均值是最小二乘问题之解, 而中位数是最小绝对偏差问题之解, 既然是两个不同问题之解, 除非机缘巧合, 它们一般是不相等的就不足为奇了.

(b) 习题 14.14 之 (2) 是当 $\mathrm{E}X$ 存在时给出的结论. 当 $\mathrm{E}X$ 不存在时, 其对应物是什么呢? 事实上, 它的一个对应物是

$$\inf_{-\infty<a<\infty} \mathrm{E}\left(|X-a|-|X|\right)=\mathrm{E}\left(|X-\mathrm{med}\left(X\right)|-|X|\right).$$

14.15 甲与乙依下列规则玩机会游戏: 甲从装有编号为 $1,2,3,4,5$ 的 5 个球的盒中随机摸出一球放入密盒中, 让乙猜号码. 乙对甲的支付是他猜的号码与甲摸出号码之差的 (1) 平方; (2) 绝对值. 试对两种不同的游戏规则, 讨论乙应该采取的最佳策略.

解 设甲摸出一球的号码为 X, 乙猜的号码为 a, 乙的最佳策略是使平均支付最小, 因此由习题 14.14 可知

(1) 当 $a=\mathrm{E}X$ 时, $\mathrm{E}\left(X-a\right)^2$ 最小, 而

$$\mathrm{E}X=1\times\frac{1}{15}+2\times\frac{2}{15}+3\times\frac{3}{15}+4\times\frac{4}{15}+5\times\frac{5}{15}=\frac{11}{3}=3\frac{2}{3},$$

所以 “在每三次游戏中, 一次猜 3, 两次猜 4” 是最佳策略.

(2) 当 $a=\mathrm{med}\left(X\right)$ 时, $\mathrm{E}\left|X-a\right|$ 最小, 而容易得知 $\mathrm{med}\left(X\right)=4$, 所以猜 4 是最佳策略.

14.16 设 $X \sim F\left(x\right)$, $F^{\mathrm{m}}\left(x\right)=F\left(x+\mathrm{med}\left(X\right)\right)$, $F^{\mathrm{s}}\left(x\right)$ 表示 X^{s} 的 d.f., 则

$$1-F^{\mathrm{s}}\left(x\right)+F^{\mathrm{s}}\left(-x\right) \geqslant \frac{1}{2}\Big[1-F^{\mathrm{m}}\left(x\right)+F^{\mathrm{m}}\left(-x\right)\Big].$$

证明 由中位数和对称化的定义,

$$F^{\mathrm{s}}\left(-x\right)=P\left\{X-X' \leqslant -x\right\} \geqslant P\left\{X-\mathrm{med}\left(X\right) \leqslant -x, X'-\mathrm{med}\left(X\right) \geqslant 0\right\}$$
$$=P\left\{X-\mathrm{med}\left(X\right) \leqslant -x\right\}P\left\{X'-\mathrm{med}\left(X\right) \geqslant 0\right\}$$

$$\geqslant \frac{1}{2}\{X-\operatorname{med}(X)\leqslant -x\}$$
$$=\frac{1}{2}F^{\mathrm{m}}(-x),$$

$$\begin{aligned}1-F^{\mathrm{s}}(x)&=P\{X-X'>x\}\\&\geqslant P\{X-\operatorname{med}(X)>x,X'-\operatorname{med}(X)\leqslant 0\}\\&=P\{X-\operatorname{med}(X)>x\}P\{X'-\operatorname{med}(X)\leqslant 0\}\\&\geqslant \frac{1}{2}P\{X-\operatorname{med}(X)>x\}\\&=\frac{1}{2}\Big[1-F^{\mathrm{m}}(x)\Big],\end{aligned}$$

合并以上二式得到欲证.

14.17　对任意的 r.v. 序列 $\{X_n, n\geqslant 1\}$, 下列三个命题等价:

(1) 存在数列 $\{b_n, n\geqslant 1\}$, 使得 $X_n-b_n\xrightarrow{P}0$;

(2) $X_n^{\mathrm{s}}\xrightarrow{P}0$;

(3) $X_n-\operatorname{med}(X_n)\xrightarrow{P}0$.

证明　“(1)⇒(2)”. 若 (1) 成立, 则由 $X_n-b_n\xrightarrow{P}0$, $X_n'-b_n\xrightarrow{P}0$ (其中 $X_n'\stackrel{d}{=}X_n$) 得

$$X_n^{\mathrm{s}}=(X_n-b_n)-(X_n'-b_n)\xrightarrow{P}0,$$

即 (2) 成立.

“(2)⇒(3)”. 若 (2) 成立, 则由命题 14.20 知, $\forall\varepsilon>0$,

$$P\left\{\Big|X_n-\operatorname{med}(X_n)\Big|\geqslant\varepsilon\right\}\leqslant 2P\{|X_n^{\mathrm{s}}|\geqslant\varepsilon\}\to 0,$$

即 (3) 成立.

“(3)⇒(1)”. 这是显然的.

【评注】　本题可以得到依概率收敛的以下蕴含关系式:

$$X_n-b_n\xrightarrow{P}0\Rightarrow X_n^{\mathrm{s}}\xrightarrow{P}0\Rightarrow X_n-\operatorname{med}(X_n)\xrightarrow{P}0\Rightarrow \operatorname{med}(X_n)-b_n\to 0,$$

特别地

$$X_n\xrightarrow{P}0\Rightarrow\operatorname{med}(X_n)\to 0.$$

此结论将应用于定理 19.21 的证明.

14.18 (1) 若 $X_n \xrightarrow{P} X$, 则 $X_n^{\mathrm{s}} \xrightarrow{P} X^{\mathrm{s}}$;

(2) 若 $X_n \xrightarrow{\text{a.s.}} X$, 则 $X_n^{\mathrm{s}} \xrightarrow{\text{a.s.}} X^{\mathrm{s}}$.

证明 (1) 由 $X_n \xrightarrow{P} X$ 易知 $X_n' \xrightarrow{P} X'$, 故 $X_n^{\mathrm{s}} \xrightarrow{P} X^{\mathrm{s}}$.

(2) 由 $X_n \xrightarrow{\text{a.s.}} X$ 及定理 6.6 易知 $X_n' \xrightarrow{\text{a.s.}} X'$, 故 $X_n^{\mathrm{s}} \xrightarrow{\text{a.s.}} X^{\mathrm{s}}$.

14.19 设 r.v. X 满足 $\mathrm{E}X = 0$, 则对任意 $p \geqslant 1$ 有 $\mathrm{E}|X|^p \leqslant \mathrm{E}|X^{\mathrm{s}}|^p$.

证明 设 X' 与 X 独立同分布, 则由习题 13.7 之 (2) 得

$$\mathrm{E}|X|^p \leqslant \mathrm{E}|X - X'|^p = \mathrm{E}|X^{\mathrm{s}}|^p.$$

14.20 对任意的 r.v. 序列 $\{X_n, n \geqslant 1\}$, 下列三个命题等价:

(1) 存在 $b_n \in \mathbb{R}$ 使得 $X_n - b_n \to 0$ a.s.①;

(2) $X_n^{\mathrm{s}} \to 0$ a.s.;

(3) $X_n - \mathrm{med}\,(X_n) \to 0$ a.s..

证明 这里的 (1), (2), (3) 分别等价于 (参见想一想 6.1 给出的答案)

(1′) $\sup\limits_{k\geqslant n} |X_k - b_k| \xrightarrow{P} 0,\ n \to \infty$;

(2′) $\sup\limits_{k\geqslant n} |X_k^{\mathrm{s}}| \xrightarrow{P} 0,\ n \to \infty$;

(3′) $\sup\limits_{k\geqslant n} |X_k - \mathrm{med}\,(X_k)| \xrightarrow{P} 0,\ n \to \infty$,

而强对称化不等式 (命题 14.21) 保证 (1′), (2′), (3′) 的等价性.

【评注】 (a) 本题给出了稳定随机变量序列的充分必要条件;

(b) 本题可以得到几乎必然收敛的以下蕴含关系式:

$$X_n - b_n \to 0 \text{ a.s.} \Rightarrow X_n^{\mathrm{s}} \to 0 \text{ a.s.}$$

$$\Rightarrow X_n - \mathrm{med}\,(X_n) \to 0 \text{ a.s.} \Rightarrow \mathrm{med}\,(X_n) - b_n \to 0,$$

特别地

$$X_n \to 0 \text{ a.s.} \Rightarrow \mathrm{med}\,(X_n) \to 0.$$

14.3 矩不等式 (续)

14.3.1 内容提要

引理 14.22 (Khinchin 不等式) 设 $p > 0$, 则存在仅依赖 p 的常数 A_p 和 B_p, 使对任意的 $c_1, c_2, \cdots, c_n \in \mathbb{R}$, 都有

① 此时称 r.v. 序列 $\{X_n, n \geqslant 1\}$ 是**稳定的**, 见参考文献 [4] 第 323 页.

$$A_p\left(\sum_{k=1}^n c_k^2\right)^{\frac{p}{2}} \leqslant \int_0^1\left|\sum_{k=1}^n c_k r_k(t)\right|^p \mathrm{d}t \leqslant B_p\left(\sum_{k=1}^n c_k^2\right)^{\frac{p}{2}}.$$

引理 14.23　设 $p\geqslant 1$, 则对任意均值为 0 的独立 r.v. $X_1,X_2,\cdots,X_n$ 及常数 $\varepsilon_1,\varepsilon_2,\cdots,\varepsilon_n\in\{-1,1\}$, 都有

$$\mathrm{E}\left|\sum_{k=1}^n \varepsilon_k X_k\right|^p \leqslant 2^p\mathrm{E}\left|\sum_{k=1}^n X_k\right|^p.$$

定理 14.24 (Marcinkiewicz-Zygmund 不等式)　设 $p\geqslant 1$, 则存在仅依赖 p 的常数 A_p^* 和 B_p^*, 使对任意均值为 0 的独立 r.v. $X_1,X_2,\cdots,X_n$, 只要诸 $\mathrm{E}|X_k|^p<\infty$, 就有

$$A_p^*\mathrm{E}\left(\sum_{k=1}^n X_k^2\right)^{\frac{p}{2}} \leqslant \mathrm{E}\left|\sum_{k=1}^n X_k\right|^p \leqslant B_p^*\mathrm{E}\left(\sum_{k=1}^n X_k^2\right)^{\frac{p}{2}}.$$

推论 14.25　设 $p\geqslant 1$, $X_1,X_2,\cdots,X_n$ 是独立同分布于 X 的 r.v., $\mathrm{E}X=0$, $\mathrm{E}|X|^p<\infty$, 则存在仅依赖 p 的常数 B_p^*, 使得

$$\mathrm{E}\left|\sum_{i=1}^n X_i\right|^p \leqslant \begin{cases} B_p^* n\mathrm{E}|X|^p, & 1\leqslant p\leqslant 2,\\ B_p^* n^{\frac{p}{2}}\mathrm{E}|X|^p, & p>2.\end{cases}$$

引理 14.26　设 $p\geqslant 1$, r.v. $X_1,X_2,\cdots,X_n$ 独立, 诸 $\mathrm{E}|X_k|^p<\infty$, 则

$$\mathrm{E}\left|\sum_{k=1}^n X_k\right|^p \leqslant \max\left\{2^p\sum_{k=1}^n \mathrm{E}|X_k|^p, 2^{p^2}\left(\sum_{k=1}^n \mathrm{E}|X_k|\right)^p\right\}.$$

定理 14.27 (Rosenthal 不等式)　设 $p>2$, $X_1,X_2,\cdots,X_n$ 是独立的均值为 0 的 r.v., 诸 $\mathrm{E}|X_k|^p<\infty$, 则存在仅依赖 p 的常数 C_p 和 D_p, 使得

$$\begin{aligned} C_p\max\left\{\sum_{k=1}^n \mathrm{E}|X_k|^p, \left(\sum_{k=1}^n \mathrm{E}X_k^2\right)^{\frac{p}{2}}\right\} &\leqslant \mathrm{E}\left|\sum_{i=1}^n X_i\right|^p \\ &\leqslant D_p\max\left\{\sum_{k=1}^n \mathrm{E}|X_k|^p, \left(\sum_{k=1}^n \mathrm{E}X_k^2\right)^{\frac{p}{2}}\right\}. \end{aligned}$$

14.3.2　习题 14.3 解答与评注

14.21　设 $p\geqslant 1$, r.v. $X_1,X_2,\cdots,X_n$ 独立同分布, 诸 X_k 服从对称的 Bernoulli 分布, 即 $P\{X_k=\pm 1\}=\dfrac{1}{2}$, 则对任意的 $a_1,a_2,\cdots,a_n\in\mathbb{R}$, 存在仅依赖 p 的常数 A_p^* 和 B_p^*, 使得

$$A_p^*\left(\sum_{k=1}^n a_k^2\right)^{\frac{p}{2}} \leqslant \mathrm{E}\left|\sum_{k=1}^n a_k X_k\right|^p \leqslant B_p^*\left(\sum_{k=1}^n a_k^2\right)^{\frac{p}{2}}.$$

证明 由定理 14.24,

$$\begin{aligned}A_p^*\left(\sum_{k=1}^n a_k^2\right)^{\frac{p}{2}} &= A_p^*\left(\sum_{k=1}^n a_k^2 X_k^2\right)^{\frac{p}{2}} \leqslant \mathrm{E}\left|\sum_{k=1}^n a_k X_k\right|^p \\ &\leqslant B_p^*\left(\sum_{k=1}^n a_k^2 X_k^2\right)^{\frac{p}{2}} = B_p^*\left(\sum_{k=1}^n a_k^2\right)^{\frac{p}{2}}.\end{aligned}$$

14.22 (初等 Clarkson 不等式) 设 $x, y \in \mathbb{R}$.

(1) 若 $1 \leqslant p \leqslant 2$, 则

$$|x+y|^p + |x-y|^p \leqslant 2\left(|x|^p + |y|^p\right)^{①};$$

(2) 若 $p > 2$, 则

$$|x+y|^p + |x-y|^p \geqslant 2\left(|x|^p + |y|^p\right).$$

证明 (1) 当 $p=1$ 或 $p=2$ 时, 结论显然成立, 下面仅就 $1<p<2$ 证明结论. 注意到当 $x=y$ 或 x, y 中至少有一个为零时, 结论也显然成立. 又注意到如果结论对 x, y 成立, 那么对 $\pm x$, $\pm y$ 也成立, 故可不妨假设 $0<y<x$. 若令 $a=\dfrac{y}{x}$, 则问题转化为证明

$$(1+a)^p + (1-a)^p \leqslant 2\left(1+a^p\right), \quad 0<a<1.$$

为此, 记 $g(a) = 2\left(1+a^p\right) - (1+a)^p - (1-a)^p$, 则

$$\begin{aligned}g'(a) &= 2pa^{p-1} - p(1+a)^{p-1} + p(1-a)^{p-1} \\ &= p\left(2-2^{p-1}\right)a^{p-1} + p\left[(2a)^{p-1} + (1-a)^{p-1} - (1+a)^{p-1}\right] \\ &\geqslant 0,\end{aligned}$$

故 $g\uparrow$, 由此完成证明.

(2) 类似于 (1) 证明中的讨论, 问题转化为证明

$$(1+a)^p + (1-a)^p \geqslant 2\left(1+a^p\right), \quad 0<a<1.$$

为此, 记 $h(a) = (1+a)^p + (1-a)^p - 2\left(1+a^p\right)$, 则

① 这是平行四边形法则 $(x+y)^2 + (x-y)^2 = 2\left(x^2+y^2\right)$ 的推广.

$$h'(a) = p\left[(1+a)^{p-1} - (1-a)^{p-1} - 2a^{p-1}\right],$$

$$\begin{aligned} h''(a) &= p(p-1)\left[(1+a)^{p-2} + (1-a)^{p-2} - 2a^{p-2}\right] \\ &= p(p-1)\left\{\left[(1+a)^{p-2} + (1-a)^{p-2} - 2\right] + 2\left(1 - a^{p-2}\right)\right\}. \end{aligned}$$

注意到 $x \mapsto |x|^{p-2}$ 是凸函数, 我们有

$$\frac{1}{2}(1+a)^{p-2} + \frac{1}{2}(1-a)^{p-2} \geqslant \left[\frac{1}{2}(1+a) + \frac{1}{2}(1-a)\right]^{p-2} = 1,$$

所以 $(1+a)^{p-2} + (1-a)^{p-2} - 2 \geqslant 0$, 故 $h''(a) \geqslant 0$, 这导致 $h' \uparrow$. 又注意到 $h'(0) = 0$, 所以 $h'(a) \geqslant 0$, 这导致 $h \uparrow$. 最后注意到 $h(0) = 0$, 故 $h(a) \geqslant 0$.

14.23 (Clarkson 不等式) 设 $1 \leqslant p \leqslant 2$.

(1) 对任意的 r.v. X, Y 有

$$\mathrm{E}|X+Y|^p + \mathrm{E}|X-Y|^p \leqslant 2\left(\mathrm{E}|X|^p + \mathrm{E}|Y|^p\right),$$

特别地, 若 X, Y 独立, 且 X, Y 之一是对称 r.v., 则

$$\mathrm{E}|X+Y|^p \leqslant \mathrm{E}|X|^p + \mathrm{E}|Y|^p;$$

(2) 若 $X_1, X_2, \cdots, X_n$ 是独立的对称 r.v., 则

$$\mathrm{E}\left|\sum_{k=1}^{n} X_k\right|^p \leqslant \sum_{k=1}^{n} \mathrm{E}|X_k|^p;$$

(3) 若 $X_1, X_2, \cdots, X_n$ 是具有零均值的独立 r.v., 则

$$\mathrm{E}\left|\sum_{k=1}^{n} X_k\right|^p \leqslant 2^p \sum_{k=1}^{n} \mathrm{E}|X_k|^p.$$

证明 (1) 由习题 14.22 之 (1) 直接得到第一个不等式. 至于第二个不等式, 注意到当 X, Y 独立, 且 X, Y 之一, 比如说 Y 是对称 r.v. 时, $X + Y \overset{d}{=} X - Y$, 这导致 $\mathrm{E}|X+Y|^p = \mathrm{E}|X-Y|^p$.

(2) 使用数学归纳法并由 (1) 得到.

(3) 由习题 14.19, 已证的 (2) 及 c_r 不等式,

$$\mathrm{E}\left|\sum_{k=1}^{n} X_k\right|^p \leqslant \mathrm{E}\left|\left(\sum_{k=1}^{n} X_k\right)^{\mathrm{s}}\right|^p = \mathrm{E}\left|\sum_{k=1}^{n} X_k^{\mathrm{s}}\right|^p \leqslant \sum_{k=1}^{n} \mathrm{E}|X_k^{\mathrm{s}}|^p$$

$$\leqslant \sum_{k=1}^{n} 2^{p-1}\left(\mathrm{E}\left|X_k\right|^p+\mathrm{E}\left|X_k'\right|^p\right)=2^p \sum_{k=1}^{n} \mathrm{E}\left|X_k\right|^p .$$

14.24 (Clarkson 不等式续) 设 $p \geqslant 2$.

(1) 对任意的 r.v. X, Y 有

$$\mathrm{E}|X|^p+\mathrm{E}|Y|^p \leqslant \frac{1}{2}\left(\mathrm{E}|X+Y|^p+\mathrm{E}|X-Y|^p\right),$$

特别地, 若 X, Y 独立, 且 X, Y 之一是对称 r.v., 则

$$\mathrm{E}|X|^p+\mathrm{E}|Y|^p \leqslant \mathrm{E}|X+Y|^p ;$$

(2) 若 $X_1, X_2, \cdots, X_n$ 是独立的对称 r.v., 则

$$\sum_{k=1}^{n} \mathrm{E}\left|X_k\right|^p \leqslant \mathrm{E}\left|\sum_{k=1}^{n} X_k\right|^p ;$$

(3) 若 $X_1, X_2, \cdots, X_n$ 是具有零均值的独立 r.v., 则

$$\sum_{k=1}^{n} \mathrm{E}\left|X_k\right|^p \leqslant 2^p \mathrm{E}\left|\sum_{k=1}^{n} X_k\right|^p .$$

证明 (1) 由习题 14.22 之 (2) 直接得到第一个不等式. 至于第二个不等式, 注意到当 X, Y 独立, 且 X, Y 之一, 比如说 Y 是对称 r.v. 时, $X+Y \stackrel{d}{=} X-Y$, 这导致 $\mathrm{E}|X+Y|^p=\mathrm{E}|X-Y|^p$.

(2) 使用数学归纳法并由 (1) 得到.

(3) 由习题 14.19, 已证的 (2) 及 c_r 不等式,

$$\begin{aligned}
&\sum_{k=1}^{n} \mathrm{E}\left|X_k\right|^p \leqslant \sum_{k=1}^{n} \mathrm{E}\left|X_k^{\mathrm{s}}\right|^p \leqslant \mathrm{E}\left|\sum_{k=1}^{n} X_k^{\mathrm{s}}\right|^p=\mathrm{E}\left|\left(\sum_{k=1}^{n} X_k\right)^{\mathrm{s}}\right|^p \\
&\leqslant 2^{p-1}\left(\mathrm{E}\left|\sum_{k=1}^{n} X_k\right|^p+\mathrm{E}\left|\sum_{k=1}^{n} X_k'\right|^p\right)=2^p \mathrm{E}\left|\sum_{k=1}^{n} X_k\right|^p .
\end{aligned}$$

14.25[①] 设 $p \geqslant 2$, $\{X_n, n \geqslant 1\}$ 是独立同分布于 X 的 r.v. 序列, $\mathrm{E}X=0$, $\mathrm{E}|X|^p<\infty$, 则 $\left\{\left|\frac{S_n}{\sqrt{n}}\right|^p, n \geqslant 1\right\}$ 一致可积.

① 本题应该与习题 9.35 比较.

证明 $\forall\varepsilon>0$, 取充分大的正数 M, 使得

$$\mathrm{E}|X|^p I\{|X|>M\}<\varepsilon.$$

对这个正数 M, 令

$$X_k'=X_kI\{|X_k|\leqslant M\}-\mathrm{E}X_kI\{|X_k|\leqslant M\},$$

$$X_k''=X_kI\{|X_k|>M\}-\mathrm{E}X_kI\{|X_k|>M\},$$

$$S_n'=\sum_{k=1}^n X_k',\quad S_n''=\sum_{k=1}^n X_k'',$$

显然 $\mathrm{E}X_k'=\mathrm{E}X_k''=0$, $X_k'+X_k''=X_k$, $S_n'+S_n''=S_n$. 设 $a>0$, 则由推论 14.25, 存在仅依赖 p 的常数 B_{2p}^*, 使得

$$\begin{aligned}
\mathrm{E}\left|\frac{S_n'}{\sqrt{n}}\right|^p I\left\{\left|\frac{S_n'}{\sqrt{n}}\right|>a\right\} &\leqslant \frac{1}{a^p}\mathrm{E}\left|\frac{S_n'}{\sqrt{n}}\right|^{2p} I\left\{\left|\frac{S_n'}{\sqrt{n}}\right|>a\right\}\\
&\leqslant \frac{1}{a^p}\mathrm{E}\left|\frac{S_n'}{\sqrt{n}}\right|^{2p}\\
&\leqslant \frac{1}{a^p}B_{2p}^*\frac{1}{n^p}n^p\mathrm{E}\left|X_1'\right|^{2p}\\
&=\frac{1}{a^p}B_{2p}^*\mathrm{E}\left|X_1'\right|^{2p},
\end{aligned}$$

而 c_r 不等式保证

$$\begin{aligned}
\mathrm{E}\left|X_1'\right|^{2p} &= \mathrm{E}\Big|X_1I\{|X_1|\leqslant M\}-\mathrm{E}X_1I\{|X_1|\leqslant M\}\Big|^{2p}\\
&\leqslant 2^{2p-1}\left[\mathrm{E}|X_1|^{2p}I\{|X_1|\leqslant M\}+\Big|\mathrm{E}X_1I\{|X_1|\leqslant M\}\Big|^{2p}\right]\\
&\leqslant 2^{2p-1}\cdot 2\mathrm{E}|X_1|^{2p}I\{|X_1|\leqslant M\}\\
&\leqslant 2^{2p}M^{2p},
\end{aligned}$$

于是

$$E\left|\frac{S_n'}{\sqrt{n}}\right|^p I\left\{\left|\frac{S_n'}{\sqrt{n}}\right|>a\right\}\leqslant\frac{1}{a^p}B_{2p}^*2^{2p}M^{2p}. \qquad ①$$

由 Marcinkiewicz-Zygmund 不等式和 c_r 不等式,

$$\mathrm{E}\left|\frac{S_n''}{\sqrt{n}}\right|^p I\left\{\left|\frac{S_n''}{\sqrt{n}}\right|>a\right\}\leqslant \mathrm{E}\left|\frac{S_n''}{\sqrt{n}}\right|^p=\frac{1}{n^{\frac{p}{2}}}\mathrm{E}\left|S_n''\right|^p$$

$$
\begin{aligned}
&\leqslant \frac{1}{n^{\frac{p}{2}}} B_p^* \mathrm{E}\left(\sum_{k=1}^n X_k''^2\right)^{\frac{p}{2}} \\
&\leqslant \frac{1}{n^{\frac{p}{2}}} B_p^* n^{\frac{p}{2}} \mathrm{E}\left|X_1''\right|^p = B_p^* \mathrm{E}\left|X_1''\right|^p \\
&= B_p^* \mathrm{E}\left|X_1 I\left\{|X_1|>M\right\} - \mathrm{E} X_1 I\left\{|X_1|>M\right\}\right|^p \\
&\leqslant B_p^* 2^p \varepsilon. \qquad ②
\end{aligned}
$$

联合 ① 式和 ② 式得

$$
\begin{aligned}
&\mathrm{E}\left|\frac{S_n}{\sqrt{n}}\right|^p I\left\{\left|\frac{S_n}{\sqrt{n}}\right|>2a\right\} \\
\leqslant\ & \mathrm{E}\left(\left|\frac{S_n'}{\sqrt{n}}\right|+\left|\frac{S_n''}{\sqrt{n}}\right|\right)^p I\left\{\left|\frac{S_n'}{\sqrt{n}}\right|+\left|\frac{S_n''}{\sqrt{n}}\right|>2a\right\} \\
\leqslant\ & \mathrm{E}\left(2\left|\frac{S_n'}{\sqrt{n}}\right| \vee \left|\frac{S_n''}{\sqrt{n}}\right|\right)^p I\left\{2\left|\frac{S_n'}{\sqrt{n}}\right| \vee \left|\frac{S_n''}{\sqrt{n}}\right|>2a\right\} \\
\leqslant\ & 2^p \mathrm{E}\left|\frac{S_n'}{\sqrt{n}}\right|^p I\left\{\left|\frac{S_n'}{\sqrt{n}}\right|>a\right\} + 2^p \mathrm{E}\left|\frac{S_n''}{\sqrt{n}}\right|^p I\left\{\left|\frac{S_n''}{\sqrt{n}}\right|>a\right\} \\
\leqslant\ & \frac{1}{a^p} B_{2p}^* 2^{3p} M^{2p} + B_p^* 2^{2p} \varepsilon,
\end{aligned}
$$

从而

$$
\varlimsup_{a\to\infty} \mathrm{E}\left|\frac{S_n}{\sqrt{n}}\right|^p I\left\{\left|\frac{S_n}{\sqrt{n}}\right|>2a\right\} \leqslant B_p^* 2^{2p} \varepsilon,
$$

再由 ε 的任意性得

$$
\varlimsup_{a\to\infty} \mathrm{E}\left|\frac{S_n}{\sqrt{n}}\right|^p I\left\{\left|\frac{S_n}{\sqrt{n}}\right|>2a\right\} = 0,
$$

故

$$
\lim_{a\to\infty} \mathrm{E}\left|\frac{S_n}{\sqrt{n}}\right|^p I\left\{\left|\frac{S_n}{\sqrt{n}}\right|>2a\right\} = 0,
$$

这就完成了 $\left\{\left|\frac{S_n}{\sqrt{n}}\right|^p, n \geqslant 1\right\}$ 一致可积的证明.

【评注】 本题将应用习题 21.5 的证明.

14.4　尾概率不等式

14.4.1　内容提要

定理 14.28 (Etemadi 不等式)　设 r.v. $X_1, X_2, \cdots, X_n$ 独立, 则 $\forall \varepsilon > 0$,

$$P\left\{\max_{1\leqslant k\leqslant n}|S_k| \geqslant 3\varepsilon\right\} \leqslant 3\max_{1\leqslant k\leqslant n} P\{|S_k| \geqslant \varepsilon\}.$$

注记 14.29　在定理 14.28 中, 若进一步假设 $X_1, X_2, \cdots, X_n$ 都是对称 r.v., 则

$$P\left\{\max_{1\leqslant k\leqslant n}|S_k| \geqslant 3\varepsilon\right\} \leqslant 6P\{|S_n| \geqslant \varepsilon\},$$

但直接由定理 14.12 可得

$$P\left\{\max_{1\leqslant k\leqslant n}|S_k| \geqslant 3\varepsilon\right\} \leqslant 2P\{|S_n| \geqslant 3\varepsilon\},$$

Etemadi 不等式的优点在于避免了对称性假设.

定理 14.30 (Ottaviani 不等式)　设 r.v. $X_1, X_2, \cdots, X_n$ 独立, 则对任意的 $x > 0$, $y > 0$,

$$P\left\{\max_{1\leqslant k\leqslant n}|S_k| \geqslant x+y\right\} \leqslant \frac{P\{|S_n| \geqslant x\}}{\min\limits_{1\leqslant k\leqslant n} P\{|S_n - S_k| < y\}}.$$

定理 14.31 (上界版本的 Kolmogorov 最大不等式)　设 r.v. $X_1, X_2, \cdots, X_n$ 独立, 诸 $\mathrm{E}X_k = 0$, 则 $\forall \varepsilon > 0$,

$$P\left\{\max_{1\leqslant k\leqslant n}|S_k| \geqslant \varepsilon\right\} \leqslant \frac{\sum\limits_{k=1}^{n}\mathrm{Var}X_k}{\varepsilon^2},$$

其中 $S_k = \sum\limits_{j=1}^{k} X_j$. 进一步, 如果 $X_1, X_2, \cdots, X_n$ 还同分布, 那么

$$P\left\{\max_{1\leqslant k\leqslant n}|S_k| \geqslant \varepsilon\right\} \leqslant \frac{n\mathrm{Var}X_1}{\varepsilon^2}.$$

注记 14.32 当 $\mathrm{E}X_k \neq 0$ 时, 定理 14.31 的结论应该改写成

$$P\left\{\max_{1\leqslant k\leqslant n}|S_k-\mathrm{E}S_k|\geqslant\varepsilon\right\}\leqslant\frac{\sum\limits_{k=1}^{n}\mathrm{Var}X_k}{\varepsilon^2},$$

取 $n=1$ 就成为著名的 Chebyshëv 不等式.

定理 14.33 (下界版本的 Kolmogorov 最大不等式) 设 r.v. $X_1,X_2,\cdots,X_n$ 独立, 诸 $\mathrm{E}X_k=0$, 且存在常数 $c>0$, 使得

$$\max_{1\leqslant k\leqslant n}|X_k|\leqslant c \text{ a.s.}, \tag{14.7}$$

则 $\forall\varepsilon>0$,

$$P\left\{\max_{1\leqslant k\leqslant n}|S_k|\geqslant\varepsilon\right\}\geqslant 1-\frac{(\varepsilon+c)^2}{\sum\limits_{k=1}^{n}\mathrm{Var}X_k}.$$

注记 14.34 当 $\mathrm{E}X_k\neq 0$ 时, 考虑到 (14.7) 式保证了 $\sup\limits_{1\leqslant k\leqslant n}|X_k-\mathrm{E}X_k|\leqslant 2c$ a.s., 定理 14.33 的结论应该改写成

$$P\left\{\max_{1\leqslant k\leqslant n}|S_k-\mathrm{E}S_k|\geqslant\varepsilon\right\}\geqslant 1-\frac{(\varepsilon+2c)^2}{\sum\limits_{k=1}^{n}\mathrm{Var}X_k}.$$

推论 14.35 设 r.v. $X_1,X_2,\cdots,X_n$ 独立, 诸 $\mathrm{E}X_k=0$, 且存在常数 $c>0$, 使得

$$\max_{1\leqslant k\leqslant n}|X_k|\leqslant c \text{ a.s.},$$

则 $\forall\varepsilon>0$,

$$\sum_{k=1}^{n}\mathrm{Var}X_k\leqslant\varepsilon^2+(\varepsilon+c)^2\frac{P\left\{\max\limits_{1\leqslant k\leqslant n}|S_k|\geqslant\varepsilon\right\}}{P\left\{\max\limits_{1\leqslant k\leqslant n}|S_k|<\varepsilon\right\}},$$

特别地, 若 $P\left\{\max\limits_{1\leqslant k\leqslant n}|S_k|\geqslant\varepsilon\right\}<\delta$, 其中 $0<\delta<1$, 则上述不等式可以改写成

$$\sum_{k=1}^{n}\mathrm{Var}X_k<\varepsilon^2+(\varepsilon+c)^2\frac{\delta}{1-\delta}.$$

定理 14.36 (Hájek-Rényi 不等式)　设 r.v. $X_1, X_2, \cdots, X_n$ 独立, 诸 $\mathrm{E}X_k = 0$, $\mathrm{Var}X_k < \infty$, 则对任意满足 $c_1 \geqslant c_2 \geqslant \cdots \geqslant c_n \geqslant 0$ 的实数 $c_1, c_2, \cdots, c_n$ 及 $\varepsilon > 0$, 有

$$P\left\{\max_{1\leqslant k\leqslant n} c_k\left|S_k\right| \geqslant \varepsilon\right\} \leqslant \frac{\sum_{k=1}^{n} c_k^2 \mathrm{Var}X_k}{\varepsilon^2}.$$

定理 14.37 (Hoffmann-Jϕrgensen 不等式)　设 r.v. $X_1, X_2, \cdots, X_n$ 独立, 则 $\forall x, y > 0$,

$$P\left\{\max_{1\leqslant k\leqslant n}\left|S_k\right| \geqslant 3x+y\right\} \leqslant \left[P\left\{\max_{1\leqslant k\leqslant n}\left|S_k\right| \geqslant x\right\}\right]^2 + P\left\{\max_{1\leqslant k\leqslant n}\left|X_k\right| \geqslant y\right\}.$$

进一步, 如果 $X_1, X_2, \cdots, X_n$ 还是对称的, 那么

$$P\left\{\left|S_n\right| \geqslant 2x+y\right\} \leqslant 4\Big[P\left\{\left|S_n\right| \geqslant x\right\}\Big]^2 + P\left\{\max_{1\leqslant k\leqslant n}\left|X_k\right| \geqslant y\right\}.$$

14.4.2　习题 14.4 解答与评注

14.26　设 $x > 0$, r.v. $X_1, X_2, \cdots, X_n$ 独立, 且 $P\left\{\left|S_n - S_k\right| < x\right\} \geqslant \dfrac{1}{2}$, $k = 1, 2, \cdots, n$, 则

$$P\left\{\max_{1\leqslant k\leqslant n}\left|S_k\right| \geqslant 2x\right\} \leqslant 2P\left\{\left|S_n\right| \geqslant x\right\}.$$

证明　由定理 14.30,

$$P\left\{\max_{1\leqslant k\leqslant n}\left|S_k\right| \geqslant 2x\right\} \leqslant \frac{P\left\{\left|S_n\right| \geqslant x\right\}}{\min\limits_{1\leqslant k\leqslant n} P\left\{\left|S_n - S_k\right| < x\right\}} \leqslant 2P\left\{\left|S_n\right| \geqslant x\right\}.$$

14.27　(Lévy-Skorohod 不等式) 设 r.v. $X_1, X_2, \cdots, X_n$ 独立, 则对任意的 $x \in \mathbb{R}$ 和 $0 < c < 1$,

$$P\left\{\max_{1\leqslant k\leqslant n} S_k \geqslant x\right\} \leqslant \frac{P\left\{S_n \geqslant cx\right\}}{\min\limits_{1\leqslant k\leqslant n} P\left\{S_n - S_k \geqslant -(1-c)\,x\right\}}.$$

证明　令

$$A_1 = \left\{S_1 \geqslant x\right\}, \quad A_k = \left\{\max_{1\leqslant j\leqslant k-1} S_j < x, S_k \geqslant x\right\}, \quad k = 2, \cdots, n,$$

则

$$\left\{\max_{1\leqslant k\leqslant n} S_k \geqslant x\right\} = \biguplus_{k=1}^{n} A_k,$$

从而

$$\begin{aligned}
P\{S_n \geqslant cx\} &\geqslant \sum_{k=1}^{n} P\Big(\{S_n \geqslant cx\} \cap A_k\Big) \\
&\geqslant \sum_{k=1}^{n} P\Big(\Big\{S_n - S_k \geqslant -(1-c)\,x\Big\} \cap A_k\Big) \\
&= \sum_{k=1}^{n} P\Big\{S_n - S_k \geqslant -(1-c)\,x\Big\} \cdot P(A_k) \\
&\geqslant \min_{1\leqslant k\leqslant n} P\Big\{S_n - S_k \geqslant -(1-c)\,x\Big\} \sum_{k=1}^{n} P(A_k) \\
&= \min_{1\leqslant k\leqslant n} P\Big\{S_n - S_k \geqslant -(1-c)\,x\Big\} P\left(\biguplus_{k=1}^{n} A_k\right) \\
&= \min_{1\leqslant k\leqslant n} P\Big\{S_n - S_k \geqslant -(1-c)\,x\Big\} P\left\{\max_{1\leqslant k\leqslant n} S_k \geqslant x\right\}.
\end{aligned}$$

【评注】 上述证明完全类似于 Ottaviani 不等式的证明过程.

14.28 (推广的上界版本的 Kolmogorov 最大不等式) 设 $\varepsilon > 0$, r.v. $X_1, X_2, \cdots, X_n$ 独立, 诸 $\mathrm{E}X_k = 0$, 则

(1) $\varepsilon^p P\left\{\max\limits_{1\leqslant k\leqslant n} |S_k| \geqslant \varepsilon\right\} \leqslant \mathrm{E}|S_n|^p I\left\{\max\limits_{1\leqslant k\leqslant n} |S_k| \geqslant \varepsilon\right\}$;

(2) $P\left\{\max\limits_{1\leqslant k\leqslant n} |S_k| \geqslant \varepsilon\right\} \leqslant \dfrac{\mathrm{Var}S_n}{\varepsilon^2 + \mathrm{Var}S_n}$.

证明 (1) 令

$$A_1 = \{|S_1| \geqslant \varepsilon\}, \quad A_k = \left\{\max_{1\leqslant j\leqslant k-1} |S_j| < \varepsilon, |S_k| \geqslant \varepsilon\right\}, \quad k = 2, \cdots, n,$$

则

$$\left\{\max_{1\leqslant k\leqslant n} |S_k| \geqslant \varepsilon\right\} = \biguplus_{k=1}^{n} A_k,$$

进而由习题 13.7 之 (2) 得

$$\mathrm{E}|S_n|^p I\left\{\max_{1\leqslant k\leqslant n} |S_k| \geqslant \varepsilon\right\} = \sum_{k=1}^{n} \mathrm{E}\Big|S_k + (S_n - S_k)\Big|^p I_{A_k}$$

$$\geqslant \sum_{k=1}^{n} \mathrm{E}|S_k|^p I_{A_k}$$
$$\geqslant \varepsilon^p \sum_{k=1}^{n} P(A_k)$$
$$= \varepsilon^p P\left\{\max_{1\leqslant k\leqslant n} |S_k| \geqslant \varepsilon\right\}.$$

(2) 对任意的 $a>0$, 仍然使用习题 13.7 之 (2),

$$\begin{aligned}\mathrm{E}(S_n+a)^2 I_{A_k} &= \mathrm{E}[(S_k+a)+(S_n-S_k)]^2 I_{A_k} \\ &\geqslant \mathrm{E}(S_k+a)^2 I_{A_k} \\ &\geqslant (\varepsilon+a)^2 P(A_k),\end{aligned}$$

由此推得

$$P\left\{\max_{1\leqslant k\leqslant n} |S_k| \geqslant \varepsilon\right\} \leqslant \frac{\mathrm{Var}S_n + a^2}{(\varepsilon+a)^2},$$

取 $a = \dfrac{\mathrm{Var}S_n}{\varepsilon}$ 即得欲证.

14.29 (Hájek-Rényi 不等式的推广) 在定理 14.36 的条件下, 对任意的 $1 \leqslant m \leqslant n$, 有

$$P\left\{\max_{1\leqslant k\leqslant n} c_k |S_k| \geqslant \varepsilon\right\} \leqslant \frac{c_m^2 \sum_{k=1}^{m} \mathrm{Var}X_k + \sum_{k=m+1}^{n} c_k^2 \mathrm{Var}X_k}{\varepsilon^2}.$$

证明　定义 $Y_1 = X_1 + \cdots + X_m$, $Y_2 = X_{m+1}$, $\cdots$, $Y_{n-m+1} = X_n$, 对 Y_1, Y_2, $\cdots$, Y_{n-m+1} 使用 Hájek-Rényi 不等式得

$$\begin{aligned}\varepsilon^2 P\left\{\max_{m\leqslant k\leqslant n} c_k |S_k| \geqslant \varepsilon\right\} &= \varepsilon^2 P\left\{\max_{m\leqslant k\leqslant n} c_k |Y_1+Y_2+\cdots+Y_{k-m+1}| \geqslant \varepsilon\right\} \\ &= \varepsilon^2 P\left\{\max_{1\leqslant j\leqslant n-m+1} c_{m+j-1} |Y_1+Y_2+\cdots+Y_j| \geqslant \varepsilon\right\} \\ &\leqslant \sum_{j=1}^{n-m+1} c_{m+j-1}^2 \mathrm{Var}Y_j\end{aligned}$$

$$
\begin{aligned}
&= c_m^2 \mathrm{Var} Y_1 + \sum_{j=2}^{n-m+1} c_{m+j-1}^2 \mathrm{Var} Y_j \\
&= c_m^2 \mathrm{Var} Y_1 + \sum_{k=m+1}^{n} c_k^2 \mathrm{Var} Y_{k-m+1} \\
&= c_m^2 \sum_{k=1}^{m} \mathrm{Var} X_k + \sum_{k=m+1}^{n} c_k^2 \mathrm{Var} X_k .
\end{aligned}
$$

第 15 章　条件数学期望

条件数学期望 (包括条件概率) 属于现代概率论中最基本的概念, 是概率论区别于测度论的另一个重要标志, 为随机过程和数理统计的理论建设提供了重要工具. 初等概率统计中关于条件数学期望的若干不求甚解的知识点在本章得到了精确刻画, 特别地, 借助条件分布理论, 数理统计中关于充分统计量的因子分解定理得到了严格证明.

设 $(\Omega,\mathcal{F},P)$ 是给定的概率空间, 如果没有特别声明, 本章言及的事件都属于 $\mathcal{F}$, 随机变量都属于 $\mathcal{L}(\Omega,\mathcal{F})$.

15.1　条件数学期望的定义及基本性质

15.1.1　内容提要

定义 15.1　设 r.v. X 的积分存在, $\mathcal{G}$ 为 $\mathcal{F}$ 的子 σ 代数, 称 $\mathrm{E}(X|\mathcal{G})(\cdot):\Omega\to\bar{\mathbb{R}}$ 为 X 关于 $\mathcal{G}$ 的**条件数学期望**, 简称**条件期望**, 如果

(i) $\mathrm{E}(X|\mathcal{G})$ 为 $\mathcal{G}$-可测函数;

(ii) $\forall A\in\mathcal{G}$,

$$\int_A \mathrm{E}(X|\mathcal{G})\,\mathrm{d}P=\int_A X\mathrm{d}P.$$

特别地, 称 $P(B|\mathcal{G}):=\mathrm{E}(I_B|\mathcal{G})$ 为 B 关于 $\mathcal{G}$ 的**条件概率**, 其中 $B\in\mathcal{F}$.

注记 15.2　X 关于 $\mathcal{G}$ 的条件数学期望总是存在的, 并且在 $P_{\mathcal{G}}$-a.s. 意义下是唯一的.

性质 15.3　设 X 是 $(\Omega,\mathcal{F},P)$ 上积分存在的 r.v., $\mathcal{G}$ 为 $\mathcal{F}$ 的子 σ 代数.

(i) $\mathrm{E}(X|\mathcal{G})$ 关于 $P_{\mathcal{G}}$ 的积分存在;

(ii) 当 X 可积时 $\mathrm{E}(X|\mathcal{G})$ 也可积;

(iii) (重期望公式) $\mathrm{E}[\mathrm{E}(X|\mathcal{G})]=\mathrm{E}X$;

(iv) 当 X 关于 $\mathcal{G}$ 可测时, $\mathrm{E}(X|\mathcal{G})=X$ $P_{\mathcal{G}}$-a.s., 特别地, $\mathrm{E}(c|\mathcal{G})=c$ $P_{\mathcal{G}}$-a.s., 其中 c 是任意常数;

(v) 对任意的 $B\in\mathcal{F}$, $P(B|\mathcal{G})$ 关于 $P_{\mathcal{G}}$ 的积分总存在, 且

$$\int_A P(B|\mathcal{G})\,\mathrm{d}P_{\mathcal{G}}=P(A\cap B),\quad A\in\mathcal{G}.$$

性质 15.4 设 X 是可积 r.v., $\mathcal{G}$ 为 $\mathcal{F}$ 的子 σ 代数, 若 X 与 $\mathcal{G}$ 独立, 则 $\mathrm{E}(X|\mathcal{G})=\mathrm{E}X\ P_{\mathcal{G}}$-a.s.. 特别地, 若 $\mathcal{G}=\{\varnothing,\Omega\}$, 则 $\mathrm{E}(X|\mathcal{G})=\mathrm{E}X\ P_{\mathcal{G}}$-a.s..

定理 15.5 设 X,Y 都是积分存在的 r.v., $\mathcal{G}$ 为 $\mathcal{F}$ 的子 σ 代数, 则

(i) (齐性) $\mathrm{E}(cX|\mathcal{G})$ 存在, 且 $\mathrm{E}(cX|\mathcal{G})=c\mathrm{E}(X|\mathcal{G})\,P_{\mathcal{G}}$-a.s., 其中 $c\in\mathbb{R}$;

(ii) (可加性) $\mathrm{E}X+\mathrm{E}Y$ 有意义 $\Rightarrow$ $\mathrm{E}(X+Y|\mathcal{G})$ 存在, $\mathrm{E}(X|\mathcal{G})+\mathrm{E}(Y|\mathcal{G})$ $P_{\mathcal{G}}$-a.s. 有意义, 且

$$\mathrm{E}(X+Y|\mathcal{G})=\mathrm{E}(X|\mathcal{G})+\mathrm{E}(Y|\mathcal{G})\quad P_{\mathcal{G}}\text{-a.s.};$$

(iii) (单调性) $X\leqslant Y$ a.s. $\Rightarrow$ $\mathrm{E}(X|\mathcal{G})\leqslant\mathrm{E}(Y|\mathcal{G})\,P_{\mathcal{G}}$-a.s..

命题 15.6 设 $D_1,D_2,\cdots,D_n,\cdots$ 是 Ω 的一个至多可数划分, 且 $D_i\in\mathcal{F}$, $i=1,2,\cdots,n,\cdots$. 令 $\mathcal{G}$ 为由 $D_1,D_2,\cdots,D_n,\cdots$ 生成的 σ 代数, 则

$$\mathrm{E}(X|\mathcal{G})=\sum_i\frac{\mathrm{E}(XI_{D_i})}{P(D_i)}I_{D_i}\quad P_{\mathcal{G}}\text{-a.s.},$$

特别地

$$P(A|\mathcal{G})=\sum_i P(A|D_i)I_{D_i}\quad P_{\mathcal{G}}\text{-a.s.},$$

其中 $A\in\mathcal{F}$ (当 $P(D_i)=0$ 时, 不妨定义 $P(A|D_i)=P(A)$).

15.1.2 习题 15.1 解答与评注

15.1 设 X 是可积 r.v., $\mathcal{G}$ 为 $\mathcal{F}$ 的子 σ 代数, $\mathcal{C}$ 为 Ω 上的 π 类, 且 $\Omega\in\mathcal{C},\mathcal{G}=\sigma(\mathcal{C}),Y$ 为关于 $P_{\mathcal{G}}$ 可积的 $\mathcal{G}$-可测函数, 则 $Y=\mathrm{E}(X|\mathcal{G})\ P_{\mathcal{G}}$-a.s. 当且仅当

$$\int_A Y\mathrm{d}P_{\mathcal{G}}=\int_A X\mathrm{d}P,\quad A\in\mathcal{C}.$$

证明 “$\Rightarrow$”. 显然.

“$\Leftarrow$”. 为使用好集原理, 令

$$\mathcal{A}=\left\{A\in\mathcal{G}:\int_A Y\mathrm{d}P_{\mathcal{G}}=\int_A X\mathrm{d}P\right\},$$

则 $\Omega\in\mathcal{A}\supset\mathcal{C}$. 由 X, Y 都可积知 $\mathcal{A}$ 为 λ 类, 于是 $\mathcal{A}\supset\sigma(\mathcal{C})=\mathcal{G}$, 故 $Y=\mathrm{E}(X|\mathcal{G})\,P_{\mathcal{G}}$-a.s..

15.2 设 X 是可积 r.v., $\mathcal{G}$ 为 $\mathcal{F}$ 的子 σ 代数, 则 $\mathrm{E}(X|\mathcal{G})$ 也可积.

证法 1 令 $\nu=X\cdot P$ 为 X 关于 P 的不定积分, 即

$$\nu(A)=\int_A X\mathrm{d}P,\quad A\in\mathcal{F},$$

注意到 X 的可积性, 由习题 8.7 知 ν 为 $\mathcal{F}$ 上的有限符号测度. 易见 $\nu \ll P$, 从而 $\nu_{\mathcal{G}} \ll P_{\mathcal{G}}$. 再由习题 8.18 知, $\nu_{\mathcal{G}}$ 关于 $P_{\mathcal{G}}$ 的 Radon-Nikodým 导数关于 $P_{\mathcal{G}}$ 可积, 即 $\mathrm{E}(X\,|\mathcal{G})$ 关于 $P_{\mathcal{G}}$ 可积.

证法 2　利用条件数学期望的性质: $|\mathrm{E}(X\,|\mathcal{G})| \leqslant \mathrm{E}(|X|\,|\mathcal{G})$ (见习题 15.12 之 (2)), 我们有

$$\int_\Omega \left|\mathrm{E}(X\,|\mathcal{G})\right| \mathrm{d}P_{\mathcal{G}} \leqslant \int_\Omega \mathrm{E}(|X|\,|\mathcal{G})\,\mathrm{d}P_{\mathcal{G}} = \int_\Omega |X|\,\mathrm{d}P < \infty,$$

这表明 $\mathrm{E}(X\,|\mathcal{G})$ 可积.

15.3　设 $(\Omega, \mathcal{F}, P)$ 为概率空间, $\mathcal{G} = \{A \in \mathcal{F} : P(A) = 0$ 或 $1\}$, 证明:

(1) $\mathcal{G}$ 为 $\mathcal{F}$ 的子 σ 代数, 称之为 P-平凡 σ 代数;

(2) 若 X 是 $(\Omega, \mathcal{F}, P)$ 上的可积 r.v., 则 $\mathrm{E}(X\,|\mathcal{G}) = \mathrm{E}X$ $P_{\mathcal{G}}$-a.s..

证明　(1) 容易检查 $\Omega \in \mathcal{G}$, $\mathcal{G}$ 对补封闭、对可列并封闭, 因而 $\mathcal{G}$ 是 $\mathcal{F}$ 的子 σ 代数.

(2) 注意到 X 与 $\mathcal{G}$ 独立, 由性质 15.4 知 $\mathrm{E}(X\,|\mathcal{G}) = \mathrm{E}X$ $P_{\mathcal{G}}$-a.s..

15.4　设 $Y \in L^2(\Omega, \mathcal{F}, P)$, $\mathcal{G}$ 为 $\mathcal{F}$ 的子 σ 代数, 则对任意的 $Z \in L^2(\Omega, \mathcal{G}, P_{\mathcal{G}})$ 都有

$$\mathrm{E}(Y - Z)^2 \geqslant \mathrm{E}\Big[Y - \mathrm{E}(Y\,|\mathcal{G})\Big]^2,$$

等号成立的充分必要条件是 $Z = \mathrm{E}(Y\,|\mathcal{G})$ $P_{\mathcal{G}}$-a.s..

证明　通过加项减项不难得到

$$\begin{aligned}\mathrm{E}(Y - Z)^2 &= \mathrm{E}\Big\{\Big[Y - \mathrm{E}(Y\,|\mathcal{G})\Big] + \Big[\mathrm{E}(Y\,|\mathcal{G}) - Z\Big]\Big\}^2 \\ &= \mathrm{E}\Big[Y - \mathrm{E}(Y\,|\mathcal{G})\Big]^2 + \mathrm{E}\Big[\mathrm{E}(Y\,|\mathcal{G}) - Z\Big]^2 \\ &\quad + 2\mathrm{E}\Big[Y - \mathrm{E}(Y\,|\mathcal{G})\Big]\Big[\mathrm{E}(Y\,|\mathcal{G}) - Z\Big],\end{aligned}$$

注意到 Z 关于 $\mathcal{G}$ 可测, 我们有

$$\begin{aligned}&\mathrm{E}\Big[Y - \mathrm{E}(Y\,|\mathcal{G})\Big]\Big[\mathrm{E}(Y\,|\mathcal{G}) - Z\Big] \\ &= \mathrm{E}\Big[Y\mathrm{E}(Y\,|\mathcal{G})\Big] - \mathrm{E}YZ - \mathrm{E}\Big[\mathrm{E}(Y\,|\mathcal{G})\mathrm{E}(Y\,|\mathcal{G})\Big] + \mathrm{E}\Big[Z\mathrm{E}(Y\,|\mathcal{G})\Big] \\ &= \mathrm{E}\Big[Y\mathrm{E}(Y\,|\mathcal{G})\Big] - \mathrm{E}YZ - \mathrm{E}\Big\{\mathrm{E}\Big[Y\mathrm{E}(Y\,|\mathcal{G})\,|\mathcal{G}\Big]\Big\} + \mathrm{E}\Big[\mathrm{E}(YZ\,|\mathcal{G})\Big] \\ &= \mathrm{E}\Big[Y\mathrm{E}(Y\,|\mathcal{G})\Big] - \mathrm{E}YZ - \mathrm{E}\Big[Y\mathrm{E}(Y\,|\mathcal{G})\Big] + \mathrm{E}YZ = 0,\end{aligned}$$

故

$$\mathrm{E}(Y-Z)^2=\mathrm{E}\Big[Y-\mathrm{E}(Y\,|\mathcal{G})\Big]^2+\mathrm{E}\Big[\mathrm{E}(Y\,|\mathcal{G})-Z\Big]^2$$
$$\geqslant \mathrm{E}\Big[Y-\mathrm{E}(Y\,|\mathcal{G})\Big]^2,$$

等号成立的充分必要条件是 $\mathrm{E}\Big[\mathrm{E}(Y\,|\mathcal{G})-Z\Big]^2=0$, 这又等价于

$$Z=\mathrm{E}(Y\,|\mathcal{G})\quad P_{\mathcal{G}}\text{-a.s.}.$$

【评注】 对于给定的 $Y\in L^2(\Omega,\mathcal{F},P)$ 及 $\mathcal{F}$ 的子 σ 代数 $\mathcal{G}$, 在预测问题中, 常常感兴趣于在 $L^2(\Omega,\mathcal{G},P_{\mathcal{G}})$ 中寻找一个 r.v. 去逼近 Y, 上述结论表明：在最小二乘法 (或均方误差) 的意义下, $Z=\mathrm{E}(Y\,|\mathcal{G})$ $P_{\mathcal{G}}$-a.s. 是 Y 最好的逼近.

特别地, 对于给定的 $Y\in L^2(\Omega,\mathcal{F},P)$ 及 n 维 R.V. $\boldsymbol{X}=(X_1,X_2,\cdots,X_n)$, 要想在 $\mathcal{L}(\mathbb{R}^n,\mathbb{R})$ 中寻找一个 h, 使得 $h(X_1,X_2,\cdots,X_n)$ 是 Y 在最小二乘法 (或均方误差) 的意义下最好的逼近, 那么 $h(X_1,X_2,\cdots,X_n)=\mathrm{E}(Y\,|X_1,X_2,\cdots,X_n)$ $P_{\boldsymbol{X}}$-a.s..

15.5 设 $X\in L^2(\Omega,\mathcal{F},P)$, $\mathcal{G}$ 为 $\mathcal{F}$ 的子 σ 代数, 称

$$\mathrm{Var}(X\,|\mathcal{G})=\mathrm{E}\left\{\Big[X-\mathrm{E}(X\,|\mathcal{G})\Big]^2|\mathcal{G}\right\}$$

为 X 关于 $\mathcal{G}$ 的**条件方差**. 试证

$$\mathrm{Var}(X\,|\mathcal{G})=\mathrm{E}\left(X^2\,|\mathcal{G}\right)-\Big[\mathrm{E}(X\,|\mathcal{G})\Big]^2\quad P_{\mathcal{G}}\text{-a.s.}.$$

证明 注意到 $\mathrm{E}(X\,|\mathcal{G})$ 关于 $\mathcal{G}$ 可测, 我们有

$$\mathrm{Var}(X\,|\mathcal{G})=\mathrm{E}\left\{X^2-2X\mathrm{E}(X\,|\mathcal{G})+\Big[\mathrm{E}(X\,|\mathcal{G})\Big]^2|\mathcal{G}\right\}$$
$$=\mathrm{E}\left(X^2\,|\mathcal{G}\right)-2\Big[\mathrm{E}(X\,|\mathcal{G})\Big]^2+\Big[\mathrm{E}(X\,|\mathcal{G})\Big]^2$$
$$=\mathrm{E}\left(X^2\,|\mathcal{G}\right)-\Big[\mathrm{E}(X\,|\mathcal{G})\Big]^2.$$

15.6 设 $Y\in L^2(\Omega,\mathcal{F},P)$, $\mathcal{G}$ 为 $\mathcal{F}$ 的子 σ 代数, 则

$$\mathrm{Var}Y\geqslant\mathrm{Var}\Big[\mathrm{E}(Y\,|\mathcal{G})\Big],$$

等号成立的充分必要条件是 $Y=\mathrm{E}(Y\,|\mathcal{G})$ $P_{\mathcal{G}}$-a.s..

证明 在习题 15.4 的证明中, 令 $Z=\mathrm{E}Y$, 并注意到 $\mathrm{E}Y=\mathrm{E}\Big[\mathrm{E}(Y\,|\mathcal{G})\Big]$, 我们有

$$\begin{aligned}
\mathrm{Var}Y &= \mathrm{E}\Big[Y-\mathrm{E}(Y|\mathcal{G})\Big]^2+\mathrm{E}\Big[\mathrm{E}(Y|\mathcal{G})-\mathrm{E}Y\Big]^2\\
&= \mathrm{E}\Big[Y-\mathrm{E}(Y|\mathcal{G})\Big]^2+\mathrm{E}\Big\{\mathrm{E}(Y|\mathcal{G})-\mathrm{E}\left[\mathrm{E}(Y|\mathcal{G})\right]\Big\}^2\\
&= \mathrm{E}\Big[Y-\mathrm{E}(Y|\mathcal{G})\Big]^2+\mathrm{Var}\left[\mathrm{E}(Y|\mathcal{G})\right]\\
&\geqslant \mathrm{Var}\Big[\mathrm{E}(Y|\mathcal{G})\Big],
\end{aligned}$$

等号成立的充分必要条件是 $\mathrm{E}\Big[Y-\mathrm{E}(Y|\mathcal{G})\Big]^2=0$, 这又等价于

$$Y=\mathrm{E}(Y|\mathcal{G})\quad P_{\mathcal{G}}\text{-a.s.}.$$

【评注】 对于 n 维 R.V. $\boldsymbol{X}=(X_1,X_2,\cdots,X_n)$ 及 $\mathcal{F}$ 上的概率测度族 $\{P_\theta:\theta\in\Theta\}$, 设统计量 $\varphi(\boldsymbol{X})\in L^2(\Omega,\mathcal{F},P_\theta)$, 如果 $T(\boldsymbol{X})$ 是 θ 的充分统计量 (参见 15.5 节), 那么 $\mathrm{E}(\varphi(\boldsymbol{X})|T(\boldsymbol{X}))$ 与 θ 无关, 因而也是统计量. 进一步, 如果 $\varphi(\boldsymbol{X})$ 是 θ 的无偏估计, 那么 $\mathrm{E}(\varphi(\boldsymbol{X})|T(\boldsymbol{X}))$ 亦然, 而且具有较小的方差. 因此, 为寻找 θ 的具有最小方差的无偏估计, 只需通过充分统计量 $T(\boldsymbol{X})$ 去寻找即可.

15.7 设 X,Y 是 r.v., 满足 $\mathrm{E}Y^2<\infty$, $\mathcal{G}$ 为 $\mathcal{F}$ 的子 σ 代数, 且 $\mathrm{E}(X|\mathcal{G})=Y$ $P_{\mathcal{G}}$-a.s., $\mathrm{E}(X^2|\mathcal{G})=Y^2$ $P_{\mathcal{G}}$-a.s., 则 $X=Y$ a.s..

证明 由 $\mathrm{E}(X|\mathcal{G})=Y$ 知 Y 关于 $\mathcal{G}$ 可测, 从而

$$\begin{aligned}
\mathrm{E}(X-Y)^2 &= \mathrm{E}\left[\mathrm{E}(X-Y)^2|\mathcal{G}\right]\\
&= \mathrm{E}\left[\mathrm{E}\left(X^2|\mathcal{G}\right)-2\mathrm{E}(XY|\mathcal{G})+\mathrm{E}\left(Y^2|\mathcal{G}\right)\right]\\
&= \mathrm{E}\left[Y^2-2\mathrm{E}(X|\mathcal{G})Y+\mathrm{E}\left(Y^2|\mathcal{G}\right)\right]\\
&= \mathrm{E}\left[Y^2-2Y^2+\mathrm{E}\left(Y^2|\mathcal{G}\right)\right]=0,
\end{aligned}$$

由此得 $X=Y$ a.s..

【评注】 同样可以证明: 设 X 是满足 $\mathrm{E}|X|<\infty$ 的 r.v., $\mathcal{G}_1,\mathcal{G}_2$ 是 $\mathcal{F}$ 的满足 $\mathcal{G}_1\subset\mathcal{G}_2$ 的子 σ 代数, 若 $[\mathrm{E}(X|\mathcal{G}_2)]^2=[\mathrm{E}(X|\mathcal{G}_1)]^2$ $P_{\mathcal{G}_2}$-a.s., 则 $\mathrm{E}(X|\mathcal{G}_2)=\mathrm{E}(X|\mathcal{G}_1)$ $P_{\mathcal{G}_2}$-a.s..

15.8 设 X,Y 是积分存在的 r.v., $\mathcal{G}$ 为 $\mathcal{F}$ 的子 σ 代数. 若 $X\leqslant Y$ a.s., 则 $\mathrm{E}(X|\mathcal{G})\leqslant\mathrm{E}(Y|\mathcal{G})$ a.s..

证明 $\forall A\in\mathcal{G}$, 由条件数学期望的定义及题设条件, 我们有

$$\int_A\mathrm{E}(X|\mathcal{G})\,\mathrm{d}P_{\mathcal{G}}=\int_A X\mathrm{d}P\leqslant\int_A Y\mathrm{d}P=\int_A\mathrm{E}(Y|\mathcal{G})\,\mathrm{d}P_{\mathcal{G}},$$

进而由定理 7.13 之 (iii) 知 $\mathrm{E}(X|\mathcal{G})\leqslant\mathrm{E}(Y|\mathcal{G})\,P_{\mathcal{G}}$-a.s..

【评注】 若 $X=Y$ a.s., 则 $\mathrm{E}(X\,|\mathcal{G})=\mathrm{E}(Y\,|\mathcal{G})$ $P_{\mathcal{G}}$-a.s..

15.9 证明命题 15.6.

证明 令 $Y=\sum\limits_i \dfrac{\mathrm{E}(XI_{A_i})}{P(A_i)}I_{A_i}$, 显然 Y 是 $\mathcal{G}$-可测的. 任取 $A\in\mathcal{G}$, 由习题 3.14 知, 存在 $I\subset\{1,2,\cdots,n,\cdots\}$, 使得 $A=\biguplus\limits_{j\in I}A_j$, 于是

$$\begin{aligned}\int_A Y\mathrm{d}P_{\mathcal{G}}&=\int_{\biguplus_{j\in I}A_j}Y\mathrm{d}P_{\mathcal{G}}=\int_{\biguplus_{j\in I}A_j}\sum_i\frac{\mathrm{E}(XI_{A_i})}{P(A_i)}I_{A_i}\mathrm{d}P_{\mathcal{G}}\\&=\sum_i\frac{\mathrm{E}(XI_{A_i})}{P(A_i)}\int_{\biguplus_{j\in I}A_j}I_{A_i}\mathrm{d}P_{\mathcal{G}}=\sum_{i\in I}\frac{\mathrm{E}(XI_{A_i})}{P(A_i)}P(A_i)\\&=\sum_{i\in I}\mathrm{E}(XI_{A_i})=\int_{\biguplus_{i\in I}A_i}X\mathrm{d}P=\int_A X\mathrm{d}P,\end{aligned}$$

这就完成了证明.

【评注】 (a) $\mathrm{E}(X\,|\mathcal{G})$ 是 $\mathcal{G}$-可测的 r.v., 由习题 5.11 知 $\mathrm{E}(X\,|\mathcal{G})$ 在每个原子集 A_i 上是常数, 本题的结果正是如此.

(b) 若 $A\in\mathcal{F}$, $0<P(A)<1$, 注意到 $\{A,A^{\mathrm{c}}\}$ 是 Ω 的一个划分, 由其生成的 σ 代数为 $\mathcal{G}=\{\varnothing,A,A^{\mathrm{c}},\Omega\}$, 则对任意的 $B\in\mathcal{F}$,

$$P(B\,|\mathcal{G})(\omega)=\begin{cases}P(B\,|A), & \omega\in A,\\ P(B\,|A^{\mathrm{c}}), & \omega\in A^{\mathrm{c}}\end{cases}\qquad P_{\mathcal{G}}\text{-a.s..}$$

在初等概率论中, 所谓 $P(B\,|A)=\dfrac{P(AB)}{P(A)}$ 正是 $P(B\,|\mathcal{G})$(取定上述版本) 在 $\omega\in A$ 处的函数值.

15.10 设事件 A 和 B 满足 $P(A)=0.4$, $P(B)=0.7$, $P(AB)=0.3$.

(1) 写出由事件 A 生成的 σ 代数 $\mathcal{G}$;

(2) 计算条件概率 $P(B\,|\mathcal{G})$.

解 (1) $\mathcal{G}=\{\varnothing,A,A^{\mathrm{c}},\Omega\}$.

(2) 由习题 15.9 知

$$P(B\,|\mathcal{G})(\omega)=\begin{cases}\dfrac{P(AB)}{P(A)}, & \omega\in A,\\[2mm] \dfrac{P(A^{\mathrm{c}}B)}{P(A^{\mathrm{c}})}, & \omega\in A^{\mathrm{c}}\end{cases}=\begin{cases}\dfrac{P(AB)}{P(A)}, & \omega\in A,\\[2mm] \dfrac{P(B)-P(AB)}{P(A^{\mathrm{c}})}, & \omega\in A^{\mathrm{c}}\end{cases}$$

$$=\begin{cases}\dfrac{0.3}{0.4}, & \omega\in A,\\[2mm] \dfrac{0.7-0.3}{0.6}, & \omega\in A^{\mathrm{c}}\end{cases}=\begin{cases}\dfrac{3}{4}, & \omega\in A,\\[2mm] \dfrac{2}{3}, & \omega\in A^{\mathrm{c}}.\end{cases}$$

15.11　设 $(\Omega,\mathcal{F},P)=([0,1],\mathcal{B}[0,1],\lambda)$, $\mathcal{G}$ 是由 $\left\{\left[0,\frac{1}{4}\right],\left(\frac{1}{4},\frac{1}{2}\right],\left(\frac{1}{2},1\right]\right\}$ 生成的 σ 代数, r.v. $X(\omega)=\omega^2$, 试求 $\mathrm{E}(X|\mathcal{G})$.

解　由习题 15.9 及定理 7.40 得

$$\mathrm{E}(X|\mathcal{G})(\omega)=\begin{cases}\dfrac{1}{\lambda\left[0,\frac{1}{4}\right]}\displaystyle\int_{\left[0,\frac{1}{4}\right]}X(\omega')\lambda(\mathrm{d}\omega'), & \omega\in\left[0,\dfrac{1}{4}\right],\\[2mm] \dfrac{1}{\lambda\left(\frac{1}{4},\frac{1}{2}\right]}\displaystyle\int_{\left(\frac{1}{4},\frac{1}{2}\right]}X(\omega')\lambda(\mathrm{d}\omega'), & \omega\in\left(\dfrac{1}{4},\dfrac{1}{2}\right],\\[2mm] \dfrac{1}{\lambda\left(\frac{1}{2},1\right]}\displaystyle\int_{\left(\frac{1}{2},1\right]}X(\omega')\lambda(\mathrm{d}\omega'), & \omega\in\left(\dfrac{1}{2},1\right]\end{cases}$$

$$=\begin{cases}\dfrac{1}{48}, & \omega\in\left[0,\dfrac{1}{4}\right],\\[2mm] \dfrac{7}{48}, & \omega\in\left(\dfrac{1}{4},\dfrac{1}{2}\right],\\[2mm] \dfrac{7}{12}, & \omega\in\left(\dfrac{1}{2},1\right].\end{cases}$$

15.2　三大积分收敛定理的条件版本及条件独立

15.2.1　内容提要

定理 15.7 (条件单调收敛定理)　设 $\{X_n,n\geqslant 1\}$ 是积分存在的 r.v. 序列, $\mathcal{G}$ 是 $\mathcal{F}$ 的子 σ 代数.

(i) 若 $X_n\uparrow X$ a.s., 且 $\mathrm{E}X_1>-\infty$, 则 X 的积分存在, 且 $\mathrm{E}(X_n|\mathcal{G})\uparrow\mathrm{E}(X|\mathcal{G})$ $P_{\mathcal{G}}$-a.s.;

(ii) 若 $X_n\downarrow X$ a.s., 且 $\mathrm{E}X_1<\infty$, 则 X 的积分存在, 且 $\mathrm{E}(X_n|\mathcal{G})\downarrow\mathrm{E}(X|\mathcal{G})$ $P_{\mathcal{G}}$-a.s..

推论 15.8　设 r.v. X, Y 使得 XY 和 Y 的积分都存在, $\mathcal{G}$ 为 $\mathcal{F}$ 的子 σ 代数. 若 X 关于 $\mathcal{G}$ 可测, 则

$$\mathrm{E}(XY|\mathcal{G})=X\mathrm{E}(Y|\mathcal{G})\quad P_{\mathcal{G}}\text{-a.s.}.$$

推论 15.9 设 r.v. X 的积分存在, $\mathcal{G}_1$, $\mathcal{G}_2$ 为 $\mathcal{F}$ 的两个子 σ 代数, $\mathcal{G}_1 \subset \mathcal{G}_2$, 则

$$\mathrm{E}\Big[\mathrm{E}(X\,|\mathcal{G}_1)\,|\mathcal{G}_2\Big] = \mathrm{E}(X\,|\mathcal{G}_1) = \mathrm{E}\Big[\mathrm{E}(X\,|\mathcal{G}_2)\,|\mathcal{G}_1\Big] \quad P_{\mathcal{G}}\text{-a.s.}.$$

定理 15.10 (条件 Fatou 引理) 设 $\{Y, Z, X_n, n \geqslant 1\}$ 是积分存在的 r.v. 序列, $\mathcal{G}$ 是 $\mathcal{F}$ 的子 σ 代数.

(i) 若 $\mathrm{E}Y > -\infty$, 且对每个 $n \geqslant 1$ 都有 $X_n \geqslant Y$ a.s., 则 $\varliminf\limits_{n\to\infty} X_n$ 的积分存在, 且 $\mathrm{E}\left(\varliminf\limits_{n\to\infty} X_n\,|\mathcal{G}\right) \leqslant \varliminf\limits_{n\to\infty} \mathrm{E}(X_n\,|\mathcal{G})\, P_{\mathcal{G}}$-a.s.;

(ii) 若 $\mathrm{E}Z < \infty$, 且对每个 $n \geqslant 1$ 都有 $X_n \leqslant Z$ a.s., 则 $\varlimsup\limits_{n\to\infty} X_n$ 的积分存在, 且 $\mathrm{E}\left(\varlimsup\limits_{n\to\infty} X_n\,|\mathcal{G}\right) \geqslant \varlimsup\limits_{n\to\infty} \mathrm{E}(X_n\,|\mathcal{G})\, P_{\mathcal{G}}$-a.s..

定理 15.11 (条件控制收敛定理) 设 $\{X, Y, Z, X_n, n \geqslant 1\}$ 是 r.v. 序列, 其中 Y, Z 可积, 对每个 $n \geqslant 1$ 都有 $Y \leqslant X_n \leqslant Z$ a.s., $\mathcal{G}$ 是 $\mathcal{F}$ 的子 σ 代数.

(i) 若 $X_n \xrightarrow{\text{a.s.}} X$, 则 X 可积, 且 $\mathrm{E}(X_n\,|\mathcal{G}) \xrightarrow{\text{a.s.}} \mathrm{E}(X\,|\mathcal{G})$;

(ii) 若 $X_n \xrightarrow{P} X$, 则 X 可积, 且 $\mathrm{E}(X_n\,|\mathcal{G}) \xrightarrow{P} \mathrm{E}(X\,|\mathcal{G})$.

定理 15.12 (条件 Jensen 不等式) 设 X 是可积 r.v., φ 是 $\mathbb{R}$ 上的凸函数, $\mathcal{G}$ 是 $\mathcal{F}$ 的子 σ 代数, 则

$$\varphi\Big(\mathrm{E}(X\,|\mathcal{G})\Big) \leqslant \mathrm{E}\Big(\varphi(X)\,|\mathcal{G}\Big) \quad P_{\mathcal{G}}\text{-a.s.}.$$

定理 15.13 (条件 Hölder 不等式) 设 $1 < p, q < \infty$, $\dfrac{1}{p} + \dfrac{1}{q} = 1$, X, Y 是 r.v., 则

$$\mathrm{E}(|XY|\,|\mathcal{G}) \leqslant \Big[\mathrm{E}(|X|^p\,|\mathcal{G})\Big]^{\frac{1}{p}} \Big[\mathrm{E}(|Y|^q\,|\mathcal{G})\Big]^{\frac{1}{q}} \quad P_{\mathcal{G}}\text{-a.s.}.$$

定理 15.14 (条件 Minkowski 不等式) 设 $1 \leqslant p < \infty$, X, Y 是 r.v., $\mathcal{G}$ 是 $\mathcal{F}$ 的子 σ 代数, 则

$$\Big[\mathrm{E}(|X+Y|^p\,|\mathcal{G})\Big]^{\frac{1}{p}} \leqslant \Big[\mathrm{E}(|X|^p\,|\mathcal{G})\Big]^{\frac{1}{p}} + \Big[\mathrm{E}(|Y|^p\,|\mathcal{G})\Big]^{\frac{1}{p}} \quad P_{\mathcal{G}}\text{-a.s.}.$$

定义 15.15 设 $\mathcal{G}_1, \mathcal{G}_2, \cdots, \mathcal{G}_n, \mathcal{G}$ 都是 $\mathcal{F}$ 的子 σ 代数, 若对任意的 $B_1 \in \mathcal{G}_1$, $B_2 \in \mathcal{G}_2, \cdots, B_n \in \mathcal{G}_n$ 有

$$P\left(\bigcap_{i=1}^n B_i\,|\mathcal{G}\right) = \prod_{i=1}^n P(B_i\,|\mathcal{G}) \quad P_{\mathcal{G}}\text{-a.s.},$$

则称 $\mathcal{G}_1, \mathcal{G}_2, \cdots, \mathcal{G}_n$ 关于 $\mathcal{G}$ **条件独立**.

定理 15.16 r.v. $X_1, X_2, \cdots, X_n$ 关于 $\mathcal{G}$ 条件独立 $\Leftrightarrow$ 对任意有界可测函数 $f_1, f_2, \cdots, f_n$, 有

$$\mathrm{E}\left(\prod_{i=1}^{n} f_i(X_i)\,|\mathcal{G}\right) = \prod_{i=1}^{n} \mathrm{E}\Big(f_i(X_i)\,|\mathcal{G}\Big).$$

推论 15.17 设 $X_1, X_2, \cdots, X_n$ 是独立 r.v., $\mathcal{G}$ 是 $\mathcal{F}$ 的子 σ 代数. 若 $\sigma(X_1, X_2, \cdots, X_n)$ 与 $\mathcal{G}$ 独立, 则 $X_1, X_2, \cdots, X_n$ 关于 $\mathcal{G}$ 条件独立.

定理 15.18 设 $\mathcal{G}$, $\mathcal{G}_1$, $\mathcal{G}_2$ 是 $\mathcal{F}$ 的三个子 σ 代数, 则 $\mathcal{G}_1$ 与 $\mathcal{G}_2$ 关于 $\mathcal{G}$ 条件独立当且仅当对任意的 $B_1 \in \mathcal{G}_1$, 有

$$P(B_1\,|\mathcal{G} \vee \mathcal{G}_2) = P(B_1\,|\mathcal{G})\ \text{a.s.}.$$

15.2.2 习题 15.2 解答与评注

15.12[①] 设 X 为可积 r.v., $\mathcal{G}$ 为 $\mathcal{F}$ 的子 σ 代数, 则

(1) $[\mathrm{E}(X\,|\mathcal{G})]^{\pm} \leqslant \mathrm{E}(X^{\pm}\,|\mathcal{G})$ $P_{\mathcal{G}}$-a.s.;

(2) $|\mathrm{E}(X\,|\mathcal{G})|^p \leqslant \mathrm{E}(|X|^p\,|\mathcal{G})$ $P_{\mathcal{G}}$-a.s., 其中 $p \geqslant 1$.

证明 分别取 $\varphi(x) = x^{\pm}$ 及 $\varphi(x) = |x|^p$, 应用条件 Jensen 不等式即得 (1) 和 (2).

【评注】 取 $\mathcal{G} = \{\varnothing, \Omega\}$, 则 X 与 $\mathcal{G}$ 独立, 由性质 15.4 知本题的结论就演变成习题 9.7 的结论.

15.13[②] (条件 Markov 不等式) 设 X 是 r.v., $\mathcal{G}$ 为 $\mathcal{F}$ 的子 σ 代数, 则 $\forall \varepsilon > 0$ 及 $r > 0$,

$$P\{|X| \geqslant \varepsilon\,|\mathcal{G}\} \leqslant \frac{1}{\varepsilon^r}\mathrm{E}(|X|^r\,|\mathcal{G}).$$

证明 $\forall A \in \mathcal{G}$, 由条件数学期望的定义及题设条件, 我们有

$$\begin{aligned}\int_A P\{|X| \geqslant \varepsilon\,|\mathcal{G}\}\,\mathrm{d}P_{\mathcal{G}} &= \int_A I\{|X| \geqslant \varepsilon\}\,\mathrm{d}P \leqslant \frac{1}{\varepsilon^r}\int_A |X|^r\,\mathrm{d}P \\ &= \frac{1}{\varepsilon^r}\int_A \mathrm{E}(|X|^r\,|\mathcal{G})\,\mathrm{d}P_{\mathcal{G}},\end{aligned}$$

进而由定理 7.13 之 (iii) 知 $P\{|X| \geqslant \varepsilon\,|\mathcal{G}\} \leqslant \dfrac{1}{\varepsilon^r}\mathrm{E}(|X|^r\,|\mathcal{G})$ $P_{\mathcal{G}}$-a.s..

15.14 设 X 是可积的离散型 r.v., 其所有可能取值为 $x_1, x_2, \cdots$, $\mathcal{G}$ 为 $\mathcal{F}$ 的子 σ 代数, 则

$$\mathrm{E}(X\,|\mathcal{G}) = \sum_{k=1}^{\infty} x_k P\{X = x_k\,|\mathcal{G}\}.$$

---

① 本题应该与习题 9.7 比较.

② 本题是定理 14.2 的条件版本.

证明 $\forall n \in \mathbb{N}, \left|\sum\limits_{k=1}^{n} x_k I\{X = x_k\}\right| \leqslant |X|$, 而 $|X|$ 可积, 由条件控制收敛定理,

$$\begin{aligned}
&\sum_{k=1}^{\infty} x_k P\{X = x_k \,|\mathcal{G}\} = \lim_{n\to\infty} \sum_{k=1}^{n} x_k P\{X = x_k \,|\mathcal{G}\} \\
&= \lim_{n\to\infty} \mathrm{E}\left[\sum_{k=1}^{n} x_k I\{X = x_k\} \,|\mathcal{G}\right] = \mathrm{E}\left[\lim_{n\to\infty} \sum_{k=1}^{n} x_k I\{X = x_k\} \,|\mathcal{G}\right] \\
&= \mathrm{E}\left[\sum_{k=1}^{\infty} x_k I\{X = x_k\} \,|\mathcal{G}\right] = \mathrm{E}(X \,|\mathcal{G}).
\end{aligned}$$

15.15 设 $\mathcal{G}_1$, $\mathcal{G}_2$, $\mathcal{G}$ 都是 $\mathcal{F}$ 的子 σ 代数, $\mathcal{G}_1$, $\mathcal{G}_2$ 关于 $\mathcal{G}$ 条件独立, 若 $A \in \mathcal{G}_1 \cap \mathcal{G}_2$, 则存在 $G \in \mathcal{G}$, 使得 $P(A\Delta G) = 0$.

证明 由 $\mathcal{G}_1, \mathcal{G}_2$ 关于 $\mathcal{G}$ 条件独立的定义得

$$P(A\,|\mathcal{G}) = P(A \cap A\,|\mathcal{G}) = P(A\,|\mathcal{G})\,P(A\,|\mathcal{G}) = \Big[P(A\,|\mathcal{G})\Big]^2,$$

从而存在 $G \in \mathcal{G}$, 使得

$$P(A\,|\mathcal{G}) = I_G \text{ a.s.},$$

于是

$$P(AG) = \int_G I_A \mathrm{d}P = \int_G P(A\,|\mathcal{G})\mathrm{d}P = \int_G I_G \mathrm{d}P = P(G),$$

等价地

$$P(A^{\mathrm{c}}G) = 0.$$

同理

$$P(AG^{\mathrm{c}}) = \int_{G^{\mathrm{c}}} I_A \mathrm{d}P = \int_{G^{\mathrm{c}}} P(A\,|\mathcal{G})\mathrm{d}P = \int_{G^{\mathrm{c}}} I_G \mathrm{d}P = 0.$$

综合以上两式, 就得到 $P(A\Delta G) = 0$.

15.3 正则条件概率及正则条件分布

15.3.1 内容提要

定义 15.19 称映射 $P^{\mathcal{G}}(\cdot,\cdot) : \Omega \times \mathcal{F} \to \mathbb{R}$ 为 $\mathcal{F}$ 上关于 $\mathcal{G}$ 的**正则条件概率**或**条件概率测度**, 如果

(i) 对任意的 $\omega \in \Omega$, $A \mapsto P^{\mathcal{G}}(\omega, A)$ 是 $\mathcal{F}$ 上的一个概率测度;

(ii) 对任意的 $A \in \mathcal{F}$, $\omega \mapsto P^{\mathcal{G}}(\omega, A)$ 是 $\mathcal{G}$-可测函数, 且 $P^{\mathcal{G}}(\cdot, A)$ 是 $P(A|\mathcal{G})$ 的一个版本, 即

$$P^{\mathcal{G}}(\cdot, A) = P(A|\mathcal{G})(\cdot) \quad P_{\mathcal{G}}\text{-a.s..}$$

定理 15.21 设 r.v. X 的积分存在, $P^{\mathcal{G}}(\omega, A)$ 为 $\mathcal{F}$ 上关于 $\mathcal{G}$ 的正则条件概率, 则

$$\mathrm{E}(X|\mathcal{G})(\omega) = \int_{\Omega} X(\omega') P^{\mathcal{G}}(\omega, \mathrm{d}\omega') \quad P_{\mathcal{G}}\text{-a.s. } \omega.$$

定义 15.22 设 $\boldsymbol{X}$ 是 d 维 (对应地, 可列无穷维) R.V., 称映射 $P_{\boldsymbol{X}}^{\mathcal{G}} : \Omega \times \mathcal{B}(\mathbb{R}^d) \to [0,1]$ (对应地, $P_{\boldsymbol{X}}^{\mathcal{G}} : \Omega \times \mathcal{B}(\mathbb{R}^\infty) \to [0,1]$) 为 $\boldsymbol{X}$ 关于 $\mathcal{G}$ 的**正则条件分布**, 如果

(i) 对任意的 $\omega \in \Omega$, $A \mapsto P_{\boldsymbol{X}}^{\mathcal{G}}(\omega, A)$ 是 $\mathcal{B}(\mathbb{R}^d)$ (对应地, $\mathcal{B}(\mathbb{R}^\infty)$) 上的一个概率测度;

(ii) 对任意的 $B \in \mathcal{B}(\mathbb{R}^d)$ (对应地, $B \in \mathcal{B}(\mathbb{R}^\infty)$),

$$P_{\boldsymbol{X}}^{\mathcal{G}}(\cdot, B) = P\left(\boldsymbol{X}^{-1}(B)|\mathcal{G}\right)(\cdot) \quad P_{\mathcal{G}}\text{-a.s.},$$

等价地对任意的 $A \in \mathcal{G}$, $B \in \mathcal{B}(\mathbb{R}^d)$ (对应地 $B \in \mathcal{B}(\mathbb{R}^\infty)$),

$$\int_A P_X^{\mathcal{G}}(\omega, B) P(\mathrm{d}\omega) = P\left(\boldsymbol{X}^{-1}(B) \cap A\right),$$

称之为 Radon-Nikodým 方程.

定义 15.23 对于 R.V. $\boldsymbol{X} = (X_1, X_2, \cdots, X_d)$, 称函数 $F_{\boldsymbol{X}}(\cdot|\mathcal{G})(\cdot) : \Omega \times \mathbb{R}^d \to \mathbb{R}$ 为 $\boldsymbol{X}$ 关于 $\mathcal{G}$ 的**正则条件分布函数**, 如果

(i) 对任意的 $\omega \in \Omega$, $F_{\boldsymbol{X}}(\cdot|\mathcal{G})(\omega)$ 是 $\mathbb{R}^d$ 上的一个分布函数;

(ii) 对任意的 $\boldsymbol{x} \in \mathbb{R}^d$, $F_{\boldsymbol{X}}(\boldsymbol{x}|\mathcal{G})(\cdot)$ 是 Ω 上的 $\mathcal{G}$-可测函数, 且

$$F_{\boldsymbol{X}}(\boldsymbol{x}|\mathcal{G}) = P\{\boldsymbol{X} \leqslant \boldsymbol{x}|\mathcal{G}\} \quad P_{\mathcal{G}}\text{-a.s..}$$

定理 15.24 d 维 R.V. $\boldsymbol{X}$ 关于 $\mathcal{G}$ 的正则条件分布函数及正则条件分布总存在.

推论 15.25 可列无穷维 R.V. $\boldsymbol{X} = (X_1, X_2, \cdots)$ 关于 $\mathcal{G}$ 的正则条件分布总存在.

推论 15.26 设 $\boldsymbol{X}$ 是 d 维 (对应地, 可列无穷维) R.V., $h(\boldsymbol{x})$ 是 $\mathbb{R}^d$ (对应地, $\mathbb{R}^\infty$) 上的 Borel 可测函数, 使得 $h(\boldsymbol{X})$ 的积分存在. 若 $\mathcal{G}$ 为 $\mathcal{F}$ 的子 σ 代数, $P_{\boldsymbol{X}}^{\mathcal{G}}$ 是 $\boldsymbol{X}$ 关于 $\mathcal{G}$ 的正则条件分布, 则

$$\mathrm{E}(h(\boldsymbol{X})|\mathcal{G})(\omega) = \int_{\mathbb{R}^d\ (\text{对应地}, \mathbb{R}^\infty)} h(\boldsymbol{x}) P_{\boldsymbol{X}}^{\mathcal{G}}(\omega, \mathrm{d}\boldsymbol{x}) \quad P_{\mathcal{G}}\text{-a.s. } \omega.$$

15.3.2 习题 15.3 解答与评注

15.16 证明: 在定理 15.24 证明中定义的 $F_{\boldsymbol{X}}(x_1,x_2\,|\mathcal{G})(\omega)$ 是 $\boldsymbol{X}$ 关于 $\mathcal{G}$ 的正则条件分布函数.

证明 (a) 往证 $F_{\boldsymbol{X}}(x_1,x_2\,|\mathcal{G})(\omega)$ 满足定义 15.23 中的条件 (i).

当 $\omega\in N$ 时, 显然 $F_{\boldsymbol{X}}(x_1,x_2\,|\mathcal{G})(\omega)=P\{X_1\leqslant x_1,X_2\leqslant x_2\}$ 是 $\mathbb{R}^2$ 上的分布函数.

当 $\omega\in N^{\mathrm{c}}$ 时,

$$F_{\boldsymbol{X}}(x_1,x_2\,|\mathcal{G})(\omega)=\lim_{r_1\downarrow x_1,r_2\downarrow x_2}F_{\boldsymbol{X}}(r_1,r_2\,|\mathcal{G})(\omega),$$

此时 $F_{\boldsymbol{X}}(x_1,x_2\,|\mathcal{G})(\omega)$ 关于每个变量都单调不减.

设 $\left\{x_1^{(m)},m\geqslant 1\right\}\subset\mathbb{R}$, $\left\{r_1^{(m)},m\geqslant 1\right\}\subset\mathbb{Q}$, 满足 $x_1<x_1^{(m)}\leqslant r_1^{(m)}\downarrow x_1$, 任取 $\left\{r_2^{(m)},m\geqslant 1\right\}\subset\mathbb{Q}$ 使得 $r_2^{(m)}\downarrow x_2$, 则

$$\begin{aligned}F_{\boldsymbol{X}}(x_1,x_2\,|\mathcal{G})(\omega)&\leqslant\lim_{m\to\infty}F_{\boldsymbol{X}}\left(x_1^{(m)},x_2\,|\mathcal{G}\right)(\omega)\\&\leqslant\lim_{m\to\infty}F_{\boldsymbol{X}}\left(r_1^{(m)},r_2^{(m)}\,|\mathcal{G}\right)(\omega)=F_{\boldsymbol{X}}(x_1,x_2\,|\mathcal{G})(\omega),\end{aligned}$$

这表明 $F_{\boldsymbol{X}}(x_1,x_2\,|\mathcal{G})(\omega)$ 关于第一个变量右连续, 同理可证 $F_{\boldsymbol{X}}(x_1,x_2\,|\mathcal{G})(\omega)$ 关于第二个变量也右连续.

设 $\left\{x_1^{(m)},m\geqslant 1\right\}\subset\mathbb{R}$, $\left\{r_1^{(m)},m\geqslant 1\right\}\subset\mathbb{Q}$, 满足 $x_1^{(m)}\leqslant r_1^{(m)}$, 任取 $r_2\in\mathbb{Q}$ 使得 $x_2\leqslant r_2$, 则

$$\lim_{x_1^{(m)}\to-\infty}F_{\boldsymbol{X}}\left(x_1^{(m)},x_2\,|\mathcal{G}\right)(\omega)\leqslant\lim_{r_1^{(m)}\to-\infty}F_{\boldsymbol{X}}\left(r_1^{(m)},r_2\,|\mathcal{G}\right)(\omega)=0,$$

这表明 $\lim\limits_{x_1\to-\infty}F_{\boldsymbol{X}}(x_1,x_2\,|\mathcal{G})(\omega)=0$, 同理可证 $\lim\limits_{x_2\to-\infty}F_{\boldsymbol{X}}(x_1,x_2\,|\mathcal{G})(\omega)=0$.

设 $\left\{x_i^{(m)},m\geqslant 1\right\}\subset\mathbb{R}$, $\left\{r_i^{(m)},m\geqslant 1\right\}\subset\mathbb{Q}$, 满足 $x_i^{(m)}\geqslant r_i^{(m)}$, $i=1,2$, 则

$$\lim_{x_1^{(m)}\to\infty,x_2^{(m)}\to\infty}F_{\boldsymbol{X}}\left(x_1^{(m)},x_2^{(m)}\,|\mathcal{G}\right)(\omega)\geqslant\lim_{r_1^{(m)}\to\infty,r_2^{(m)}\to\infty}F_{\boldsymbol{X}}\left(r_1^{(m)},r_2^{(m)}\,|\mathcal{G}\right)(\omega)=1,$$

这表明 $\lim\limits_{x_1\to\infty,x_2\to\infty}F_{\boldsymbol{X}}(x_1,x_2\,|\mathcal{G})(\omega)=1$.

设 $(x_1,x_2)\in\mathbb{R}^2$, $(x_1',x_2')\in\mathbb{R}^2$, 满足 $x_1\leqslant x_1'$, $x_2\leqslant x_2'$, 则

$$F_{\boldsymbol{X}}(x_1',x_2'\,|\mathcal{G})(\omega)-\Big[F_{\boldsymbol{X}}(x_1,x_2'\,|\mathcal{G})(\omega)+F_{\boldsymbol{X}}(x_1',x_2\,|\mathcal{G})(\omega)\Big]+F_{\boldsymbol{X}}(x_1,x_2\,|\mathcal{G})(\omega)$$

$$= \lim_{r_i\downarrow x_i, r_i'\downarrow x_i', i=1,2} \Big\{F_{\boldsymbol{X}}(r_1', r_2' \,|\mathcal{G})(\omega) - \Big[F_{\boldsymbol{X}}(r_1, r_2' \,|\mathcal{G})(\omega) + F_{\boldsymbol{X}}(r_1', r_2 \,|\mathcal{G})(\omega)\Big]$$

$$+F_{\boldsymbol{X}}(r_1, r_2 \,|\mathcal{G})(\omega)\Big\}$$

$$\geqslant 0.$$

综上, $\forall \omega \in \Omega$, $F_{\boldsymbol{X}}(\cdot\,|\mathcal{G})(\omega)$ 是 $\mathbb{R}^2$ 上的一个分布函数.

(b) $\forall (x_1, x_2) \in \mathbb{R}^2$, 显然 $F_{\boldsymbol{X}}(x_1, x_2 \,|\mathcal{G})(\cdot)$ 是 Ω 上的 $\mathcal{G}$-可测函数. 对任意的 $(r_1, r_2) \in \mathbb{Q}^2$, 由 $F_{\boldsymbol{X}}(x_1, x_2 \,|\mathcal{G})(\omega)$ 的定义知

$$F_{\boldsymbol{X}}(r_1, r_2 \,|\mathcal{G})(\omega) = P\{X_1 \leqslant r_1, X_2 \leqslant r_2 \,|\mathcal{G}\}(\omega).$$

现在让 $r_1 \downarrow x_1$, $r_2 \downarrow x_2$, 由已证的右连续性得

$$F_{\boldsymbol{X}}(r_1, r_2 \,|\mathcal{G})(\omega) \downarrow F_{\boldsymbol{X}}(x_1, x_2 \,|\mathcal{G})(\omega),$$

另一方面, 由单调收敛定理得

$$P\{X_1 \leqslant r_1, X_2 \leqslant r_2 \,|\mathcal{G}\} \to P\{X_1 \leqslant x_1, X_2 \leqslant x_2 \,|\mathcal{G}\} \quad P_{\mathcal{G}}\text{-a.s.},$$

故 $F_{\boldsymbol{X}}(r_1, r_2 \,|\mathcal{G}) = P\{X_1 \leqslant x_1, X_2 \leqslant x_2 \,|\mathcal{G}\}\, P_{\mathcal{G}}$-a.s., 即 $F_{\boldsymbol{X}}(x_1, x_2 \,|\mathcal{G})(\omega)$ 满足定义 15.23 中的条件 (ii).

15.17　利用推论 15.26 证明条件 Markov 不等式①.

证明　由推论 15.26,

$$\begin{aligned}
\mathrm{E}(|X|^r \,|\mathcal{G})(\omega) &= \int_{\mathbb{R}} |x|^r\, P_X^{\mathcal{G}}(\omega, \mathrm{d}x) \geqslant \int_{|x|\geqslant\varepsilon} |x|^r\, P_X^{\mathcal{G}}(\omega, \mathrm{d}x) \\
&\geqslant \varepsilon^r \int_{|x|\geqslant\varepsilon} P_X^{\mathcal{G}}(\omega, \mathrm{d}x) = \varepsilon^r P_X^{\mathcal{G}}(\omega, \{|x| \geqslant \varepsilon\}) \\
&= \varepsilon^r P\{|X| \geqslant \varepsilon \,|\mathcal{G}\},
\end{aligned}$$

最后的等号成立是因为正则条件分布的定义.

【评注】　试问 $P_X^{\mathcal{G}} = P_X$ 的充分必要条件是什么? 答曰: $\sigma(X)$ 与 $\mathcal{G}$ 独立. 读者不难从 Radon-Nikodým 方程得到该结论.

15.4　初等概率论中的条件数学期望

15.4.1　内容提要

定义 15.29　称 $\mathrm{E}(X\,|Y=y)$ 为 X 关于 $Y=y$ 的条件期望, 如果

① 条件 Markov 不等式见习题 15.13.

(i) $y \mapsto \mathrm{E}(X|Y=y)$ 是 $(\mathbb{R}, \mathcal{B}(\mathbb{R}))$ 上的可测函数;

(ii) 对任意的 $B \in \mathcal{B}(\mathbb{R})$,

$$\int_B \mathrm{E}(X|Y=y)\,\mathrm{d}P_Y(y) = \int_{Y^{-1}(B)} X\mathrm{d}P.$$

特别地, 称 $\mathcal{B}(\mathbb{R}) \ni A \mapsto Q_y(A) := P\{X \in A|Y=y\}$ 为 X 关于 $Y=y$ 的条件分布, 记作 $X|Y=y \sim Q_y$; 称 $F(x|Y=y) := P\{X \leqslant x|Y=y\}$ 为 X 关于 $Y=y$ 的条件分布函数.

命题 15.31 设离散型 r.v. Y 的分布列如 (15.15) 式给出, 则 $\forall A \in \mathcal{F}$,

$$P(A|Y=y) = \sum_n \frac{P(A \cap \{Y=y_n\})}{P\{Y=y_n\}} I_{\{y_n\}}(y) \quad P_Y\text{-a.s. } y.$$

命题 15.32 设 X 是积分存在的 r.v., 而离散型 r.v. Y 的分布列如 (15.15) 式给出, 则

$$\mathrm{E}(X|Y=y) = \sum_n \frac{1}{P\{Y=y_n\}} \int_{\{Y=y_n\}} X\mathrm{d}P \cdot I_{\{y_n\}}(y) \quad P_Y\text{-a.s. } y.$$

命题 15.33 设 $f(x,y)$ 是二维绝对连续 R.V. (X,Y) 的联合密度函数, 则 $\forall A \in \mathcal{B}(\mathbb{R})$,

$$P\{X \in A|Y=y\} = \int_A f_{X|Y=y}(x)\mathrm{d}x \quad P_Y\text{-a.s. } y.$$

命题 15.34 设 $f(x,y)$ 是二维绝对连续 R.V. (X,Y) 的联合密度函数, X 的积分存在, 则

$$\mathrm{E}(X|Y=y) = \int_{-\infty}^{\infty} x f_{X|Y=y}(x)\,\mathrm{d}x \quad P_Y\text{-a.s. } y.$$

15.4.2 习题 15.4 解答与评注

15.18 设 $X_1, X_2, \cdots, X_n$ 为独立同分布的可积 r.v., $S_n = \sum\limits_{k=1}^n X_k$, 则

(1) $\mathrm{E}(X_i|S_n) = \mathrm{E}(X_j|S_n)\ P_{\sigma(S_n)}$-a.s., $i,j = 1,2,\cdots,n$;

(2) $\mathrm{E}(X_i|S_n) = \dfrac{1}{n} S_n\ P_{\sigma(S_n)}$-a.s., $i = 1,2,\cdots,n$.

证明 (1) 任取 $i,j = 1,2,\cdots,n$, 不妨设 $1 \leqslant i < j \leqslant n$. 由 $X_1, X_2, \cdots, X_n$ 独立, 应用命题 13.15 得

$$P \circ (X_1, \cdots, X_i, \cdots, X_j, \cdots, X_n)^{-1}$$

$$= \left(P \circ X_1^{-1}\right) \times \cdots \times \left(P \circ X_i^{-1}\right) \times \cdots \times \left(P \circ X_j^{-1}\right) \times \cdots \times \left(P \circ X_n^{-1}\right),$$

进而由同分布性得

$$P \circ (X_1, \cdots, X_i, \cdots, X_j, \cdots, X_n)^{-1} = P \circ (X_1, \cdots, X_j, \cdots, X_i, \cdots, X_n)^{-1}.$$

接下来着手证明所给等式. $\forall A \in \sigma(S_n)$, 由 $\sigma(S_n)$ 的定义, $\exists B \in \mathcal{B}(\mathbb{R})$, s.t. $A = S_n^{-1}(B)$. 应用积分变换定理 (定理 7.22), 我们有

$$\begin{aligned}
\int_A \mathrm{E}(X_j \,|S_n)\mathrm{d}P_{\sigma(S_n)} &= \int_{S_n^{-1}(B)} X_j \mathrm{d}P = \int_\Omega X_j I_B(S_n)\,\mathrm{d}P \\
&= \int_\Omega X_j I_B\left(\sum_{k=1}^n X_k\right)\mathrm{d}P \\
&= \int_{\mathbb{R}^n} x_j I_B\left(\sum_{k=1}^n x_k\right)\mathrm{d}P \circ (X_1, \cdots, X_j, \cdots, X_i, \cdots, X_n)^{-1} \\
&= \int_{\mathbb{R}^n} x_j I_B\left(\sum_{k=1}^n x_k\right)\mathrm{d}P \circ (X_1, \cdots, X_i, \cdots, X_j, \cdots, X_n)^{-1} \\
&= \int_\Omega X_i I_B\left(\sum_{i=1}^n X_i\right)\mathrm{d}P \\
&= \int_A \mathrm{E}(X_i \,|S_n)\mathrm{d}P_{\sigma(S_n)},
\end{aligned}$$

此结合习题 7.16 得到欲证.

(2) 由 (1) 得

$$\mathrm{E}(X_i \,|S_n) = \frac{1}{n}\sum_{k=1}^n \mathrm{E}(X_k \,|S_n) = \mathrm{E}\left(\frac{1}{n}S_n \,|S_n\right) = \frac{1}{n}S_n \quad P_{\sigma(S_n)}\text{-a.s..}$$

15.19　设 $X, Y, Z \in L^1(\Omega, \mathcal{F}, P)$, $\mathrm{E}(X\,|Y) = Z$, $\mathrm{E}(Y\,|Z) = X$, $\mathrm{E}(Z\,|X) = Y$, 则 $X = Y = Z$ a.s..

证明　$\mathrm{E}(X\,|Y) = Z$ 保证 Z 关于 $\sigma(Y)$ 可测, 从而 $\sigma(Z) \subset \sigma(Y)$.

$\mathrm{E}(Y\,|Z) = X$ 保证 X 关于 $\sigma(Z)$ 可测, 从而 $\sigma(X) \subset \sigma(Z)$.

$\mathrm{E}(Z\,|X) = Y$ 保证 Y 关于 $\sigma(X)$ 可测, 从而 $\sigma(Y) \subset \sigma(X)$.

综合起来, 就得到

$$\sigma(X) = \sigma(Y) = \sigma(Z),$$

于是 X 关于 $\sigma(Y)$ 可测, 此结合 $\mathrm{E}(X|Y)=Z$ 推出 $X=Z$ a.s.. 同理, $Y=X$ a.s., $Z=Y$ a.s., 于是 $X=Y=Z$ a.s..

【评注】 题设中要求 X,Y,Z 都 "可积", 其实, 可以将 "可积" 减弱为 "积分存在".

15.20[①] 设 f 是 $\mathbb{R}$ 上的凸函数, 则

$$\mathrm{E}f(X+\mathrm{E}(Y|X))I_A\leqslant \mathrm{E}f(X+Y)I_A,$$

其中 $A\in\sigma(X)$.

证明 由条件 Jensen 不等式,

$$\begin{aligned}\mathrm{E}f(X+Y)I_A&=\mathrm{E}\Big\{\mathrm{E}[f(X+Y)I_A|X]\Big\}\\&=\mathrm{E}\Big\{\mathrm{E}\Big[f(X+Y)|X\Big]I_A\Big\}\\&\geqslant \mathrm{E}f(\mathrm{E}(X+Y|X))I_A\\&=\mathrm{E}f(X+\mathrm{E}(Y|X))I_A.\end{aligned}$$

【评注】 若 $p\geqslant 1$, $\mathrm{E}(Y|X)=0$, 则

$$\mathrm{E}|X|^pI_A\leqslant \mathrm{E}|X+Y|^pI_A,\quad A\in\sigma(X),$$

当然更有

$$\mathrm{E}|X|^p\leqslant \mathrm{E}|X+Y|^p.$$

15.21 设 X,Y,Z 为 r.v., X 可积.

(1) 若 (X,Y) 与 Z 独立, 则 $\mathrm{E}(X|Y,Z)=\mathrm{E}(X|Y)$ $P_{\sigma(Y,Z)}$-a.s.;

(2) 如果 X 与 Z 独立, 是否必然有 $\mathrm{E}(X|Y,Z)=\mathrm{E}(X|Y)$ $P_{\sigma(Y,Z)}$-a.s.?

解 (1) $\forall A\in\sigma(X)$, $B\in\sigma(Y)$, $C\in\sigma(Z)$, 注意到 (X,Y) 与 Z 独立蕴含 Y 与 Z 独立, 我们有

$$\begin{aligned}\int_{B\cap C}\mathrm{E}(X|Y)\mathrm{d}P&=\int \mathrm{E}(XI_B|Y)I_C\mathrm{d}P\\=\mathrm{E}\Big[\mathrm{E}(XI_B|Y)\Big]\mathrm{E}I_C&=\mathrm{E}XI_B\mathrm{E}I_C=\int_{B\cap C}X\mathrm{d}P.\end{aligned}$$

(2) 答案是否定的, 例如设 $(\Omega,\mathcal{F},P)=([0,1],\mathcal{B}([0,1]),\lambda)$,

$$X(\omega)=\begin{cases}1, & \omega\in\left[0,\dfrac{1}{2}\right],\\ 0, & \omega\in\left(\dfrac{1}{2},1\right],\end{cases}$$

① 本题是习题 13.7 之 (1) 的推广.

$$Y(\omega)=\begin{cases}1, & \omega\in\left[0,\dfrac{3}{4}\right),\\ 0, & \omega\in\left[\dfrac{3}{4},1\right],\end{cases}$$

$$Z(\omega)=\begin{cases}1, & \omega\in\left[\dfrac{1}{4},\dfrac{3}{4}\right],\\ 0, & \omega\notin\left[\dfrac{1}{4},\dfrac{3}{4}\right],\end{cases}$$

则 X 与 Z 独立, 可是由习题 15.9 得

$$\mathrm{E}(X|Y)(\omega)=\begin{cases}\dfrac{1}{P\{Y=1\}}\displaystyle\int_{\{Y=1\}}X\mathrm{d}P, & \omega\in\{Y=1\},\\ \dfrac{1}{P\{Y=0\}}\displaystyle\int_{\{Y=0\}}X\mathrm{d}P, & \omega\in\{Y=0\}\end{cases}$$

$$=\begin{cases}\dfrac{2}{3}, & \omega\in\left[0,\dfrac{3}{4}\right),\\ 0, & \omega\notin\left[0,\dfrac{3}{4}\right),\end{cases}$$

$$\mathrm{E}(X|Y,Z)(\omega)=\begin{cases}\dfrac{1}{P\{Y=1,Z=1\}}\displaystyle\int_{\{Y=1,Z=1\}}X\mathrm{d}P, & \omega\in\{Y=1,Z=1\},\\ \dfrac{1}{P\{Y=1,Z=0\}}\displaystyle\int_{\{Y=1,Z=0\}}X\mathrm{d}P, & \omega\in\{Y=1,Z=0\},\\ \dfrac{1}{P\{Y=0,Z=0\}}\displaystyle\int_{\{Y=0,Z=0\}}X\mathrm{d}P, & \omega\in\{Y=0,Z=0\}\end{cases}$$

$$=\begin{cases}\dfrac{1}{2}, & \omega\in\left[\dfrac{1}{4},\dfrac{3}{4}\right),\\ 1, & \omega\in\left[0,\dfrac{1}{4}\right),\\ 0, & \omega\in\left[\dfrac{3}{4},1\right].\end{cases}$$

【评注】 本题之 (1) 说明 "(X,Y) 与 Z 独立" 蕴含 "X 与 Z 关于 Y 条件独立".

15.22 设 $\{X_n,n\geqslant 1\}$ 是 r.v. 序列, $S_n=\sum\limits_{k=1}^{n}X_k$.

(1) $\sigma(S_n, S_{n+1}, S_{n+2}, \cdots) = \sigma(S_n, X_{n+1}, X_{n+2}, \cdots)$;

(2) 若 $\{X_n, n \geqslant 1\}$ 是独立同分布的可积 r.v. 序列, 则

$$\mathrm{E}(S_n | S_{n+1}, S_{n+2}, \cdots) = \frac{n}{n+1} S_{n+1} \quad P_{\sigma(S_{n+1}, S_{n+2}, \cdots)}\text{-a.s..}$$

证明 (1) 由 $S_{n+k} = S_n + \sum_{j=1}^{k} X_{n+j}$ 知 $\sigma(S_n, S_{n+1}, S_{n+2}, \cdots) \subset \sigma(S_n, X_{n+1}, X_{n+2}, \cdots)$, 又由 $X_{n+k} = S_{n+k} - S_{n+k-1}$ 知 $\sigma(S_n, X_{n+1}, X_{n+2}, \cdots) \subset \sigma(S_n, S_{n+1}, S_{n+2}, \cdots)$. 综合起来即得欲证等式.

(2) 由 (1) 得

$$\mathrm{E}(S_n | S_{n+1}, S_{n+2}, \cdots) = \mathrm{E}(S_n | S_{n+1}, X_{n+2}, X_{n+3}, \cdots),$$

而 S_n 与 $(X_{n+2}, X_{n+3}, \cdots)$ 关于 S_{n+1} 条件独立 (例 15.28), 由习题 15.18 之 (2) 得

$$\mathrm{E}(S_n | S_{n+1}, X_{n+2}, X_{n+3}, \cdots) = \mathrm{E}(S_n | S_{n+1}) = \sum_{i=1}^{n} \mathrm{E}(X_i | S_{n+1}) = \frac{n}{n+1} S_{n+1},$$

综合最后两个式子就得到欲证等式.

15.23 设 X 是积分存在的 r.v., 而 $\{Y_t, t \in T\}$ 是任意一族 r.v., 则存在 T 的某个可数子集 I 及 $(\mathbb{R}^I, \mathcal{B}(\mathbb{R}^I))$ 上的广义实值可测函数 g, 使得

$$\mathrm{E}(X | Y_t, t \in T) = g \circ Y_I \quad \text{a.s.},$$

其中 $Y_I(\omega) = (Y_t(\omega), t \in I)$, $\omega \in \Omega$, 并且若 X 可积, 则可要求 g 为实值.

证明 直接由习题 10.11 即得.

15.24 设 $\{X_n, n \geqslant 1\}$ 是 r.v. 序列,

$$\mathcal{A} = \left\{ \bigcap_{i=1}^{n} X_i^{-1}(B_i) : B_i \in \mathcal{B}(\mathbb{R}), i = 1, 2, \cdots, n, n \geqslant 1 \right\},$$

若可积 r.v. Y, Z 满足

(1) $\int_A Y \mathrm{d}P = \int_A Z \mathrm{d}P$, $A \in \mathcal{A}$;

(2) Y 关于 $\sigma(X_n, n \geqslant 1)$ 可测,

则 $\mathrm{E}(Z | X_n, n \geqslant 1) = Y$.

证明　易知 $\mathcal{A}$ 是 Ω 上的一个 π 类 (包含 Ω), 且 $\sigma(\mathcal{A})=\sigma(X_n,n\geqslant 1)$. 由条件 (1) 及习题 7.25 得

$$\int_A Y\mathrm{d}P=\int_A Z\mathrm{d}P,\quad A\in\sigma(X_n,n\geqslant 1),$$

此结合条件 (2) 知 $\mathrm{E}(Z|X_n,n\geqslant 1)=Y$.

【评注】　关于生成 σ 代数 $\sigma(X_n,n\geqslant 1)$ 的生成元在不同场合可以有不同的选择:

$$\begin{aligned}\sigma(X_n,n\geqslant 1)&=\sigma\left\{\bigcup_{n=1}^{\infty}X_n^{-1}(\mathcal{B}(\mathbb{R}))\right\}\\&=(X_1,X_2,\cdots)^{-1}(\mathcal{B}(\mathbb{R}^{\infty}))\\&=\sigma\left\{\bigcap_{i=1}^{n}X_i^{-1}(\mathcal{B}(\mathbb{R})),n\geqslant 1\right\}.\end{aligned}$$

(a) $\sigma(X_n,n\geqslant 1)=\sigma\left\{\bigcup\limits_{n=1}^{\infty}X_n^{-1}(\mathcal{B}(\mathbb{R}))\right\}$ 由定义 5.4 保证.

(b) $\sigma(X_n,n\geqslant 1)=(X_1,X_2,\cdots)^{-1}(\mathcal{B}(\mathbb{R}^{\infty}))$ 由习题 10.9 之 (1) 保证.

(c) $\sigma(X_n,n\geqslant 1)=\sigma\left\{\bigcap\limits_{i=1}^{n}X_i^{-1}(\mathcal{B}(\mathbb{R})),n\geqslant 1\right\}$, 证明如下:

$\forall B\in\mathcal{B}(\mathbb{R})$, 由

$$X_n^{-1}(B)=X_1^{-1}(\mathbb{R})\cap\cdots\cap X_{n-1}^{-1}(\mathbb{R})\cap X_n^{-1}(B)\in\bigcap_{i=1}^{n}X_i^{-1}(\mathcal{B}(\mathbb{R}))$$

知

$$\sigma\left\{\bigcup_{n=1}^{\infty}X_n^{-1}(\mathcal{B}(\mathbb{R}))\right\}\subset\sigma\left\{\bigcap_{i=1}^{n}X_i^{-1}(\mathcal{B}(\mathbb{R})),n\geqslant 1\right\},$$

即 $\sigma(X_n,n\geqslant 1)\subset\sigma\left\{\bigcap\limits_{i=1}^{n}X_i^{-1}(\mathcal{B}(\mathbb{R})),n\geqslant 1\right\}$.

反过来, $\forall B_1,B_2,\cdots,B_n\in\mathcal{B}(\mathbb{R})$, 由

$$\begin{aligned}\bigcap_{i=1}^{n}X_i^{-1}(\mathcal{B}(\mathbb{R}))&=(X_1,X_2,\cdots,X_n)^{-1}(B_1\times B_2\times\cdots\times B_n)\\&=(X_1,X_2,\cdots,X_n,X_{n+1},\cdots)^{-1}(B_1\times B_2\times\cdots\times B_n\times\mathbb{R}\times\cdots)\end{aligned}$$

$$\in (X_1, X_2, \cdots)^{-1} (\mathcal{B}(\mathbb{R}^\infty))$$

知

$$\sigma\left\{\bigcap_{i=1}^{n} X_i^{-1}(\mathcal{B}(\mathbb{R})), n \geqslant 1\right\} \subset (X_1, X_2, \cdots)^{-1}(\mathcal{B}(\mathbb{R}^\infty)),$$

即 $\sigma\left\{\bigcap\limits_{i=1}^{n} X_i^{-1}(\mathcal{B}(\mathbb{R})), n \geqslant 1\right\} \subset \sigma(X_n, n \geqslant 1)$.

15.25 证明：当 $\mathrm{E}|f(X,Y)| < \infty$ 时,

$$\mathrm{E}f(X,Y) = \iint_{\mathbb{R}^2} f(x,y)\,\mathrm{d}Q_y(x)\,\mathrm{d}P_Y(y),$$

其中 $X|Y = y \sim Q_y$.

证明 注意到

$$\mathrm{E}f(X,Y) = \mathrm{E}\Big\{\mathrm{E}[f(X,Y)|Y]\Big\},$$

若令

$$H(y) = \mathrm{E}\Big[f(X,Y)|Y = y\Big],$$

则

$$H(y) = \int f(x,y)\,\mathrm{d}Q_y(x),$$

进而

$$\mathrm{E}f(X,Y) = \mathrm{E}H(Y) = \int H(y)\,\mathrm{d}P_Y(y) = \iint f(x,y)\,\mathrm{d}Q_y(x)\,\mathrm{d}P_Y(y).$$

15.26 设 $f(x,y)$ 是二维绝对连续 R.V. (X,Y) 的联合密度函数, 可测函数 $g:\mathbb{R}\to\mathbb{R}$ 使得 $g(X)$ 的积分存在, 求 $\mathrm{E}[g(X)|Y=y]$.

解 仿命题 15.34 的证明过程可得

$$\mathrm{E}[g(X)|Y=y] = \begin{cases} \displaystyle\int_{-\infty}^{\infty} g(x) f_{X|Y=y}(x)\,\mathrm{d}x, & \text{若 } f_Y(y) > 0, \\ 0, & \text{否则} \end{cases} \qquad P_Y\text{-a.s.}.$$

15.27 设 $f(x,y)$ 是二维绝对连续 R.V. (X,Y) 的联合密度函数, 且 X 可积, 则

$$\mathrm{E}(X|X+Y=z) = \frac{\displaystyle\int_{-\infty}^{\infty} x f(x, z-x)\,\mathrm{d}x}{\displaystyle\int_{-\infty}^{\infty} f(x, z-x)\,\mathrm{d}x} \quad P_{X+Y}\text{-a.s. } z.$$

解　将上式右边中的表达式记为 $g(z)$, 则 $\forall B \in \mathcal{B}$, 由积分变换定理及 Fubini 定理得

$$\begin{aligned}
\int_B g(z)\,\mathrm{d}P_{X+Y}(z) &= \int_{(X+Y)^{-1}(B)} g(X+Y)\,\mathrm{d}P \\
&= \int_{\mathbb{R}^2} I_B(x+y)\,g(x+y)\,f(x,y)\,\mathrm{d}x\mathrm{d}y \\
&= \int_{-\infty}^{\infty}\left[\int_{-\infty}^{\infty} I_B(x+y)\,g(x+y)\,f(x,y)\,\mathrm{d}y\right]\mathrm{d}x \\
&= \int_{-\infty}^{\infty}\left[\int_{-\infty}^{\infty} I_B(z)\,g(z)\,f(x,z-x)\,\mathrm{d}z\right]\mathrm{d}x \\
&= \int_{-\infty}^{\infty} I_B(z)\,g(z)\left[\int_{-\infty}^{\infty} f(x,z-x)\,\mathrm{d}x\right]\mathrm{d}z \\
&= \int_{-\infty}^{\infty} I_B(z)\left[\int_{-\infty}^{\infty} xf(x,z-x)\,\mathrm{d}x\right]\mathrm{d}z \\
&= \int_{-\infty}^{\infty} x\left[\int_{-\infty}^{\infty} I_B(z)\,f(x,z-x)\,\mathrm{d}z\right]\mathrm{d}x \\
&= \int_{-\infty}^{\infty} x\left[\int_{-\infty}^{\infty} I_B(x+y)\,f(x,y)\,\mathrm{d}y\right]\mathrm{d}x \\
&= \int_{\mathbb{R}^2} xI_B(x+y)f(x,y)\,\mathrm{d}x\mathrm{d}y \\
&= \int_{\Omega} XI_B(X+Y)\mathrm{d}P \\
&= \int_{(X+Y)^{-1}(B)} X\mathrm{d}P.
\end{aligned}$$

15.5　充分统计量

15.5.1　内容提要

定义 15.35　称 $\boldsymbol{T}$ 是 $P \in \mathcal{P}$ 的**充分统计量**, 如果 $\forall A \in \mathcal{B}(\mathbb{R}^n)$, 条件概率

$$P\{\boldsymbol{X} \in A|\boldsymbol{T}\} \tag{15.17}$$

不依赖具体的 $P \in \mathcal{P}$; 特别地, 对于参数模型 $\mathcal{P} = \{P_\theta : \theta \in \Theta\}$, (15.17) 式变成

$$P_\theta\{\boldsymbol{X} \in A|\boldsymbol{T}\}, \quad A \in \mathcal{B}(\mathbb{R}^n),$$

它与 $\theta\in\Theta$ 无关, 这时称 $\boldsymbol{T}$ 是参数 $\theta\in\Theta$ 的充分统计量.

引理 15.38 设 $\mathcal{P}$ 是可测空间 $(E,\mathcal{E})$ 上的一族概率测度, μ 是 $(E,\mathcal{E})$ 上的 σ-有限测度, 若 $\mathcal{P}\ll\mu$, 则存在某个满足 $\sum\limits_{n=1}^{\infty}c_n=1,\ c_n\geqslant 0$ 的概率测度 $Q=\sum\limits_{n=1}^{\infty}c_nP_n$ 使得 $\mathcal{P}\ll Q$, 其中诸 $P_n\in\mathcal{P}$.

定理 15.39 (因子分解定理) 设 $\boldsymbol{X}=(X_1,X_2,\cdots,X_n)$ 是来自某个未知总体的随机样本, 其概率分布为 $P\circ\boldsymbol{X}^{-1}$, 其中 $P\in\mathcal{P}$ 未知, 若 ν 是 $(\mathbb{R}^n,\mathcal{B}(\mathbb{R}^n))$ 上的 σ-有限测度, 且 $\mathcal{P}\circ\boldsymbol{X}^{-1}\ll\nu$, 则 $\boldsymbol{T}=T(\boldsymbol{X})$ 是充分统计量当且仅当对任意的 $P\in\mathcal{P}$, 存在非负的 n 元 Borel 可测函数 h (不依赖于 P) 和 g_P (依赖于 P), 使得

$$\frac{\mathrm{d}P\circ\boldsymbol{X}^{-1}}{\mathrm{d}\nu}(\boldsymbol{x})=g_P(T(\boldsymbol{x}))\,h(\boldsymbol{x})\quad \nu\text{-a.e.}.$$

15.5.2 习题 15.5 解答与评注

15.28 设 $X_1,X_2,\cdots,X_n$ 是来自总体 $X\sim\mathrm{Po}(\lambda)$ 的随机样本, 则 $T=\sum\limits_{i=1}^{n}X_i$ 是未知参数 λ 的充分统计量.

证明 易知 $T\sim\mathrm{Po}(n\lambda)$, 从而在 $T=t$ 的条件下, 随机样本 $(X_1,X_2,\cdots,X_n)$ 的条件分布列为

$$\begin{aligned}
&P_\lambda\{X_1=x_1,X_2=x_2,\cdots,X_n=x_n\,|T=t\}\\
=&\frac{P_\lambda\{X_1=x_1,X_2=x_2,\cdots,X_n=x_n,T=t\}}{P_\lambda\{T=t\}}\\
=&\begin{cases}\dfrac{P_\lambda\{X_1=x_1,X_2=x_2,\cdots,X_n=x_n\}}{P_\lambda\{T=t\}}, & \displaystyle\sum_{i=1}^{n}x_i=t,\\ 0, & \displaystyle\sum_{i=1}^{n}x_i\neq t\end{cases}\\
=&\begin{cases}\dfrac{\displaystyle\prod_{i=1}^{n}\frac{\lambda^{x_i}}{x_i!}\mathrm{e}^{-\lambda}}{\dfrac{(n\lambda)^t}{t!}\mathrm{e}^{-n\lambda}}, & \displaystyle\sum_{i=1}^{n}x_i=t,\\ 0, & \displaystyle\sum_{i=1}^{n}x_i\neq t\end{cases}
\end{aligned}$$

$$
=\begin{cases}\dfrac{t!}{x_1!x_2!\cdots x_n!n^t}, & \sum\limits_{i=1}^n x_i=t,\\ 0, & \sum\limits_{i=1}^n x_i\neq t,\end{cases}
$$

它与参数 λ 无关, 所以 $T=\sum\limits_{i=1}^n X_i$ 是参数 λ 的充分统计量.

15.29　设 X_1, X_2 是来自总体 $X\sim \mathrm{Po}(\lambda)$ 的随机样本, 证明: X_1+2X_2 不是未知参数 λ 的充分统计量.

证明　因为

$$
\begin{aligned}
P\{X_1=1,X_2=1\,|X_1+2X_2=3\}&=\frac{P\{X_1=1,X_2=1,X_1+2X_2=3\}}{P\{X_1+2X_2=3\}}\\
&=\frac{P\{X_1=1,X_2=1\}}{P\{X_1=1,X_2=1\}+P\{X_1=3,X_2=0\}}\\
&=\frac{\dfrac{\lambda}{1!}\mathrm{e}^{-\lambda}\dfrac{\lambda}{1!}\mathrm{e}^{-\lambda}}{\dfrac{\lambda}{1!}\mathrm{e}^{-\lambda}\dfrac{\lambda}{1!}\mathrm{e}^{-\lambda}+\dfrac{\lambda^3}{3!}\mathrm{e}^{-\lambda}\dfrac{\lambda^0}{0!}\mathrm{e}^{-\lambda}}\\
&=\frac{6}{6+\lambda}
\end{aligned}
$$

与未知参数 λ 有关, 所以 X_1+2X_2 不是充分统计量.

15.30　设 P, Q 都是可测空间 $(\Omega,\mathcal{F})$ 上的概率测度, $P\ll Q$, 而 $\boldsymbol{X}\in\mathcal{F}/\mathcal{B}(\mathbb{R}^n)$.

(1) 证明 $P\circ\boldsymbol{X}^{-1}\ll Q\circ\boldsymbol{X}^{-1}$;

(2) 若 $\dfrac{\mathrm{d}Q\circ\boldsymbol{X}^{-1}}{\mathrm{d}P\circ\boldsymbol{X}^{-1}}=g(\boldsymbol{x})$　$P\circ\boldsymbol{X}^{-1}$- a.s., 则 $\dfrac{\mathrm{d}Q}{\mathrm{d}P}=g(\boldsymbol{X})$　$P_{\sigma(\boldsymbol{X})}$- a.s..

证明　(1) 任取 $B\in\mathcal{B}(\mathbb{R}^n)$, 若 $Q\circ\boldsymbol{X}^{-1}(B)=0$, 即 $Q(\boldsymbol{X}^{-1}(B))=0$, 则由 $P\ll Q$ 知 $P(\boldsymbol{X}^{-1}(B))=0$, 即 $P\circ\boldsymbol{X}^{-1}(B)=0$, 这表明 $P\circ\boldsymbol{X}^{-1}\ll Q\circ\boldsymbol{X}^{-1}$.

(2) 任取 $A\in\sigma(\boldsymbol{X})$, 即 $A=\boldsymbol{X}^{-1}(B)$, 其中 $B\in\mathcal{B}(\mathbb{R}^n)$, 则由定理 7.22 得

$$
\begin{aligned}
\int_A\frac{\mathrm{d}Q}{\mathrm{d}P}\mathrm{d}P_{\sigma(\boldsymbol{X})}&=\int_{\boldsymbol{X}^{-1}(B)}\frac{\mathrm{d}Q}{\mathrm{d}P}\mathrm{d}P_{\sigma(\boldsymbol{X})}=\int_{\boldsymbol{X}^{-1}(B)}\mathrm{d}Q=Q\circ\boldsymbol{X}^{-1}(B)\\
&=\int_B\mathrm{d}Q\circ\boldsymbol{X}^{-1}=\int_B\frac{\mathrm{d}Q\circ\boldsymbol{X}^{-1}}{\mathrm{d}P\circ\boldsymbol{X}^{-1}}\mathrm{d}P\circ\boldsymbol{X}^{-1}\\
&=\int_B g(\boldsymbol{x})\,\mathrm{d}P\circ\boldsymbol{X}^{-1}=\int_{\boldsymbol{X}^{-1}(B)}g(\boldsymbol{X})\,\mathrm{d}P
\end{aligned}
$$

$$= \int_A g(\boldsymbol{X})\,\mathrm{d}P,$$

这就完成了 $\dfrac{\mathrm{d}Q}{\mathrm{d}P} = g(\boldsymbol{X})\,P_{\sigma(\boldsymbol{X})}$- a.s. 的证明.

15.31 设 $\boldsymbol{X} = (X_1, X_2, \cdots, X_n)$ 是来自总体 $\mathcal{P} = \{P_\theta : \theta \in \Theta\}$ 的随机样本, $\boldsymbol{T} = T(\boldsymbol{X})$ 是参数 θ 的充分统计量, 则 θ 的最大似然估计 $\hat{\theta}$ (如果唯一的话) 是 $\boldsymbol{T}$ 的某个函数.

证明 由因子分解定理 (定理 15.39), θ 的似然函数 (即 $\boldsymbol{X}$ 的联合分布列或联合密度函数) 可以写成

$$L(\boldsymbol{x};\theta) = g_\theta(T(\boldsymbol{x}))\,h(\boldsymbol{x}),$$

其中 $g_\theta(T(\boldsymbol{x}))$ 通过 $T(\boldsymbol{x})$ 依赖 θ. 由最大似然估计的定义,

$$L\left(\boldsymbol{x};\hat{\theta}\right) = \sup_{\theta\in\Theta} L(\boldsymbol{x};\theta) = \sup_{\theta\in\Theta} g_\theta(T(\boldsymbol{x}))\,h(\boldsymbol{x}),$$

若 $\hat{\theta}$ 还唯一, 则 $\hat{\theta}$ 必是 $T(\boldsymbol{x})$ 的某个函数, 即是 $\boldsymbol{T}$ 的某个函数.

15.32 设 $X_1, X_2, \cdots, X_n$ 是来自总体 $X \sim \mathrm{U}(0,\theta)$ 的随机样本, 证明: $X_{(n)}$ 是未知参数 θ 的充分统计量.

证明 样本的联合密度函数为

$$f_\theta(x_1, x_2, \cdots, x_n) = \begin{cases} \dfrac{1}{\theta^n}, & 0 < x_1, x_2, \cdots, x_n < \theta, \\ 0, & 其他 \end{cases}$$

$$= \begin{cases} \dfrac{1}{\theta^n}, & 0 < x_{(1)} \leqslant x_{(n)} < \theta, \\ 0, & 其他 \end{cases} = \frac{1}{\theta^n} I_{(0,\infty)}\left(x_{(1)}\right) I_{(0,\theta)}\left(x_{(n)}\right).$$

若令

$$g_\theta(t) = \frac{1}{\theta^n} I_{(0,\theta)}(t),$$

$$h(x_1, x_2, \cdots, x_n) = I_{(0,\infty)}\left(x_{(1)}\right),$$

则

$$f_\theta(x_1, x_2, \cdots, x_n) = g_\theta\left(x_{(n)}\right) \cdot h(x_1, x_2, \cdots, x_n),$$

故 $X_{(n)}$ 是未知参数 θ 的充分统计量.

15.33 设 $X_1, X_2, \cdots, X_n$ 是来自总体 $X \sim \mathrm{N}(0, \sigma^2)$ 的随机样本, 证明:

$$T_1 = (X_1, X_2, \cdots, X_n),$$

$$T_2 = \left(X_1^2, X_2^2, \cdots, X_n^2\right),$$

$$T_3 = \left(X_1^2 + \cdots + X_m^2, X_{m+1}^2 + \cdots + X_n^2\right), \quad \text{其中 } 1 < m < n,$$

$$T_4 = X_1^2 + X_2^2 + \cdots + X_n^2$$

都是未知参数 σ^2 的充分统计量.

证明　样本的联合密度函数为

$$f_{\sigma^2}\left(x_1, x_2, \cdots, x_n\right) = \frac{1}{\left(\sqrt{2\pi\sigma^2}\right)^n} \exp\left(-\frac{1}{2\sigma^2}\sum_{i=1}^n x_i^2\right).$$

若令

$$h_i\left(x_1, x_2, \cdots, x_n\right) = 1, \quad i = 1, 2, 3, 4,$$

$$g_{1,\sigma^2}\left(T_1\right) = g_{1,\sigma^2}\left(T_{1,1}, T_{1,2}, \cdots, T_{1,n}\right) = \frac{1}{\left(\sqrt{2\pi\sigma^2}\right)^n} \exp\left(-\frac{1}{2\sigma^2}\sum_{j=1}^n T_{1,j}^2\right),$$

$$g_{2,\sigma^2}\left(T_2\right) = g_{2,\sigma^2}\left(T_{2,1}, T_{2,2}, \cdots, T_{2,n}\right) = \frac{1}{\left(\sqrt{2\pi\sigma^2}\right)^n} \exp\left(-\frac{1}{2\sigma^2}\sum_{j=1}^n T_{2,j}\right),$$

$$g_{3,\sigma^2}\left(T_3\right) = g_{3,\sigma^2}\left(T_3', T_3''\right) = \frac{1}{\left(\sqrt{2\pi\sigma^2}\right)^n} \exp\left\{-\frac{1}{2\sigma^2}\left[T_3' + T_{\beta}''\right]\right\},$$

$$g_{4,\sigma^2}\left(T_4\right) = \frac{1}{\left(\sqrt{2\pi\sigma^2}\right)^n} \exp\left(-\frac{1}{2\sigma^2}T_4\right),$$

其中

$$T_{1,j}\left(x_1, x_2, \cdots, x_n\right) = x_j, \quad j = 1, 2, \cdots, n,$$

$$T_{2,j}\left(x_1, x_2, \cdots, x_n\right) = x_j^2, \quad j = 1, 2, \cdots, n,$$

$$T_3'\left(x_1, x_2, \cdots, x_n\right) = \sum_{j=1}^m x_j^2, \quad T_3''\left(x_1, x_2, \cdots, x_n\right) = \sum_{j=m+1}^n x_j^2,$$

$$T_4(x_1, x_2, \cdots, x_n) = \sum_{j=1}^n x_j^2,$$

则

$$f_{\sigma^2}\left(x_1, x_2, \cdots, x_n\right) = g_{i,\sigma^2}\left(T_i\left(x_1, x_2, \cdots, x_n\right)\right) \cdot h_i\left(x_1, x_2, \cdots, x_n\right),$$

故 T_1, T_2, T_3, T_4 都是未知参数 σ^2 的充分统计量.

第 16 章　协方差矩阵和多维正态分布

毋庸置疑, 正态分布是概率论与数理统计中最著名且最有价值的分布. 多维正态分布是一维正态分布的自然扩展, 为大量的向量值数据提供了合适的模型, 在诸如正态过程、布朗运动、多元统计分析、方差分析、回归分析等分支的研究中起主导作用.

16.1　随机向量的协方差矩阵

16.1.1　内容提要

命题 16.1　对于矩阵 $\boldsymbol{A}_{r\times s}$ 和 $\boldsymbol{B}_{s\times r}$, 有 $\operatorname{tr}(\boldsymbol{AB})=\operatorname{tr}(\boldsymbol{BA})$.

命题 16.2　设 $\boldsymbol{\Sigma}$ 是对称矩阵, 则 $\operatorname{tr}(\boldsymbol{\Sigma})=\sum\limits_{i=1}^{n}\lambda_i$, 其中 $\lambda_1,\lambda_2,\cdots,\lambda_n$ 是 $\boldsymbol{\Sigma}$ 的全部特征值.

命题 16.3　将正定矩阵 $\boldsymbol{\Sigma}$ 剖分为

$$\begin{array}{c} \quad\quad r \quad\ \ n-r \\ \boldsymbol{\Sigma}=\left(\begin{array}{c|c} \boldsymbol{\Sigma}_{11} & \boldsymbol{\Sigma}_{12} \\ \hline \boldsymbol{\Sigma}_{21} & \boldsymbol{\Sigma}_{22} \end{array}\right)\begin{array}{l} r \\ n-r \end{array}, \end{array}$$

则

$$\boldsymbol{\Sigma}^{-1}=\begin{pmatrix} \boldsymbol{\Sigma}_{11}^{-1}+\boldsymbol{\Sigma}_{11}^{-1}\boldsymbol{\Sigma}_{12}\boldsymbol{\Sigma}_{22.1}^{-1}\boldsymbol{\Sigma}_{21}\boldsymbol{\Sigma}_{11}^{-1} & -\boldsymbol{\Sigma}_{11}^{-1}\boldsymbol{\Sigma}_{12}\boldsymbol{\Sigma}_{22.1}^{-1} \\ -\boldsymbol{\Sigma}_{22.1}^{-1}\boldsymbol{\Sigma}_{21}\boldsymbol{\Sigma}_{11}^{-1} & \boldsymbol{\Sigma}_{22.1}^{-1} \end{pmatrix},$$

其中 $\boldsymbol{\Sigma}_{22.1}=\boldsymbol{\Sigma}_{22}-\boldsymbol{\Sigma}_{21}\boldsymbol{\Sigma}_{11}^{-1}\boldsymbol{\Sigma}_{12}$.

命题 16.4　设 n 阶非负定矩阵 $\boldsymbol{\Sigma}$ 的秩为 r.

(i) (非负定矩阵的分解) 存在秩为 r 的 $n\times r$ 矩阵 $\boldsymbol{A}$, 使得

$$\boldsymbol{\Sigma}=\boldsymbol{A}\boldsymbol{A}^{\mathrm{T}}; \tag{16.2}$$

(ii) 存在 n 阶非奇异矩阵 $\boldsymbol{B}$, 使得 $\boldsymbol{\Sigma}=\boldsymbol{B}\begin{pmatrix}\boldsymbol{I}_r & \boldsymbol{O}\\ \boldsymbol{O} & \boldsymbol{O}\end{pmatrix}\boldsymbol{B}^{\mathrm{T}}$.

注记 16.5　(i) 非负定矩阵的分解式 (16.2) 中的 $\boldsymbol{A}$ 不唯一, 也不必是方阵;

(ii) 设 $\lambda_1, \lambda_2, \cdots, \lambda_n$ 是 $\boldsymbol{\Sigma}$ 的全部特征值, $\boldsymbol{U}$ 是 (16.1) 式中的正交矩阵, 则方阵

$$\boldsymbol{A} = \boldsymbol{U}\mathrm{diag}\left(\sqrt{\lambda_1}, \sqrt{\lambda_2}, \cdots, \sqrt{\lambda_n}\right)\boldsymbol{U}^{\mathrm{T}}$$

满足 $\boldsymbol{\Sigma} = \boldsymbol{A}\boldsymbol{A}^{\mathrm{T}}$, 通常将这个 $\boldsymbol{A}$ 记为 $\boldsymbol{\Sigma}^{\frac{1}{2}}$.

定义 16.6 设 $\boldsymbol{A}$ 是 $m \times n$ 矩阵, 若存在 $n \times m$ 矩阵 $\boldsymbol{X}$ 满足

$$\boldsymbol{AXA} = \boldsymbol{A},$$

则称 $\boldsymbol{X}$ 是 $\boldsymbol{A}$ 的一个“减号逆”, 记作 $\boldsymbol{A}^-$.

性质 16.7 (i) 对任何矩阵 $\boldsymbol{A}$, 减号逆 $\boldsymbol{A}^-$ 都存在;

(ii) $\boldsymbol{A}^-$ 唯一 $\Leftrightarrow$ $\boldsymbol{A}^{-1}$ 存在, 且 $\boldsymbol{A}^- = \boldsymbol{A}^{-1}$;

(iii) $\mathrm{rk}\,(\boldsymbol{A}^-) \geqslant \mathrm{rk}\,(\boldsymbol{A})$;

(iv) $\mathrm{rk}\,(\boldsymbol{A}) = \mathrm{rk}\,(\boldsymbol{AA}^-) = \mathrm{rk}\,(\boldsymbol{A}^-\boldsymbol{A}) = \mathrm{tr}\,(\boldsymbol{AA}^-) = \mathrm{tr}\,(\boldsymbol{A}^-\boldsymbol{A})$;

(v) $(\boldsymbol{AA}^-)^2 = \boldsymbol{AA}^-$, $(\boldsymbol{A}^-\boldsymbol{A})^2 = \boldsymbol{A}^-\boldsymbol{A}$, 即 $\boldsymbol{AA}^-$, $\boldsymbol{A}^-\boldsymbol{A}$ 都是幂等矩阵.

定义 16.8 设 $\boldsymbol{W} = (W_{ij})$ 是一个随机矩阵, 称 $\mathrm{E}\boldsymbol{W} = (\mathrm{E}W_{ij})$ 为 $\boldsymbol{W}$ 的期望, 它是由各元素的期望组成的矩阵.

特别地, R.V. $\boldsymbol{X} = (X_1, X_2, \cdots, X_n)^{\mathrm{T}}$ 的期望 $\mathrm{E}\boldsymbol{X} = (\mathrm{E}X_1, \mathrm{E}X_2, \cdots, \mathrm{E}X_n)^{\mathrm{T}}$, 称之为 $\boldsymbol{X}$ 的**期望向量或均值向量**.

定义 16.9 设 $\boldsymbol{X} = (X_1, X_2, \cdots, X_n)^{\mathrm{T}}$ 和 $\boldsymbol{Y} = (Y_1, Y_2, \cdots, Y_n)^{\mathrm{T}}$ 为 R.V., 称

$$\mathrm{Cov}\,(\boldsymbol{X}, \boldsymbol{Y}) = \mathrm{E}(\boldsymbol{X} - \mathrm{E}\boldsymbol{X})\,(\boldsymbol{Y} - \mathrm{E}\boldsymbol{Y})^{\mathrm{T}} = \Big(\mathrm{Cov}\,(X_i, Y_j)\Big)$$

为 $\boldsymbol{X}$ 与 $\boldsymbol{Y}$ 的**协方差矩阵**.

定理 16.10 $\boldsymbol{\Sigma}$ 是协方差矩阵 $\Leftrightarrow$ $\boldsymbol{\Sigma}$ 是非负定矩阵.

16.1.2 习题 16.1 解答与评注

16.1 证明命题 16.1.

证明 设 $\boldsymbol{A} = (a_{ij})_{r\times s}$, $\boldsymbol{B} = (b_{ij})_{s\times r}$, 则矩阵 $\boldsymbol{AB}$ 主对角线上的元素依次是

$$\sum_{j=1}^{s} a_{1j}b_{j1}, \sum_{j=1}^{s} a_{2j}b_{j2}, \cdots, \sum_{j=1}^{s} a_{rj}b_{jr},$$

矩阵 $\boldsymbol{BA}$ 主对角线上的元素依次是

$$\sum_{k=1}^{r} b_{1k}a_{k1}, \sum_{k=1}^{r} b_{2k}a_{k2}, \cdots, \sum_{k=1}^{r} b_{sk}a_{ks},$$

于是

$$\operatorname{tr}(\boldsymbol{AB})=\sum_{k=1}^{r}\sum_{j=1}^{s}a_{kj}b_{jk}=\sum_{j=1}^{s}\sum_{k=1}^{r}b_{jk}a_{kj}=\operatorname{tr}(\boldsymbol{BA}).$$

16.2 设 $\boldsymbol{\Sigma}$ 是对称矩阵, 则 $\operatorname{tr}(\boldsymbol{\Sigma}^2)=\sum\limits_{i=1}^{n}\lambda_i^2$, 其中 $\lambda_1,\lambda_2,\cdots,\lambda_n$ 是 $\boldsymbol{\Sigma}$ 的全部特征值.

证明 由 $\boldsymbol{\Sigma}$ 对称知, 存在正交矩阵 $\boldsymbol{U}$, 使得

$$\boldsymbol{U}^{\mathrm{T}}\boldsymbol{\Sigma}\boldsymbol{U}=\operatorname{diag}(\lambda_1,\lambda_2,\cdots,\lambda_n)=:\boldsymbol{\Lambda},$$

即 $\boldsymbol{\Sigma}=\boldsymbol{U}\boldsymbol{\Lambda}\boldsymbol{U}^{\mathrm{T}}$, 从而 $\boldsymbol{\Sigma}^2=\boldsymbol{U}\boldsymbol{\Lambda}^2\boldsymbol{U}^{\mathrm{T}}$, 故由命题 16.1 得

$$\operatorname{tr}\left(\boldsymbol{\Sigma}^2\right)=\operatorname{tr}\left(\boldsymbol{U}\boldsymbol{\Lambda}^2\boldsymbol{U}^{\mathrm{T}}\right)=\operatorname{tr}\left(\boldsymbol{\Lambda}^2\boldsymbol{U}^{\mathrm{T}}\boldsymbol{U}\right)=\operatorname{tr}\left(\boldsymbol{\Lambda}^2\right)=\sum_{i=1}^{n}\lambda_i^2.$$

【评注】 本题的结论对可对角化矩阵仍然成立.

16.3 若非负定矩阵 $\boldsymbol{\Sigma}$ 可逆, 则

$$\left(\boldsymbol{\Sigma}^{-1}\right)^{\frac{1}{2}}=\left(\boldsymbol{\Sigma}^{\frac{1}{2}}\right)^{-1},$$

常用 $\boldsymbol{\Sigma}^{-\frac{1}{2}}$ 来表示 $(\boldsymbol{\Sigma}^{-1})^{\frac{1}{2}}$ 或 $\left(\boldsymbol{\Sigma}^{\frac{1}{2}}\right)^{-1}$.

证明 设 $\boldsymbol{\Sigma}$ 的平方根矩阵为 $\boldsymbol{A}$, 则

$$\boldsymbol{\Sigma}^{-1}=\left(\boldsymbol{A}^2\right)^{-1}=\left(\boldsymbol{A}^{-1}\right)^2,$$

从而

$$\left(\boldsymbol{\Sigma}^{-1}\right)^{\frac{1}{2}}=\boldsymbol{A}^{-1},$$

即 $(\boldsymbol{\Sigma}^{-1})^{\frac{1}{2}}=\left(\boldsymbol{\Sigma}^{\frac{1}{2}}\right)^{-1}$.

16.4 在习题 16.3 的条件下, $\det\boldsymbol{\Sigma}^{-\frac{1}{2}}=(\det\boldsymbol{\Sigma})^{-\frac{1}{2}}$.

证明 设 $\boldsymbol{\Sigma}$ 的平方根矩阵为 $\boldsymbol{A}$, 在习题 16.3 中已证明

$$\boldsymbol{\Sigma}^{-\frac{1}{2}}=\boldsymbol{A}^{-1},$$

于是

$$\det\boldsymbol{\Sigma}^{-\frac{1}{2}}=\det\boldsymbol{A}^{-1}=(\det\boldsymbol{A})^{-1}=\left[(\det\boldsymbol{\Sigma})^{\frac{1}{2}}\right]^{-1}=(\det\boldsymbol{\Sigma})^{-\frac{1}{2}}.$$

16.5　证明性质 16.7 之 (iv).

证明　由性质 16.7 前的推导过程易得

$$\boldsymbol{A}\boldsymbol{A}^{-}=\boldsymbol{P}\begin{pmatrix}\boldsymbol{I}_r & * \\ \boldsymbol{O} & \boldsymbol{O}\end{pmatrix}\boldsymbol{P}^{-1},\quad \boldsymbol{A}^{-}\boldsymbol{A}=\boldsymbol{Q}^{-1}\begin{pmatrix}\boldsymbol{I}_r & \boldsymbol{O} \\ * & \boldsymbol{O}\end{pmatrix}\boldsymbol{Q},$$

由此得到需要的结论.

16.6[①]　设同维数的 R.V. $\boldsymbol{X}$ 与 $\boldsymbol{Y}$ 独立, 则 (假设涉及的期望存在)

$$\mathrm{E}\boldsymbol{X}^{\mathrm{T}}\boldsymbol{Y}=\mathrm{E}\boldsymbol{X}^{\mathrm{T}}\mathrm{E}\boldsymbol{Y},\quad \mathrm{E}\boldsymbol{X}\boldsymbol{Y}^{\mathrm{T}}=\mathrm{E}\boldsymbol{X}\mathrm{E}\boldsymbol{Y}^{\mathrm{T}}.$$

证明　设 $\boldsymbol{X}=(X_1,X_2,\cdots,X_n)^{\mathrm{T}}$, $\boldsymbol{Y}=(Y_1,Y_2,\cdots,Y_n)^{\mathrm{T}}$, 由 $\boldsymbol{X}$ 与 $\boldsymbol{Y}$ 独立推知诸 X_i 与 Y_j 均独立, 于是

$$\mathrm{E}\boldsymbol{X}^{\mathrm{T}}\boldsymbol{Y}=\mathrm{E}\sum_{i=1}^{n}X_iY_i=\sum_{i=1}^{n}\mathrm{E}X_iY_i=\sum_{i=1}^{n}\mathrm{E}X_i\mathrm{E}Y_i=\mathrm{E}\boldsymbol{X}^{\mathrm{T}}\mathrm{E}\boldsymbol{Y},$$

$$\mathrm{E}\boldsymbol{X}\boldsymbol{Y}^{\mathrm{T}}=\mathrm{E}\begin{pmatrix}X_1Y_1 & X_1Y_2 & \cdots & X_1Y_n \\ X_2Y_1 & X_2Y_2 & \cdots & X_2Y_n \\ \vdots & \vdots & & \vdots \\ X_nY_1 & X_nY_2 & \cdots & X_nY_n\end{pmatrix}=\begin{pmatrix}\mathrm{E}X_1Y_1 & \mathrm{E}X_1Y_2 & \cdots & \mathrm{E}X_1Y_n \\ \mathrm{E}X_2Y_1 & \mathrm{E}X_2Y_2 & \cdots & \mathrm{E}X_2Y_n \\ \vdots & \vdots & & \vdots \\ \mathrm{E}X_nY_1 & \mathrm{E}X_nY_2 & \cdots & \mathrm{E}X_nY_n\end{pmatrix}$$

$$=\begin{pmatrix}\mathrm{E}X_1\mathrm{E}Y_1 & \mathrm{E}X_1\mathrm{E}Y_2 & \cdots & \mathrm{E}X_1\mathrm{E}Y_n \\ \mathrm{E}X_2\mathrm{E}Y_1 & \mathrm{E}X_2\mathrm{E}Y_2 & \cdots & \mathrm{E}X_2\mathrm{E}Y_n \\ \vdots & \vdots & & \vdots \\ \mathrm{E}X_n\mathrm{E}Y_1 & \mathrm{E}X_n\mathrm{E}Y_2 & \cdots & \mathrm{E}X_n\mathrm{E}Y_n\end{pmatrix}=\mathrm{E}\boldsymbol{X}\mathrm{E}\boldsymbol{Y}^{\mathrm{T}}.$$

16.7　随机矩阵的期望具有下列性质:

(1) $\mathrm{E}(\boldsymbol{W}_1+\boldsymbol{W}_2)=\mathrm{E}\boldsymbol{W}_1+\mathrm{E}\boldsymbol{W}_2$;

(2) $\mathrm{E}(\boldsymbol{A}\boldsymbol{W}\boldsymbol{B})=\boldsymbol{A}(\mathrm{E}\boldsymbol{W})\boldsymbol{B}$, 其中 $\boldsymbol{A},\boldsymbol{B}$ 是常数矩阵.

证明　由随机矩阵的期望的定义, (1) 是显然的, 下证 (2). 设 $\boldsymbol{A}=(a_{ij})_{l\times m}$, $\boldsymbol{W}=(w_{ij})_{m\times n}$, $\boldsymbol{B}=(b_{ij})_{n\times p}$, 令 $\boldsymbol{S}=(s_{ij})=\boldsymbol{A}\boldsymbol{W}\boldsymbol{B}$, 则 $s_{ij}=\sum\limits_{r=1}^{m}\sum\limits_{s=1}^{n}a_{ir}w_{rs}b_{sj}$, 于是

$$\mathrm{E}(\boldsymbol{A}\boldsymbol{W}\boldsymbol{B})=\mathrm{E}(s_{ij})=\left(\sum_{r=1}^{m}\sum_{s=1}^{n}a_{ir}(\mathrm{E}w_{rs})b_{sj}\right)$$

① 本题是注记 13.12 之 (i) 的向量版本.

$$= ((\boldsymbol{A}(\mathrm{E}\boldsymbol{W})\boldsymbol{B})_{ij}) = \boldsymbol{A}(\mathrm{E}\boldsymbol{W})\boldsymbol{B}.$$

16.8 证明: $\mathrm{Cov}(\boldsymbol{AX}, \boldsymbol{BY}) = \boldsymbol{A}\,\mathrm{Cov}(\boldsymbol{X}, \boldsymbol{Y})\boldsymbol{B}^{\mathrm{T}}$, 其中 $\boldsymbol{A}, \boldsymbol{B}$ 是常数矩阵.

证明 由协方差矩阵的定义及习题 16.7 之 (2),

$$\mathrm{Cov}(\boldsymbol{AX}, \boldsymbol{BY}) = \mathrm{E}\Big\{[\boldsymbol{AX} - \mathrm{E}(\boldsymbol{AX})][\boldsymbol{BY} - \mathrm{E}(\boldsymbol{BY})]^{\mathrm{T}}\Big\}$$

$$= \mathrm{E}\left[\boldsymbol{A}(\boldsymbol{X} - \mathrm{E}\boldsymbol{X})(\boldsymbol{Y} - \mathrm{E}\boldsymbol{Y})^{\mathrm{T}}\boldsymbol{B}^{\mathrm{T}}\right] = \boldsymbol{A}\mathbf{E}\left[(\boldsymbol{X} - \mathrm{E}\boldsymbol{X})(\boldsymbol{Y} - \mathrm{E}\boldsymbol{Y})^{\mathrm{T}}\right]\boldsymbol{B}^{\mathrm{T}}$$

$$= \boldsymbol{A}\,\mathrm{Cov}(\boldsymbol{X}, \boldsymbol{Y})\boldsymbol{B}^{\mathrm{T}}.$$

16.9 证明: $\mathrm{Cov}(\boldsymbol{AX} + \boldsymbol{BY}) = \boldsymbol{A}\,\mathrm{Cov}(\boldsymbol{X})\boldsymbol{A}^{\mathrm{T}} + \boldsymbol{B}\mathrm{Cov}(\boldsymbol{Y})\boldsymbol{B}^{\mathrm{T}} + \boldsymbol{A}\,\mathrm{Cov}(\boldsymbol{X}, \boldsymbol{Y})\boldsymbol{B}^{\mathrm{T}} + \boldsymbol{B}\mathrm{Cov}(\boldsymbol{Y}, \boldsymbol{X})\boldsymbol{A}^{\mathrm{T}}$, 其中 $\boldsymbol{A}, \boldsymbol{B}$ 是常数矩阵.

证明 不妨假设 $\mathrm{E}\boldsymbol{X} = \mathbf{0}, \mathrm{E}\boldsymbol{Y} = \mathbf{0}$, 于是

$$\mathrm{Cov}(\boldsymbol{AX} + \boldsymbol{BY}) = \mathrm{E}(\boldsymbol{AX} + \boldsymbol{BY})(\boldsymbol{AX} + \boldsymbol{BY})^{\mathrm{T}}$$

$$= \boldsymbol{A}\mathrm{E}\left(\boldsymbol{XX}^{\mathrm{T}}\right)\boldsymbol{A}^{\mathrm{T}} + \boldsymbol{B}\mathrm{E}\left(\boldsymbol{YY}^{\mathrm{T}}\right)\boldsymbol{B}^{\mathrm{T}} + \boldsymbol{A}\mathrm{E}\left(\boldsymbol{XY}^{\mathrm{T}}\right)\boldsymbol{B}^{\mathrm{T}} + \boldsymbol{B}\mathrm{E}\left(\boldsymbol{YX}^{\mathrm{T}}\right)\boldsymbol{A}^{\mathrm{T}}$$

$$= \boldsymbol{A}\,\mathrm{Cov}(\boldsymbol{X})\boldsymbol{A}^{\mathrm{T}} + \boldsymbol{B}\mathrm{Cov}(\boldsymbol{Y})\boldsymbol{B}^{\mathrm{T}} + \boldsymbol{A}\,\mathrm{Cov}(\boldsymbol{X}, \boldsymbol{Y})\boldsymbol{B}^{\mathrm{T}} + \boldsymbol{B}\mathrm{Cov}(\boldsymbol{Y}, \boldsymbol{X})\boldsymbol{A}^{\mathrm{T}}.$$

16.10 设 X_1 与 X_2 独立同分布, 且 $X_1 \sim \mathrm{Bin}\,(2, 0.8)$, 令 $X = X_1 + X_2$, $Y = X_1X_2$, 求 $(X, Y)^{\mathrm{T}}$ 的协方差矩阵.

解 由二项分布的可加性, $X \sim \mathrm{Bin}\,(4, 0.8)$, 因此 $\mathrm{E}X = 3.2$, $\mathrm{Var}X = 0.64$. 又因为 $X_1 \sim \mathrm{Bin}\,(2, 0.8)$ 且 X_1 与 X_2 同分布, 所以当 $i = 1, 2$ 时,

$$\mathrm{E}X_i = 1.6, \quad \mathrm{Var}X_i = 0.32, \quad \mathrm{E}X_i^2 = \mathrm{Var}X_i + (\mathrm{E}X_i)^2 = 2.88.$$

于是

$$\mathrm{E}Y = \mathrm{E}X_1X_2 = \mathrm{E}X_1\mathrm{E}X_2 = 2.56,$$

$$\mathrm{E}Y^2 = \mathrm{E}X_1^2X_2^2 = \mathrm{E}X_1^2\mathrm{E}X_2^2 = 8.2944,$$

$$\mathrm{Var}Y = \mathrm{E}Y^2 - (\mathrm{E}Y)^2 = 1.7408,$$

$$\mathrm{E}XY = \mathrm{E}(X_1 + X_2)\,X_1X_2 = \mathrm{E}X_1^2X_2 + \mathrm{E}X_1X_2^2$$

$$= \mathrm{E}X_1^2\mathrm{E}X_2 + \mathrm{E}X_1\mathrm{E}X_2^2 = 9.216,$$

$$\mathrm{Cov}\,(X, Y) = \mathrm{E}XY - \mathrm{E}X\mathrm{E}Y = 1.024,$$

所以 $(X, Y)^{\mathrm{T}}$ 的协方差矩阵为 $\mathrm{Cov}\begin{pmatrix} X \\ Y \end{pmatrix} = \begin{pmatrix} 0.64 & 1.024 \\ 1.024 & 1.7408 \end{pmatrix}$.

16.11[①]　若 $\mathrm{E}\boldsymbol{X}=\boldsymbol{\mu}$, $\mathrm{Cov}(\boldsymbol{X})=\boldsymbol{\Sigma}$, 则对任意与 $\boldsymbol{\Sigma}$ 同阶的方阵 $\boldsymbol{A}$, 有

$$\mathrm{E}\left(\boldsymbol{X}^{\mathrm{T}}\boldsymbol{A}\boldsymbol{X}\right)=\mathrm{tr}(\boldsymbol{A}\boldsymbol{\Sigma})+\boldsymbol{\mu}^{\mathrm{T}}\boldsymbol{A}\boldsymbol{\mu}.$$

证明　由

$$\begin{aligned}(\boldsymbol{X}-\boldsymbol{\mu})^{\mathrm{T}}\boldsymbol{A}(\boldsymbol{X}-\boldsymbol{\mu})&=\boldsymbol{X}^{\mathrm{T}}\boldsymbol{A}\boldsymbol{X}-\boldsymbol{\mu}^{\mathrm{T}}\boldsymbol{A}\boldsymbol{X}-\boldsymbol{X}^{\mathrm{T}}\boldsymbol{A}\boldsymbol{\mu}+\boldsymbol{\mu}^{\mathrm{T}}\boldsymbol{A}\boldsymbol{\mu},\\ \mathrm{E}(\boldsymbol{X}-\boldsymbol{\mu})^{\mathrm{T}}\boldsymbol{A}(\boldsymbol{X}-\boldsymbol{\mu})&=\mathrm{E}\boldsymbol{X}^{\mathrm{T}}\boldsymbol{A}\boldsymbol{X}-\boldsymbol{\mu}^{\mathrm{T}}\boldsymbol{A}\boldsymbol{\mu}-\boldsymbol{\mu}^{\mathrm{T}}\boldsymbol{A}\boldsymbol{\mu}+\boldsymbol{\mu}^{\mathrm{T}}\boldsymbol{A}\boldsymbol{\mu}\\ &=\mathrm{E}\boldsymbol{X}^{\mathrm{T}}\boldsymbol{A}\boldsymbol{X}-\boldsymbol{\mu}^{\mathrm{T}}\boldsymbol{A}\boldsymbol{\mu},\end{aligned}$$

得 $\mathrm{E}\boldsymbol{X}^{\mathrm{T}}\boldsymbol{A}\boldsymbol{X}=\mathrm{E}(\boldsymbol{X}-\boldsymbol{\mu})^{\mathrm{T}}\boldsymbol{A}(\boldsymbol{X}-\boldsymbol{\mu})+\boldsymbol{\mu}^{\mathrm{T}}\boldsymbol{A}\boldsymbol{\mu}$.

对任何随机矩阵 $\boldsymbol{W}$, 易知 $\mathrm{E}\left[\mathrm{tr}\left(\boldsymbol{W}\right)\right]=\mathrm{tr}\left(\mathrm{E}\boldsymbol{W}\right)$. 于是

$$\begin{aligned}\mathrm{E}(\boldsymbol{X}-\boldsymbol{\mu})^{\mathrm{T}}\boldsymbol{A}(\boldsymbol{X}-\boldsymbol{\mu})&=\mathrm{E}\left(\mathrm{tr}\left[(\boldsymbol{X}-\boldsymbol{\mu})^{\mathrm{T}}\boldsymbol{A}(\boldsymbol{X}-\boldsymbol{\mu})\right]\right)\\ &=\mathrm{E}\left(\mathrm{tr}\left[\boldsymbol{A}(\boldsymbol{X}-\boldsymbol{\mu})(\boldsymbol{X}-\boldsymbol{\mu})^{\mathrm{T}}\right]\right)\\ &=\mathrm{tr}\left(\mathrm{E}\boldsymbol{A}(\boldsymbol{X}-\boldsymbol{\mu})(\boldsymbol{X}-\boldsymbol{\mu})^{\mathrm{T}}\right)\\ &=\mathrm{tr}\left(\boldsymbol{A}\mathrm{E}(\boldsymbol{X}-\boldsymbol{\mu})(\boldsymbol{X}-\boldsymbol{\mu})^{\mathrm{T}}\right)\\ &=\mathrm{tr}(\boldsymbol{A}\boldsymbol{\Sigma}),\end{aligned}$$

将此代入前面所得式子即得欲证.

16.2　多维正态分布

16.2.1　内容提要

定义 16.13　设 $\boldsymbol{X}=(X_1,X_2,\cdots,X_n)^{\mathrm{T}}$ 是 R.V., $\boldsymbol{\mu}=(\mu_1,\mu_2,\cdots,\mu_n)^{\mathrm{T}}$ 是常数向量, $\boldsymbol{\Sigma}$ 是 n 阶非负定矩阵, 若对某个满足 $\boldsymbol{A}\boldsymbol{A}^{\mathrm{T}}=\boldsymbol{\Sigma}$ 的矩阵 $\boldsymbol{A}_{n\times p}$, 有

$$\boldsymbol{X}\overset{d}{=}\boldsymbol{A}\boldsymbol{Z}+\boldsymbol{\mu},\tag{16.6}$$

其中 $\boldsymbol{Z}\sim\mathrm{N}_p(\boldsymbol{0},\boldsymbol{I})$, 则称 $\boldsymbol{X}$ 服从期望向量为 $\boldsymbol{\mu}$, 协方差矩阵为 $\boldsymbol{\Sigma}$ 的 n 维正态分布, 记作 $\boldsymbol{X}\sim\mathrm{N}_n(\boldsymbol{\mu},\boldsymbol{\Sigma})$.

注记 16.14　设矩阵 $\boldsymbol{A}_{n\times p}$, $\boldsymbol{B}_{n\times q}$ 满足 $\boldsymbol{A}\boldsymbol{A}^{\mathrm{T}}=\boldsymbol{\Sigma}=\boldsymbol{B}\boldsymbol{B}^{\mathrm{T}}$, 借用习题 17.14 得 $\boldsymbol{A}\boldsymbol{Z}_1+\boldsymbol{\mu}\overset{d}{=}\boldsymbol{B}\boldsymbol{Z}_2+\boldsymbol{\mu}$, 其中 $\boldsymbol{Z}_1\sim\mathrm{N}_p\left(\boldsymbol{0},\boldsymbol{I}_p\right)$, $\boldsymbol{Z}_2\sim\mathrm{N}_q\left(\boldsymbol{0},\boldsymbol{I}_q\right)$, 所以把表达式 (16.6) 中的 $\boldsymbol{A}_{n\times p}$ 改成 $\boldsymbol{B}_{n\times q}$, 甚至改成 $\boldsymbol{\Sigma}^{\frac{1}{2}}$ 都没有本质的影响.

① 本题是初等概率中的熟知公式 $\mathrm{E}X^2=\mathrm{Var}X+(\mathrm{E}X)^2$ 的推广.

定理 16.15 设 $\boldsymbol{X} \sim \mathrm{N}_n(\boldsymbol{\mu}, \boldsymbol{\Sigma})$, 则对任意 $m \times n$ 常数矩阵 $\boldsymbol{B}$ 和 m 维常数向量 $\boldsymbol{\alpha}$, 有

$$\boldsymbol{BX} + \boldsymbol{\alpha} \sim \mathrm{N}_m\left(\boldsymbol{B\mu} + \boldsymbol{\alpha}, \boldsymbol{B\Sigma B}^{\mathrm{T}}\right).$$

定理 16.16 设 $\boldsymbol{X} = \begin{pmatrix} \boldsymbol{X}_1 \\ \hdashline \boldsymbol{X}_2 \end{pmatrix}\begin{matrix} r \\ n-r \end{matrix} \sim \mathrm{N}_n(\boldsymbol{\mu}, \boldsymbol{\Sigma})$, 将 $\boldsymbol{\mu}$, $\boldsymbol{\Sigma}$ 剖分为

$$\boldsymbol{\mu} = \begin{pmatrix} \boldsymbol{\mu}_1 \\ \hdashline \boldsymbol{\mu}_2 \end{pmatrix}\begin{matrix} r \\ n-r \end{matrix}, \qquad \boldsymbol{\Sigma} = \overset{\begin{matrix} r & n-r \end{matrix}}{\begin{pmatrix} \boldsymbol{\Sigma}_{11} & \boldsymbol{\Sigma}_{12} \\ \hdashline \boldsymbol{\Sigma}_{21} & \boldsymbol{\Sigma}_{22} \end{pmatrix}}\begin{matrix} r \\ n-r \end{matrix}, \tag{16.7}$$

则

(i) $\boldsymbol{X}_1 \sim \mathrm{N}_r(\boldsymbol{\mu}_1, \boldsymbol{\Sigma}_{11}), \boldsymbol{X}_2 \sim \mathrm{N}_{n-r}(\boldsymbol{\mu}_2, \boldsymbol{\Sigma}_{22})$;

(ii) $\mathrm{Cov}(\boldsymbol{X}_1, \boldsymbol{X}_2) = \boldsymbol{\Sigma}_{12}, \mathrm{Cov}(\boldsymbol{X}_2, \boldsymbol{X}_1) = \boldsymbol{\Sigma}_{21}$;

(iii) $\boldsymbol{X}_1$ 与 $\boldsymbol{X}_2$ 独立 $\Leftrightarrow \boldsymbol{\Sigma}_{12} = \boldsymbol{O}$, 即不相关 (意指 $\boldsymbol{X}_1$ 的任一分量与 $\boldsymbol{X}_2$ 的任一分量均不相关) 与独立等价.

定理 16.17 (同一个正态随机向量的两个不同的线性变换的独立性的判别准则) 设 $\boldsymbol{X} \sim \mathrm{N}(\boldsymbol{\mu}, \boldsymbol{\Sigma})$, $\boldsymbol{Y} = \boldsymbol{AX}$, $\boldsymbol{Z} = \boldsymbol{BX}$, 则 $\boldsymbol{Y}$, $\boldsymbol{Z}$ 独立的充分必要条件是 $\boldsymbol{Y}$ 与 $\boldsymbol{Z}$ 不相关, 即 $\mathrm{Cov}(\boldsymbol{Y}, \boldsymbol{Z}) = \boldsymbol{A\Sigma B}^{\mathrm{T}} = \boldsymbol{O}$.

推论 16.18 $X_1, X_2, \cdots, X_n$ 独立, 且 $X_i \sim \mathrm{N}(\mu_i, \sigma_i^2)$, $i = 1, 2, \cdots, n$ 的充分必要条件是 $(X_1, X_2, \cdots, X_n)^{\mathrm{T}} \sim \mathrm{N}_n(\boldsymbol{\mu}, \boldsymbol{\Sigma})$, 其中 $\boldsymbol{\mu} = (\mu_1, \mu_2, \cdots, \mu_n)^{\mathrm{T}}$, $\boldsymbol{\Sigma} = \mathrm{diag}(\sigma_1^2, \sigma_2^2, \cdots, \sigma_n^2)$.

定理 16.20 设 $\boldsymbol{X} = \begin{pmatrix} \boldsymbol{X}_1 \\ \hdashline \boldsymbol{X}_2 \end{pmatrix}\begin{matrix} r \\ n-r \end{matrix} \sim \mathrm{N}_n(\boldsymbol{\mu}, \boldsymbol{\Sigma})$, 将 $\boldsymbol{\mu}$, $\boldsymbol{\Sigma}$ 如 (16.7) 式所示的那样剖分, 若 $\boldsymbol{A}_1$, $\boldsymbol{A}_2$ 分别是 $m \times r$ 和 $m \times (n-r)$ 的常数矩阵, 则

$$\begin{aligned} &\boldsymbol{A}_1\boldsymbol{X}_1 + \boldsymbol{A}_2\boldsymbol{X}_2 \\ &\sim \mathrm{N}_m\left(\boldsymbol{A}_1\boldsymbol{\mu}_1 + \boldsymbol{A}_2\boldsymbol{\mu}_2, \boldsymbol{A}_1\boldsymbol{\Sigma}_{11}\boldsymbol{A}_1^{\mathrm{T}} + \boldsymbol{A}_2\boldsymbol{\Sigma}_{22}\boldsymbol{A}_2^{\mathrm{T}} + \boldsymbol{A}_1\boldsymbol{\Sigma}_{12}\boldsymbol{A}_2^{\mathrm{T}} + \boldsymbol{A}_2\boldsymbol{\Sigma}_{21}\boldsymbol{A}_1^{\mathrm{T}}\right). \end{aligned}$$

推论 16.21 设 R.V. $\boldsymbol{X}_1, \boldsymbol{X}_2, \cdots, \boldsymbol{X}_N$ 独立, 且 $\boldsymbol{X}_i \sim \mathrm{N}_n(\boldsymbol{\mu}_i, \boldsymbol{\Sigma}_i)$, $i = 1, 2, \cdots, N$, 则

$$\sum_{i=1}^{N} c_i\boldsymbol{X}_i \sim \mathrm{N}_n\left(\sum_{i=1}^{N} c_i\boldsymbol{\mu}_i, \sum_{i=1}^{N} c_i^2\boldsymbol{\Sigma}_i\right).$$

定理 16.22 若 $\boldsymbol{X} \sim \mathrm{N}_n(\boldsymbol{\mu}, \boldsymbol{\Sigma})$, 其中 $\boldsymbol{\Sigma}$ 是正定矩阵, 则 $\boldsymbol{X}$ 的联合密度

函数为

$$f(\boldsymbol{x})=\frac{1}{(2\pi)^{n/2}|\boldsymbol{\Sigma}|^{1/2}}\exp\left[-\frac{1}{2}(\boldsymbol{x}-\boldsymbol{\mu})^{\mathrm{T}}\boldsymbol{\Sigma}^{-1}(\boldsymbol{x}-\boldsymbol{\mu})\right].$$

引理 16.23 对 n 阶非负定矩阵 $\boldsymbol{\Sigma}$ 作如 (16.7) 式所示的剖分, 则

(i) 齐次线性方程组 $\boldsymbol{\Sigma}_{22}\boldsymbol{z}=\mathbf{0}$ 的解都是 $\boldsymbol{\Sigma}_{12}\boldsymbol{z}=\mathbf{0}$ 的解;

(ii) 存在 $r\times(n-r)$ 矩阵 $\boldsymbol{B}$, 使得 $\boldsymbol{\Sigma}_{12}=\boldsymbol{B}\boldsymbol{\Sigma}_{22}$.

定理 16.24 设 $\boldsymbol{X}=\begin{pmatrix}\boldsymbol{X}_1\\ \hdashline \boldsymbol{X}_2\end{pmatrix}\begin{matrix}r\\ \\ n-r\end{matrix}\sim \mathrm{N}_n(\boldsymbol{\mu},\boldsymbol{\Sigma})$, 对 $\boldsymbol{\mu}$, $\boldsymbol{\Sigma}$ 作如 (16.7) 式所示的剖分, 记 $\boldsymbol{\Sigma}_{11.2}=\boldsymbol{\Sigma}_{11}-\boldsymbol{\Sigma}_{12}\boldsymbol{\Sigma}_{22}^{-}\boldsymbol{\Sigma}_{21}$, 则

(i) $\boldsymbol{X}_1-\boldsymbol{\Sigma}_{12}\boldsymbol{\Sigma}_{22}^{-}\boldsymbol{X}_2$ 与 $\boldsymbol{X}_2$ 独立, 且 $\boldsymbol{X}_1-\boldsymbol{\Sigma}_{12}\boldsymbol{\Sigma}_{22}^{-}\boldsymbol{X}_2\sim \mathrm{N}_r(\boldsymbol{\mu}_1-\boldsymbol{\Sigma}_{12}\boldsymbol{\Sigma}_{22}^{-}\boldsymbol{\mu}_2, \boldsymbol{\Sigma}_{11.2})$;

(ii) $\boldsymbol{X}_1|\boldsymbol{X}_2=\boldsymbol{x}_2\sim \mathrm{N}_r\left(\boldsymbol{\mu}_1+\boldsymbol{\Sigma}_{12}\boldsymbol{\Sigma}_{22}^{-}(\boldsymbol{x}_2-\boldsymbol{\mu}_2),\boldsymbol{\Sigma}_{11.2}\right)$.

16.2.2 习题 16.2 解答与评注

16.12 设 $\varphi(x)$ 是标准正态密度函数, $\Phi(x)$ 是标准正态分布函数, 证明当 $x>0$ 时,

$$\left(1-\frac{1}{x^2}\right)\frac{\varphi(x)}{x}<1-\Phi(x)<\frac{\varphi(x)}{x},$$

特别地 $\lim\limits_{x\to\infty}\dfrac{x[1-\Phi(x)]}{\varphi(x)}=1$.

证明 注意到 $\varphi'(x)=-x\varphi(x)$, 由分部积分得

$$0<\int_x^{\infty}\frac{\varphi(y)}{y^2}\mathrm{d}y=\frac{\varphi(x)}{x}-[1-\Phi(x)],$$

移项得证右边不等式. 类似地,

$$0<\int_x^{\infty}\frac{3\varphi(y)}{y^4}\mathrm{d}y=\frac{\varphi(x)}{x^3}-\int_x^{\infty}\frac{\varphi(y)}{y^2}\mathrm{d}y=-\left(1-\frac{1}{x^2}\right)\frac{\varphi(x)}{x}+[1-\Phi(x)],$$

移项得证左边不等式.

【评注】 本题结论是关于标准正态分布尾概率的一个不等式, 称之为 Mills 不等式, 这里给出它的一个应用.

设 $X_n\sim \mathrm{N}(0,\sigma_n^2)$, $\sigma_n^2\to\infty$, 若正数列 $\{a_n,n\geqslant 1\}$ 满足 $a_n/\sigma_n\to\infty$, 则

$$P\{X_n>a_n\}\sim\frac{\sigma_n}{\sqrt{2\pi}a_n}\exp\left(-\frac{a_n^2}{2\sigma_n^2}\right).$$

事实上,

$$\frac{P\{X_n > a_n\}}{\dfrac{\sigma_n}{\sqrt{2\pi}a_n}\exp\left(-\dfrac{a_n^2}{2\sigma_n^2}\right)} = \frac{\dfrac{a_n}{\sigma_n}\left[1-\Phi\left(\dfrac{a_n}{\sigma_n}\right)\right]}{\varphi\left(\dfrac{a_n}{\sigma_n}\right)} \to 1.$$

16.13 设 $\boldsymbol{X} \sim \mathrm{N}_3(\mathbf{0}, \boldsymbol{\Sigma})$, 其中 $\boldsymbol{\Sigma} = \begin{pmatrix} 1 & \rho & 0 \\ \rho & 1 & \rho \\ 0 & \rho & 1 \end{pmatrix}$, 问 ρ 取什么值时, $X_1+X_2+X_3$ 与 $X_1-X_2-X_3$ 独立?

解 $X_1+X_2+X_3=(1\ \ 1\ \ 1)\begin{pmatrix} X_1 \\ X_2 \\ X_3 \end{pmatrix}$, $X_1-X_2-X_3=(1\ \ -1\ \ -1)\begin{pmatrix} X_1 \\ X_2 \\ X_3 \end{pmatrix}$, 为使 $X_1+X_2+X_3$ 与 $X_1-X_2-X_3$ 独立, 必须且只需 (定理 16.17) $(1\ \ 1\ \ 1)\cdot \boldsymbol{\Sigma}(1\ \ -1\ \ -1)^{\mathrm{T}}=0$, 解得 $\rho=-\dfrac{1}{2}$.

16.14 设 $\begin{pmatrix} X \\ Y \end{pmatrix} \sim \mathrm{N}_2\left(\begin{pmatrix} 0 \\ 0 \end{pmatrix}, \begin{pmatrix} 1 & -1 \\ -1 & 4 \end{pmatrix}\right)$, 证明 $X+Y$ 与 X 独立, 但 $X-Y$ 与 X 不独立.

证明

$$\begin{aligned}\begin{pmatrix} X+Y \\ X \end{pmatrix} &= \begin{pmatrix} 1 & 1 \\ 1 & 0 \end{pmatrix}\begin{pmatrix} X \\ Y \end{pmatrix} \\ &\sim \mathrm{N}_2\left(\begin{pmatrix} 1 & 1 \\ 1 & 0 \end{pmatrix}\begin{pmatrix} 0 \\ 0 \end{pmatrix}, \begin{pmatrix} 1 & 1 \\ 1 & 0 \end{pmatrix}\begin{pmatrix} 1 & -1 \\ -1 & 4 \end{pmatrix}\begin{pmatrix} 1 & 1 \\ 1 & 0 \end{pmatrix}^{\mathrm{T}}\right) \\ &= \mathrm{N}_2\left(\begin{pmatrix} 0 \\ 0 \end{pmatrix}, \begin{pmatrix} 3 & 0 \\ 0 & 1 \end{pmatrix}\right),\end{aligned}$$

这表明 $X+Y$ 与 X 独立.

$$\begin{aligned}\begin{pmatrix} X-Y \\ X \end{pmatrix} &= \begin{pmatrix} 1 & -1 \\ 1 & 0 \end{pmatrix}\begin{pmatrix} X \\ Y \end{pmatrix} \\ &\sim \mathrm{N}_2\left(\begin{pmatrix} 1 & -1 \\ 1 & 0 \end{pmatrix}\begin{pmatrix} 0 \\ 0 \end{pmatrix}, \begin{pmatrix} 1 & -1 \\ 1 & 0 \end{pmatrix}\begin{pmatrix} 1 & -1 \\ -1 & 4 \end{pmatrix}\begin{pmatrix} 1 & -1 \\ 1 & 0 \end{pmatrix}^{\mathrm{T}}\right) \\ &= \mathrm{N}_2\left(\begin{pmatrix} 0 \\ 0 \end{pmatrix}, \begin{pmatrix} 7 & 2 \\ 2 & 1 \end{pmatrix}\right),\end{aligned}$$

这表明 $X-Y$ 与 X 不独立.

16.15 对于正态 R.V. $\boldsymbol{X}$, 举例说明 $\boldsymbol{AX}\overset{d}{=}\boldsymbol{BX}$, 但未必有 $\boldsymbol{A}=\boldsymbol{B}$.

解 设 $\boldsymbol{X}\sim \mathrm{N}_2(\boldsymbol{0},\boldsymbol{I})$, $\boldsymbol{A}=\begin{pmatrix}1&1\\2&1\end{pmatrix}$, $\boldsymbol{B}=\begin{pmatrix}\sqrt{2}&0\\ \dfrac{3}{\sqrt{2}}&\dfrac{1}{\sqrt{2}}\end{pmatrix}$. 对这两个不同的矩阵, 容易检查

$$\boldsymbol{AX}\sim \mathrm{N}_2\left(\begin{pmatrix}0\\0\end{pmatrix},\begin{pmatrix}2&3\\3&5\end{pmatrix}\right),$$

$$\boldsymbol{BX}\sim \mathrm{N}_2\left(\begin{pmatrix}0\\0\end{pmatrix},\begin{pmatrix}2&3\\3&5\end{pmatrix}\right),$$

即 $\boldsymbol{AX}\overset{d}{=}\boldsymbol{BX}$.

16.16 在定理 16.24 中, 若 $\boldsymbol{\Sigma}>0$, 则 $\boldsymbol{\Sigma}_{11.2}>0$.

证明 经计算, 我们有

$$\begin{pmatrix}\boldsymbol{I}_r&-\boldsymbol{\Sigma}_{12}\boldsymbol{\Sigma}_{22}^{-1}\\ \boldsymbol{O}&\boldsymbol{I}_{n-r}\end{pmatrix}\begin{pmatrix}\boldsymbol{\Sigma}_{11}&\boldsymbol{\Sigma}_{12}\\ \boldsymbol{\Sigma}_{21}&\boldsymbol{\Sigma}_{22}\end{pmatrix}\begin{pmatrix}\boldsymbol{I}_r&\boldsymbol{O}\\ -\boldsymbol{\Sigma}_{22}^{-1}\boldsymbol{\Sigma}_{21}&\boldsymbol{I}_{n-r}\end{pmatrix}$$

$$=\begin{pmatrix}\boldsymbol{\Sigma}_{11}-\boldsymbol{\Sigma}_{12}\boldsymbol{\Sigma}_{22}^{-1}\boldsymbol{\Sigma}_{21}&\boldsymbol{O}\\ \boldsymbol{O}&\boldsymbol{\Sigma}_{22}\end{pmatrix}=\begin{pmatrix}\boldsymbol{\Sigma}_{11.2}&\boldsymbol{O}\\ \boldsymbol{O}&\boldsymbol{\Sigma}_{22}\end{pmatrix},$$

两边取行列式得 $|\boldsymbol{\Sigma}|=|\boldsymbol{\Sigma}_{11.2}|\,|\boldsymbol{\Sigma}_{22}|$, 由此得到 $\boldsymbol{\Sigma}_{11.2}$ 可逆, 进而

$$\begin{pmatrix}\boldsymbol{\Sigma}_{11}&\boldsymbol{\Sigma}_{12}\\ \boldsymbol{\Sigma}_{21}&\boldsymbol{\Sigma}_{22}\end{pmatrix}^{-1}=\begin{pmatrix}\boldsymbol{I}_r&\boldsymbol{O}\\ -\boldsymbol{\Sigma}_{22}^{-1}\boldsymbol{\Sigma}_{21}&\boldsymbol{I}_{n-r}\end{pmatrix}\begin{pmatrix}\boldsymbol{\Sigma}_{11.2}^{-1}&\boldsymbol{O}\\ \boldsymbol{O}&\boldsymbol{\Sigma}_{22}^{-1}\end{pmatrix}\begin{pmatrix}\boldsymbol{I}_r&-\boldsymbol{\Sigma}_{12}\boldsymbol{\Sigma}_{22}^{-1}\\ \boldsymbol{O}&\boldsymbol{I}_{n-r}\end{pmatrix}$$

$$=\begin{pmatrix}\boldsymbol{\Sigma}_{11.2}^{-1}&-\boldsymbol{\Sigma}_{112}^{-1}\boldsymbol{\Sigma}_{12}\boldsymbol{\Sigma}_{22}^{-1}\\ -\boldsymbol{\Sigma}_{22}^{-1}\boldsymbol{\Sigma}_{21}\boldsymbol{\Sigma}_{11.2}^{-1}&\boldsymbol{\Sigma}_{22}^{-1}\end{pmatrix}.$$

因为 $\boldsymbol{\Sigma}>0$, 所以 $\boldsymbol{\Sigma}^{-1}>0$, 由上式进而得 $\boldsymbol{\Sigma}_{11.2}^{-1}>0$, 故 $\boldsymbol{\Sigma}_{11.2}>0$.

16.17 设 $\begin{pmatrix}X\\Y\end{pmatrix}\sim \mathrm{N}_2\left(\begin{pmatrix}1\\2\end{pmatrix},\begin{pmatrix}1&1\\1&2\end{pmatrix}\right)$.

(1) 求常数 β, 使得 $Y-\beta X$ 与 X 独立;

(2) 求 $\mathrm{E}(X+Y\,|X-Y)$.

解 (1) 因为

$$\begin{pmatrix}Y-\beta X\\X\end{pmatrix}=\begin{pmatrix}-\beta&1\\1&0\end{pmatrix}\begin{pmatrix}X\\Y\end{pmatrix}$$

$$\sim \mathrm{N}_2\left(\begin{pmatrix} -\beta & 1 \\ 1 & 0 \end{pmatrix}\begin{pmatrix} 1 \\ 2 \end{pmatrix}, \begin{pmatrix} -\beta & 1 \\ 1 & 0 \end{pmatrix}\begin{pmatrix} 1 & 1 \\ 1 & 2 \end{pmatrix}\begin{pmatrix} -\beta & 1 \\ 1 & 0 \end{pmatrix}^{\mathrm{T}}\right)$$

$$= \mathrm{N}_2\left(\begin{pmatrix} 2-\beta \\ 1 \end{pmatrix}, \begin{pmatrix} \beta^2-2\beta+2 & 1-\beta \\ 1-\beta & 1 \end{pmatrix}\right),$$

所以为使 $Y-\beta X$ 与 X 独立, 只需 $\mathrm{Cov}\,(Y-\beta X, X)=0$. 而

$$\mathrm{Cov}\,(Y-\beta X, X) = 1-\beta,$$

故 $\beta=1$.

(2) 首先, 类似于 (1) 的解答的前半部分得

$$\begin{pmatrix} X+Y \\ X-Y \end{pmatrix} = \begin{pmatrix} 1 & 1 \\ 1 & -1 \end{pmatrix}\begin{pmatrix} X \\ Y \end{pmatrix} \sim \mathrm{N}_2\left(\begin{pmatrix} 3 \\ -1 \end{pmatrix}, \begin{pmatrix} 5 & -1 \\ -1 & 1 \end{pmatrix}\right).$$

其次, 由定理 16.24 之 (ii),

$$\begin{aligned} X+Y\,|X-Y &\sim \mathrm{N}\left(\boldsymbol{\mu}_1 + \boldsymbol{\Sigma}_{12}\boldsymbol{\Sigma}_{22}^{-}(\boldsymbol{x}_2-\boldsymbol{\mu}_2), \boldsymbol{\Sigma}_{11.2}\right) \\ &= \mathrm{N}\left(3+(-1)\times 1\times(X-Y+1), \boldsymbol{\Sigma}_{11.2}\right) \\ &= \mathrm{N}\left(Y-X+2, \boldsymbol{\Sigma}_{11.2}\right), \end{aligned}$$

因此 $\mathrm{E}\,(X+Y\,|X-Y) = Y-X+2$.

第 17 章　特征函数

1814 年, Laplace 在其专著《概率分析理论》第二版中引入了特征函数的概念, 它与分布函数的一一对应关系使得概率问题转化为纯分析问题成为一种可能, 从此纯分析数学成为随机变量研究工作生根的土壤.

1900 年, Lyapunov 创立了极限理论研究的特征函数方法, 系统完善由 Lévy 于 1925 年完成. 特征函数方法曾一度掀起概率论的研究热潮, 已成为研究现代概率论的基本工具.

17.1　特征函数的定义和计算

17.1.1　内容提要

定义 17.1　设 $\boldsymbol{X}$ 是定义在概率空间 $(\Omega, \mathcal{F}, P)$ 上的 d 维 R.V., 称复值函数

$$\varphi_{\boldsymbol{X}}(\boldsymbol{t}) = \mathrm{E}\mathrm{e}^{\mathrm{i}\boldsymbol{t}^{\mathrm{T}}\boldsymbol{X}}, \quad \boldsymbol{t} \in \mathbb{R}^d$$

为 $\boldsymbol{X}$ 的**特征函数** (简记为 ch.f.). 在不致引起混淆的时候, 简记 $\varphi_{\boldsymbol{X}}(\boldsymbol{t})$ 为 $\varphi(\boldsymbol{t})$.

命题 17.2　特征函数具有如下基本性质:

(i) $\varphi(\mathbf{0}) = 1$;

(ii) 对任意的 $\boldsymbol{t} \in \mathbb{R}^d$, $\varphi(-\boldsymbol{t}) = \overline{\varphi(\boldsymbol{t})}$, 其中 $\overline{\varphi}$ 表示 φ 的共轭;

(iii) 对任意的 $\boldsymbol{t} \in \mathbb{R}^d$, $|\varphi(\boldsymbol{t})| \leqslant 1$;

(iv) φ 处处连续.

定理 17.3　(i) 若 $Y = aX + b$, 其中 a, b 是常数, 则

$$\varphi_Y(t) = \mathrm{e}^{\mathrm{i}bt}\varphi_X(at);$$

(ii) 设 $\boldsymbol{X}, \boldsymbol{Y}$ 是独立 R.V., 则 $\varphi_{\boldsymbol{X}+\boldsymbol{Y}}(\boldsymbol{t}) = \varphi_{\boldsymbol{X}}(\boldsymbol{t})\varphi_{\boldsymbol{Y}}(\boldsymbol{t})$;

(iii) 设 F, G 是任意两个分布函数, 则 $\varphi_{F*G}(\boldsymbol{t}) = \varphi_F(\boldsymbol{t})\varphi_G(\boldsymbol{t})$;

(iv) 设 μ, ν 是 $\mathcal{B}(\mathbb{R}^d)$ 上任意两个概率测度, 则 $\varphi_{\mu*\nu}(\boldsymbol{t}) = \varphi_\mu(\boldsymbol{t})\varphi_\nu(\boldsymbol{t})$.

17.1.2　习题 17.1 解答与评注

17.1　证明区间 $\left[-\dfrac{1}{2}, \dfrac{1}{2}\right]$ 上的 **Cantor 型分布**[①]的 ch.f. 为 $\prod\limits_{n=1}^{\infty}\cos\dfrac{t}{4^n}$.

---

① 完全类似于区间 $[0, 1]$ 上的 Cantor 分布的定义.

证明 设 X 服从区间 $\left[-\frac{1}{2},\frac{1}{2}\right]$ 上的 Cantor 型分布, 则 X 可以表示成 $X=\sum\limits_{n=1}^{\infty}\frac{\xi_n}{4^n}$, 其中 $\{\xi,\xi_n,n\geqslant 1\}$ 是独立同分布的 r.v. 序列, 公共分布列为

$$P\{\xi=-1\}=\frac{1}{2},\quad P\{\xi=1\}=\frac{1}{2}.$$

因为 $\varphi_\xi(t)=\frac{1}{2}\mathrm{e}^{-\mathrm{i}t}+\frac{1}{2}\mathrm{e}^{\mathrm{i}t}=\cos t$, 我们有

$$\varphi_{\frac{\xi_n}{4^n}}(t)=\varphi_\xi\left(\frac{t}{4^n}\right)=\cos\frac{t}{4^n},$$

所以 X 的 ch.f. 为

$$\varphi_X(t)=\prod_{n=1}^{\infty}\cos\frac{t}{4^n}.$$

17.2 设 $\boldsymbol{X}=(X_1,\cdots,X_k)$ 是取值于 $\mathbb{R}^k$ 的 R.V., 则 $\forall t\in\mathbb{R}$,
(1) $\varphi_{\boldsymbol{X}}(t,0,\cdots,0)=\varphi_{X_1}(t)$;
(2) $\varphi_{\boldsymbol{X}}(t,\cdots,t)=\varphi_{X_1+\cdots+X_k}(t)$.
证明 (1) $\varphi_{\boldsymbol{X}}(t,0,\cdots,0)=\mathrm{E}\mathrm{e}^{\mathrm{i}tX_1}=\varphi_{X_1}(t)$.
(2) $\varphi_{\boldsymbol{X}}(t,\cdots,t)=\mathrm{E}\mathrm{e}^{\mathrm{i}(tX_1+\cdots+tX_k)}=\mathrm{E}\mathrm{e}^{\mathrm{i}t(X_1+\cdots+X_k)}=\varphi_{X_1+\cdots+X_k}(t)$.
17.3 设 φ 是 r.v. X 的 ch.f., 则对任意的 $x_0\in\mathbb{R}$, 有

$$\lim_{T\to\infty}\frac{1}{2T}\int_{-T}^{T}\mathrm{e}^{-\mathrm{i}x_0t}\varphi(t)\,\mathrm{d}t=P\{X=x_0\}.$$

证明 由 Fubini 定理,

$$\begin{aligned}
&\frac{1}{2T}\int_{-T}^{T}\mathrm{e}^{-\mathrm{i}x_0t}\varphi(t)\,\mathrm{d}t\\
=&\frac{1}{2T}\int_{-T}^{T}\mathrm{e}^{-\mathrm{i}x_0t}\mathrm{d}t\int_{\mathbb{R}}\mathrm{e}^{\mathrm{i}tx}\mathrm{d}P\circ X^{-1}\\
=&\frac{1}{2T}\int_{\mathbb{R}}\mathrm{d}P\circ X^{-1}\int_{-T}^{T}\mathrm{e}^{\mathrm{i}(x-x_0)t}\mathrm{d}t\\
=&\frac{1}{2T}\left[2T\int_{\{x_0\}}\mathrm{d}P\circ X^{-1}+2\int_{\mathbb{R}\backslash\{x_0\}}\frac{\sin T(x-x_0)}{x-x_0}\mathrm{d}P\circ X^{-1}\right]\\
=&P\{X=x_0\}+\int_{\mathbb{R}\backslash\{x_0\}}\frac{\sin T(x-x_0)}{T(x-x_0)}\mathrm{d}P\circ X^{-1},
\end{aligned}$$

而控制收敛定理保证

$$\lim_{T\to\infty}\int_{\mathbb{R}\backslash\{x_0\}}\frac{\sin T(x-x_0)}{T(x-x_0)}\mathrm{d}P\circ X^{-1}=0,$$

所以

$$\lim_{T\to\infty}\frac{1}{2T}\int_{-T}^{T}\mathrm{e}^{-\mathrm{i}tx_0}\varphi(t)\,\mathrm{d}t=P\{X=x_0\}.$$

17.4 (Riemann-Lebesgue 引理) 设 φ 是绝对连续 r.v. X 的 ch.f., 则

$$\lim_{|t|\to\infty}\varphi(t)=0.$$

证明 设 $X\sim f(x)$, 则 $\varphi(t)=\int_{-\infty}^{\infty}\mathrm{e}^{\mathrm{i}tx}f(x)\,\mathrm{d}x$. $\forall\varepsilon>0$, 由 $\int_{-\infty}^{\infty}f(x)\,\mathrm{d}x=1$ 知, $\exists a>0$, s.t.

$$\left|\int_{a}^{\infty}\mathrm{e}^{\mathrm{i}tx}f(x)\,\mathrm{d}x\right|\leqslant\left|\int_{a}^{\infty}f(x)\,\mathrm{d}x\right|<\varepsilon,$$

$$\left|\int_{-\infty}^{-a}\mathrm{e}^{\mathrm{i}tx}f(x)\,\mathrm{d}x\right|\leqslant\left|\int_{-\infty}^{-a}f(x)\,\mathrm{d}x\right|<\varepsilon,$$

于是

$$|\varphi(t)|<2\varepsilon+\left|\int_{-a}^{a}\mathrm{e}^{\mathrm{i}tx}f(x)\,\mathrm{d}x\right|.$$

对于 $(-a,a]$ 上的可测函数 $f(x)$, 存在简单可测函数 $g(x)$, 使得 $\int_{-a}^{a}|f(x)-g(x)|\mathrm{d}x<\varepsilon$. 对于 $g(x)$, 由习题 9.23 知, 存在 $(-a,a]$ 的阶梯函数 $h(x)$, 使得 $\int_{-a}^{a}|g(x)-h(x)|\,\mathrm{d}x<\varepsilon$. 故

$$|\varphi(t)|<4\varepsilon+\left|\int_{-a}^{a}\mathrm{e}^{\mathrm{i}tx}h(x)\,\mathrm{d}x\right|.$$

显然, $h(x)$ 可以写成有限个均匀分布的密度函数的线性组合, 这里不妨假设 $h(x)$ 是 $(-a,a]$ 上均匀分布的密度函数, 经计算

$$\int_{-a}^{a}\mathrm{e}^{\mathrm{i}tx}h(x)\,\mathrm{d}x=\frac{\cos at}{\mathrm{i}at},$$

从而 $\lim\limits_{|t|\to\infty}\left|\int_{-a}^{a}\mathrm{e}^{\mathrm{i}tx}h(x)\,\mathrm{d}x\right|=0$, 故 $\lim\limits_{|t|\to\infty}|\varphi(t)|\leqslant 4\varepsilon$. 由 ε 的任意性知 $\lim\limits_{|t|\to\infty}\varphi(t)=0$.

【评注】 本题更一般的叙述是: 若 $\int_{-\infty}^{\infty}|f(x)|\,\mathrm{d}x<\infty$, 则

$$\lim_{|t|\to\infty}\int_{-\infty}^{\infty}\mathrm{e}^{\mathrm{i}tx}f(x)\mathrm{d}x=0.$$

此结论将应用于定理 21.23 的证明.

17.2 关于特征函数的不等式

17.2.1 内容提要

命题 17.9 (基本不等式) 设 $\mu\in\mathcal{M}_1(\mathbb{R}^d)$, φ 是 μ 的 ch.f., 则对所有的 $\boldsymbol{t}\in\mathbb{R}^d$,

$$1-\mathrm{Re}\varphi(2\boldsymbol{t})\leqslant 4\left[1-\mathrm{Re}\varphi(\boldsymbol{t})\right].$$

命题 17.10 (增量不等式) 设 $\mu\in\mathcal{M}_1(\mathbb{R}^d)$, φ 是 μ 的 ch.f., 则对所有的 $\boldsymbol{s},\boldsymbol{t}\in\mathbb{R}^d$,

$$|\varphi(\boldsymbol{s})-\varphi(\boldsymbol{t})|^2\leqslant 2\left[1-\mathrm{Re}\varphi(\boldsymbol{s}-\boldsymbol{t})\right].$$

命题 17.11 (积分不等式) 设 $T>0$, $F(x)$, $\varphi(t)$ 分别是 r.v. X 的 d.f. 和 ch.f., 则存在 $0<m(T)<M(T)<\infty$, 使得

$$m(T)\int_0^T\Big[1-\mathrm{Re}\varphi(t)\Big]\mathrm{d}t\leqslant\int_{-\infty}^{\infty}\frac{x^2}{1+x^2}\mathrm{d}F(x)\leqslant M(T)\int_0^T\Big[1-\mathrm{Re}\varphi(t)\Big]\mathrm{d}t.$$

命题 17.12 设 $T>0$, 则存在 $M(T)>0$, 使得

$$M(T)\int_0^T\Big[1-|\varphi(t)|^2\Big]\mathrm{d}t\geqslant\int_{-\infty}^{\infty}\frac{x^2}{1+x^2}\mathrm{d}F(x+\mathrm{med}(X)).$$

命题 17.13 设 $T>0$, φ 是 $\mu\in\mathcal{M}_1(\mathbb{R})$ 的 ch.f., 则

$$\frac{1}{T}\int_{-T}^{T}\Big[1-\varphi(t)\Big]\mathrm{d}t\geqslant\mu\left\{x:|x|\geqslant\frac{2}{T}\right\}.$$

定理 17.14 设 $F(x)$, $\varphi(t)$ 分别是 r.v. X 的 d.f. 和 ch.f., $\mu(\tau)$ 如 (17.1) 式定义且满足 $|\mu(\tau)|\leqslant\frac{\tau}{2}$, 则

(i) 对任意的 $T>0$, 存在 $A(\tau,T)>0$, 使得

$$\max_{|t|\leqslant T}\left|\mathrm{e}^{-\mathrm{i}\mu(\tau)t}\varphi(t)-1\right|\leqslant A(\tau,T)\int_{-\infty}^{\infty}\frac{[x-\mu(\tau)]^2}{1+[x-\mu(\tau)]^2}\mathrm{d}F(x);$$

(ii) 另外, 当 $|\mathrm{med}(X)|\leqslant\frac{\tau}{2}$ 时, 存在 $B(\tau)>0$, 使得

$$\int_{-\infty}^{\infty}\frac{[x-\mu(\tau)]^2}{1+[x-\mu(\tau)]^2}\mathrm{d}F(x)\leqslant B(\tau)\int_{-\infty}^{\infty}\frac{[x-\mathrm{med}(X)]^2}{1+[x-\mathrm{med}(X)]^2}\mathrm{d}F(x).$$

17.2.2　习题 17.2 解答与评注

17.5　设 φ_n 是 r.v. X_n 的 ch.f., 且存在 $T>0$, 使得当 $|t|\leqslant T$ 时, $\lim\limits_{n\to\infty}\varphi_n(t)=1$, 则对任意的 $t\in\mathbb{R}$, 都有 $\lim\limits_{n\to\infty}\varphi_n(t)=1$.

证明　由命题 17.10,

$$\begin{aligned}|1-\varphi_n(2t)|^2&\leqslant\Big[|1-\varphi_n(t)|+|\varphi_n(t)-\varphi_n(2t)|\Big]^2\\&\leqslant\Big[|1-\varphi_n(t)|+2|1-\varphi_n(t)|\Big]^2\\&=9|1-\varphi_n(t)|^2,\end{aligned}$$

由此得到欲证.

17.6　设 φ 是 ch.f., 则

$$\Big|\mathrm{Im}\varphi(t)\Big|\leqslant\frac{\sqrt{2}}{2}\sqrt{1-\mathrm{Re}\varphi(2t)}.$$

证明　设 φ 对应的 d.f. 为 $F(x)$, 则由 Cauchy-Schwarz 不等式得

$$\begin{aligned}\Big|\mathrm{Im}\varphi(t)\Big|&=\left|\int_{-\infty}^{\infty}\sin tx\mathrm{d}F(x)\right|\leqslant\left[\int_{-\infty}^{\infty}\sin^2 tx\mathrm{d}F(x)\right]^{\frac{1}{2}}\\&=\left[\frac{1}{2}\int_{-\infty}^{\infty}(1-\cos 2tx)\mathrm{d}F(x)\right]^{\frac{1}{2}}=\frac{\sqrt{2}}{2}\sqrt{1-\mathrm{Re}\varphi(2t)}.\end{aligned}$$

17.7①　(关于二阶矩的截尾不等式) 设 $T>0$, φ 是 r.v. X 的 ch.f., 则

$$\mathrm{E}X^2I\left\{|X|<\frac{1}{T}\right\}\leqslant\frac{3}{T^2}\Big[1-\mathrm{Re}\varphi(T)\Big].$$

证明　注意到 $1-\cos x\geqslant\dfrac{x^2}{2!}-\dfrac{x^4}{4!}$, 我们有

$$\begin{aligned}\mathrm{E}X^2I\left\{|X|<\frac{1}{T}\right\}&=\mathrm{E}X^2I\{|TX|<1\}\\&\leqslant\mathrm{E}\left[X^2+\left(\frac{X^2}{2}-\frac{(TX)^2X^2}{8}\right)\right]I\{|TX|<1\}\\&=\frac{3}{T^2}\mathrm{E}\left[\frac{(TX)^2}{2!}-\frac{(TX)^4}{4!}\right]I\{|TX|<1\}\end{aligned}$$

① 本题应该与命题 17.13 比较.

$$
\begin{aligned}
&\leqslant \frac{3}{T^2}\mathrm{E}\left(1-\cos TX\right)I\left\{|TX|<1\right\}\\
&\leqslant \frac{3}{T^2}\mathrm{E}\left(1-\cos TX\right)\\
&= \frac{3}{T^2}\Big[1-\mathrm{Re}\varphi\left(T\right)\Big].
\end{aligned}
$$

【评注】 本题将应用于习题 17.39 的证明.

17.8 设 φ 是 d.f. F 的 ch.f., 则对任何 $a\in(0,2\pi)$ 及 $t\in(0,a)$, 有

$$
\int_{|x|\leqslant\frac{a}{t}} x^2\mathrm{d}F\left(x\right)\leqslant\frac{a^2}{\left(1-\cos a\right)t^2}\Big[1-\mathrm{Re}\varphi\left(t\right)\Big].
$$

证明 注意当 $0<x<\pi$ 时, $\dfrac{\sin x}{x}\downarrow$, 由此推知当 $0<x<2\pi$ 时,

$$
\frac{1-\cos x}{x^2}=\frac{1}{2}\left(\frac{\sin\frac{x}{2}}{\frac{x}{2}}\right)^2\downarrow,
$$

因而

$$
\frac{1-\cos x}{x^2}\geqslant\frac{1-\cos a}{a^2},\quad |x|\leqslant a,
$$

等价地

$$
\cos x\leqslant 1-\frac{1-\cos a}{a^2}x^2,\quad |x|\leqslant a.
$$

于是

$$
\begin{aligned}
\mathrm{Re}\varphi\left(t\right)&=\int_{-\infty}^{\infty}\cos tx\mathrm{d}F\left(x\right)\\
&=\int_{|tx|\leqslant a}\cos tx\mathrm{d}F\left(x\right)+\int_{|tx|>a}\cos tx\mathrm{d}F\left(x\right)\\
&\leqslant\int_{|tx|\leqslant a}\left[1-\frac{1-\cos a}{a^2}\left(tx\right)^2\right]\mathrm{d}F\left(x\right)+\int_{|tx|>a}\mathrm{d}F\left(x\right)\\
&=1-\frac{1-\cos a}{a^2}t^2\int_{|tx|\leqslant a}x^2\mathrm{d}F\left(x\right),
\end{aligned}
$$

移项得到欲证.

【评注】 可将本题中最后的结论加强为

$$\int_{|x|\leqslant\frac{a}{t}} x^2\mathrm{d}F(x)\leqslant\frac{a^2}{(1-\cos a)\,t^2}\left|1-\varphi(t)\right|.$$

17.9 设 φ 是 d.f. F 的 ch.f., 则

$$\int_{-\infty}^{\infty}\frac{x^2}{1+x^2}\mathrm{d}F(x)\leqslant\int_0^{\infty}\mathrm{e}^{-t}\left|1-\varphi(t)\right|\mathrm{d}t.$$

证明 利用分部积分不难得到

$$\int_0^{\infty}\mathrm{e}^{-t}\cos xt\mathrm{d}t=\frac{1}{1+x^2},$$

进而

$$\int_0^{\infty}\mathrm{e}^{-t}(1-\cos xt)\mathrm{d}t=\frac{x^2}{1+x^2},$$

于是

$$\begin{aligned}\int_0^{\infty}\mathrm{e}^{-t}\Big[1-\mathrm{Re}\varphi(t)\Big]\mathrm{d}t&=\int_0^{\infty}\mathrm{e}^{-t}\mathrm{d}t\int_{-\infty}^{\infty}(1-\cos tx)\,\mathrm{d}F(x)\\&=\int_{-\infty}^{\infty}\mathrm{d}F(x)\int_0^{\infty}\mathrm{e}^{-t}(1-\cos xt)\,\mathrm{d}t\\&=\int_{-\infty}^{\infty}\frac{x^2}{1+x^2}\mathrm{d}F(x),\end{aligned}$$

由此得到欲证.

17.10[①] 设 r.v. X 的 ch.f. φ 满足 $|\varphi(t)|\equiv1$, 试利用命题 17.12 证明 X 是退化 r.v..

证明 由 $|\varphi(t)|\equiv1$ 及命题 17.12 知

$$\int_{-\infty}^{\infty}\frac{x^2}{1+x^2}\mathrm{d}F(x+\mathrm{med}(X))=0,$$

其中 $F(x)$ 是 r.v. X 的 d.f., 上式等价于

$$\int_{\Omega}\frac{\Big[X-\mathrm{med}(X)\Big]^2}{1+\Big[X-\mathrm{med}(X)\Big]^2}\mathrm{d}P=0,$$

① 本题的结论也可以由习题 17.42 得到.

从而

$$\frac{[X-\mathrm{med}\,(X)]^2}{1+[X-\mathrm{med}\,(X)]^2}=0 \quad \text{a.s.},$$

于是 $X=\mathrm{med}\,(X)$ a.s., 即 X 是退化 r.v..

【评注】 (a) 本题也可以利用习题 17.42 的结论证明, 见习题 17.42 之评注;

(b) 本题将应用于引理 24.3 的证明.

17.3 唯一性定理和连续性定理

17.3.1 内容提要

定理 17.15 (唯一性定理) 设 $\mu,\nu\in\mathcal{M}_1\left(\mathbb{R}^d\right)$, 则 $\mu=\nu\Leftrightarrow\varphi_\mu=\varphi_\nu$.

定理 17.16 $\boldsymbol{X}$ 是 d 维正态 R.V. 的充分必要条件是对任意的 $\boldsymbol{\theta}\in\mathbb{R}^d$, $\boldsymbol{\theta}^{\mathrm{T}}\boldsymbol{X}$ 是正态 r.v..

定理 17.17 (Cramér-Lévy 定理) 设 r.v. X,Y 独立, $X+Y$ 服从正态分布, 则 X,Y 都服从正态分布.

推论 17.18 设 R.V. $\boldsymbol{X},\boldsymbol{Y}$ 独立, $\boldsymbol{X}+\boldsymbol{Y}$ 服从正态分布, 则 $\boldsymbol{X},\boldsymbol{Y}$ 都服从正态分布.

命题 17.19 (随机向量独立的特征函数刻画) R.V. $\boldsymbol{X}^{(1)}=(X_1,\cdots,X_m)^{\mathrm{T}}$, $\boldsymbol{X}^{(2)}=(X_{m+1},\cdots,X_{m+n})^{\mathrm{T}}$ 独立的充分必要条件是

$$\varphi_{\boldsymbol{X}}(\boldsymbol{t})=\varphi_{\boldsymbol{X}^{(1)}}\left(\boldsymbol{t}^{(1)}\right)\varphi_{\boldsymbol{X}^{(2)}}\left(\boldsymbol{t}^{(2)}\right),$$

即联合特征函数等于边缘特征函数的乘积, 其中

$$\boldsymbol{X}=(X_1,\cdots,X_m,X_{m+1},\cdots,X_{m+n}),$$

$$\boldsymbol{t}=(t_1,\cdots,t_m,t_{m+1},\cdots,t_{m+n}),$$

$$\boldsymbol{t}^{(1)}=(t_1,\cdots,t_m),\quad \boldsymbol{t}^{(2)}=(t_{m+1},\cdots,t_{m+n}).$$

定义 17.24 设 (X,ρ) 是度量空间, 称定义在 X 上的函数族 $\{f_\alpha,\alpha\in\Lambda\}$ **等度连续**, 如果 $\forall\varepsilon>0$, $\exists\delta>0$, 只要 $\rho(x,y)<\delta$, 就有 $|f_\alpha(x)-f_\alpha(y)|<\varepsilon$ 对每个 $\alpha\in\Lambda$ 成立.

定理 17.25 若 $\Pi\subset\mathcal{M}_1\left(\mathbb{R}^d\right)$ 是胎紧的, 则 $\{\varphi_\mu,\mu\in\Pi\}$ 等度连续.

推论 17.26 每个 ch.f. 都一致连续.

引理 17.27 设 (X,ρ) 是度量空间, 定义在 X 上的函数列 $\{f,f_n,n\geqslant 1\}$ 满足 $f_n\to f$. 若 $\{f_n,n\geqslant 1\}$ 等度连续, 则 f 一致连续, 且在 X 的任何紧子集上一致地有 $f_n\to f$, 即对每个紧集 $K\subset X$, $\sup\limits_{x\in K}|f_n(x)-f(x)|\to 0$.

定理 17.28 (Lévy 连续性定理) 设 $\{\mu_n, n \geqslant 1\} \subset \mathcal{M}_1(\mathbb{R}^d)$, $\{\varphi_n, n \geqslant 1\}$ 是对应的 ch.f. 序列.

(i) 若存在 $\mu \in \mathcal{M}_1(\mathbb{R}^d)$ 使 $\mu_n \xrightarrow{w} \mu$, 则 $\varphi_n \to \varphi$, 且该收敛在 $\mathbb{R}^d$ 的任何紧子集上是一致的, 其中 φ 是 μ 的 ch.f.;

(ii) 若 φ_n 收敛于某个极限函数 φ, 且 φ 在 $\mathbf{0} = (0, \cdots, 0)$ 处部分连续, 则 φ 必是某个 $\mu \in \mathcal{M}_1(\mathbb{R}^d)$ 的 ch.f., 且 $\mu_n \xrightarrow{w} \mu$.

定理 17.30 设 $\{F_n, n \geqslant 1\}$ 是 d 维 d.f. 序列, $\{\varphi_n, n \geqslant 1\}$ 是对应的 ch.f. 序列.

(i) 若存在 d.f. F 使 $F_n \xrightarrow{w} F$, 则 $\varphi_n \to \varphi$, 且该收敛在 $\mathbb{R}^d$ 的任何紧子集上是一致的, 其中 φ 是 F 的 ch.f.;

(ii) 若 φ_n 收敛于某个极限函数 φ, 且 φ 在 $\mathbf{0} = (0, \cdots, 0)$ 处部分连续, 则 φ 必是某个 d.f. F 的 ch.f., 且 $F_n \xrightarrow{w} F$.

定理 17.31 设 $\{\boldsymbol{X}_n, 1 \leqslant n \leqslant \infty\}$ 是 R.V. 序列, 则

$$\boldsymbol{X}_n \xrightarrow{d} \boldsymbol{X}_\infty \Leftrightarrow \varphi_{\boldsymbol{X}_n} \to \varphi_{\boldsymbol{X}_\infty}.$$

推论 17.32 设 d 维 R.V. 序列 $\left\{\boldsymbol{X}_n = (X_{n1}, \cdots, X_{nd})^{\mathrm{T}}, 1 \leqslant n \leqslant \infty\right\}$ 满足 $X_{nj} \xrightarrow{d} X_{\infty j}$, $j = 1, 2, \cdots, d$. 若对每个 $1 \leqslant n \leqslant \infty$, $X_{n1}, X_{n2}, \cdots, X_{nd}$ 都独立, 则 $\boldsymbol{X}_n \xrightarrow{d} \boldsymbol{X}_\infty$.

定理 17.34 设 f 是绝对连续分布函数 F 对应的密度函数, 则对每个 $x \in C(f)$,

$$f(x) = \lim_{T \to \infty} \frac{1}{2\pi} \int_{-T}^{T} \left(1 - \frac{|t|}{T}\right) \mathrm{e}^{-\mathrm{i}tx} \varphi_F(t)\, \mathrm{d}t.$$

17.3.2 习题 17.3 解答与评注

17.11 设 r.v. $X_1, X_2, \cdots, X_n$ 独立同分布于 Cauchy 分布 $\mathrm{C}(0, \lambda)$, 则

$$\frac{1}{n} \sum_{k=1}^{n} X_k \stackrel{d}{=} X_1.$$

证明 由 $\varphi_{X_1}(t) = \mathrm{e}^{-\lambda|t|}$ 得

$$\varphi_{\frac{1}{n}\sum\limits_{k=1}^{n} X_k}(t) = \left[\varphi_{X_1}\left(\frac{t}{n}\right)\right]^n = \left(\mathrm{e}^{-\frac{\lambda|t|}{n}}\right)^n = \mathrm{e}^{-\lambda|t|} = \varphi_{X_1}(t),$$

进而由唯一性定理得 $\frac{1}{n} \sum\limits_{k=1}^{n} X_k \stackrel{d}{=} X_1$.

【评注】 利用唯一性定理还可以轻松证明: Cauchy 分布 $\mathrm{C}(0,\lambda)$ 具有可加性.

17.12 R.V. $\boldsymbol{X}$ 具有对称分布当且仅当 $\varphi_{\boldsymbol{X}}$ 是实值函数.

证明 由唯一性定理,

$$\boldsymbol{X} \stackrel{d}{=} -\boldsymbol{X} \Leftrightarrow \varphi_{\boldsymbol{X}}(\boldsymbol{t}) = \varphi_{-\boldsymbol{X}}(\boldsymbol{t}) \Leftrightarrow \mathrm{E}\mathrm{e}^{\mathrm{i}\boldsymbol{t}^{\mathrm{T}}\boldsymbol{X}} = \mathrm{E}\mathrm{e}^{\mathrm{i}\boldsymbol{t}^{\mathrm{T}}(-\boldsymbol{X})}$$

$$\Leftrightarrow \varphi_{\boldsymbol{X}}(\boldsymbol{t}) = \overline{\varphi_{\boldsymbol{X}}(\boldsymbol{t})} \Leftrightarrow \varphi_{\boldsymbol{X}} \text{ 是实值函数.}$$

【评注】 本题将应用于引理 24.3 的证明.

17.13 设 $\boldsymbol{X}, \boldsymbol{Y}$ 都是取值于 $\mathbb{R}^d$ 的 R.V., 且独立同分布, 则 $\boldsymbol{Z} = \boldsymbol{X} - \boldsymbol{Y}$ 具有对称分布.

证明 因为

$$\varphi_{\boldsymbol{Z}}(\boldsymbol{t}) = \mathrm{E}\mathrm{e}^{\mathrm{i}\boldsymbol{t}^{\mathrm{T}}(\boldsymbol{X}-\boldsymbol{Y})} = \mathrm{E}\mathrm{e}^{\mathrm{i}\boldsymbol{t}^{\mathrm{T}}\boldsymbol{X}} \cdot \mathrm{E}\mathrm{e}^{\mathrm{i}(-\boldsymbol{t})^{\mathrm{T}}\boldsymbol{Y}}$$

$$= \varphi_{\boldsymbol{X}}(\boldsymbol{t}) \cdot \varphi_{\boldsymbol{X}}(-\boldsymbol{t}) = \varphi_{\boldsymbol{X}}(\boldsymbol{t}) \cdot \overline{\varphi_{\boldsymbol{X}}(\boldsymbol{t})} = |\varphi_{\boldsymbol{X}}(\boldsymbol{t})|^2$$

为实值函数, 由习题 17.12 知 $\boldsymbol{Z} = \boldsymbol{X} - \boldsymbol{Y}$ 具有对称分布.

17.14 设 $\boldsymbol{\mu} = (\mu_1, \mu_2, \cdots, \mu_n)^{\mathrm{T}}$ 是常数向量, $\boldsymbol{\Sigma}$ 是 n 阶非负定矩阵, 矩阵 $\boldsymbol{A}_{n\times p}$ 和 $\boldsymbol{B}_{n\times q}$ 满足 $\boldsymbol{A}\boldsymbol{A}^{\mathrm{T}} = \boldsymbol{\Sigma} = \boldsymbol{B}\boldsymbol{B}^{\mathrm{T}}$, 令

$$\boldsymbol{X}_1 = \boldsymbol{A}\boldsymbol{Z}_1 + \boldsymbol{\mu}, \quad \boldsymbol{X}_2 = \boldsymbol{B}\boldsymbol{Z}_2 + \boldsymbol{\mu},$$

其中 $\boldsymbol{Z}_1 \sim \mathrm{N}_p(\boldsymbol{0}, \boldsymbol{I}_p)$, $\boldsymbol{Z}_2 \sim \mathrm{N}_q(\boldsymbol{0}, \boldsymbol{I}_q)$, 试证 $\boldsymbol{X}_1 \stackrel{d}{=} \boldsymbol{X}_2$.

证明 由例 17.8 知 $\boldsymbol{Z}_1$ 的 ch.f.

$$\varphi_{\boldsymbol{Z}_1}(\boldsymbol{t}) = \exp\left(-\frac{1}{2}\boldsymbol{t}^{\mathrm{T}}\boldsymbol{t}\right),$$

从而 $\boldsymbol{X}_1$ 的 ch.f.

$$\varphi_{\boldsymbol{X}_1}(\boldsymbol{t}) = \mathrm{E}\exp\left(\mathrm{i}\boldsymbol{t}^{\mathrm{T}}\boldsymbol{X}_1\right) = \mathrm{E}\exp\left[\mathrm{i}\boldsymbol{t}^{\mathrm{T}}(\boldsymbol{A}\boldsymbol{Z}_1 + \boldsymbol{\mu})\right] = \exp\left(\mathrm{i}\boldsymbol{t}^{\mathrm{T}}\boldsymbol{\mu}\right)\varphi_{\boldsymbol{Z}_1}\left(\boldsymbol{A}^{\mathrm{T}}\boldsymbol{t}\right)$$

$$= \exp\left(\mathrm{i}\boldsymbol{t}^{\mathrm{T}}\boldsymbol{\mu} - \frac{1}{2}\boldsymbol{t}^{\mathrm{T}}\boldsymbol{A}\boldsymbol{A}^{\mathrm{T}}\boldsymbol{t}\right) = \exp\left(\mathrm{i}\boldsymbol{t}^{\mathrm{T}}\boldsymbol{\mu} - \frac{1}{2}\boldsymbol{t}^{\mathrm{T}}\boldsymbol{\Sigma}\boldsymbol{t}\right),$$

同理, $\varphi_{\boldsymbol{X}_2}(\boldsymbol{t}) = \exp\left(\mathrm{i}\boldsymbol{t}^{\mathrm{T}}\boldsymbol{\mu} - \frac{1}{2}\boldsymbol{t}^{\mathrm{T}}\boldsymbol{\Sigma}\boldsymbol{t}\right)$. 因为 $\varphi_{\boldsymbol{X}_1}(\boldsymbol{t}) = \varphi_{\boldsymbol{X}_2}(\boldsymbol{t})$, 所以由唯一性定理知 $\boldsymbol{X}_1 \stackrel{d}{=} \boldsymbol{X}_2$.

17.15 设 $\boldsymbol{X}=(X_1,X_2)^{\mathrm{T}}$ 有 ch.f.

$$\varphi_{\boldsymbol{X}}(\boldsymbol{t})=\exp\left(\mathrm{i}t_1-3\mathrm{i}t_2-\frac{1}{2}t_1^2+2t_1t_2-5t_2^2\right),$$

试确定 $\boldsymbol{X}$ 的概率分布.

解 将 $\varphi_{\boldsymbol{X}}(\boldsymbol{t})$ 重新写成

$$\varphi_{\boldsymbol{X}}(\boldsymbol{t})=\exp\left[\mathrm{i}\boldsymbol{t}^{\mathrm{T}}\begin{pmatrix}1\\-3\end{pmatrix}-\frac{1}{2}\mathrm{i}\boldsymbol{t}^{\mathrm{T}}\begin{pmatrix}1&-2\\-2&10\end{pmatrix}\boldsymbol{t}\right],$$

由例 17.8 及唯一性定理知 $\boldsymbol{X}\sim\mathrm{N}_2\left(\begin{pmatrix}1\\-3\end{pmatrix},\begin{pmatrix}1&-2\\-2&10\end{pmatrix}\right)$.

17.16 (边缘分布正态未必联合分布正态) 设 $X\sim\mathrm{N}(0,1)$, Z 与 X 独立, Z 的分布列为

$$P\{Z=1\}=P\{Z=-1\}=\frac{1}{2}.$$

令 $Y=XZ$, 证明: (1) $Y\sim\mathrm{N}(0,1)$; (2) $(X,Y)^{\mathrm{T}}$ 不是正态 R.V..

证明 (1) 易得

$$\begin{aligned}P\{Y\leqslant x\}&=P\{XZ\leqslant x\}=\frac{1}{2}P\{X\leqslant x\}+\frac{1}{2}P\{-X\leqslant x\}\\&=\frac{1}{2}\Phi(x)+\frac{1}{2}[1-\Phi(-x)]=\Phi(x),\end{aligned}$$

这表明 $Y\sim\mathrm{N}(0,1)$.

(2) 由

$$P\{X+Y=0\}=P\{Z=-1\}=\frac{1}{2}$$

知 $X+Y$ 不是正态随机变量, 进而由定理 17.16 知 $(X,Y)^{\mathrm{T}}$ 不是正态 R.V..

17.17 证明推论 17.18.

证明 假设所涉及的 R.V. 的维数为 n, 则 $\forall\boldsymbol{\theta}\in\mathbb{R}^n$, $\boldsymbol{\theta}^{\mathrm{T}}(\boldsymbol{X}+\boldsymbol{Y})=\boldsymbol{\theta}^{\mathrm{T}}\boldsymbol{X}+\boldsymbol{\theta}^{\mathrm{T}}\boldsymbol{Y}$ 是正态 R.V.. 注意到 $\boldsymbol{\theta}^{\mathrm{T}}\boldsymbol{X}$, $\boldsymbol{\theta}^{\mathrm{T}}\boldsymbol{Y}$ 独立, 所以定理 17.17 保证了 $\boldsymbol{\theta}^{\mathrm{T}}\boldsymbol{X}$, $\boldsymbol{\theta}^{\mathrm{T}}\boldsymbol{Y}$ 都是正态 r.v., 进而 $\boldsymbol{X}$, $\boldsymbol{Y}$ 都是正态 R.V..

17.18 设 X, Y 是独立 r.v., 且 Y 是对称 r.v., 则

(1) $X+Y\overset{d}{=}X-Y$;

(2) 当 $0<p<1$ 时, $\mathrm{E}|X|^p\leqslant 2^{1-p}\mathrm{E}|X+Y|^p$;

(3) 当 $p \geqslant 1$ 时, $\mathrm{E}|X|^p \leqslant \mathrm{E}|X+Y|^p$[①].

证明 (1) 因为 Y 是对称 r.v., 所以 $Y \stackrel{d}{=} -Y$. 注意到 X 与 Y 独立, 我们有

$$\begin{aligned}\varphi_{X+Y}(t) &= \mathrm{E}\mathrm{e}^{\mathrm{i}t(X+Y)} = \mathrm{E}\mathrm{e}^{\mathrm{i}tX} \cdot \mathrm{E}\mathrm{e}^{\mathrm{i}tY} = \mathrm{E}\mathrm{e}^{\mathrm{i}tX} \cdot \mathrm{E}\mathrm{e}^{\mathrm{i}t(-Y)} \\ &= \mathrm{E}\mathrm{e}^{\mathrm{i}t(X-Y)} = \varphi_{X-Y}(t),\end{aligned}$$

由唯一性定理知 $X+Y \stackrel{d}{=} X-Y$.

(2) 显然

$$X = \frac{1}{2}\Big[(X+Y)+(X-Y)\Big].$$

当 $0<p<1$ 时, 由 c_r 不等式和已证的 (1) 得

$$\mathrm{E}|X|^p \leqslant \frac{1}{2^p}\Big[\mathrm{E}|X+Y|^p + \mathrm{E}|X-Y|^p\Big] = 2^{1-p}\mathrm{E}|X+Y|^p.$$

(3) 当 $p \geqslant 1$ 时, 由 Minkowski 不等式和已证的 (1) 得

$$\|X\|_p \leqslant \frac{1}{2}\Big(\|X+Y\|_p + \|X-Y\|_p\Big) = \|X+Y\|_p,$$

这等价于 $\mathrm{E}|X|^p \leqslant \mathrm{E}|X+Y|^p$.

17.19 设 $X_n \xrightarrow{d} X$, $Y_n \xrightarrow{d} Y$, $Z_n \xrightarrow{d} Z$, $Z_n = X_n + Y_n$, 若对每个 $n \geqslant 1$, X_n 与 Y_n 都独立, 且 Z 服从正态分布, 则 X, Y 都服从正态分布.

证明 对于 r.v. X, Y, 由命题 13.17, 存在独立 r.v. X', Y', 使得

$$X' \stackrel{d}{=} X, \quad Y' \stackrel{d}{=} Y.$$

因为这里讨论的是 X, Y 各自的分布, 所以不妨假设 X, Y 独立. 于是

$$\begin{aligned}\varphi_Z(t) &= \lim_{n\to\infty}\varphi_{Z_n}(t) = \lim_{n\to\infty}\varphi_{X_n+Y_n}(t) = \lim_{n\to\infty}\varphi_{X_n}(t)\varphi_{Y_n}(t) \\ &= \varphi_X(t)\varphi_Y(t) = \varphi_{X+Y}(t),\end{aligned}$$

此结合唯一性定理得 $Z \stackrel{d}{=} X+Y$, 进而由 Z 服从正态分布及定理 17.17 知 X, Y 都服从正态分布.

【评注】 (a) 只有假设 X, Y 独立后, 才能得到 $Z \stackrel{d}{=} X+Y$;

(b) 本题的结论将服务于习题 21.8 的证明.

17.20 设 f 是定义在 $\mathbb{R}$ 上的有界可测函数, 若 f 在 $x=0$ 处连续, 则

$$\lim_{T\to 0}\frac{1}{T}\int_{-T}^{T} f(x)\,\mathrm{d}x = f(0).$$

① 这是习题 13.7 之 (2) 的部分推广.

证明 $\forall\varepsilon>0$, 由 f 在 $x=0$ 处连续知, 存在 $\delta>0$, 当 $|x|<\delta$ 时, $|f(x)-f(0)|<\dfrac{\varepsilon}{2}$. 于是, 当 $T<\delta$ 时,

$$\begin{aligned}\left|\frac{1}{T}\int_{-T}^{T}f(x)\,\mathrm{d}x-f(0)\right| &= \left|\frac{1}{T}\int_{-T}^{T}\Big[f(x)-f(0)\Big]\mathrm{d}x\right|\\ &\leqslant \frac{1}{T}\int_{-T}^{T}|f(x)-f(0)|\,\mathrm{d}x\\ &< \frac{1}{T}\int_{-T}^{T}\frac{\varepsilon}{2}\mathrm{d}x=\varepsilon,\end{aligned}$$

由此得到欲证.

17.21 (1) 设 $\{\boldsymbol{X}_n,1\leqslant n\leqslant\infty\}$, $\{\boldsymbol{Y}_n,1\leqslant n\leqslant\infty\}$ 是 d 维 R.V. 序列, $\boldsymbol{X}_n\xrightarrow{d}\boldsymbol{X}_\infty$, $\boldsymbol{Y}_n\xrightarrow{d}\boldsymbol{Y}_\infty$. 若对每个 $1\leqslant n\leqslant\infty$, $\boldsymbol{X}_n$ 与 $\boldsymbol{Y}_n$ 都独立, 则 $\boldsymbol{X}_n+\boldsymbol{Y}_n\xrightarrow{d}\boldsymbol{X}_\infty+\boldsymbol{Y}_\infty$①;

(2) 设 $\{F_n,1\leqslant n\leqslant\infty\}$, $\{G_n,1\leqslant n\leqslant\infty\}$ 是 d 维 d.f. 序列, $F_n\xrightarrow{w}F_\infty$, $G_n\xrightarrow{w}G_\infty$, 则 $F_n*G_n\xrightarrow{w}F_\infty*G_\infty$.

证明 (1) 由定理 17.3 之 (ii),

$$\varphi_{\boldsymbol{X}_n+\boldsymbol{Y}_n}(\boldsymbol{t})=\varphi_{\boldsymbol{X}_n}(\boldsymbol{t})\,\varphi_{\boldsymbol{Y}_n}(\boldsymbol{t})\to\varphi_{\boldsymbol{X}_\infty}(t)\,\varphi_{\boldsymbol{Y}_\infty}(\boldsymbol{t})=\varphi_{\boldsymbol{X}_\infty+\boldsymbol{Y}_\infty}(\boldsymbol{t}),$$

再定理 17.31 得 $\boldsymbol{X}_n+\boldsymbol{Y}_n\xrightarrow{d}\boldsymbol{X}_\infty+\boldsymbol{Y}_\infty$.

(2) 由定理 17.3 之 (iii),

$$\varphi_{F_n*G_n}(\boldsymbol{t})=\varphi_{F_n}(\boldsymbol{t})\,\varphi_{G_n}(\boldsymbol{t})\to\varphi_{F_\infty}(\boldsymbol{t})\,\varphi_{G_\infty}(\boldsymbol{t})=\varphi_{F_\infty*G_\infty}(\boldsymbol{t}),$$

再由定理 17.31 得 $F_n*G_n\xrightarrow{w}F_\infty*G_\infty$.

【评注】 $\boldsymbol{X}_n\xrightarrow{d}\boldsymbol{X}_\infty$, $\boldsymbol{Y}_n\xrightarrow{d}\boldsymbol{Y}_\infty$ 一般不蕴含 $\boldsymbol{X}_n+\boldsymbol{Y}_n\xrightarrow{d}\boldsymbol{X}_\infty+\boldsymbol{Y}_\infty$. 本题之 (1) 给出这个蕴含成立的一个充分条件.

17.22 设 $\{\boldsymbol{X}_n,n\geqslant1\}$ 是取值于 $\mathbb{R}^d$ 的 R.V. 序列, 若 $\varphi_{\boldsymbol{X}_n}(t)\to\mathrm{e}^{\mathrm{i}\boldsymbol{t}^{\mathrm{T}}\boldsymbol{c}}$, 其中 $\boldsymbol{c}\in\mathbb{R}^d$, 则 $\boldsymbol{X}_n\xrightarrow{P}\boldsymbol{c}$.

证明 由定理 17.31 和命题 12.42 即得.

17.23 设 $X\sim\mathrm{N}(0,1)$, X_n 的分布列为

$$P\{X_n=1\}=1-\frac{1}{n},\quad P\{X_n=n\}=\frac{1}{n},\quad n\geqslant2,$$

定义 $Y_n=X\cdot X_n$, $n\geqslant2$. 若 X 与 $\{X_n,n\geqslant2\}$ 独立, 则 $Y_n\xrightarrow{d}\mathrm{N}(0,1)$②.

证明 由独立性,

① 本小题可以由推论 17.32 直接得到.

② 这属于记号 “$\xrightarrow{d}$” 的套用, 其完整写法是 $Y_n\xrightarrow{d}\xi$, 其中 $\xi\sim\mathrm{N}(0,1)$.

$$\begin{aligned}\varphi_{Y_n}(t) &= \mathrm{E}\mathrm{e}^{\mathrm{i}tY_n} = \mathrm{E}\mathrm{e}^{\mathrm{i}t(X\cdot X_n)} \\ &= \int_{\{X_n=1\}} \mathrm{e}^{\mathrm{i}tX}\mathrm{d}P + \int_{\{X_n=n\}} \mathrm{e}^{\mathrm{i}ntX}\mathrm{d}P \\ &= P\{X_n=1\}\cdot \mathrm{E}\mathrm{e}^{\mathrm{i}tX} + P\{X_n=n\}\cdot \mathrm{E}\mathrm{e}^{\mathrm{i}ntX} \\ &= \left(1-\frac{1}{n}\right)\varphi_X(t) + \frac{1}{n}\varphi_X(nt),\end{aligned}$$

注意到标准正态分布的 ch.f. $\varphi_X(t) = \mathrm{e}^{-\frac{t^2}{2}}$, 所以

$$\varphi_{Y_n}(t) = \left(1-\frac{1}{n}\right)\mathrm{e}^{-\frac{t^2}{2}} + \frac{1}{n}\mathrm{e}^{-\frac{n^2t^2}{2}} \to \mathrm{e}^{-\frac{t^2}{2}},$$

由连续性定理, $Y_n \xrightarrow{d} \mathrm{N}(0,1)$.

【评注】 本题中, 尽管 $Y_n \xrightarrow{d} \mathrm{N}(0,1)$, 但不难得知 $\mathrm{Var}Y_n \to \infty$.

17.24 设 $\{F_n(x), n \geqslant 1\}$ 是一列正态分布函数, 弱收敛于分布函数 $F(x)$, 试证 $F(x)$ 也是正态分布函数.

证明 设 $F_n(x)$, $F(x)$ 的 ch.f. 分别为 $\varphi_n(t)$, $\varphi(t)$, 由定理 17.30 之 (i),

$$\lim_{n\to\infty}\varphi_n(t) = \lim_{n\to\infty}\mathrm{e}^{\mathrm{i}\mu_n t-\frac{1}{2}\sigma_n^2t^2} = \varphi(t),$$

因而

$$\lim_{n\to\infty}|\varphi_n(t)| = \lim_{n\to\infty}\mathrm{e}^{-\frac{1}{2}\sigma_n^2t^2} = |\varphi(t)|,$$

因 ch.f. $\varphi(t)$ 处处连续且 $\varphi(0)=1$, 故存在 $t_0 \neq 0$ 使 $\varphi(t_0) \neq 0$, 且

$$-\frac{1}{2}\sigma_n^2t_0^2 \to \log|\varphi(t_0)|,$$

于是得 $\lim\limits_{n\to\infty}\sigma_n^2$ 存在, 记该极限为 σ^2, 这样就有

$$\mathrm{e}^{\mathrm{i}\mu_n t} = \varphi_n(t)\,\mathrm{e}^{\frac{1}{2}\sigma_n^2t^2} \to \varphi(t)\,\mathrm{e}^{\frac{1}{2}\sigma^2t^2}.$$

注意到

$$\left|\varphi(t)\,\mathrm{e}^{\frac{1}{2}\sigma^2t^2}\right| = \lim_{n\to\infty}\left|\mathrm{e}^{\mathrm{i}\mu_n t}\right| = 1,$$

同样可得 $\lim\limits_{n\to\infty}\mu_n$ 存在, 记该极限为 μ. 于是

$$\mathrm{e}^{\mathrm{i}\mu_n t-\frac{1}{2}\sigma_n^2t^2} = \varphi_n(t) \to \varphi(t) = \mathrm{e}^{\mathrm{i}\mu t-\frac{1}{2}\sigma^2t^2},$$

所以 $F(x)$ 也是正态分布函数.

【评注】 本题呈现了正态分布的重要性质之一. 要是没有特征函数这个工具, 怎样证明这个结果?!

17.25 设 $\{X_n, n \geqslant 1\}$ 是一列正态随机变量, $X_n \xrightarrow{d} X$, 则 X 也是正态随机变量, 且 $\mathrm{E}X_n \to \mathrm{E}X$, $\mathrm{Var}X_n \to \mathrm{Var}X$.

证明 由习题 17.24 知 X 是正态随机变量. 再由习题 17.24 的证明过程知 $\mathrm{E}X_n \to \mathrm{E}X$, $\mathrm{Var}X_n \to \mathrm{Var}X$.

【评注】 若将题设中的 "$X_n \xrightarrow{d} X$" 加强为 $X_n \xrightarrow{P} X$, 则对任意的 $p > 0$, $X_n \xrightarrow{L^p} X$.

事实上, 任取严格大于 p 的偶数 $2k$, 则由本题中已获结论得

$$
\begin{aligned}
\mathrm{E}X_n^{2k} &= (\mathrm{Var}X_n)^k\,\mathrm{E}\left(\frac{X_n}{\sqrt{\mathrm{Var}X_n}}\right)^{2k} \\
&= (\mathrm{Var}X_n)^k\,\mathrm{E}\left(\frac{X_n-\mathrm{E}X_n}{\sqrt{\mathrm{Var}X_n}}+\frac{\mathrm{E}X_n}{\sqrt{\mathrm{Var}X_n}}\right)^{2k} \\
&= (\mathrm{Var}X_n)^k\sum_{j=0}^{2k}\left(\frac{\mathrm{E}X_n}{\sqrt{\mathrm{Var}X_n}}\right)^{2k-j}\mathrm{E}\left(\frac{X_n-\mathrm{E}X_n}{\sqrt{\mathrm{Var}X_n}}\right)^{j} \\
&= (\mathrm{Var}X_n)^k\left[\left(\frac{\mathrm{E}X_n}{\sqrt{\mathrm{Var}X_n}}\right)^{2k}+\sum_{j=1}^{k}\left(\frac{\mathrm{E}X_n}{\sqrt{\mathrm{Var}X_n}}\right)^{2k-2j}\mathrm{E}\left(\frac{X_n-\mathrm{E}X_n}{\sqrt{\mathrm{Var}X_n}}\right)^{2j}\right] \\
&= (\mathrm{Var}X_n)^k\left[\left(\frac{\mathrm{E}X_n}{\sqrt{\mathrm{Var}X_n}}\right)^{2k}+\sum_{j=1}^{k}\left(\frac{\mathrm{E}X_n}{\sqrt{\mathrm{Var}X_n}}\right)^{2k-2j}(2j-1)\,!!\right] \\
&\to (\mathrm{Var}X)^k\left[\left(\frac{\mathrm{E}X}{\sqrt{\mathrm{Var}X}}\right)^{2k}+\sum_{j=1}^{k}\left(\frac{\mathrm{E}X}{\sqrt{\mathrm{Var}X}}\right)^{2k-2j}(2j-1)\,!!\right] < \infty,
\end{aligned}
$$

从而 $\sup\limits_{n\geqslant 1}\mathrm{E}X_n^{2k} < \infty$, 此结合习题 9.33 知 $\{|X_n|^p, n \geqslant 1\}$ 一致可积, 再结合 $|X_n|^p \xrightarrow{P} |X|^p$ 得到欲证.

17.26[①] 设 $\{\boldsymbol{X}_n, n \geqslant 1\}$ 是一列正态 R.V., $\boldsymbol{X}_n \xrightarrow{d} \boldsymbol{X}$, 则 $\boldsymbol{X}$ 也是正态 R.V..

证明 设 $\boldsymbol{X}_n = (X_{n1}, X_{n2}, \cdots, X_{nd})^{\mathrm{T}}$, $\boldsymbol{X} = (X_1, X_2, \cdots, X_d)^{\mathrm{T}}$, 则由 $\boldsymbol{X}_n \xrightarrow{d} \boldsymbol{X}$ 及定理 12.38 知任一线性组合

$$Y_n := \sum_{j=1}^{d}\theta_j X_{nj} \xrightarrow{d} \sum_{j=1}^{d}\theta_j X_j =: Y.$$

① 本题是习题 17.24 的多维版本.

注意到诸 Y_n 都是一维正态随机变量, 由习题 17.25 知 Y 也是一维正态随机变量, 进而由定理 17.16 知 $\boldsymbol{X}$ 也是正态 R.V..

17.27 对于任何 r.v. X, 总有 $\frac{X}{n}\xrightarrow{P}0$.

证明 因为当 $n\to\infty$ 时,

$$\varphi_{\frac{X}{n}}(t)=\varphi_X\left(\frac{t}{n}\right)\to\varphi_X(0)=1,$$

所以, 由连续性定理得 $\frac{X}{n}\xrightarrow{d}0$, 这等价于 $\frac{X}{n}\xrightarrow{P}0$.

【评注】 (a) 由依概率收敛的定义及概率的从上连续性也易得本题结论;

(b) 本题将应用于定理 19.25 的证明.

17.4 特征函数的判别准则

17.4.1 内容提要

定义 17.35 称 $\varphi:\mathbb{R}\to\mathbb{C}$ 是**非负定的**, 如果对任意的 $N\in\mathbb{N}$ 及 $t_1,t_2,\cdots,t_N\in\mathbb{R}$, $w_1,w_2,\cdots,w_N\in\mathbb{C}$, 有

$$\sum_{j=1}^{N}\sum_{k=1}^{N}w_j\overline{w}_k\varphi(t_j-t_k)\geqslant 0,$$

即形如 $\left(\varphi(t_j-t_k)\right)_{j,k=1}^{N}$ 的矩阵非负定.

命题 17.36 若 $\varphi:\mathbb{R}\to\mathbb{C}$ 是非负定的, 则

(i) $\varphi(0)\geqslant 0$;

(ii) $\varphi(-t)=\overline{\varphi(t)}$;

(iii) $|\varphi(t)|\leqslant\varphi(0)$.

定理 17.37 (Bochner 定理) 设 $\varphi:\mathbb{R}\to\mathbb{C}$, 则 φ 是 ch.f. 的充分必要条件是 φ 是连续的、非负定的, 且满足 $\varphi(0)=1$.

推论 17.38 一列 ch.f. 的任意凸组合是 ch.f., 即是说, 若 $\{\varphi_n,n\geqslant 1\}$ 是 ch.f. 序列, $\{a_n,n\geqslant 1\}$ 是满足 $\sum\limits_{n=1}^{\infty}a_n=1$ 的非负数列, 则 $\sum\limits_{n=1}^{\infty}a_n\varphi_n$ 是 ch.f..

定理 17.39 (Pólya 定理) 设 $\varphi:\mathbb{R}\to\mathbb{R}$ 满足

(i) $\varphi(0)=1$;

(ii) $\varphi(-t)=\varphi(t)$, $t\in\mathbb{R}$;

(iii) φ 是 $[0,\infty)$ 上的凸函数;

(iv) $\lim\limits_{t\to\infty}\varphi(t)=0$,

则 φ 是 ch.f..

17.4.2　习题 17.4 解答与评注

17.28　设 φ 是 ch.f., 则对任意的 $t_1,t_2\in\mathbb{R}$, 有

$$|\varphi(t_1+t_2)|\geqslant|\varphi(t_1)||\varphi(t_2)|-\sqrt{1-|\varphi(t_1)|^2}\sqrt{1-|\varphi(t_2)|^2}.$$

证明　取 $t_0=0$, Bochner 定理保证矩阵

$$\begin{pmatrix}1 & \varphi(-t_1) & \varphi(-t_2)\\ \varphi(t_1) & 1 & \varphi(t_1-t_2)\\ \varphi(t_2) & \varphi(t_2-t_1) & 1\end{pmatrix}$$

非负定, 从而

$$\begin{vmatrix}1 & \varphi(-t_1) & \varphi(-t_2)\\ \varphi(t_1) & 1 & \varphi(t_1-t_2)\\ \varphi(t_2) & \varphi(t_2-t_1) & 1\end{vmatrix}\geqslant 0,$$

即

$$\begin{aligned}&1+\varphi(-t_1)\varphi(t_2)\varphi(t_1-t_2)+\varphi(t_1)\varphi(-t_2)\varphi(t_2-t_1)\\&-|\varphi(t_1)|^2-|\varphi(t_2)|^2-|\varphi(t_1-t_2)|^2\geqslant 0,\end{aligned}$$

整理得

$$1+2|\varphi(t_1)||\varphi(t_2)||\varphi(t_1-t_2)|-|\varphi(t_1)|^2-|\varphi(t_2)|^2-|\varphi(t_1-t_2)|^2\geqslant 0,$$

即

$$\left[|\varphi(t_1)||\varphi(t_2)|-|\varphi(t_1-t_2)|\right]^2\leqslant\left[1-|\varphi(t_1)|^2\right]\left[1-|\varphi(t_2)|^2\right],$$

等价地

$$\Big||\varphi(t_1-t_2)|-|\varphi(t_1)||\varphi(t_2)|\Big|\leqslant\sqrt{1-|\varphi(t_1)|^2}\sqrt{1-|\varphi(t_2)|^2}.$$

分 $|\varphi(t_1-t_2)|\geqslant|\varphi(t_1)||\varphi(t_2)|$ 和 $|\varphi(t_1-t_2)|<|\varphi(t_1)||\varphi(t_2)|$ 两种情况讨论得到

$$|\varphi(t_1-t_2)|\geqslant|\varphi(t_1)||\varphi(t_2)|-\sqrt{1-|\varphi(t_1)|^2}\sqrt{1-|\varphi(t_2)|^2},$$

在上式中用 $-t_2$ 代替 t_2 就得到欲证.

17.29 设 φ 是 ch.f., 则 $\varlimsup\limits_{|t|\to\infty} \mathrm{Re}\varphi(t) \geqslant 0$.

证明 谬设 $\varlimsup\limits_{|t|\to\infty} \mathrm{Re}\varphi(t) < 0$, 即 $\lim\limits_{a\to\infty} \sup\limits_{|t|\geqslant a} \mathrm{Re}\varphi(t) < 0$, 则存在 $a_0 > 0$ 和 $\varepsilon_0 < 0$, 当 $|t| \geqslant a_0$ 时,

$$\mathrm{Re}\varphi(t) < -\varepsilon_0.$$

注意到 $\theta(t) = \mathrm{Re}\varphi(t)$ 是 ch.f., 由定理 17.37 知 θ 是非负定的, 即对任意正整数 N, 实数 $t_1, t_2, \cdots, t_N$, 复数 $w_1, w_2, \cdots, w_N$, 有

$$S = \sum_{j=1}^{N}\sum_{k=1}^{N} w_j \overline{w}_k \theta(t_j - t_k) \geqslant 0. \qquad ①$$

现在, 取 $N > \dfrac{1}{\varepsilon} + 1$, $t_1 = a, t_2 = 2a, \cdots, t_N = Na$, $w_1 = w_2 = \cdots = w_N = 1$, 则

$$\begin{aligned}
S &= \sum_{j=1}^{N}\sum_{k=1}^{N} \theta(t_j - t_k) \\
&= N\theta(0) + 2(N-1)\theta(a) + 2(N-2)\theta(2a) + \cdots + 2\theta((N-1)a) \\
&< N - N(N-1)\varepsilon \\
&< N - N(N-1)\frac{1}{N-1} = 0,
\end{aligned}$$

此与 ① 式矛盾, 从而完成结论的证明.

17.30 对任意的 $c \in [0,1]$, 证明 $\varphi_c(t) = \dfrac{1+ct^2}{1+t^2}$ 是 ch.f..

证明 由

$$\varphi_c(t) = \frac{(1-c) + (ct^2 + c)}{1+t^2} = (1-c)\cdot\frac{1}{1+t^2} + c\cdot 1,$$

知 $\varphi_c(t)$ 是 $\varphi_1(t) = \dfrac{1}{1+t^2}$ 与 $\varphi_2(t) = 1$ 的凸组合, 而 $\varphi_1(t)$ 是 Laplace 分布 $\mathrm{L}(0,1)$ 的 ch.f., $\varphi_2(t)$ 是退化分布 δ_0 的 ch.f., 此结合推论 17.38 得到欲证.

17.31 若 φ 是 ch.f., 则 $\theta(t) = \dfrac{\varphi(t)}{2-\varphi(t)}$ 也是 ch.f..

证明 将 $\theta(t)$ Taylor 展开得

$$\theta(t)=\sum_{n=1}^{\infty}\frac{\varphi^n(t)}{2^n},$$

它是 ch.f. $\varphi(t)$, $\varphi^2(t)$, $\cdots$ 的凸组合, 此结合推论 17.38 知 $\theta(t)$ 是 ch.f..

17.32　设 $0<\alpha\leqslant 2$, 则 $\varphi(t)=\mathrm{e}^{-|t|^\alpha}$ 是 ch.f..

证明　当 $\alpha=2$ 时, 所给函数是正态分布 $\mathrm{N}(0,2)$ 的 ch.f., 所以不妨假设 $0<\alpha<2$.

对任意的 $\beta\in\mathbb{R}$ 和 $|x|<1$,

$$(1-x)^\beta=\sum_{n=0}^{\infty}\mathrm{C}_\beta^n(-x)^n,$$①

其中 $\mathrm{C}_\beta^n=\dfrac{\beta(\beta-1)\cdots(\beta-n+1)}{n!}$, 因而

$$\theta(t):=1-(1-\cos t)^{\frac{\alpha}{2}}=\sum_{n=1}^{\infty}c_n(\cos t)^n,$$

其中 $c_n=\mathrm{C}_{\frac{\alpha}{2}}^n(-1)^{n+1}$. 由 $\alpha<2$ 推出 $c_n\geqslant 0$, 而在上式中取 $t=0$ 得到 $\sum\limits_{n=1}^{\infty}c_n=1$. 注意到 $\cos t$ 是 ch.f. (参见推论 17.38), 所以 $\theta(t)$ 是 ch.f..

因为当 $x\to 0$ 时, $1-\cos x\sim\dfrac{x^2}{2}$, 所以对任意固定的 $t\in\mathbb{R}$, 当 $n\to\infty$ 时,

$$1-\cos\left(t\cdot 2^{\frac{1}{2}}\cdot n^{-\frac{1}{\alpha}}\right)\sim n^{-\frac{2}{\alpha}}t^2,$$

因而

$$\left[1-\cos\left(t\cdot 2^{\frac{1}{2}}\cdot n^{-\frac{1}{\alpha}}\right)\right]^{\frac{\alpha}{2}}\sim n^{-1}|t|^\alpha,$$

故

$$\lim_{n\to\infty}\left\{1-\left[1-\cos\left(t\cdot 2^{\frac{1}{2}}\cdot n^{-\frac{1}{\alpha}}\right)\right]^{\frac{\alpha}{2}}\right\}^n=\mathrm{e}^{-|t|^\alpha},$$

即

$$\lim_{n\to\infty}\left[\theta\left(t\cdot 2^{\frac{1}{2}}\cdot n^{-\frac{1}{\alpha}}\right)\right]^n=\mathrm{e}^{-|t|^\alpha},$$

由连续性定理知 $\mathrm{e}^{-|t|^\alpha}$ 是 ch.f..

---

① 此展开式见参考文献 [1] 第 53 页.

【评注】 (a) 当 $0<\alpha\leqslant 2$ 时, $\mathrm{e}^{-|t|^\alpha}$ 是 ch.f.; 当 $\alpha>2$ 时, $\mathrm{e}^{-|t|^\alpha}$ 是不是 ch.f. 呢? 在习题 17.39 的评注中将给予否定的回答.

(b) 本题的结论将服务于习题 21.15 的证明.

17.33 证明 (17.21) 式.

证明 谬设 (17.21) 式不成立, 则存在 $t_0>0$, 使得 $\varphi'_+(t_0)>0$, 于是由 φ'_+ 单调不减知

$$\varphi'_+(t)>0,\quad t\geqslant t_0,$$

这表明 φ 在 $[t_0,\infty)$ 上是严格单调增的. 任取 $t_1,t_2\geqslant t_0$, 由 φ 的凸性得

$$\varphi\left(\frac{t_1+t_2}{2}\right)\leqslant\frac{1}{2}\left[\varphi(t_1)+\varphi(t_2)\right],$$

令 $t_2\to\infty$, 由定理 17.39 之 (iv) 得

$$\varphi(t)\geqslant 0,\quad t\geqslant t_0.$$

注意到 φ 在 $[t_0,\infty)$ 上是严格单调增的, 因而 $\lim\limits_{t\to\infty}\varphi(t)>0$, 此与定理 17.39 之 (iv) 矛盾.

17.34 证明 (17.22) 式.

证明 习题 17.33 已经证明 (17.21) 式, 它意味着 φ 在 $(0,\infty)$ 上单调不增, 因而 φ 在 $(0,\infty)$ 上几乎处处可导, 于是 φ' 在 $(0,\infty)$ 上单调不减, 且

$$\varphi'(t)\leqslant 0\ \text{ a.e.}.$$

为证 $\lim\limits_{t\to\infty}\varphi'_+(t)=0$, 我们只需证明 $\lim\limits_{t\to\infty}\varphi'(t)=0$. 若不然, 则存在 $\alpha<0$, 使得 $\lim\limits_{t\to\infty}\varphi'(t)=\alpha$, 因此 $\varphi'(t)\leqslant\alpha$, $t>0$. 于是

$$\int_0^\infty\varphi'(s)\,\mathrm{d}s\leqslant\alpha t,$$

即 $\varphi(t)\leqslant\alpha t+1$, 从而 $\lim\limits_{t\to\infty}\varphi(t)=-\infty$, 此与定理 17.39 之 (iv) 矛盾.

17.35 设 $\psi:\mathbb{R}\to\mathbb{R}$ 满足

(1) $\psi(0)=0$;

(2) $\psi(-t)=\psi(t)$, $t\in\mathbb{R}$;

(3) $\psi''(t)+[\psi'(t)]^2\geqslant 0$, $t\geqslant 0$;

(4) $\lim\limits_{t\to\infty}\psi(t)=-\infty$,

则 $\varphi(t)=\mathrm{e}^{\psi(t)}$ 是 ch.f..

证明 这里的 (1)—(4) 依次保证定理 17.39 中 (i)—(iv) 成立, 因而 φ 是 ch.f..

17.5　特征函数与矩的关系

17.5.1　内容提要

引理 17.40　对任意的 $t \in \mathbb{R}$ 和 $n \geqslant 0$, 我们有

$$\left|\mathrm{e}^{\mathrm{i}t} - \sum_{k=0}^{n} \frac{(\mathrm{i}t)^k}{k!}\right| \leqslant \frac{2|t|^n}{n!} \wedge \frac{|t|^{n+1}}{(n+1)!},$$

特别地, 取 $n = 0, 1, 2$ 分别得到

- $|\mathrm{e}^{\mathrm{i}t} - 1| \leqslant 2 \wedge |t|$;
- $|\mathrm{e}^{\mathrm{i}t} - (1 + \mathrm{i}t)| \leqslant 2|t| \wedge \dfrac{1}{2}t^2$;
- $\left|\mathrm{e}^{\mathrm{i}t} - \left(1 + \mathrm{i}t - \dfrac{1}{2}t^2\right)\right| \leqslant t^2 \wedge \dfrac{1}{6}|t|^3$.

命题 17.41　(i) 如果对某个 $n \geqslant 1$, $\mathrm{E}|X|^n < \infty$, 那么

$$\left|\varphi(t) - \sum_{k=0}^{n} \frac{(\mathrm{i}t)^k}{k!}\mathrm{E}X^k\right| \leqslant \mathrm{E}\left(\frac{2|t|^n |X|^n}{n!} \wedge \frac{|t|^{n+1}|X|^{n+1}}{(n+1)!}\right),$$

特别地,

$$|\varphi(t) - 1| \leqslant \mathrm{E}(2 \wedge |tX|),$$

$$|\varphi(t) - 1 - \mathrm{i}t\mathrm{E}X| \leqslant \mathrm{E}\left(2|tX| \wedge \frac{1}{2}t^2X^2\right),$$

当 $\mathrm{E}X^2 < \infty$ 时,

$$\left|\varphi(t) - 1 - \mathrm{i}t\mathrm{E}X + \frac{t^2}{2}\mathrm{E}X^2\right| \leqslant \mathrm{E}\left(t^2X^2 \wedge \frac{1}{6}t^3X^3\right);$$

(ii) 如果 $\mathrm{E}|X|^n < \infty$ 对任意的 $n \geqslant 1$ 都成立, 并且对所有的 $t \in \mathbb{R}$, 当 $n \to \infty$ 时, $\dfrac{|t|^n}{n!}\mathrm{E}|X|^n \to 0$, 那么

$$\varphi(t) = 1 + \sum_{k=1}^{\infty} \frac{(\mathrm{i}t)^k}{k!}\mathrm{E}X^k.$$

定理 17.42　若对某个 $n \in \mathbb{N}$, $\mathrm{E}|X|^n < \infty$, 则对每个 $k = 1, 2, \cdots, n$, $\varphi^{(k)}$ 都存在, 并且

$$\varphi^{(k)}(t) = \mathrm{E}\left[(\mathrm{i}X)^k \mathrm{e}^{\mathrm{i}tX}\right],$$

$$\varphi^{(k)}(0) = \mathrm{i}^k \mathrm{E}X^k,$$

$$\varphi(t) = 1 + \sum_{k=1}^{n} \frac{(\mathrm{i}t)^k}{k!} \mathrm{E}X^k + o(t^n), \quad t \to 0,$$

特别地, 当 $\mathrm{E}X = 0$, $\mathrm{Var}X = 1$ 时,

$$\varphi(t) = 1 - \frac{1}{2}t^2 + o\left(t^2\right), \quad t \to 0.$$

定理 17.43 若对某个 $n \in \mathbb{N}$, $\varphi^{(2n)}(0)$ 存在, 则

$$\mathrm{E}X^{2n} < \infty.$$

17.5.2 习题 17.5 解答与评注

17.36 设 $\mathrm{E}|X| = \beta$, 则 $|1 - \varphi_X(t)| \leqslant \beta|t|$.

证明 由引理 17.40,

$$|1 - \varphi_X(t)| = \left|\mathrm{E}\left(\mathrm{e}^{\mathrm{i}tX} - 1\right)\right| \leqslant \mathrm{E}\left|\mathrm{e}^{\mathrm{i}tX} - 1\right| \leqslant |t|\,\mathrm{E}|X| = \beta|t|.$$

17.37 设 $\mathrm{E}X = 0$, $\mathrm{Var}X = \sigma^2$, 则 $|1 - \varphi_X(t)| \leqslant \dfrac{\sigma^2 t^2}{2}$.

证明 由引理 17.40,

$$\begin{aligned} |1 - \varphi_X(t)| &= \left|\mathrm{E}\left(\mathrm{e}^{\mathrm{i}tX} - 1\right)\right| = \left|\mathrm{E}\left(\mathrm{e}^{\mathrm{i}tX} - 1 - \mathrm{i}tX\right)\right| \\ &\leqslant \mathrm{E}\left|\mathrm{e}^{\mathrm{i}tX} - 1 - \mathrm{i}tX\right| \leqslant \frac{t^2}{2}\mathrm{E}X^2 = \frac{\sigma^2 t^2}{2}. \end{aligned}$$

17.38 设 $X \sim \mathrm{N}(0,1)$, 用特征函数方法求 $\mathrm{E}X^{2n}$.

解 X 的 ch.f. $\varphi(t) = \mathrm{e}^{-\frac{t^2}{2}}$, 从 Taylor 展开式

$$\mathrm{e}^{-\frac{t^2}{2}} = \sum_{n=1}^{\infty} \frac{\left(-t^2/2\right)^n}{n!} = \sum_{n=1}^{\infty} \frac{(2n)!}{(-2)^n n!} \frac{t^{2n}}{(2n)!}$$

知 $\varphi^{(2n)}(0) = \dfrac{(2n)!}{(-2)^n n!}$, 于是

$$\mathrm{E}X^{2n} = (-1)^n \varphi^{(2n)}(0) = \frac{(2n)!}{2^n n!} = (2n-1)(2n-3)\cdots 3 \cdot 1 = (2n-1)!!.$$

17.39 若 ch.f. φ 满足 $\varphi(t) = 1 + o(t^2)$, $t \to 0$, 则 $\varphi(t) \equiv 1$.

证法 1　由 $\varphi(t) = 1 + o(t^2)$ 得 $1 - \varphi(t) = \varepsilon(t)t^2$, 其中 $\lim\limits_{t\to 0}\varepsilon(t) = 0$, 从而由习题 17.7 得

$$\mathrm{E}X^2 = \lim_{T\to 0}\mathrm{E}X^2 I\left\{|X| < \frac{1}{T}\right\} \leqslant \lim_{T\to 0}\frac{3}{T^2}\Big[1 - \mathrm{Re}\varphi(T)\Big] = 3\lim_{T\to 0}\varepsilon(T) = 0,$$

于是 $X = 0$ a.s., 由此得 $\varphi(t) \equiv 1$.

证法 2　由 Fatou 引理及 Fubini 定理,

$$\begin{aligned}\mathrm{E}X^2 &\leqslant 2\varliminf_{h\to 0}\mathrm{E}\left(\frac{1-\cos hX}{h^2}\right) = -\varlimsup_{h\to 0}\frac{\varphi(h) - 2\varphi(0) + \varphi(-h)}{h^2}\\ &= -\lim_{h\to 0}\frac{o(h^2)}{h^2} = 0,\end{aligned}$$

后半部分与证法 1 相同.

【评注】 利用本题的结论可以证明某些函数不是 ch.f., 这里略举两例.

(a) $\forall\alpha > 2$, $\varphi_1(t) = \mathrm{e}^{-|t|^\alpha}$ 不是 ch.f., 这是因为

$$\varphi_1(t) = 1 + (-|t|^\alpha) + \frac{1}{2}(-|t|^\alpha)^2 + \cdots = 1 + o(t^2),$$

然而 $\varphi_1 \not\equiv 1$;

(b) $\varphi_2(t) = \dfrac{1}{1+t^4}$ 不是 ch.f., 这是因为 $\varphi_2(t) = 1 + o(t^2)$, 但 $\varphi_2 \not\equiv 1$.

17.40　对于 ch.f. φ, 若存在 $\delta > 0$, 使得 $\varphi(t) = 1$, $t \in [-\delta, \delta]$, 则 $\varphi(t) \equiv 1$.

证明　本题是习题 17.39 的直接推论.

17.41　若 X, Y 独立, $X + Y \overset{d}{=} X$, 则 $Y = 0$ a.s..

证明　取 $\delta > 0$, 使得 $\varphi_X(t) \neq 0$, $t \in [-\delta, \delta]$. 由 $X + Y \overset{d}{=} X$ 及 X, Y 独立得

$$\varphi_X(t)\varphi_Y(t) = \varphi_X(t),$$

从而

$$\varphi_Y(t) = 1, \quad t \in [-\delta, \delta].$$

再由习题 17.40 知 $\varphi_Y(t) \equiv 1$, 故 $Y = 0$ a.s..

17.42　设 $\varphi(t)$ 为一非退化分布的 ch.f., 则存在正数 δ 和 ε, 使得 $|\varphi(t)| \leqslant 1 - \varepsilon t^2$ 对 $|t| \leqslant \delta$ 成立.

证明　我们首先在一个辅助条件下证明这个不等式: 假设这个分布有有限方差 σ^2. 因为分布是非退化的, 所以 $\sigma^2 > 0$. 记相应的数学期望为 μ, 则 $\varphi(t)\mathrm{e}^{-\mathrm{i}\mu t}$

是均值为 0, 方差为 σ^2 的分布的 ch.f., 进而由定理 17.42 知

$$\varphi(t)\,\mathrm{e}^{-\mathrm{i}\mu t}=1-\frac{\sigma^2t^2}{2}+o\left(t^2\right),\quad t\to 0.$$

对于充分小的 t, 等式右边的模不超过 $1-\dfrac{\sigma^2t^2}{4}$, 由此推得欲证.

现在考虑一般情形. 令 $\varphi(t)$ 为一非退化 d.f. $F(x)$ 的 ch.f., 记 $c=\displaystyle\int_{|x|<b}\mathrm{d}F(x)$. 选取 b 充分大使得 $c>0$, 定义

$$G(x)=\begin{cases}0, & x<-b,\\ \dfrac{1}{c}\left[F(x)-F(-b)\right], & -b\leqslant x<b,\\ 1, & x\geqslant b,\end{cases}$$

显然 $G(x)$ 为非退化 d.f., 且由

$$\int_{-\infty}^{\infty}x^2\mathrm{d}G(x)=\frac{1}{c}\int_{|x|<b}x^2\mathrm{d}F(x)\leqslant b^2$$

知方差有限, 而相应的 ch.f. 为

$$g(t)=\frac{1}{c}\int_{|x|<b}\mathrm{e}^{\mathrm{i}tx}\mathrm{d}F(x).$$

由前面的证明可推知, 存在正数 δ 和 ε, 当 $|t|\leqslant\delta$ 时,

$$\frac{1}{c}\left|\int_{|x|<b}\mathrm{e}^{\mathrm{i}tx}\mathrm{d}F(x)\right|\leqslant 1-\varepsilon t^2.$$

于是, 当 $|t|\leqslant\delta$ 时,

$$\begin{aligned}|\varphi(t)|&\leqslant\left|\int_{|x|<b}\mathrm{e}^{\mathrm{i}tx}\mathrm{d}F(x)\right|+\left|\int_{|x|\geqslant b}\mathrm{e}^{\mathrm{i}tx}\mathrm{d}F(x)\right|\\&\leqslant c\left(1-\varepsilon t^2\right)+1-c=1-c\varepsilon t^2\leqslant 1-\varepsilon t^2.\end{aligned}$$

【评注】 (a) 本题的原始出处是 Loève M., Probability Theory, Berlin: Springer-Verlag, 1977.

(b) 由本题也可以得到习题 17.10 的结论: 若 r.v. X 的 ch.f. φ 满足 $|\varphi(t)|\equiv 1$, 则 X 是退化 r.v..

17.43[①]　若 r.v. X 的 ch.f. φ 满足 $\lim\limits_{t\to0}\dfrac{1-\varphi(t)}{t^2}=c\in\mathbb{R}$, 则

$$\mathrm{E}X=0,\quad \mathrm{E}X^2=2c.$$

证明　由

$$\varphi'(0)=\lim_{t\to0}\frac{\varphi(t)-\varphi(0)}{t}=\lim_{t\to0}\frac{\varphi(t)-1}{t^2}\cdot t=(-c)\times0=0$$

及定理 17.42 得 $\mathrm{E}X=-\mathrm{i}\varphi'(0)=0$.

类似于习题 17.39 的证法 2,

$$\begin{aligned}\mathrm{E}X^2&\leqslant 2\varliminf_{t\to0}\mathrm{E}\left(\frac{1-\cos tX}{t^2}\right)=\varliminf_{t\to0}\frac{2-\varphi(t)-\varphi(-t)}{t^2}\\&=\lim_{t\to0}\frac{1-\varphi(t)}{t^2}+\lim_{t\to0}\frac{1-\varphi(-t)}{(-t)^2}=2c,\end{aligned}$$

再由定理 17.42 知 $\varphi''(0)$ 存在, 进而存在 0 的某个邻域, 在此邻域内 $\varphi'(t)$ 连续, 故洛必达法则保证

$$\varphi''(0)=\lim_{t\to0}\frac{\varphi'(t)-\varphi'(0)}{t}=\lim_{t\to0}\frac{\varphi'(t)}{t}=2\lim_{t\to0}\frac{\varphi(t)-1}{t^2}=-2c,$$

又一次使用定理 17.42 得 $\mathrm{E}X^2=-\varphi''(0)=2c$.

【评注】 习题 21.11 的证明将依赖本题的结论.

17.44　设 $n\in\mathbb{N}$, 则 $\mathrm{E}X^{2n}<\infty$ 的充分必要条件是 $\varphi^{(2n)}(0)$ 存在.

证明　“$\Rightarrow$”. 由定理 17.42 得到.

“$\Leftarrow$”. 由定理 17.43 得到.

① 本题是习题 17.39 的推广.

第 18 章　特征函数应用初步

特征函数是现代概率论研究的基本工具, 概率论极限理论是其应用的主战场, 本章仅是特征函数的初步应用, 目的有三: 一是熟悉特征函数应用的一般流程, 二是提高对特征函数理论重要性的认识, 三是彰显特征函数的工具性作用.

18.1　特征函数的几个经典应用

18.1.1　内容提要

定理 18.1 (Lévy 等价定理)　设 $\{X_n, n \geqslant 1\}$ 是独立 r.v. 序列, $S_n = \sum\limits_{k=1}^{n} X_k$, 则下列四条等价:

(i) $\{S_n, n \geqslant 1\}$ a.s. 收敛;

(ii) $\{S_n, n \geqslant 1\}$ 依概率收敛;

(iii) $\{S_n, n \geqslant 1\}$ 依分布收敛;

(iv) $\varphi_{S_n}(t)$ 收敛于某个极限函数 φ, 且 φ 在 $t=0$ 处连续.

定理 18.2 (型收敛定理)　设 $X_n \xrightarrow{d} X$, $Y_n \xrightarrow{d} Y$, X 与 Y 均非退化.

(i) 若对每个 $n \geqslant 1$, X_n 与 Y_n 都正同型, 即

$$Y_n \stackrel{d}{=} b_n^{-1}\left(X_n - a_n\right), \quad b_n > 0,$$

则存在 $a \in \mathbb{R}$ 及 $b > 0$, 使得 $a_n \to a$, $b_n \to b$, 且

$$Y \stackrel{d}{=} b^{-1}\left(X - a\right),$$

特别地, 若 $Y_n \xrightarrow{d} X$, 则 $a_n \to 0$, $b_n \to 1$;

(ii) 若 $a_n \to a$, $b_n \to b$ $(b \neq 0)$, 则 $b_n^{-1}\left(X_n - a_n\right) \xrightarrow{d} b^{-1}\left(X - a\right)$.

定理 18.3　设 $X_1, X_2, \cdots, X_n$ 是来自正态总体 $\mathrm{N}\left(\mu, \sigma^2\right)$ 的随机样本, 样本均值 $\overline{X} = \dfrac{1}{n}\sum\limits_{k=1}^{n} X_k$, 样本方差 $S^2 = \dfrac{1}{n-1}\sum\limits_{k=1}^{n}\left(X_k - \overline{X}\right)^2$, 则

(i) $\overline{X}$ 与 S^2 独立;

(ii) $\dfrac{(n-1)S^2}{\sigma^2} \sim \chi^2(n-1)$.

定理 18.4 如果 H_0 成立, 那么当 $n\to\infty$ 时, $\chi_n^2\xrightarrow{d}\chi^2(l-1)$, 从而 H_0 的大样本拒绝域可取为 $\left\{\chi_n^2>\chi_{1-\alpha}^2(l-1)\right\}$, 其中 α 是显著性水平, $\chi_{1-\alpha}^2(l-1)$ 是 $\chi^2(l-1)$ 分布的 $1-\alpha$ 左侧分位数.

18.1.2 习题 18.1 解答与评注

18.1 利用 Etemadi 不等式①证明定理 18.1 中的 "(ii)⇒(i)".

证明 设 $S_n\xrightarrow{P}S$, 则 $\forall\varepsilon>0$ 及 $\delta>0$, 存在正整数 N, 使得

$$P\left\{|S_n-S|\geqslant\frac{\varepsilon}{6}\right\}<\frac{\delta}{6},\quad n\geqslant N,$$

从而

$$P\left\{|S_k-S_l|\geqslant\frac{\varepsilon}{3}\right\}<\frac{\delta}{3},\quad k,l\geqslant N,$$

此结合 Etemadi 不等式产生

$$P\left\{\max_{\substack{N\leqslant k\leqslant N+j,\\ N\leqslant l\leqslant N+j}}|S_k-S_l|\geqslant\varepsilon\right\}<\delta,\quad j\geqslant1,$$

进而

$$P\left\{\sup_{k\geqslant N,l\geqslant N}|S_k-S_l|\geqslant\varepsilon\right\}\leqslant\delta.$$

上式表明

$$\lim_{n\to\infty}P\left\{\sup_{k\geqslant n,l\geqslant n}|S_k-S_l|\geqslant\varepsilon\right\}=0,$$

即 $\{S_n,n\geqslant1\}$ 是几乎处处收敛的基本列, 最后由推论 6.12 得 $S_n\to S$ a.s..

18.2 设 $\{\varphi,\varphi_n,n\geqslant1\}$ 是 ch.f. 序列, $\{b_n,n\geqslant1\}$ 是实数列, $\varphi_n(b_nt)\to\varphi(t)$.

(1) 对任意的 $T>0$, $\varphi_n(b_nt)\to\varphi(t)$ 在区间 $[-T,T]$ 上是一致的;

(2) 若实数列 $\{a,a_n,n\geqslant1\}$ 满足 $a_n\to a$, 则 $\varphi_n(a_nb_nt)\to\varphi(at)$.

证明 (1) 记 $\tilde{\varphi}_n(t)=\varphi_n(b_nt)$, 则 $\tilde{\varphi}_n$ 是 ch.f., 且 $\tilde{\varphi}_n\to\varphi$, 从而由定理 17.30 之 (i) 知 $\tilde{\varphi}_n\to\varphi$ 在区间 $[-T,T]$ 上是一致的, 即 $\varphi_n(b_nt)\to\varphi(t)$ 在区间 $[-T,T]$ 上是一致的.

(2) 对任意固定的 $t\in\mathbb{R}$, 不妨假设诸 $a_nt\in[at-1,at+1]$, 于是

$$|\varphi_n(a_nb_nt)-\varphi(at)|=|\tilde{\varphi}_n(a_nt)-\varphi(at)|$$

① Etemadi 不等式见定理 14.28.

$$\leqslant \left|\tilde{\varphi}_n(a_n t) - \varphi(a_n t)\right| + \left|\varphi(a_n t) - \varphi(at)\right|$$

$$\leqslant \max_{m \geqslant 1}\left|\tilde{\varphi}_n(a_m t) - \varphi(a_m t)\right| + \left|\varphi(a_n t) - \varphi(at)\right|$$

$$\leqslant \max_{s \in [at-1, at+1]}\left|\tilde{\varphi}_n(s) - \varphi(s)\right| + \left|\varphi(a_n t) - \varphi(at)\right|.$$

由 (1) 知

$$\max_{s \in [at-1, at+1]}\left|\tilde{\varphi}_n(s) - \varphi(s)\right| \to 0,$$

而由 ch.f. 的连续性,

$$\left|\varphi(a_n t) - \varphi(at)\right| \to 0,$$

由此得到欲证.

【评注】 (a) 取 $b_n \equiv 1$, 本题之 (1) 说明: 若 ch.f. 列 $\{\varphi, \varphi_n, n \geqslant 1\}$ 满足 $\varphi_n \to \varphi$, 则该收敛在任何有界闭区间上都是一致收敛;

(b) 本题之 (2) 将应用于引理 24.3、引理 24.4、推论 24.6 之 (ii)、定理 24.9 和定理 24.14 的证明.

18.3 设 $\{a, a_n, n \geqslant 1\}$ 是实数列, 则 $\lim\limits_{n\to\infty} a_n = a \Leftrightarrow$ 对 $\{a_n, n \geqslant 1\}$ 的任意子列 $\{a_{n_l}, l \geqslant 1\}$ 都有 $\lim\limits_{l\to\infty} a_{n_l} = a$.

证明 "$\Rightarrow$". 这是显然的.

"$\Leftarrow$". 谬设 $\lim\limits_{n\to\infty} a_n = a$ 不成立, 则根据数列极限的定义, $\exists \varepsilon_0 > 0$ 及 $n_1 \in \mathbb{N}$, s.t. $|a_{n_1} - a| > \varepsilon_0$. 同理, $\exists n_2 \in \mathbb{N}$, $n_2 > n_1$, s.t. $|a_{n_2} - a| > \varepsilon_0$. 这个过程可以无限进行下去, 于是得到 $\{a_n, n \geqslant 1\}$ 的一个子列 $\{a_{n_l}, l \geqslant 1\}$, 使得 $|a_{n_l} - a| > \varepsilon_0$, 此与 $\lim\limits_{l\to\infty} a_{n_l} = a$ 的假设矛盾.

【评注】 (a) 跟习题 6.24 相比, 本题判断数列收敛的方法更直截了当;

(b) 除定理 18.2 外, 本题还将应用于引理 24.4 的证明.

18.4 设 $\{\sigma_n, \sigma_n', n \geqslant 1\}$ 是正数列, $\{\mu_n, \mu_n', n \geqslant 1\}$ 是实数列, $\dfrac{X_n - \mu_n}{\sigma_n} \xrightarrow{d} Z$, 则 $\dfrac{X_n - \mu_n'}{\sigma_n'} \xrightarrow{d} Z$ 的充分必要条件是

$$\frac{\sigma_n}{\sigma_n'} \to 1 \quad 且 \quad \frac{\mu_n - \mu_n'}{\sigma_n} \to 0.$$

证明 "$\Leftarrow$". 由定理 18.2 之 (ii),

$$\frac{X_n - \mu_n'}{\sigma_n'} = \frac{\sigma_n}{\sigma_n'}\left(\frac{X_n - \mu_n}{\sigma_n} + \frac{\mu_n - \mu_n'}{\sigma_n}\right) \xrightarrow{d} Z.$$

“⇒”. 记 $Y_n = \dfrac{X_n - \mu_n}{\sigma_n}$, $Y_n' = \dfrac{X_n - \mu_n'}{\sigma_n'}$, 则 $Y_n \xrightarrow{d} Z$, $Y_n' \xrightarrow{d} Z$. 由前面讨论知

$$Y_n' = \frac{\sigma_n}{\sigma_n'}\left(Y_n + \frac{\mu_n - \mu_n'}{\sigma_n}\right),$$

即 Y_n 与 Y_n' 正同型. 注意这里 Y_n' 的极限分布与 Y_n 的极限分布相同, 由定理 18.2 之 (i), 必有 $\dfrac{\sigma_n}{\sigma_n'} \to 1$ 且 $\dfrac{\mu_n - \mu_n'}{\sigma_n} \to 0$.

18.5 设总体 $X \sim \mathrm{N}(\mu_1, \sigma_1^2)$ 与 $Y \sim \mathrm{N}(\mu_2, \sigma_2^2)$ 独立, $X_1, X_2, \cdots, X_m$ 和 $Y_1, Y_2, \cdots, Y_n$ 是分别来自 X 和 Y 的随机样本. 记 $\overline{X} = \dfrac{1}{m}\sum\limits_{i=1}^{m} X_i$, $\overline{Y} = \dfrac{1}{n}\sum\limits_{j=1}^{n} Y_j$, $Z = \sum\limits_{i=1}^{m}\left(X_i - \overline{X}\right)^2 + \sum\limits_{j=1}^{n}\left(Y_j - \overline{Y}\right)^2$, 求 $\mathrm{E}Z$ 和 $\mathrm{Var}Z$.

解 由 $\dfrac{1}{\sigma_1^2}\sum\limits_{i=1}^{m}\left(X_i - \overline{X}\right)^2 \sim \chi^2(m-1)$ 知

$$\mathrm{E}\left(\frac{1}{\sigma_1^2}\sum_{i=1}^{m}\left(X_i - \overline{X}\right)^2\right) = m - 1,$$

$$\mathrm{Var}\left(\frac{1}{\sigma_1^2}\sum_{i=1}^{m}\left(X_i - \overline{X}\right)^2\right) = 2(m-1),$$

即

$$\mathrm{E}\left(\sum_{i=1}^{m}\left(X_i - \overline{X}\right)^2\right) = (m-1)\sigma_1^2,$$

$$\mathrm{Var}\left(\sum_{i=1}^{m}\left(X_i - \overline{X}\right)^2\right) = 2(m-1)\sigma_1^4.$$

同理

$$\mathrm{E}\left(\sum_{j=1}^{n}\left(Y_j - \overline{Y}\right)^2\right) = (n-1)\sigma_2^2,$$

$$\mathrm{Var}\left(\sum_{j=1}^{n}\left(Y_j - \overline{Y}\right)^2\right) = 2(n-1)\sigma_2^4.$$

从而

$$\mathrm{E}Z = \mathrm{E}\left(\sum_{i=1}^{m}\left(X_i - \overline{X}\right)^2 + \sum_{j=1}^{n}\left(Y_j - \overline{Y}\right)^2\right)$$

$$= \mathrm{E}\left(\sum_{i=1}^{m}\left(X_i-\overline{X}\right)^2\right)+\mathrm{E}\left(\sum_{j=1}^{n}\left(Y_j-\overline{Y}\right)^2\right)$$

$$= (m-1)\,\sigma_1^2+(n-1)\,\sigma_2^2,$$

而由独立性知

$$\mathrm{Var}Z=\mathrm{Var}\left(\sum_{i=1}^{m}\left(X_i-\overline{X}\right)^2+\sum_{j=1}^{n}\left(Y_j-\overline{Y}\right)^2\right)$$

$$=\mathrm{Var}\left(\sum_{i=1}^{m}\left(X_i-\overline{X}\right)^2\right)+\mathrm{Var}\left(\sum_{j=1}^{n}\left(Y_j-\overline{Y}\right)^2\right)$$

$$=2\,(m-1)\,\sigma_1^4+2\,(n-1)\,\sigma_2^4.$$

18.6 在 π 的前 800 位小数的数字中, 0, 1, ⋯ , 9 相应地出现了 74, 92, 83, 79, 80, 73, 77, 75, 76, 91 次. 试用 χ^2 拟合优度检验法检验这些数据是否符合均匀分布.

解 本题要检验

$$H_0 : X \sim \begin{pmatrix} 0 & 1 & \cdots & 9 \\ \dfrac{1}{10} & \dfrac{1}{10} & \cdots & \dfrac{1}{10} \end{pmatrix}.$$

列表计算如下

k	n_k	p_k	np_k	$\dfrac{(np_k-n_k)^2}{np_k}$
1	74	0.1	80	0.4500
2	92	0.1	80	1.8000
3	83	0.1	80	0.1125
4	79	0.1	80	0.0125
5	80	0.1	80	0.0000
6	73	0.1	80	0.6125
7	77	0.1	80	0.1125
8	75	0.1	80	0.3125
9	76	0.1	80	0.2000
10	91	0.1	80	1.5125

因此, 统计量的观测值

$$\chi^2=\sum_{k=1}^{10}\frac{(np_k-n_k)^2}{np_k}=5.125.$$

取 $\alpha = 0.05$, 查表或者利用 Excel 计算可得 $\chi^2_{0.95}(9) = 16.919$. 由于 $5.125 < 16.919$, 故接受 H_0, 即可以认为这些数据服从均匀分布.

18.2 多维正态随机向量二次型的分布

18.2.1 内容提要

引理 18.5 对任意的 $z \in \mathbb{C}$ 和 $n \in \mathbb{N}$, 有

$$\frac{\Gamma\left(\dfrac{n}{2}\right)}{\Gamma\left(\dfrac{1}{2}\right)\Gamma\left(\dfrac{n-1}{2}\right)}\int_0^{\pi} \mathrm{e}^{z\cos\theta}\sin^{n-2}\theta \mathrm{d}\theta = \sum_{k=0}^{\infty}\frac{\left(\dfrac{1}{4}z^2\right)^k}{\left(\dfrac{n}{2}\right)_k k!},$$

其中 $(a)_k = a(a+1)\cdots(a+k-1)$.

定义 18.6 若 $\boldsymbol{Y} \sim \mathrm{N}_n(\boldsymbol{\mu}, \boldsymbol{I}_n)$, 则称 $X = \boldsymbol{Y}^{\mathrm{T}}\boldsymbol{Y}$ 服从自由度为 n, 非中心参数为 $\delta = \boldsymbol{\mu}^{\mathrm{T}}\boldsymbol{\mu}$ 的**非中心 $\boldsymbol{\chi^2}$ 分布**, 记作 $X \sim \chi^2(n, \delta)$.

命题 18.7 (非中心 χ^2 分布的可加性) 若 $X_1, X_2, \cdots, X_k$ 独立, $X_i \sim \chi^2(n_i, \delta_i)$, $i = 1, 2, \cdots, k$, 则

$$\sum_{i=1}^{k} X_i \sim \chi^2\left(\sum_{i=1}^{k} n_i, \sum_{i=1}^{k}\delta_i\right).$$

命题 18.8 $X \sim \chi^2(n, \delta)$ 的密度函数为

$$\sum_{k=0}^{\infty} P\{K = k\}\, g_{n+2k}(x), \quad x > 0,$$

其中 $K \sim \mathrm{Po}\left(\dfrac{1}{2}\delta\right)$, $g_{n+2k}(x)$ 是 $\chi^2(n+2k)$ 分布的密度函数.

定理 18.9 非中心 $\chi^2(n, \delta)$ 分布的 ch.f. 是 $\varphi(t) = (1-2\mathrm{i}t)^{-\frac{n}{2}}\exp\left(\dfrac{\mathrm{i}\delta t}{1-2\mathrm{i}t}\right)$.

定理 18.10 设 $\boldsymbol{X} \sim \mathrm{N}_n(\boldsymbol{\mu}, \boldsymbol{I}_n)$, $\boldsymbol{A}$ 是一个 n 阶对称矩阵, 则二次型 $\boldsymbol{X}^{\mathrm{T}}\boldsymbol{A}\boldsymbol{X} \sim \chi^2(r, \boldsymbol{\mu}^{\mathrm{T}}\boldsymbol{A}\boldsymbol{\mu}) \Leftrightarrow \boldsymbol{A}$ 是秩为 r 的幂等矩阵.

定理 18.11 设 $\boldsymbol{X} \sim \mathrm{N}_n(\boldsymbol{\mu}, \boldsymbol{\Sigma})$, 其中 $\boldsymbol{\Sigma} > 0$, $\boldsymbol{A}$ 是一个 n 阶对称矩阵, 则二次型 $\boldsymbol{X}^{\mathrm{T}}\boldsymbol{A}\boldsymbol{X} \sim \chi^2(r, \boldsymbol{\mu}^{\mathrm{T}}\boldsymbol{A}\boldsymbol{\mu}) \Leftrightarrow \boldsymbol{A}\boldsymbol{\Sigma}$ 是秩为 r 的幂等矩阵.

定理 18.12 设 $\boldsymbol{X} \sim \mathrm{N}_n(\boldsymbol{0}, \boldsymbol{\Sigma})$, $r = \mathrm{rk}(\boldsymbol{\Sigma}) \leqslant n$, 若 $\boldsymbol{A}$ 是 $\boldsymbol{\Sigma}$ 的任意一个减号逆, 则二次型 $\boldsymbol{X}^{\mathrm{T}}\boldsymbol{A}\boldsymbol{X} \sim \chi^2(r)$.

定理 18.13 (Cochran 定理) 设 k 维 R.V. 序列 $\{\boldsymbol{T}_n, n \geqslant 1\}$ 满足 $\sqrt{n}\left(\boldsymbol{T}_n - \boldsymbol{\theta}\right) \xrightarrow{d} \mathrm{N}_k\left(\boldsymbol{0}, \boldsymbol{\Sigma}\right)$, $\mathrm{rk}\left(\boldsymbol{A}\right) = r \leqslant k$, 又设 k 阶非负定矩阵序列 $\{\boldsymbol{A}_n, n \geqslant 1\}$ 满足 $\boldsymbol{A}_n \to \boldsymbol{A}$, 其中 $\mathrm{rk}\left(\boldsymbol{A}\right) \geqslant r$, 则

$$\boldsymbol{n}\left(\boldsymbol{T}_n - \boldsymbol{\theta}\right)^{\mathrm{T}} \boldsymbol{A}_n \left(\boldsymbol{T}_n - \boldsymbol{\theta}\right) \xrightarrow{d} \chi^2\left(r\right)$$

当且仅当 $\boldsymbol{A}$ 是 $\boldsymbol{\Sigma}$ 的任意一个减号逆.

18.2.2 习题 18.2 解答与评注

18.7 设 $\boldsymbol{Y} \sim \mathrm{N}_n\left(\boldsymbol{c}, \boldsymbol{I}_n\right)$, 若非负数 $\lambda_1, \lambda_2, \cdots, \lambda_n$ 满足 $\sum\limits_{k=1}^{n} \lambda_k Y_k^2 \sim \chi^2\left(r, \delta\right)$, 则 $\lambda_1, \lambda_2, \cdots, \lambda_n$ 中恰有 r 个 1, 其余全为 0.

证明 一方面, 由 $\sum\limits_{k=1}^{n} \lambda_k Y_k^2 \sim \chi^2\left(r, \delta\right)$ 及定理 18.9 知 $\sum\limits_{k=1}^{n} \lambda_k Y_k^2$ 的 ch.f. 为 $(1-2\mathrm{i}t)^{-\frac{r}{2}} \exp\left(\dfrac{\mathrm{i}\delta t}{1-2\mathrm{i}t}\right)$. 另一方面, 由 $Y_k \sim N\left(c_k, 1\right)$ 知 $Y_k^2 \sim \chi^2\left(1, c_k^2\right)$, 从而 Y_k^2 的 ch.f. 为 $(1-2\mathrm{i}t)^{-\frac{1}{2}} \exp\left(\dfrac{\mathrm{i}c_k^2 t}{1-2\mathrm{i}t}\right)$, 于是由独立性得到 $\sum\limits_{k=1}^{n} \lambda_k Y_k^2$ 的 ch.f.

$$\mathrm{E}\mathrm{e}^{\mathrm{i}t\sum\limits_{k=1}^{n}\lambda_k Y_k^2} = \prod_{k=1}^{n} \mathrm{E}\mathrm{e}^{\mathrm{i}(\lambda_k t)Y_k^2} = \prod_{k=1}^{n} (1-2\mathrm{i}\lambda_k t)^{-\frac{1}{2}} \exp\left(\frac{\mathrm{i}c_k^2\lambda_k t}{1-2\mathrm{i}\lambda_k t}\right).$$

故

$$(1-2\mathrm{i}t)^{-\frac{r}{2}} \exp\left(\frac{\mathrm{i}\delta t}{1-2\mathrm{i}t}\right) = \prod_{k=1}^{n} (1-2\mathrm{i}\lambda_k t)^{-\frac{1}{2}} \exp\left(\frac{\mathrm{i}c_k^2\lambda_k t}{1-2\mathrm{i}\lambda_k t}\right),$$

从这个恒等式不难得到欲证.

18.8 证明定理 18.11.

证明 设 $\boldsymbol{Y} = \boldsymbol{B}^{-1}\boldsymbol{X}$, 其中 $\boldsymbol{B}$ 是一个非奇异矩阵, 满足 $\boldsymbol{\Sigma} = \boldsymbol{B}\boldsymbol{B}^{\mathrm{T}}$, 则 $\boldsymbol{Y} \sim \mathrm{N}_n\left(\boldsymbol{B}^{-1}\boldsymbol{\mu}, \boldsymbol{I}_n\right)$. 注意到

$$\boldsymbol{X}^{\mathrm{T}}\boldsymbol{A}\boldsymbol{X} = \boldsymbol{Y}^{\mathrm{T}}\left(\boldsymbol{B}^{\mathrm{T}}\boldsymbol{A}\boldsymbol{B}\right)\boldsymbol{Y},$$

而由定理 18.10 知, $\boldsymbol{Y}^{\mathrm{T}}\left(\boldsymbol{B}^{\mathrm{T}}\boldsymbol{A}\boldsymbol{B}\right)\boldsymbol{Y} \sim \chi^2\left(r, \boldsymbol{\mu}^{\mathrm{T}}\boldsymbol{A}\boldsymbol{\mu}\right) \Leftrightarrow \boldsymbol{B}^{\mathrm{T}}\boldsymbol{A}\boldsymbol{B}$ 是秩为 r 的幂等矩阵. 因此, 我们只需证明 $\boldsymbol{B}^{\mathrm{T}}\boldsymbol{A}\boldsymbol{B}$ 幂等当且仅当 $\boldsymbol{A}\boldsymbol{\Sigma}$ 幂等.

若 $\boldsymbol{B}^{\mathrm{T}}\boldsymbol{A}\boldsymbol{B}$ 幂等, 则

$$\boldsymbol{B}^{\mathrm{T}}\boldsymbol{A}\boldsymbol{B} = \boldsymbol{B}^{\mathrm{T}}\boldsymbol{A}\boldsymbol{B}\boldsymbol{B}^{\mathrm{T}}\boldsymbol{A}\boldsymbol{B} = \boldsymbol{B}^{\mathrm{T}}\boldsymbol{A}\boldsymbol{\Sigma}\boldsymbol{A}\boldsymbol{B},$$

于是 $\boldsymbol{A}=\boldsymbol{A\Sigma A}$, 进而 $\boldsymbol{A\Sigma}=\boldsymbol{A\Sigma A\Sigma}$, 这表明 $\boldsymbol{A\Sigma}$ 幂等.

反之, 若 $\boldsymbol{A\Sigma}$ 幂等, 则 $\boldsymbol{A\Sigma}=\boldsymbol{A\Sigma A\Sigma}$, 两边右乘 $\boldsymbol{\Sigma}^{-1}$ 得

$$\boldsymbol{A}=\boldsymbol{A\Sigma A}=\boldsymbol{ABB}^{\mathrm{T}}\boldsymbol{A},$$

进而 $\boldsymbol{B}^{\mathrm{T}}\boldsymbol{AB}=\left(\boldsymbol{B}^{\mathrm{T}}\boldsymbol{AB}\right)\boldsymbol{B}^{\mathrm{T}}\boldsymbol{AB}$, 这表明 $\boldsymbol{B}^{\mathrm{T}}\boldsymbol{AB}$ 幂等.

18.9 设 $\boldsymbol{X}\sim\mathrm{N}_n(\boldsymbol{\mu},\boldsymbol{\Sigma})$, $\det\boldsymbol{\Sigma}>0$, 则 $(\boldsymbol{X}-\boldsymbol{\mu})^{\mathrm{T}}\boldsymbol{\Sigma}^{-1}(\boldsymbol{X}-\boldsymbol{\mu})\sim\chi^2(n)$.

证明 由 $\boldsymbol{X}\sim\mathrm{N}_n(\boldsymbol{\mu},\boldsymbol{\Sigma})$ 知 $\boldsymbol{Y}=\boldsymbol{\Sigma}^{-\frac{1}{2}}(\boldsymbol{X}-\boldsymbol{\mu})\sim\mathrm{N}_n(\boldsymbol{0},\boldsymbol{I}_n)$, 于是由定理 18.12 得

$$(\boldsymbol{X}-\boldsymbol{\mu})^{\mathrm{T}}\boldsymbol{\Sigma}^{-1}(\boldsymbol{X}-\boldsymbol{\mu})=\boldsymbol{Y}^{\mathrm{T}}\boldsymbol{I}_n\boldsymbol{Y}\sim\chi^2(n).$$

【评注】 设 $\begin{pmatrix}X_1\\X_2\end{pmatrix}\sim\mathrm{N}_2\left(\begin{pmatrix}\mu_1\\\mu_2\end{pmatrix},\begin{pmatrix}\sigma_1^2&\rho\sigma_1\sigma_2\\\rho\sigma_1\sigma_2&\sigma_2^2\end{pmatrix}\right)$, 则本题结论可以写成

$$\frac{1}{1-\rho^2}\left[\frac{(X_1-\mu_1)^2}{\sigma_1^2}-2\rho\frac{(X_1-\mu_1)(X_2-\mu_2)}{\sigma_1\sigma_2}+\frac{(X_2-\mu_2)^2}{\sigma_2^2}\right]\sim\chi^2(2).$$

18.10 设 k 维 R.V. 序列 $\{\boldsymbol{T}_n,n\geqslant1\}$ 满足 $\sqrt{n}(\boldsymbol{T}_n-\boldsymbol{\theta})\xrightarrow{d}\mathrm{N}_k(\boldsymbol{0},\boldsymbol{\Sigma})$, $\mathrm{rk}(\boldsymbol{\Sigma})=r\leqslant k$, 则

$$n(\boldsymbol{T}_n-\boldsymbol{\theta})^{\mathrm{T}}\boldsymbol{Q}^{-1}\begin{pmatrix}\boldsymbol{I}_r&*\\ *&*\end{pmatrix}\boldsymbol{P}^{-1}(\boldsymbol{T}_n-\boldsymbol{\theta})\xrightarrow{d}\chi^2(r),$$

其中 $*$ 部分可以任意, $\boldsymbol{P}$, $\boldsymbol{Q}$ 是满足 $\boldsymbol{P}\begin{pmatrix}\boldsymbol{I}_r&\boldsymbol{O}\\\boldsymbol{O}&\boldsymbol{O}\end{pmatrix}\boldsymbol{Q}=\boldsymbol{\Sigma}$ 的 k 阶可逆矩阵.

证明 取 $\boldsymbol{A}_n\equiv\boldsymbol{Q}^{-1}\begin{pmatrix}\boldsymbol{I}_r&*\\ *&*\end{pmatrix}\boldsymbol{P}^{-1}=:\boldsymbol{A}$, 则 $\boldsymbol{A}_n\to\boldsymbol{A}$, $\mathrm{rk}(\boldsymbol{A})\geqslant r$, $\boldsymbol{A}$ 是 $\boldsymbol{\Sigma}$ 的减号逆, 由定理 18.13 得到欲证.

第 19 章 大数定律

Bernoulli 大数定律是概率论历史上第一个大数定律, 诞生于 1713 年. 1837 年, Poisson 扩展了 Bernoulli 的研究成果, 并取名为大数定律, 其字面意思是大数次试验中表现出来的规律.

大数定律揭示随机现象的依概率收敛性, 至今仍然保持着相当的研究热度, 圣彼得堡科学院曾于 1913 年 12 月举行庆祝大会, 纪念"大数定律"诞生 200 周年. 大数定律在数理统计中的地位也极端重要, 为点估计中的弱相合估计理论搭建了坚实的概率论基础.

19.1 几个经典的大数定律

19.1.1 内容提要

定义 19.1 设 $\{X_n, n \geqslant 1\}$ 为 r.v. 序列, $S_n = \sum\limits_{k=1}^{n} X_k$ 为其部分和.

(i) 若诸 $\mathrm{E}X_n$ 有限且

$$\frac{S_n - \mathrm{E}S_n}{n} \xrightarrow{P} 0,$$

则称 $\{X_n\}$ 服从古典意义下的**弱大数定律**;

(ii) 若存在中心化数列 $\{a_n, n \geqslant 1\}$ 和正则化数列 $\{b_n, n \geqslant 1\}$, 其中 $0 < b_n \to \infty$, 使得

$$\frac{S_n - a_n}{b_n} \xrightarrow{P} 0,$$

则称 $\{X_n\}$ 服从现代意义下的弱大数定律.

定理 19.2 (大数定律成立的充分必要条件) 设 $\{X_n, n \geqslant 1\}$ 是期望存在的 r.v. 序列, 则

$$\frac{1}{n}\sum_{k=1}^{n} X_k - \frac{1}{n}\sum_{k=1}^{n} \mathrm{E}X_k \xrightarrow{P} 0$$

的充分必要条件是

$$\lim_{n\to\infty} \mathrm{E}\frac{\left[\sum\limits_{k=1}^{n}(X_k-\mathrm{E}X_k)\right]^2}{n^2+\left[\sum\limits_{k=1}^{n}(X_k-\mathrm{E}X_k)\right]^2}=0.$$

定理 19.3 (Markov 大数定律)　设实数列 $\{b_n, n \geqslant 1\}$ 和方差有限的 r.v. 序列 $\{X_n, n \geqslant 1\}$ 满足 **Markov 条件**

$$\frac{\mathrm{Var}S_n}{b_n^2} \to 0,$$

则 $\dfrac{1}{b_n}(S_n - \mathrm{E}S_n) \xrightarrow{P} 0$.

推论 19.5 (Chebyshëv 大数定律)　设 r.v. 序列 $\{X_n, n \geqslant 1\}$ 独立且方差一致有界, 则 $\dfrac{1}{b_n}(S_n - \mathrm{E}S_n) \xrightarrow{P} 0$.

推论 19.6 (Poisson 大数定律)　设 $\{X_n, n \geqslant 1\}$ 是独立 r.v. 序列, 且

$$P\{X_n = 1\} = p_n, \quad P\{X_n = 0\} = 1 - p_n,$$

其中 $0 < p_n < 1$, 则 $\dfrac{1}{n}(S_n - \mathrm{E}S_n) \xrightarrow{P} 0$.

推论 19.7 (Bernoulli 大数定律)　在每次成功概率为 p 的 Bernoulli 试验序列中, 若用 μ_n 表示前 n 次试验中成功的次数, 则 $\dfrac{\mu_n}{n} \xrightarrow{P} p$.

定理 19.8 (Bernstein-Khinchin 大数定律)　设实数列 $\{b_n, n \geqslant 1\}$ 和 r.v. 序列 $\{X_n, n \geqslant 1\}$ 满足

(i) 诸 $\sigma_n^2 = \mathrm{Var}X_n < \infty$ 且 $\dfrac{1}{b_n^2}\sum\limits_{k=1}^{n}\sigma_k^2 \to 0$;

(ii) 当 $j \neq k$ 时, $\mathrm{Cov}(X_j, X_k) \leqslant c(|j-k|)\, a_j a_k$, 其中诸 $a_j \geqslant 0$, $c(j) \geqslant 0$;

(iii) $\dfrac{1}{b_n^2}\sum\limits_{j=1}^{n-1} c(j) \sum\limits_{k=1}^{n} a_k^2 \to 0$,

则 $\dfrac{1}{b_n}(S_n - \mathrm{E}S_n) \xrightarrow{P} 0$.

定理 19.9 (Khinchin 大数定律)　设 $\{X_n, n \geqslant 1\}$ 是独立同分布于 X 的 r.v. 序列, $\mathrm{E}X = \mu$, 则

$$\frac{S_n}{n} \xrightarrow{P} \mu.$$

定理 19.10 (Marcinkiewicz-Zygmund 大数定律) 设 $0 < p < 2$, $\{X_n, n \geqslant 1\}$ 是独立同分布于 X 的 r.v. 序列, 且 $\mathrm{E}|X|^p < \infty$, 则存在常数 $a \in \mathbb{R}$ 使得 $n^{-\frac{1}{p}}(S_n - na) \xrightarrow{P} 0$, 且当 $0 < p < 1$ 时, a 可取任意常数 (不妨取 $a = 0$), 而当 $1 \leqslant p < 2$ 时, $a = \mathrm{E}X$.

19.1.2 习题 19.1 解答与评注

19.1 设 $\{X_n, n \geqslant 1\}$ 是 r.v. 序列, $\{b_n, n \geqslant 1\} \subset \mathbb{R}^+$, 若 $\dfrac{1}{b_n}\mathrm{E}|S_n| \to 0$, 则 $\dfrac{S_n}{b_n} \xrightarrow{P} 0$.

证明 $\dfrac{1}{b_n}\mathrm{E}|S_n| \to 0$, 即 $\dfrac{S_n}{b_n} \xrightarrow{L^1} 0$, 从而 $\dfrac{S_n}{b_n} \xrightarrow{P} 0$.

19.2 设独立 r.v. 序列 $\{X_n, n \geqslant 1\}$ 满足

$$P\{X_n = n^\alpha\} = \frac{1}{2} = P\{X_n = -n^\alpha\},$$

则 $\dfrac{S_n}{n} \xrightarrow{P} 0$ 的充分必要条件是 $\alpha < \dfrac{1}{2}$.

证明 易得 $\mathrm{E}X_n = 0$, $\mathrm{Var}X_n = n^{2\alpha} =: \sigma_n^2$.

"$\Leftarrow$". 分两种情况讨论.

(1) 若 $\alpha \leqslant 0$, 则 $\{\sigma_n^2, n \geqslant 1\}$ 有界, 由定理 19.3 知 $\dfrac{S_n}{n} \xrightarrow{P} 0$.

(2) 若 $0 < \alpha < \dfrac{1}{2}$, 则

$$\frac{\mathrm{Var}S_n}{n^2} = \frac{1^{2\alpha} + 2^{2\alpha} + \cdots + n^{2\alpha}}{n^2} \leqslant n^{2\alpha-1} \to 0,$$

仍然由定理 19.3 知 $\dfrac{S_n}{n} \xrightarrow{P} 0$.

"$\Rightarrow$". 设 $\dfrac{S_n}{n} \xrightarrow{P} 0$, 我们分两种情况使用反证法证明必须有 $\alpha < \dfrac{1}{2}$.

(1) 当 $\alpha \geqslant 1$ 时, 注意到 $P\left\{\left|\dfrac{X_n}{n}\right| \geqslant 1\right\} = 1$ 导出 $\dfrac{X_n}{n} \overset{P}{\nrightarrow} 0$, 从而 $\dfrac{S_n}{n} \overset{P}{\nrightarrow} 0$ (参见想一想 19.1), 此与 $\dfrac{S_n}{n} \xrightarrow{P} 0$ 矛盾.

(2) 当 $\dfrac{1}{2} \leqslant \alpha < 1$ 时, 记 $Y_n = \dfrac{S_n}{n^{\alpha+1/2}}$, 则由 $\dfrac{S_n}{n} \xrightarrow{P} 0$ 知 $Y_n \xrightarrow{P} 0$, 从而 $\exp\left(-\dfrac{Y_n^2}{6\alpha+3}\right) \xrightarrow{P} 1$, 进而由定理 9.33 得

$$\mathrm{E}\exp\left(-\frac{Y_n^2}{6\alpha+3}\right)\to 1. \qquad ①$$

但是, 一方面,

$$n^{2\alpha+1}\mathrm{E}Y_n^2=\mathrm{Var}S_n=\sum_{k=1}^n k^{2\alpha}\geqslant\sum_{k=1}^n\int_{k-1}^k x^{2\alpha}\mathrm{d}x$$
$$=\int_0^n x^{2\alpha}\mathrm{d}x=\frac{n^{2\alpha+1}}{2\alpha+1},$$

即

$$\mathrm{E}Y_n^2\geqslant\frac{1}{2\alpha+1}. \qquad ②$$

另一方面,

$$n^{4\alpha+2}\mathrm{E}Y_n^4=\mathrm{E}\left(\sum_{k=1}^n X_k^4+2\sum_{j\neq k}X_j^2X_k^2\right)\leqslant 3\left(\sum_{k=1}^n k^{2\alpha}\right)^2\leqslant 3n^{4\alpha+2},$$

即

$$\mathrm{E}Y_n^4\leqslant 3. \qquad ③$$

注意到当 $x\geqslant 0$ 时, $\mathrm{e}^{-x}\leqslant 1-x+\dfrac{x^2}{2}$, 此结合 ② 式, ③ 式得

$$\mathrm{E}\exp\left(-\frac{Y_n^2}{6\alpha+3}\right)\leqslant 1-\frac{\mathrm{E}Y_n^2}{6\alpha+3}+\frac{\mathrm{E}Y_n^4}{2(6\alpha+3)^2}$$
$$\leqslant 1-\frac{1}{(6\alpha+3)(2\alpha+1)}+\frac{3}{2(6\alpha+3)^2}=1-\frac{1}{6(2\alpha+1)^2},$$

此与 ① 式矛盾.

19.3　设 $\{A_n,n\geqslant 1\}$ 是独立事件序列, 则

$$\frac{1}{n}\sum_{k=1}^n I(A_k)-\frac{1}{n}\sum_{k=1}^n P(A_k)\xrightarrow{P}0.$$

证明　对 r.v. 序列 $\{I(A_n),n\geqslant 1\}$ 使用 Chebyshëv 大数定律即得欲证.

19.4　设 $\{X_n,n\geqslant 1\}$ 是独立同分布的 r.v. 序列, $\mathrm{E}X_1=0$, 则当 $n\to\infty$ 时, $\dfrac{\mathrm{E}|S_n|}{n}\to 0$, 其中 $S_n=\sum\limits_{k=1}^n X_k$.

证明　由 Khinchin 大数定律知 $\dfrac{S_n}{n}\xrightarrow{P}0$, 注意到 $\left\{\dfrac{S_n}{n},n\geqslant 1\right\}$ 一致可积 (习题 9.35), 由定理 9.33 知 $\dfrac{S_n}{n}\xrightarrow{L^1}0$, 即 $\dfrac{\mathrm{E}|S_n|}{n}\to 0$.

19.5 设 $\{X_n, n \geqslant 1\}$ 是独立同分布于 X 的 r.v. 序列, $\mathrm{E}X^2 < \infty$, 记 $\overline{X}_n = \frac{1}{n}\sum\limits_{k=1}^{n} X_k$, 则

(1) $\frac{1}{n}\sum\limits_{k=1}^{n}\left(X_k - \overline{X}_n\right)^2 \xrightarrow{P} \mathrm{Var}X$;

(2) $\frac{1}{n-1}\sum\limits_{k=1}^{n}\left(X_k - \overline{X}_n\right)^2 \xrightarrow{P} \mathrm{Var}X$.

证明 (1) 注意到 $\frac{1}{n}\sum\limits_{k=1}^{n}\left(X_k - \overline{X}_n\right)^2 = \frac{1}{n}\sum\limits_{k=1}^{n} X_k^2 - \overline{X}_n^2$, 而 Khinchin 大数定律保证

$$\frac{1}{n}\sum_{k=1}^{n} X_k^2 \xrightarrow{P} \mathrm{E}X^2, \quad \overline{X}_n \xrightarrow{P} \mathrm{E}X,$$

于是由习题 6.21 得

$$\frac{1}{n}\sum_{k=1}^{n}\left(X_k - \overline{X}_n\right)^2 = \frac{1}{n}\sum_{k=1}^{n} X_k^2 - \overline{X}_n^2 \xrightarrow{P} \mathrm{E}X^2 - (\mathrm{E}X)^2 = \mathrm{Var}X.$$

(2) 由已证的 (1) 及习题 6.23 得

$$\frac{1}{n-1}\sum_{k=1}^{n}\left(X_k - \overline{X}_n\right)^2 = \frac{n}{n-1}\cdot\frac{1}{n}\sum_{k=1}^{n}\left(X_k - \overline{X}_n\right)^2 \xrightarrow{P} \mathrm{Var}X.$$

【评注】 按数理统计的术语, 翻译本题之 (1) 就是: 样本的二阶中心矩是总体方差的相合估计, 翻译本题之 (2) 就是: 样本方差是总体方差的相合估计.

19.6 (Bernstein 大数定律) 设 $\{X_n, n \geqslant 1\}$ 是方差一致有界的 r.v. 序列, 且当 $|j-k| \to \infty$ 时, 一致地有 $\mathrm{Cov}(X_j, X_k) \to 0$①, 则 $\frac{1}{n}(S_n - \mathrm{E}S_n) \xrightarrow{P} 0$.

证明 为得到欲证, 我们验证定理 19.8 的三个条件即可.

取 $b_n = n$, 则由方差一致有界知定理 19.8 之 (i) 成立.

取 $a_n \equiv 1$, $c(n) = \sup\limits_{|j-k|\geqslant n} |\mathrm{Cov}(X_j, X_k)|$, 则定理 19.8 之 (ii) 成立, 同时借用 Toeplitz 引理得

$$\frac{1}{b_n^2}\sum_{j=1}^{n-1} c(j)\sum_{k=1}^{n}\sigma_k^2 = \frac{nM}{n^2}\sum_{j=1}^{n-1} c(j) = \frac{M}{n}\sum_{j=1}^{n-1} c(j) \to 0,$$

① 即 $\lim\limits_{n\to\infty}\sup\limits_{|j-k|\geqslant n} |\mathrm{Cov}(X_j, X_k)| = 0$.

其中 M 满足 $\sigma_n^2 \leqslant M$, 这表明定理 19.8 之 (iii) 成立.

【评注】 由本题易得下述二推论:

(a) 设 $\{X_n, n \geqslant 1\}$ 是方差一致有界的独立 r.v. 序列, 则 $\frac{1}{n}(S_n - \mathrm{E}S_n) \xrightarrow{P} 0$;

(b) 设 $\{X_n, n \geqslant 1\}$ 是独立同分布且方差有限的 r.v. 序列, 则 $\frac{1}{n}(S_n - \mathrm{E}S_n) \xrightarrow{P} 0$.

19.7 若 $\{X_n, n \geqslant 1\}$ 是独立同分布于 U[0,1] 的 r.v. 序列,

$$Y_n = \left(\prod_{i=1}^n X_i\right)^{\frac{1}{n}},$$

试证 $Y_n \xrightarrow{P} C$, 这里 C 是常数, 并确定 C 的值.

证明 注意

$$\log Y_n = \frac{1}{n}\sum_{i=1}^n \log X_i,$$

而

$$\mathrm{E}\log X_i = \int_0^1 \log x \mathrm{d}x = (x\log x - x)\big|_0^1 = -1,$$

由 Khinchin 大数定律得 $\log Y_n \xrightarrow{P} -1$, 进而由定理 6.25 之 (ii) 知 $Y_n \xrightarrow{P} \mathrm{e}^{-1}$, 故 $C = \mathrm{e}^{-1}$.

19.8 若 $\{X_n, n \geqslant 1\}$ 是独立同分布于 N(0,1) 的 r.v. 序列, 试证

$$U_n = \sqrt{n}\frac{X_1 + \cdots + X_n}{X_1^2 + \cdots + X_n^2} \xrightarrow{d} \mathrm{N}(0,1),$$

$$V_n = \frac{X_1 + \cdots + X_n}{\sqrt{X_1^2 + \cdots + X_n^2}} \xrightarrow{d} \mathrm{N}(0,1).$$

证明 设 $\xi_n = \frac{1}{\sqrt{n}}\sum_{i=1}^n X_i$, $\eta_n = \frac{1}{n}\sum_{i=1}^n X_i^2$, 显然 $\xi_n \sim \mathrm{N}(0,1)$, 且由 Khinchin 大数定律得 $\eta_n \xrightarrow{P} 1$. 又

$$U_n = \frac{\frac{1}{\sqrt{n}}\sum_{i=1}^n X_i}{\frac{1}{n}\sum_{i=1}^n X_i^2} = \frac{\xi_n}{\eta_n},$$

由习题 12.19 之 (4) 知 $U_n \xrightarrow{d} \mathrm{N}(0,1)$.

由 $\eta_n \xrightarrow{P} 1$ 易得 $\sqrt{\eta_n} \xrightarrow{P} 1$, 而

$$V_n = \frac{\dfrac{1}{\sqrt{n}} \displaystyle\sum_{i=1}^{n} X_i}{\sqrt{\dfrac{1}{n} \displaystyle\sum_{i=1}^{n} X_i^2}} = \frac{\xi_n}{\sqrt{\eta_n}},$$

同样由习题 12.19 之 (4) 知 $V_n \xrightarrow{d} \mathrm{N}(0,1)$.

19.9 设 $\lambda > 0$, $g \in C_b(\mathbb{R})$, 试用 Khinchin 大数定律证明

$$\lim_{n\to\infty} \mathrm{e}^{-n\lambda} \sum_{k=0}^{\infty} g\left(\frac{k}{n}\right) \frac{(n\lambda)^k}{k!} = g(\lambda).$$

证明 设 $\{X_n, n \geqslant 1\}$ 是独立同分布于 $\mathrm{Po}(\lambda)$ 的 r.v. 序列, 则 Khinchin 大数定律保证了 $\dfrac{S_n}{n} \xrightarrow{P} \lambda$, 从而 $\dfrac{S_n}{n} \xrightarrow{d} \lambda$, 进而由命题 12.34 得 $\mathrm{E}g\left(\dfrac{S_n}{n}\right) \to \mathrm{E}g(\lambda)$. 注意到 $\mathrm{S}_n \sim \mathrm{Po}(n\lambda)$, 上述极限等式等价于

$$\mathrm{e}^{-n\lambda} \sum_{k=0}^{\infty} g\left(\frac{k}{n}\right) \frac{(n\lambda)^k}{k!} \to g(\lambda).$$

【评注】 这里用 Khinchin 大数定律非常轻松地证明了本题的结论, 试想: 用纯分析的方法证明, 该如何入手?

19.10 设 $f(x)$ 和 $g(x)$ 在闭区间 $[0,1]$ 上连续, 且满足 $0 \leqslant f(x) \leqslant Cg(x)$, 这里 C 是一个正常数, 试证

$$\lim_{n\to\infty} \int_0^1 \int_0^1 \cdots \int_0^1 \frac{f(x_1) + f(x_2) + \cdots + f(x_n)}{g(x_1) + g(x_2) + \cdots + g(x_n)} \mathrm{d}x_1 \mathrm{d}x_2 \cdots \mathrm{d}x_n = \frac{\displaystyle\int_0^1 f(x)\,\mathrm{d}x}{\displaystyle\int_0^1 g(x)\,\mathrm{d}x}.$$

证明 设 $\{X_n, n \geqslant 1\}$ 是独立同分布于 $X \sim \mathrm{U}[0,1]$ 的 r.v. 序列, 则由

$$\mathrm{E}f(X) = \int_0^1 f(x)\,\mathrm{d}x$$

及 Khinchin 大数定律知

$$\frac{1}{n} \sum_{k=1}^{n} f(X_k) \xrightarrow{P} \int_0^1 f(x)\,\mathrm{d}x.$$

同理

$$\frac{1}{n}\sum_{k=1}^{n} g(X_k) \xrightarrow{P} \int_0^1 g(x)\,\mathrm{d}x,$$

从而

$$Y_n = \frac{\sum\limits_{k=1}^{n} f(X_k)}{\sum\limits_{k=1}^{n} g(X_k)} \xrightarrow{P} \frac{\int_0^1 f(x)\,\mathrm{d}x}{\int_0^1 g(x)\,\mathrm{d}x}.$$

由 $0 \leqslant f(x) \leqslant Cg(x)$ 知 $0 \leqslant Y_n \leqslant C$, 从而命题 9.30 之 (iii) 保证 $\{Y_n, n \geqslant 1\}$ 一致可积, 进而定理 9.33 保证 $\mathrm{E}Y_n \to \dfrac{\int_0^1 f(x)\,\mathrm{d}x}{\int_0^1 g(x)\,\mathrm{d}x}$. 最后, 由

$$\mathrm{E}Y_n = \int_0^1\int_0^1\cdots\int_0^1 \frac{f(x_1)+f(x_2)+\cdots+f(x_n)}{g(x_1)+g(x_2)+\cdots+g(x_n)}\mathrm{d}x_1\mathrm{d}x_2\cdots\mathrm{d}x_n$$

得

$$\lim_{n\to\infty}\int_0^1\int_0^1\cdots\int_0^1 \frac{f(x_1)+f(x_2)+\cdots+f(x_n)}{g(x_1)+g(x_2)+\cdots+g(x_n)}\mathrm{d}x_1\mathrm{d}x_2\cdots\mathrm{d}x_n = \frac{\int_0^1 f(x)\,\mathrm{d}x}{\int_0^1 g(x)\,\mathrm{d}x}.$$

【评注】 与习题 19.9 一样, 本题是用 Khinchin 大数定律解决分析问题的另一个典型案例.

19.11 (Hille 定理) 设 $f(x)$ 是定义在 $(0,\infty)$ 上的有界连续函数, 则对任意的 $x>0$ 和 $\lambda>0$, 有

$$\lim_{n\to\infty}\sum_{k=0}^{\infty} f\left(x+\frac{k}{n}\right)\frac{(n\lambda)^k}{k!}\mathrm{e}^{-n\lambda} = f(x+\lambda).$$

证明 设 $\{X_n, n \geqslant 1\}$ 是独立同分布于 $\mathrm{Po}(\lambda)$ 的 r.v. 序列, 则由 Khinchin 大数定律知

$$\frac{S_n}{n} \xrightarrow{P} \lambda,$$

从而

$$f\left(x+\frac{S_n}{n}\right) \xrightarrow{P} f(x+\lambda),$$

根据上题证明中同样的理由进一步得到

$$\mathrm{E}f\left(x+\frac{S_n}{n}\right) \to f(x+\lambda),$$

注意到 $\mathrm{S}_n \sim \mathrm{Po}(n\lambda)$, 由上式就得到欲证.

19.12 (1) 设 $z_k, w_k \in \mathbb{C}$, $|z_k| \leqslant \theta$, $|w_k| \leqslant \theta$, $k=1,2,\cdots,n$, 则

$$\left|\prod_{k=1}^{n} z_k - \prod_{k=1}^{n} w_k\right| \leqslant \theta^{n-1}\sum_{k=1}^{n}|z_k - w_k|;$$

(2) 设 $z \in \mathbb{C}$, $|z| \leqslant 1$, 则 $|\mathrm{e}^z - (1+z)| \leqslant |z|^2$;

(3) 设 $c_n \to c \in \mathbb{C}$, 则 $\left(1+\dfrac{c_n}{n}\right)^n \to \mathrm{e}^c$.

证明 (1) 当 $n=2$ 时,

$$|z_1z_2 - w_1w_2| \leqslant |z_1z_2 - w_1z_2| + |w_1z_2 - w_1w_2| \leqslant \theta\,|z_1 - w_1| + \theta\,|z_2 - w_2|,$$

由数学归纳法得到一般结果.

(2) 因为 $\mathrm{e}^z - (1+z) = \dfrac{z^2}{2!} + \dfrac{z^3}{3!} + \dfrac{z^4}{4!} + \cdots$, 所以当 $|z| \leqslant 1$ 时,

$$\left|\mathrm{e}^z - (1+z)\right| \leqslant \frac{|z|^2}{2}\left(1+\frac{1}{2}+\frac{1}{2^2}+\cdots\right) = |z|^2.$$

(3) 取 $\gamma > |c|$, 则对充分大的 n, $|c_n| < \gamma$ 且 $\dfrac{|c_n|}{n} < 1$. 令 $z_k \equiv 1+\dfrac{c_n}{n}$, $w_k \equiv \mathrm{e}^{\frac{c_n}{n}}$, 注意到

$$|z_k| < 1+\frac{\gamma}{n} \leqslant 1+\frac{3\gamma}{n},$$

$$|w_k| \leqslant \mathrm{e}^{\left|\frac{c_n}{n}\right|} \leqslant 1+3\left|\frac{c_n}{n}\right| \leqslant 1+\frac{3\gamma}{n},$$

由 (1) 和 (2) 得

$$\left|\left(1+\frac{c_n}{n}\right)^n - \mathrm{e}^{c_n}\right| = \left|\prod_{k=1}^{n} z_k - \prod_{k=1}^{n} w_k\right| \leqslant \left(1+\frac{3\gamma}{n}\right)^{n-1} n\left|\frac{c_n}{n}\right|^2 \leqslant \mathrm{e}^{3\gamma}\frac{\gamma^2}{n} \to 0.$$

【评注】 本题之 (3) 将应用于定理 19.9、习题 21.13 和习题 21.15 的证明.

19.13 (推广的 Khinchin 大数定律) 设 $\{X_n, n \geqslant 1\}$ 是独立同分布于 X 的 r.v. 序列, $\{c_n, n \geqslant 1\}$ 是有界实数列, 若 $\mathrm{E}X = 0$, 则

$$\frac{1}{n}\sum_{k=1}^{n} c_k X_k \xrightarrow{P} 0.$$

证明　对每个 $n \geqslant 1$, 令 $Y_{nk} = X_k I\{|X_k| < n\}$, $1 \leqslant k \leqslant n$, 则 $\forall \varepsilon > 0$, 仿照 Chebyshëv 不等式的截尾版本 (定理 14.6) 的证明过程得

$$P\left\{\left|\frac{\sum_{k=1}^{n} c_k X_k - \sum_{k=1}^{n} c_k \mathrm{E}Y_{nk}}{n}\right| \geqslant \varepsilon\right\} = P\left\{\left|\sum_{k=1}^{n} c_k X_k - \sum_{k=1}^{n} c_k Y_{nk}\right| \geqslant n\varepsilon\right\}$$

$$= P\left(\left\{\left|\sum_{k=1}^{n} c_k X_k - \sum_{k=1}^{n} c_k \mathrm{E}Y_{nk}\right| \geqslant n\varepsilon\right\} \cap \left(\bigcap_{k=1}^{n} \{|X_k| < n\}\right)\right)$$
$$+ P\left(\left\{\left|\sum_{k=1}^{n} c_k X_k - \sum_{k=1}^{n} c_k \mathrm{E}Y_{nk}\right| \geqslant n\varepsilon\right\} \cap \left(\bigcup_{k=1}^{n} \{|X_k| \geqslant n\}\right)\right)$$
$$= P\left\{\left|\sum_{k=1}^{n} c_k Y_{nk} - \sum_{k=1}^{n} c_k \mathrm{E}Y_{nk}\right| \geqslant n\varepsilon\right\} + P\left(\bigcup_{k=1}^{n} \{|X_k| \geqslant n\}\right)$$
$$\leqslant \frac{1}{n^2\varepsilon^2} \mathrm{Var}\left(\sum_{k=1}^{n} c_k Y_{nk}\right) + \sum_{k=1}^{n} P\{|X_k| \geqslant n\}$$
$$\leqslant \frac{\sup\limits_{n\geqslant 1} c_n^2}{\varepsilon^2} \cdot \frac{1}{n} \mathrm{E}X^2 I\{|X| < n\} + nP\{|X| \geqslant n\}.$$

首先, 由习题 9.37 知 $nP\{|X| \geqslant n\} \to 0$, 其次, 使用标准的切片方法 (定理 19.25 的证明中使用了这种方法), 我们有

$$\frac{1}{n} \mathrm{E}X^2 I\{|X| < n\} = \frac{1}{n} \sum_{k=1}^{n} \mathrm{E}X^2 I\{k-1 \leqslant |X| < k\}$$
$$\leqslant \frac{1}{n} \sum_{k=1}^{n} k^2 P\{k-1 \leqslant |X| < k\} \leqslant \frac{1}{n} \sum_{k=1}^{n} \left(\sum_{j=1}^{k} 2j\right) P\{k-1 \leqslant |X| < k\}$$
$$= \frac{1}{n} \sum_{j=1}^{n} 2j \sum_{k=j}^{n} P\{k-1 \leqslant |X| < k\} = \frac{2}{n} \sum_{j=1}^{n} jP\{j-1 \leqslant |X| < n\}$$
$$\leqslant \frac{2}{n} \sum_{j=1}^{n} jP\{|X| \geqslant j-1\} = \frac{2}{n} \sum_{j=0}^{n-1} (j+1) P\{|X| \geqslant j\}$$
$$\leqslant \frac{2}{n} + \frac{4}{n} \sum_{j=1}^{n-1} jP\{|X| \geqslant j\} \leqslant \frac{2}{n} + \frac{4}{n} \sum_{j=1}^{n} jP\{|X| \geqslant j\} \to 0,$$

最后一步的极限成立是因为 $nP\{|X|\geqslant n\}\to 0$ 及 Toeplitz 引理, 于是

$$\frac{\sum_{k=1}^{n} c_k X_k-\sum_{k=1}^{n} c_k \mathrm{E} Y_{nk}}{n}\xrightarrow{P}0.$$

但是

$$\begin{aligned}&\left|\frac{1}{n}\sum_{k=1}^{n} c_k \mathrm{E} Y_{nk}\right|=\left|\frac{1}{n}\sum_{k=1}^{n} c_k \mathrm{E} X_k I\{|X_k|<n\}\right|\\ \leqslant&\ \frac{1}{n}\sum_{k=1}^{n}|c_k|\left|\mathrm{E} X_k I\{|X_k|<n\}\right|\leqslant \sup_{n\geqslant 1}|c_n|\cdot\frac{1}{n}\sum_{k=1}^{n}\left|\mathrm{E} X_k I\{|X_k|<n\}\right|\\ =&\ \sup_{n\geqslant 1}|c_n|\cdot\left|\mathrm{E} X I\{|X|<n\}\right|\to 0,\end{aligned}$$

故 $\frac{1}{n}\sum\limits_{k=1}^{n} c_k X_k\xrightarrow{P}0$.

【评注】 本题的加强版本见习题 20.21.

19.14 (推广的 Marcinkiewicz-Zygmund 大数定律) 设 $0<p<2$, $\{X_n,n\geqslant 1\}$ 是独立同分布于 X 的 r.v. 序列, 且 $\mathrm{E}|X|^p<\infty$ (当 $1\leqslant p<2$ 时, 进一步假设 $\mathrm{E}X=0$), 则 $n^{-\frac{1}{p}}S_n\xrightarrow{L^p}0$.

证明 $\forall\varepsilon>0$, 取 $M>0$ 充分大, 使 $\mathrm{E}|X|^p I\{|X|\geqslant M\}<\varepsilon$. 令

$$Y_k=X_k I\{|X_k|<M\},\quad Z_k=X_k I\{|X_k|\geqslant M\},$$

则

$$X_k=Y_k+Z_k,\quad X_k^2=Y_k^2+Z_k^2,\quad k\geqslant 1.$$

首先考虑 $1\leqslant p<2$ 的情形. 由定理 14.24 及 c_r 不等式得

$$\begin{aligned}\mathrm{E}|S_n|^p&\leqslant B_p^*\mathrm{E}\left(\sum_{k=1}^{n}X_k^2\right)^{\frac{p}{2}}\leqslant B_p^*\mathrm{E}\left(\sum_{k=1}^{n}Y_k^2\right)^{\frac{p}{2}}+B_p^* n\mathrm{E}|Z_1|^p\\&\leqslant B_p^*\left(nM^2\right)^{\frac{p}{2}}+B_p^* n\varepsilon=B_p^* n^{\frac{p}{2}}M+B_p^* n\varepsilon,\end{aligned}$$

于是 $\varlimsup\limits_{n\to\infty}\mathrm{E}\frac{|S_n|^p}{n}\leqslant B_p^*\varepsilon$, 故 $n^{-\frac{1}{p}}S_n\xrightarrow{L^p}0$.

接下来考虑 $0<p<1$ 的情形. 再次由 c_r 不等式得

$$\mathrm{E}|S_n|^p\leqslant\mathrm{E}\left|\sum_{k=1}^{n}Y_k\right|^p+\mathrm{E}\left|\sum_{k=1}^{n}Z_k\right|^p\leqslant\mathrm{E}\left|\sum_{k=1}^{n}Y_k\right|^p+\sum_{k=1}^{n}\mathrm{E}|Z_k|^p$$

$$\leqslant (nM)^p + n\mathrm{E}\,|X|^p\, I\{|X| \geqslant M\} \leqslant n^p M^p + n\varepsilon,$$

与 $1 \leqslant p < 2$ 情形证明的后半部分类似的推理得到 $n^{-\frac{1}{p}} S_n \xrightarrow{L^p} 0$.

19.2 总体分布函数及分位数的弱相合估计

19.2.1 内容提要

定义 19.11 对于随机样本 $X_1, X_2, \cdots, X_n$ 及 $i = 1, 2, \cdots, n$, 称 $X_{(i)}$ 为**第 i 个次序统计量**, 它的取值是将样本观测值由小到大排列后得到的第 i 个观测值.

显然,

$$X_{(1)} = \min\{X_1, X_2, \cdots, X_n\},$$

称之为**最小次序统计量**;

$$X_{(n)} = \max\{X_1, X_2, \cdots, X_n\},$$

称之为**最大次序统计量**.

定义 19.12 设 $X_1, X_2, \cdots, X_n$ 是来自总体 $X \sim F(x)$ 的随机样本, 令

$$\hat{F}_n(x) = \frac{1}{n}\sum_{k=1}^{n} I\{X_k \leqslant x\}, \quad x \in \mathbb{R},$$

称之为**经验分布函数**.

定义 19.13 设 $X \sim F(x)$, $0 < p < 1$, 称

$$F^{\leftarrow}(p) = \inf\{x \in \mathbb{R} : F(x) \geqslant p\},$$

等价地

$$F^{\leftarrow}(p) = \inf\{x \in \mathbb{R} : P\{X \leqslant x\} \geqslant p\}$$

为 d.f. F 或 r.v. X 的 $\boldsymbol{p}$ **分位数**.

注记 19.14 (i) 由习题 8.38 之 (1),

$$F(F^{\leftarrow}(p) - 0) \leqslant p \leqslant F(F^{\leftarrow}(p)),$$

特别地, 若 F 在 $F^{\leftarrow}(p)$ 处连续, 则 $F(F^{\leftarrow}(p)) = p$;

(ii) 由命题 8.38 之 (iii),

$$x < F^{\leftarrow}(p) \Leftrightarrow F(x) < p;$$

(iii) 由命题 8.38 之 (iv),

$$x \geqslant F^{\leftarrow}(p) \Leftrightarrow F(x) \geqslant p;$$

(iv) 若 $F_n \xrightarrow{w} F$, 则对任意的 $p \in (0,1) \cap C(F^{\leftarrow})$, 由命题 12.43 知

$$F_n^{\leftarrow}(p) \to F^{\leftarrow}(p);$$

(v) 类似于习题 14.14 之 (2), 我们有

$$\inf_{-\infty<a<\infty} \mathrm{E}\rho_p(X-a) = \mathrm{E}\rho_p\left(X - F^{\leftarrow}(p)\right),$$

其中 $\rho_p(x) = (1-p)|x|I\{x<0\} + pxI\{x \geqslant 0\}$.

命题 19.15 设 $X \sim F(x)$, $\mathrm{E}X = \mu$, $\mathrm{Var}X = \sigma^2$, 则

$$\mu - \left(\frac{1-p}{p}\right)^{\frac{1}{2}} \sigma \leqslant F^{\leftarrow}(p) \leqslant \mu + \left(\frac{p}{1-p}\right)^{\frac{1}{2}} \sigma.$$

定义 19.16 对于样本观测值 $X_1(\omega), X_2(\omega), \cdots, X_n(\omega)$ 及 $p \in (0,1)$, 称经验分布函数 $\hat{F}_n(x,\omega)$ 的 p 分位数

$$\hat{F}_n^{\leftarrow}(p,\omega) = \inf\left\{x \in \mathbb{R} : \hat{F}_n(x,\omega) \geqslant p\right\}$$

为样本观测值 $X_1(\omega), X_2(\omega), \cdots, X_n(\omega)$ 的 p 分位数.

命题 19.17 对任意的 $0<p<1$, 有

$$\hat{F}_n\left(X_{(\lceil np \rceil)}(\omega) - 0\right) \leqslant p \leqslant \hat{F}_n\left(X_{(\lceil np \rceil)}\right).$$

定理 19.18 设 $0<p<1$, 总体分布函数 $F(x)$ 在 $F^{\leftarrow}(p)$ 处是严格增的, 即

$$F\left(F^{\leftarrow}(p) - \varepsilon\right) < p < F\left(F^{\leftarrow}(p) + \varepsilon\right), \quad \forall \varepsilon > 0,$$

则

$$\hat{F}_n^{\leftarrow}(p) \xrightarrow{P} F^{\leftarrow}(p),$$

即样本分位数是总体分位数的弱相合估计.

19.2.2 习题 19.2 解答与评注

19.15 设 $X_1, X_2, \cdots, X_n$ 是来自总体 $X \sim \mathrm{Exp}(1)$ 的随机样本, 求 $\hat{F}_n(2)$ 的数学期望和方差.

解 设 $F(x)$ 是总体分布函数, 则

$$n\hat{F}_n(2) \sim \mathrm{Bin}(n, F(2)),$$

从而

$$\mathrm{E}\left[n\hat{F}_n(2)\right] = nF(2),$$

$$\mathrm{Var}\left[n\hat{F}_n(2)\right] = nF(2)[1-F(2)],$$

故

$$\mathrm{E}\hat{F}_n(2) = F(2) = 1-\mathrm{e}^{-2},$$

$$\mathrm{Var}\hat{F}_n(2) = \frac{1}{n}F(2)[1-F(2)] = \frac{1}{n}\mathrm{e}^{-2}\left(1-\mathrm{e}^{-2}\right).$$

19.16 设 $a, b \in \mathbb{R}$, 证明 $\mathrm{Var}\left(\hat{F}_n(b) - \hat{F}_n(a)\right) = \dfrac{\beta(1-\beta)}{n}$, 其中 $\beta = |F(b) - F(a)|$.

证明 不妨假设 $a \leqslant b$, 由想一想 19.4 之解答,

$$\begin{aligned}\mathrm{Var}\left(\hat{F}_n(b) - \hat{F}_n(a)\right) &= \mathrm{Var}\hat{F}_n(b) + \mathrm{Var}\hat{F}_n(a) - 2\mathrm{Cov}\left(\hat{F}_n(a), \hat{F}_n(b)\right) \\ &= \frac{F(b)[1-F(b)]}{n} + \frac{F(a)[1-F(a)]}{n} \\ &\quad - 2\cdot\frac{F(a) - F(a)F(b)}{n} \\ &= \frac{\beta(1-\beta)}{n}.\end{aligned}$$

【评注】 本题将应用于习题 21.17 的证明.

19.17 设 r.v. 序列 $\{X_n, n \geqslant 1\}$ 随机有界[①], 则对任意固定的 $0 < p < 1$, $\{F_n^{\leftarrow}(p), n \geqslant 1\}$ 是有界数列.

证明 对任意固定的 $0 < p < 1$, 由随机有界的定义, $\exists M = M(\varepsilon) > 0$, s.t.

$$P\{|X_n| < M\} \geqslant 1-p, \quad n \geqslant 1,$$

等价地

$$P\{|X_n| \geqslant M\} \leqslant p, \quad n \geqslant 1.$$

接下来, 完全类似于命题 14.11 之 (i) 的证明过程得到

$$|F_n^{\leftarrow}(p)| < M, \quad n \geqslant 1,$$

这就完成了证明.

19.18 设 $X_1, X_2, \cdots, X_n$ 是来自总体

$$X \sim f(x;\theta) = \begin{cases} \theta x^{\theta-1}, & 0 < x < 1, \\ 0, & \text{其他} \end{cases}$$

① 随机有界的定义见例 12.50 之 (ii).

的随机样本, 其中参数 $\theta > 0$, 则对任意固定的 $0 < p < 1$, $\dfrac{\log p}{\log X_{(\lceil np\rceil)}} \xrightarrow{P} \theta$.

证明 易得总体分布函数

$$F(x;\theta) = \begin{cases} 0, & x \leqslant 0, \\ x^{\theta}, & 0 < x < 1, \\ 1, & x \geqslant 1, \end{cases}$$

由此得 $F^{\leftarrow}(p) = p^{\frac{1}{\theta}}$, 且 $F(\cdot;\theta)$ 在 $p^{\frac{1}{\theta}}$ 处是严格增的, 于是由定理 19.18 得

$$X_{(\lceil np\rceil)} \xrightarrow{P} p^{\frac{1}{\theta}},$$

从而

$$\frac{\log p}{\log X_{(\lceil np\rceil)}} \xrightarrow{P} \theta.$$

19.3 随机变量阵列的大数定律

19.3.1 内容提要

定义 19.19 设 $\{X_n, n \geqslant 1\}$ 与 $\{X'_n, n \geqslant 1\}$ 是两个 r.v. 序列, 称 $\{X_n\}$ 与 $\{X'_n\}$ 是**分布等价的**, 如果

$$P\{X_n \neq X'_n\} \to 0.$$

命题 19.20 设 r.v. 序列 $\{X_n, n \geqslant 1\}$ 与 $\{X'_n, n \geqslant 1\}$ 是分布等价的, 则

(i) $X_n - X'_n \xrightarrow{P} 0$;

(ii) $X_n \xrightarrow{d} X \Leftrightarrow X'_n \xrightarrow{d} X$.

定理 19.21 设 $\{X_{nk}, 1 \leqslant k \leqslant k_n, n \geqslant 1\}$ 是行态独立的 r.v. 阵列, $k_n \to \infty$.

(i) 若

$$\max_{1\leqslant k\leqslant k_n} |X_{nk}| \xrightarrow{P} 0, \tag{19.11}$$

且对某个 $\tau > 0$ 有

$$\sum_{k=1}^{k_n} \mathrm{Var} X_{nk} I\{|X_{nk}| < \tau\} \to 0, \tag{19.12}$$

则

$$S_n - \sum_{k=1}^{k_n} \mathrm{E} X_{nk} I\{|X_{nk}| < \tau\} \xrightarrow{P} 0, \tag{19.13}$$

特别地, 若

$$\sum_{k=1}^{k_n} \mathrm{E}X_{nk}I\left\{|X_{nk}|<\tau\right\} \to 0, \tag{19.14}$$

则

$$S_n \xrightarrow{P} 0. \tag{19.15}$$

(ii) 反过来, 若 (19.15) 式成立, 则 (19.11) 式成立, 且 (19.12) 式和 (19.14) 式对任意的 $\tau>0$ 成立.

定理 19.22 (经典退化收敛准则) 设 $\{X_n, n\geqslant 1\}$ 是独立 r.v. 序列, $\{b_n, n\geqslant 1\}$ 是实数列.

(i) 若

$$\frac{1}{b_n}\max_{1\leqslant k\leqslant n}|X_k| \xrightarrow{P} 0^{①}, \tag{19.21}$$

$$\frac{1}{b_n^2}\sum_{k=1}^{n} \mathrm{Var}X_kI\left\{|X_k|<b_n\right\} \to 0, \tag{19.22}$$

则

$$\frac{S_n-\sum\limits_{k=1}^{n}\mathrm{E}X_kI\left\{|X_k|<b_n\right\}}{b_n} \xrightarrow{P} 0,$$

特别地, 若

$$\frac{1}{b_n}\sum_{k=1}^{n} \mathrm{E}X_kI\left\{|X_k|<b_n\right\} \to 0, \tag{19.23}$$

则

$$\frac{S_n}{b_n} \xrightarrow{P} 0. \tag{19.24}$$

(ii) 反过来, 若 (19.24) 式成立, 则 (19.21)—(19.23) 式同时成立.

引理 19.24 (Toeplitz 引理) 设 $\{\omega_n, n\geqslant 1\}\subset\mathbb{R}^+$, 令 $B_n=\sum\limits_{k=1}^{n}\omega_k, n\geqslant 1$. 若数列 $\{a, a_n, n\geqslant 1\}$ 满足 $a_n\to a$, 则

$$\frac{1}{B_n}\sum_{k=1}^{n}\omega_k a_k \to a, \quad n\to\infty,$$

特别地

$$\frac{1}{n}\sum_{k=1}^{n} a_k \to a, \quad n\to\infty.$$

① 这等价于 $\sum\limits_{k=1}^{n}P\left\{|X_k|\geqslant b_n\right\}\to 0$ (参见习题 19.20).

定理 19.25 (Kolmogorov-Feller 大数定律) 设 $\{X_n, n \geqslant 1\}$ 是独立同分布于 X 的 r.v. 序列, 则

$$\frac{S_n}{n} - \mathrm{E}XI\{|X| < n\} \xrightarrow{P} 0 \tag{19.25}$$

的充分必要条件是

$$nP\{|X| \geqslant n\} \to 0. \tag{19.26}$$

注记 19.26 设 $\{X_n, n \geqslant 1\}$ 是独立同分布于 X 的 r.v. 序列, 若 $\mathrm{E}X = \mu$ 存在, 则由习题 9.37 知 (19.26) 式成立, 从而 (19.25) 式成立. 但由控制收敛定理易知 $\mathrm{E}XI\{|X| < n\} \to \mathrm{E}X$, 故 (19.25) 式等价于 $\dfrac{S_n}{n} \xrightarrow{P} \mu$, 所以 Khinchin 大数定律是定理 19.25 的特例.

19.3.2 习题 19.3 解答与评注

19.19 (1) 设三角实数阵列 $\{a_{nk}, 1 \leqslant k \leqslant k_n, n \geqslant 1\}$ 满足 $0 \leqslant a_{nk} \leqslant 1$, 则 $\prod\limits_{k=1}^{k_n}(1 - a_{nk}) \to 1 \Leftrightarrow \sum\limits_{k=1}^{k_n} a_{nk} \to 0$;

(2) 设实数列 $\{a_n, n \geqslant 1\}$ 满足 $0 \leqslant a_n \leqslant 1$, 则 $(1 - a_n)^n \to 1 \Leftrightarrow na_n \to 0$.

证明 (1) 设 $0 \leqslant p_k \leqslant 1$, $1 \leqslant k \leqslant k_n$, 我们首先断言

$$1 - \exp\left(-\sum_{k=1}^{k_n} p_k\right) \leqslant 1 - \prod_{k=1}^{k_n}(1 - p_k) \leqslant \sum_{k=1}^{k_n} p_k. \tag*{①}$$

事实上, 由 $\mathrm{e}^x \geqslant 1 + x$, $x \in \mathbb{R}$,

$$1 - \exp\left(-\sum_{k=1}^{k_n} p_k\right) = 1 - \prod_{k=1}^{k_n} \mathrm{e}^{-p_k} \leqslant 1 - \prod_{k=1}^{k_n}(1 - p_k),$$

即 ① 式左边不等式成立. 用数学归纳法不难得到 ① 式右边不等式.

现在将 ① 式改写成

$$1 - \exp\left(-\sum_{k=1}^{k_n} a_{nk}\right) \leqslant 1 - \prod_{k=1}^{k_n}(1 - a_{nk}) \leqslant \sum_{k=1}^{k_n} a_{nk},$$

由此完成 (1) 的证明.

(2) 这是 (1) 的特别情形.

【**评注**】 本题将应用于习题 19.20—习题 19.22 的证明.

19.20　设 $\{X_{nk}, 1 \leqslant k \leqslant k_n, n \geqslant 1\}$ 是行态独立的 r.v. 阵列, 则

$$\max_{1\leqslant k\leqslant n} |X_{nk}| \xrightarrow{P} 0 \Leftrightarrow \forall \varepsilon > 0, \quad \sum_{k=1}^{k_n} P\{|X_{nk}| \geqslant \varepsilon\} \to 0.$$

证明　由习题 19.19 之 (1),

$$\begin{aligned}\max_{1\leqslant k\leqslant k_n} |X_{nk}| \xrightarrow{P} 0 &\Leftrightarrow \forall \varepsilon > 0, P\left\{\max_{1\leqslant k\leqslant k_n} |X_{nk}| < \varepsilon\right\} \to 1 \\ &\Leftrightarrow \forall \varepsilon > 0, \prod_{k=1}^{k_n} P\{|X_{nk}| < \varepsilon\} \to 1 \\ &\Leftrightarrow \forall \varepsilon > 0, \sum_{k=1}^{k_n} P\{|X_{nk}| \geqslant \varepsilon\} \to 0.\end{aligned}$$

【评注】 本题将应用于习题 23.6 的证明.

19.21　设 $\{X_n, n \geqslant 1\}$ 是独立同分布的 r.v. 序列, 则

$$\frac{\max\limits_{1\leqslant k\leqslant n} |X_k|}{n} \xrightarrow{P} 0 \Leftrightarrow nP\{|X_1| \geqslant n\} \to 0.$$

证明　由习题 19.19 之 (2),

$$\begin{aligned}\frac{\max\limits_{1\leqslant k\leqslant n} |X_k|}{n} \xrightarrow{P} 0 &\Leftrightarrow \forall \varepsilon > 0, P\left\{\frac{\max\limits_{1\leqslant k\leqslant n} |X_k|}{n} < \varepsilon\right\} \to 1 \\ &\Leftrightarrow \forall \varepsilon > 0, \left[P\{|X_1| < n\varepsilon\}\right]^n \to 1 \\ &\Leftrightarrow \forall \varepsilon > 0, \left[1 - P\{|X_1| \geqslant n\varepsilon\}\right]^n \to 1 \\ &\Leftrightarrow \forall \varepsilon > 0, nP\{|X_1| \geqslant n\varepsilon\} \to 0 \\ &\Leftrightarrow nP\{|X_1| \geqslant n\} \to 0.\end{aligned}$$

19.22　设 $\{X_n, n \geqslant 1\}$ 是独立同分布于 X 的 r.v. 序列, $\mathrm{E}X^2 < \infty$, 则

$$\frac{\max\limits_{1\leqslant k\leqslant n} |X_k|}{\sqrt{n}} \xrightarrow{P} 0.$$

证明　由习题 19.19 之 (2),

$$\frac{\max\limits_{1\leqslant k\leqslant n} |X_k|}{\sqrt{n}} \xrightarrow{P} 0 \Leftrightarrow \forall \varepsilon > 0, P\left\{\frac{\max\limits_{1\leqslant k\leqslant n} |X_k|}{\sqrt{n}} < \varepsilon\right\} \to 1$$

$$\Leftrightarrow \forall \varepsilon > 0, \left[P\left\{|X| < \sqrt{n}\varepsilon\right\}\right]^n \to 1$$

$$\Leftrightarrow \forall \varepsilon > 0, nP\left\{|X| \geqslant \sqrt{n}\varepsilon\right\} \to 0,$$

而 $\mathrm{E}X^2 < \infty$ 保证

$$\begin{aligned} nP\left\{|X| \geqslant \sqrt{n}\varepsilon\right\} &= n\mathrm{E}I\left\{|X| \geqslant \sqrt{n}\varepsilon\right\} \\ &\leqslant n\mathrm{E}\left(\frac{X}{\sqrt{n}\varepsilon}\right)^2 I\left\{|X| \geqslant \sqrt{n}\varepsilon\right\} \\ &= \frac{1}{\varepsilon^2}\mathrm{E}X^2 I\left\{|X| \geqslant \sqrt{n}\varepsilon\right\} \to 0, \end{aligned}$$

所以 $\dfrac{\max\limits_{1\leqslant k\leqslant n}|X_k|}{\sqrt{n}} \xrightarrow{P} 0.$

19.23 设 $\{X_n, n \geqslant 1\}$ 是独立同分布于 X 的 r.v. 序列,

$$X \sim f(x) = \begin{cases} \dfrac{1}{2x^2}, & |x| \geqslant 1, \\ 0, & |x| < 1, \end{cases}$$

则 $\dfrac{S_n}{n\log n} \xrightarrow{P} 0$, 但 $\dfrac{S_n}{n} \overset{P}{\nrightarrow} 0$.

证明 对于第一个结论, 首先,

$$nP\left\{|X| \geqslant n\log n\right\} = n\int_{n\log n}^{\infty} \frac{1}{x^2}\mathrm{d}x = \frac{1}{\log n} \to 0,$$

其次,

$$\frac{1}{(n\log n)^2} n\mathrm{E}X^2 I\left\{|X| < n\log n\right\} = \frac{1}{n(\log n)^2}\int_1^{n\log n} 1\mathrm{d}x \leqslant \frac{1}{\log n} \to 0,$$

从而定理 19.22 保证 $\dfrac{S_n - n\mathrm{E}XI\left\{|X| < n\log n\right\}}{n\log n} \xrightarrow{P} 0$, 但显见

$$\mathrm{E}XI\left\{|X| < n\log n\right\} = 0,$$

故 $\dfrac{S_n}{n\log n} \xrightarrow{P} 0$.

对于第二个结论, 因为

$$nP\left\{|X| \geqslant n\right\} = n\int_n^{\infty} \frac{1}{x^2}\mathrm{d}x = 1 \nrightarrow 0,$$

所以由定理 19.25 知 $\frac{S_n}{n}-\mathrm{E}XI\{|X|<n\}\overset{P}{\nrightarrow}0$, 而 $\mathrm{E}XI\{|X|<n\}\equiv 0$, 故 $\frac{S_n}{n}\overset{P}{\nrightarrow}0$.

19.24 设 $\{X_n, n\geqslant 1\}$ 是独立 r.v. 序列, 诸 $\mathrm{E}X_n=0$. 若当 $n\to\infty$ 时,

(1) $\sum\limits_{k=1}^{n}P\{|X_k|\geqslant n\}\to 0$;

(2) $\frac{1}{n}\sum\limits_{k=1}^{n}\mathrm{E}X_kI\{|X_k|<n\}\to 0$;

(3) $\frac{1}{n^2}\sum\limits_{k=1}^{n}\mathrm{E}X_k^2I\{|X_k|<n\}\to 0$,

则 $\frac{S_n}{n}\xrightarrow{P}0$.

证明 在经典退化收敛准则 (定理 19.22) 中取 $b_n=n, Y_{nk}=X_kI\{|X_k|<n\}$. 这里条件 (1) 即 (19.21) 式, 条件 (3) 确保 (19.22) 式成立. 因为 $\mathrm{E}X_k=0$, 所以由控制收敛定理知当 $n\to\infty$ 时, $\mathrm{E}X_kI\{|X_k|<n\}\to 0$, 进而由 Toeplitz 引理知 $\frac{1}{n}\mathrm{E}X_kI\{|X_k|<n\}\to 0$, 即 $\frac{1}{n}\sum\limits_{k=1}^{n}\mathrm{E}Y_{nk}\to 0$. 至此, 经典退化收敛准则的条件全部满足, 故 $\frac{S_n}{n}\xrightarrow{P}0$.

19.25 设 $\{X_n, n\geqslant 1\}$ 是独立 r.v. 序列, 实数列 $\{b_n, n\geqslant 1\}$ 满足 $0<b_n\uparrow\infty$, 若 $\frac{S_n}{b_n}\xrightarrow{P}0$, 则 $\forall\varepsilon>0$, $\max\limits_{1\leqslant k\leqslant n}P\{|X_k|\geqslant b_n\varepsilon\}\to 0$[①].

证明 由 $\frac{S_n}{b_n}\xrightarrow{P}0$ 和定理 19.22 知

$$\frac{1}{b_n}\max_{1\leqslant k\leqslant n}|X_k|\xrightarrow{P}0,$$

即 $\forall\varepsilon>0$,

$$P\left\{\max_{1\leqslant k\leqslant n}|X_k|\geqslant b_n\varepsilon\right\}\to 0,$$

从而

$$\max_{1\leqslant k\leqslant n}P\{|X_k|\geqslant b_n\varepsilon\}\to 0.$$

19.26 设 $\{X_n, n\geqslant 1\}$ 是独立同分布于 $X\sim \mathrm{C}(0,1)$ 的 r.v. 序列, 证明定理 19.25 中的条件 (19.26) 式不成立.

① 在 23.3 节中将引入 “无穷小条件” 的概念, 本题结论是说 “随机变量阵列 $\left\{\frac{X_k}{b_n}, 1\leqslant k\leqslant n, n\geqslant 1\right\}$ 满足无穷小条件”.

证明 因为

$$P\{|X| \geqslant n\} = 2P\{X \geqslant n\} = 2\int_n^{\infty} \frac{1}{\pi(1+x^2)}\mathrm{d}x$$
$$= \frac{2}{\pi}\arctan x\,|_n^{\infty} = \frac{2}{\pi}\left(\frac{\pi}{2} - \arctan n\right),$$

所以

$$\lim_{n\to\infty} nP\{|X| \geqslant n\} = \frac{2}{\pi}\lim_{n\to\infty} n\left(\frac{\pi}{2} - \arctan n\right) = \frac{2}{\pi}\lim_{x\to\infty}\frac{\dfrac{\pi}{2} - \arctan x}{\dfrac{1}{x}}$$
$$= \frac{2}{\pi}\lim_{x\to\infty}\frac{-\dfrac{1}{1+x^2}}{-\dfrac{1}{x^2}} = \frac{2}{\pi}\lim_{x\to\infty}\frac{x^2}{1+x^2} = \frac{2}{\pi} \neq 0,$$

即定理 19.25 中的条件 (19.26) 式不成立.

19.27 设 $\{X_n, n \geqslant 1\}$ 是独立同分布于 X 的 r.v. 序列, 且

$$P\left\{X = (-1)^{k-1}k\right\} = \frac{c}{k^2\log k}, \quad k \geqslant 3,$$

其中 c 满足 $\sum\limits_{k=3}^{\infty}\dfrac{c}{k^2\log k} = 1$, 证明:

(1) $\mathrm{E}|X| = \infty$;

(2) 存在常数 $a \in \mathbb{R}$, 使得 $\dfrac{S_n}{n} \xrightarrow{P} a$.

证明 (1) $\mathrm{E}|X| = \sum\limits_{k=3}^{\infty} k\cdot\dfrac{c}{k^2\log k} = c\sum\limits_{k=3}^{\infty}\dfrac{1}{k\log k} = \infty$.

(2) 因为

$$nP\{|X| \geqslant n\} = n\sum_{k=n}^{\infty}\frac{c}{k^2\log k} = n\sum_{k=n-1}^{\infty}\frac{c}{(k+1)^2\log(k+1)}$$
$$= n\sum_{k=n-1}^{\infty}\int_k^{k+1}\frac{c}{(k+1)^2\log(k+1)}\mathrm{d}x$$
$$\leqslant n\sum_{k=n-1}^{\infty}\int_k^{k+1}\frac{c}{x^2\log x}\mathrm{d}x = n\int_{n-1}^{\infty}\frac{c}{x^2\log x}\mathrm{d}x,$$

所以

$$\begin{aligned}&\lim_{n\to\infty} nP\left\{|X|\geqslant n\right\}\\ \leqslant &\lim_{n\to\infty} n\int_{n-1}^{\infty}\frac{c}{x^2\log x}\mathrm{d}x=\lim_{y\to\infty} y\int_{y-1}^{\infty}\frac{c}{x^2\log x}\mathrm{d}x\\ =&\lim_{y\to\infty}\frac{\displaystyle\int_{y-1}^{\infty}\frac{c}{x^2\log x}\mathrm{d}x}{\dfrac{1}{y}}=\lim_{y\to\infty}\frac{-\dfrac{c}{(y-1)^2\log(y-1)}}{-\dfrac{1}{y^2}}\\ =&\lim_{y\to\infty}\frac{y^2c}{(y-1)^2\log(y-1)}=0,\end{aligned}$$

故由定理 19.25 知

$$\frac{S_n}{n}-\mathrm{E}XI\left\{|X|<n\right\}\xrightarrow{P}0,$$

但

$$\begin{aligned}\mathrm{E}XI\left\{|X|<n\right\}&=\sum_{k=3}^{n}(-1)^{k-1}k\cdot\frac{c}{k^2\log k}=c\sum_{k=3}^{n}(-1)^{k-1}\frac{1}{k\log k}\\ &\to c\sum_{k=3}^{\infty}(-1)^{k-1}\frac{1}{k\log k}=:a,\end{aligned}$$

从而 $\dfrac{S_n}{n}\xrightarrow{P}a$.

【评注】 (a) 本题说明 Khinchin 大数定律 (定理 19.9) 的逆命题是假命题.

(b) 关于评注 (a), 这里再给一个例子：设 $\{X_n,n\geqslant 1\}$ 是独立同分布于 X 的 r.v. 序列, 且

$$P\{X=\pm k\}=\frac{c}{k^2\log k},\quad k\geqslant 3,$$

其中 c 满足 $2c\sum\limits_{k=3}^{\infty}\dfrac{1}{k^2\log k}=1$, 则 $\mathrm{E}|X|=\infty$, 且 $\dfrac{S_n}{n}\xrightarrow{P}0$.

第 20 章 强大数定律

归功于 Borel 的概率论历史上第一个强大数定律诞生于 1909 年, 它比第一个弱大数定律晚了整整两个世纪. Borel 强大数定律虽然考虑的是 Bernoulli 随机变量序列这种简单情形, 但它开拓的崭新领域激起了概率学家们的一系列探索, 其中尤以 Kolmogorov 的研究最为卓著.

强大数定律揭示随机现象的几乎必然收敛性, 是比弱大数定律更强的一种收敛性, 也为点估计中的强相合估计理论搭建了坚实的概率论基础.

20.1 随机级数收敛定理

20.1.1 内容提要

定理 20.1 (Kolmogorov 收敛准则) 设独立 r.v. 序列 $\{X_n, n \geqslant 1\}$ 满足

$$\sigma_n^2 = \mathrm{Var}X_n < \infty, \quad n \geqslant 1,$$

若 $\sum\limits_{n=1}^{\infty} \sigma_n^2 < \infty$, 则 $\sum\limits_{n=1}^{\infty} (X_n - \mathrm{E}X_n)$ a.s. 收敛.

定理 20.2 设 $\{X_n, n \geqslant 1\}$ 是独立 r.v. 序列, 且存在 $c > 0$, 使得诸 $|X_n| \leqslant c$ a.s., 则 $\sum\limits_{n=1}^{\infty} (X_n - \mathrm{E}X_n)$ a.s. 收敛当且仅当 $\sum\limits_{n=1}^{\infty} \mathrm{Var}X_n < \infty$.

定理 20.3 设 $\{X_n, n \geqslant 1\}$ 是独立 r.v. 序列, 且存在 $c > 0$, 使得诸 $|X_n| \leqslant c$ a.s., 则 $\sum\limits_{n=1}^{\infty} X_n$ a.s. 收敛当且仅当 $\sum\limits_{n=1}^{\infty} \mathrm{E}X_n$ 和 $\sum\limits_{n=1}^{\infty} \mathrm{Var}X_n$ 都收敛.

定义 20.4 设 $\{X_n, n \geqslant 1\}$ 与 $\{X_n', n \geqslant 1\}$ 是两个 r.v. 序列.

(i) 称 $\{X_n\}$ 与 $\{X_n'\}$ 是**尾等价的**, 如果

$$P\{X_n \neq X_n', \text{i.o.}\} = 0,$$

即属于无穷多个 $\{X_n \neq X_n'\}$ 的 ω 组成一个零测集, 等价地说, 对几乎所有的 $\omega \in \Omega$, $\{X_n(\omega)\}$ 与 $\{X_n'(\omega)\}$ 的尾部都相等;

(ii) 称 $\{X_n\}$ 与 $\{X_n'\}$ 是**收敛等价的**, 如果

$$\sum_{n=1}^{\infty} P\{X_n \neq X_n'\} < \infty.$$

引理 20.5 (等价引理)　设 r.v. 序列 $\{X_n, n \geqslant 1\}$ 与 $\{X_n', n \geqslant 1\}$ 是收敛等价的, 则

(i) $\{X_n\}$ 与 $\{X_n'\}$ 是尾等价的;

(ii) $\sum\limits_{n=1}^{\infty}(X_n - X_n')$ a.s. 收敛;

(iii) $\sum\limits_{n=1}^{\infty} X_n$ a.s. 收敛 $\Leftrightarrow$ $\sum\limits_{n=1}^{\infty} X_n'$ a.s. 收敛;

(iv) 如果存在数列 $\{b_n, n \geqslant 1\}$, $b_n \uparrow \infty$ 及 r.v. X 使得

$$\frac{1}{b_n}\sum_{k=1}^{n} X_k \to X \quad \text{a.s.},$$

那么

$$\frac{1}{b_n}\sum_{k=1}^{n} X_k' \to X \quad \text{a.s.},$$

反之亦然.

定理 20.6 (三级数定理)　设 $\{X_n, n \geqslant 1\}$ 是独立 r.v. 序列, $\sum\limits_{n=1}^{\infty} X_n$ a.s. 收敛, 则对每个 $c > 0$, 有

(i) $\sum\limits_{n=1}^{\infty} P\{|X_n| \geqslant c\} < \infty$;

(ii) $\sum\limits_{n=1}^{\infty} \mathrm{E}X_n^c$ 收敛;

(iii) $\sum\limits_{n=1}^{\infty} \mathrm{Var}X_n^c < \infty$,

其中 $X_n^c = X_n I\{|X_n| < c\}$.

反过来, 若存在某个 $c > 0$, 使上述 (i)—(iii) 成立, 则 $\sum\limits_{n=1}^{\infty} X_n$ a.s. 收敛.

定理 20.7　设 $\{A_n, n \geqslant 1\}$ 是独立事件序列, $\sum\limits_{n=1}^{\infty} P(A_n) = \infty$, 则

$$\frac{\sum\limits_{k=1}^{n} I_{A_k}}{\sum\limits_{k=1}^{n} P(A_k)} \to 1 \quad \text{a.s.}.$$

20.1.2　习题 20.1 解答与评注

20.1　设 $\{c_n, n \geqslant 1\}$ 是常数列, $\{X_n, n \geqslant 1\}$ 是独立同分布且满足 $P\{X_1 =$

$-1\} = \frac{1}{2} = P\{X_1 = 1\}$ 的 r.v. 序列, 试给出 $\sum\limits_{n=1}^{\infty} c_n X_n$ a.s. 收敛的充分必要条件.

解 注意到诸 X_n 都是有界 r.v. 且 $\mathrm{E}X_n = 0$, 从而由定理 20.2 知

$$\sum_{n=1}^{\infty} c_n X_n \ \text{a.s. 收敛} \Leftrightarrow \sum_{n=1}^{\infty} \mathrm{Var}(c_n X_n) < \infty,$$

即

$$\sum_{n=1}^{\infty} c_n X_n \ \text{a.s. 收敛} \Leftrightarrow \sum_{n=1}^{\infty} c_n^2 < \infty.$$

20.2 设 $\{X_n, n \geqslant 1\}$ 是独立的非负 r.v. 序列, 记 $Y_n = X_n \wedge 1$, 则 $\sum\limits_{n=1}^{\infty} X_n$ a.s. 收敛当且仅当 $\sum\limits_{n=1}^{\infty} \mathrm{E}Y_n < \infty$.

证明 "$\Rightarrow$". 若 $\sum\limits_{n=1}^{\infty} X_n$ a.s. 收敛, 则由 $0 \leqslant Y_n \leqslant X_n$ 知 $\sum\limits_{n=1}^{\infty} Y_n$ a.s. 收敛, 进而由定理 20.3 知 $\sum\limits_{n=1}^{\infty} \mathrm{E}Y_n < \infty$.

"$\Leftarrow$". 若 $\sum\limits_{n=1}^{\infty} \mathrm{E}Y_n < \infty$, 则由 $Y_n \leqslant 1$ 得

$$\sum_{n=1}^{\infty} \mathrm{Var}Y_n \leqslant \sum_{n=1}^{\infty} \mathrm{E}Y_n^2 \leqslant \sum_{n=1}^{\infty} \mathrm{E}Y_n < \infty,$$

从而定理 20.3 保证 $\sum\limits_{n=1}^{\infty} Y_n$ a.s. 收敛.

记 $A = \left\{\omega : \sum\limits_{n=1}^{\infty} Y_n(\omega) < \infty\right\}$, 则 $P(A) = 1$. 任取 $\omega \in A$, 由 $\sum\limits_{n=1}^{\infty} Y_n(\omega) < \infty$ 知 $Y_n(\omega) \to 0$, 从而存在正整数 N_ω, 当 $n > N_\omega$ 时, $Y_n(\omega) < 1$. 于是, 当 $n > N_\omega$ 时, $X_n(\omega) = Y_n(\omega)$, 而 $\sum\limits_{n=1}^{\infty} Y_n(\omega) < \infty$, 所以 $\sum\limits_{n=1}^{\infty} X_n(\omega) < \infty$. 最后, 由 ω 的取法就得到 $\sum\limits_{n=1}^{\infty} X_n$ a.s. 收敛.

20.3 对任何 r.v. X, 有

(1) $\sum\limits_{n=1}^{\infty} P\{|X| \geqslant n\} \leqslant \mathrm{E}|X| \leqslant 1 + \sum\limits_{n=1}^{\infty} P\{|X| \geqslant n\}$;

(2) $\sum\limits_{n=1}^{\infty} nP\{|X| \geqslant n\} \leqslant \frac{1}{2}\mathrm{E}|X|(|X|+1) \leqslant \sum\limits_{n=1}^{\infty} nP\{|X| \geqslant n\} + \mathrm{E}|X| + 1$.

证明 (1) 由

$$\begin{aligned}
\sum_{n=1}^{\infty} P\{|X| \geqslant n\} &= \sum_{n=1}^{\infty}\sum_{k=n}^{\infty} P\{k \leqslant |X| < k+1\} \\
&= \sum_{k=1}^{\infty}\sum_{n=1}^{k} P\{k \leqslant |X| < k+1\} \\
&= \sum_{k=1}^{\infty} kP\{k \leqslant |X| < k+1\} \\
&= \sum_{n=1}^{\infty} (n-1)\, P\{n-1 \leqslant |X| < n\} \\
&\leqslant \sum_{n=1}^{\infty} \mathrm{E}|X|\, I\{n-1 \leqslant |X| < n\} \\
&\leqslant \sum_{n=1}^{\infty} nP\{n-1 \leqslant |X| < n\} \\
&= \sum_{n=1}^{\infty} P\{n-1 \leqslant |X| < n\} + \sum_{n=1}^{\infty} (n-1)\, P\{n-1 \leqslant |X| < n\} \\
&\leqslant 1 + \sum_{n=1}^{\infty} P\{|X| \geqslant n\}
\end{aligned}$$

及

$$\mathrm{E}\,|X| = \sum_{n=1}^{\infty} \mathrm{E}|X|\, I\{n-1 \leqslant |X| < n\},$$

我们得到

$$\sum_{n=1}^{\infty} P\{|X| \geqslant n\} \leqslant \mathrm{E}\,|X| \leqslant 1 + \sum_{n=1}^{\infty} P\{|X| \geqslant n\}.$$

(2) 由

$$\begin{aligned}
&\sum_{n=1}^{\infty} nP\{|X| \geqslant n\} \\
&= \sum_{n=1}^{\infty} n \sum_{k=n}^{\infty} P\{k \leqslant |X| < k+1\} \\
&= \sum_{k=1}^{\infty} P\{k \leqslant |X| < k+1\} \sum_{n=1}^{k} n
\end{aligned}$$

$$
\begin{aligned}
&= \frac{1}{2}\sum_{k=1}^{\infty} k\,(k+1)\,P\,\{k \leqslant |X| < k+1\} \\
&= \frac{1}{2}\sum_{n=1}^{\infty} n\,(n-1)\,P\,\{n-1 \leqslant |X| < n\} \\
&\leqslant \frac{1}{2}\sum_{n=1}^{\infty} \mathrm{E}|X|\,(|X|+1)\,I\,\{n-1 \leqslant |X| < n\} \\
&\leqslant \frac{1}{2}\sum_{n=1}^{\infty} n\,(n+1)\,P\,\{n-1 \leqslant |X| < n\} \\
&= \frac{1}{2}\sum_{n=1}^{\infty} n\,(n-1)\,P\,\{n-1 \leqslant |X| < n\} + \sum_{n=1}^{\infty} nP\,\{n-1 \leqslant |X| < n\} \\
&= \sum_{n=1}^{\infty} nP\,\{|X| \geqslant n\} + \sum_{n=1}^{\infty} nP\,\{n-1 \leqslant |X| < n\} \\
&= \sum_{n=1}^{\infty} nP\,\{|X| \geqslant n\} + \sum_{n=1}^{\infty} (n-1)\,P\,\{n-1 \leqslant |X| < n\} \\
&\quad + \sum_{n=1}^{\infty} P\,\{n-1 \leqslant |X| < n\} \\
&\leqslant \sum_{n=1}^{\infty} nP\,\{|X| \geqslant n\} + \sum_{n=1}^{\infty} P\,\{|X| \geqslant n\} + 1 \\
&\leqslant \sum_{n=1}^{\infty} nP\,\{|X| \geqslant n\} + \mathrm{E}\,|X| + 1
\end{aligned}
$$

及

$$
\mathrm{E}\,|X|\,(|X|+1) = \sum_{n=1}^{\infty} \mathrm{E}|X|\,(|X|+1)\,I\,\{n-1 \leqslant |X| < n\},
$$

我们得到

$$
\sum_{n=1}^{\infty} nP\,\{|X| \geqslant n\} \leqslant \frac{1}{2}\mathrm{E}\,|X|\,(|X|+1) \leqslant \sum_{n=1}^{\infty} nP\,\{|X| \geqslant n\} + \mathrm{E}\,|X| + 1.
$$

【评注】 (a) 由本题之 (1) 得到

$$
\mathrm{E}\,|X| < \infty \Leftrightarrow \sum_{n=1}^{\infty} P\,\{|X| \geqslant n\} < \infty,
$$

它是定理 7.16 的部分结论.

(b) 本题之 (1) 将应用于习题 20.4 之 (1)、习题 20.6、习题 20.21 和习题 24.16 的证明.

20.4　设 $\{X_n, n \geqslant 1\}$ 是独立同分布于 X 的 r.v. 序列, $\mathrm{E}|X| = \infty$, 则 $\forall \varepsilon > 0$,

(1) $P\{|X_n| \geqslant n\varepsilon, \text{i.o.}\} = 1$;

(2) $P\{|S_n| \geqslant n\varepsilon, \text{i.o.}\} = 1$.

证明　(1) 由习题 20.3 之 (1) 得

$$\sum_{n=1}^{\infty} P\{|X_n| \geqslant n\varepsilon\} = \sum_{n=1}^{\infty} P\{|X| \geqslant n\varepsilon\} \geqslant \mathrm{E}\left|\frac{X}{\varepsilon}\right| - 1 = \infty,$$

进而由 Borel-Cantelli 引理得 $P\{|X_n| \geqslant n\varepsilon,\ \text{i.o.}\} = 1$.

(2) 我们首先断言

$$\{|S_n| < n\varepsilon, \text{ult.}\} \subset \{|X_n| < 2n\varepsilon, \text{ult.}\},$$

事实上, 若 $\omega \in \{|S_n| < n\varepsilon, \text{ult.}\}$, 则存在 $n_0 = n_0(\omega) \in \mathbb{N}$, 使得

$$|S_n(\omega)| < n\varepsilon, \quad n \geqslant n_0,$$

从而

$$|S_{n-1}(\omega)| < (n-1)\varepsilon < n\varepsilon, \quad n \geqslant n_0 + 1,$$

于是

$$|X_n(\omega)| \leqslant |S_{n-1}(\omega)| + |S_n(\omega)| < 2n\varepsilon, \quad n \geqslant n_0 + 1,$$

故 $\omega \in \{|X_n| < 2n\varepsilon,\ \text{ult.}\}$. 利用已证的断言及 (1) 就完成 (2) 的证明.

【评注】　本题的一个加强版本是: 设 $\{X_n, n \geqslant 1\}$ 是独立同分布于 X 的 r.v. 序列, $p > 0$, $\mathrm{E}|X|^p = \infty$, 则 $\forall \varepsilon > 0$,

(1)$P\{|X_n|^p \geqslant n\varepsilon,\ \text{i.o.}\} = 1$;

(2)$P\{|S_n|^p \geqslant n\varepsilon,\ \text{i.o.}\} = 1$.

20.5　设 $\{X_n, n \geqslant 1\}$ 是独立同分布于 X 的 r.v. 序列, $\mathrm{E}X^+ = +\infty$, 则

$$P\left\{\frac{S_n}{n} \to a \in (-\infty, \infty)\right\} = 0.$$

证明　由 $\{X_n, n \geqslant 1\}$ 的独立性及推论 13.27 之 (iii) 知

$$P\left\{\frac{S_n}{n} \to a \in (-\infty, \infty)\right\} = 0 \text{ 或 } 1.$$

假设 $P\left\{\frac{S_n}{n}\to a\in(-\infty,\infty)\right\}=1$, 并记

$$A=\left\{\omega:\frac{S_n(\omega)}{n}\to a\in(-\infty,\infty)\right\},$$

则对任意的 $\omega\in A$, 由

$$\frac{X_{n+1}(\omega)}{n+1}=\frac{S_{n+1}(\omega)}{n+1}-\frac{n}{n+1}\cdot\frac{S_n(\omega)}{n}$$

知 $\frac{X_{n+1}(\omega)}{n+1}\to 0$, 于是

$$P\left\{\frac{X_n}{n}\to 0\right\}=1.$$

但习题 20.4 之 (1) 表明 $P\left\{\frac{|X_n|}{n}\geqslant 1,\text{ i.o.}\right\}=1$, 此与上式矛盾, 故欲证成立.

20.6① 设 $\{X_n,n\geqslant 1\}$ 是独立同分布于 X 的 r.v. 序列, $p>0$, 则下列各条等价:

(1) $\mathrm{E}|X|^p<\infty$;

(2) $\sum\limits_{n=1}^{\infty}P\left\{|X|\geqslant n^{\frac{1}{p}}\varepsilon\right\}<\infty,\ \forall\varepsilon>0$;

(3) $P\left\{|X_n|\geqslant n^{\frac{1}{p}}\varepsilon,\text{ i.o.}\right\}=0,\ \forall\varepsilon>0$;

(4) $n^{-\frac{1}{p}}X_n\to 0$ a.s..

证明 “(1) $\Leftrightarrow$ (2)”. 由习题 20.3 之 (1) 知

$$\begin{aligned}\mathrm{E}|X|^p<\infty&\Leftrightarrow\mathrm{E}\left|\frac{X}{\varepsilon}\right|^p<\infty\\&\Leftrightarrow\sum_{n=1}^{\infty}P\left\{\left|\frac{X}{\varepsilon}\right|^p\geqslant n\right\}<\infty\\&\Leftrightarrow\sum_{n=1}^{\infty}P\left\{|X|\geqslant n^{\frac{1}{p}}\varepsilon\right\}<\infty.\end{aligned}$$

“(2) $\Leftrightarrow$ (3)”. 由 Borel 0-1 律,

$$\sum_{n=1}^{\infty}P\left\{|X|\geqslant n^{\frac{1}{p}}\varepsilon\right\}<\infty\Leftrightarrow\sum_{n=1}^{\infty}P\left\{|X_n|\geqslant n^{\frac{1}{p}}\varepsilon\right\}<\infty$$

① 本题是习题 13.18 的扩展.

$$\Leftrightarrow P\left\{|X_n| \geqslant n^{\frac{1}{p}}\varepsilon, \text{i.o.}\right\} = 0.$$

"(2) $\Leftrightarrow$ (4)". 由例 13.23 得到.

【评注】 本题将应用于定理 25.12 的证明.

20.7 (1) 设 $\{a_n, n \geqslant 1\}$, $\{b_n, n \geqslant 1\}$ 是两个实数列, 且 $0 < b_n \uparrow \infty$, 则

$$\frac{\max\limits_{1\leqslant k\leqslant n} |a_k|}{b_n} \to 0 \ \Leftrightarrow \ \frac{a_n}{b_n} \to 0;$$

(2) 设 $\{X_n, n \geqslant 1\}$ 是独立同分布的 r.v. 序列, 则

$$\frac{\max\limits_{1\leqslant k\leqslant n} |X_k|}{n} \to 0 \text{ a.s.} \Leftrightarrow \mathrm{E}|X_1| < \infty^{①}.$$

证明 (1) 必要性显然, 下证充分性. $\forall \varepsilon > 0$, 由 $\dfrac{a_n}{b_n} \to 0$ 知, 存在正整数 n_0, 当 $n > n_0$ 时, $\dfrac{|a_n|}{b_n} < \varepsilon$, 于是

$$\begin{aligned}\frac{\max\limits_{1\leqslant k\leqslant n} |a_k|}{b_n} &\leqslant \frac{\max\limits_{1\leqslant k\leqslant n_0} |a_k|}{b_n} + \frac{\max\limits_{n_0+1\leqslant k\leqslant n} |a_k|}{b_n} \\ &\leqslant \frac{\max\limits_{1\leqslant k\leqslant n_0} |a_k|}{b_n} + \max_{n_0+1\leqslant k\leqslant n} \frac{|a_k|}{b_k} \\ &\leqslant \frac{\max\limits_{1\leqslant k\leqslant n_0} |a_k|}{b_n} + \varepsilon,\end{aligned}$$

从而 $\varlimsup\limits_{n\to\infty} \dfrac{\max\limits_{1\leqslant k\leqslant n} |a_k|}{b_n} \leqslant \varepsilon$, 再由 ε 的任意性得到 $\dfrac{\max\limits_{1\leqslant k\leqslant n} |a_k|}{b_n} \to 0$.

(2) 依次由习题 20.6 和已证的 (1) 得

$$\mathrm{E}|X_1| < \infty \Leftrightarrow \frac{X_n}{n} \to 0 \text{ a.s.} \Leftrightarrow \frac{\max\limits_{1\leqslant k\leqslant n} |X_k|}{n} \to 0 \text{ a.s.}.$$

20.8 设 $\{X_n, n \geqslant 1\}$ 是独立同分布于 X 的 r.v. 序列, $p > 0$, 若 $\mathrm{E}|X|^p < \infty$, 则 $\{X_n\}$ 与 $\{X_n'\}$ 是收敛等价的, 其中 $X_n' = X_n I\left\{|X_n| < n^{\frac{1}{p}}\right\}$.

证明 由习题 20.6 知

$$\sum_{n=1}^{\infty} P\{X_n \neq X_n'\} = \sum_{n=1}^{\infty} P\left\{|X_n| \geqslant n^{\frac{1}{p}}\right\} < \infty,$$

① 本结论应该与习题 19.21 比较.

这表明 $\{X_n\}$ 与 $\{X_n'\}$ 是收敛等价的.

20.9 设 $\{X_n, n \geqslant 1\}$ 是独立 r.v. 序列, $X_n \sim \mathrm{U}[-\sigma_n, \sigma_n]$, 且 $\sup\limits_{n\geqslant 1} \sigma_n \leqslant \sigma$ (常数), 则 $\sum\limits_{n=1}^{\infty} X_n$ a.s. 收敛的充分必要条件是 $\sum\limits_{n=1}^{\infty} \sigma_n^2 < \infty$.

证明 充分性的证明. 取 $c = \sigma$, 则

$$\sum_{n=1}^{\infty} P\{|X_n| \geqslant c\} = 0,$$

$$\sum_{n=1}^{\infty} \mathrm{E}X_n I\{|X_n| < c\} = \sum_{n=1}^{\infty} \mathrm{E}X_n = 0,$$

$$\sum_{n=1}^{\infty} \mathrm{Var}X_n I\{|X_n| < c\} = \sum_{n=1}^{\infty} \mathrm{Var}X_n = \sum_{n=1}^{\infty} \frac{(2\sigma_n)^2}{12} = \frac{1}{3}\sum_{n=1}^{\infty} \sigma_n^2 < \infty,$$

由三级数定理知 $\sum\limits_{n=1}^{\infty} X_n$ a.s. 收敛.

必要性的证明. 若 $\sum\limits_{n=1}^{\infty} X_n$ a.s. 收敛, 则由三级数定理知, 对每个 $c > 0$,

$$\sum_{n=1}^{\infty} P\{|X_n| \geqslant c\} < \infty,$$

$$\sum_{n=1}^{\infty} \mathrm{E}X_n I\{|X_n| < c\}\text{收敛},$$

$$\sum_{n=1}^{\infty} \mathrm{Var}X_n I\{|X_n| < c\} < \infty$$

同时成立. 特别地, 取 $c = \sigma$, 由第三个条件就得到 $\sum\limits_{n=1}^{\infty} \sigma_n^2 < \infty$.

20.10 设 $\{X_n, n \geqslant 1\}$ 是独立 r.v. 序列, 则 $\sum\limits_{n=1}^{\infty} |X_n|$ a.s. 收敛当且仅当存在某个 $c > 0$, 使得 $\sum\limits_{n=1}^{\infty} P\{|X_n| \geqslant c\} < \infty$ 和 $\sum\limits_{n=1}^{\infty} \mathrm{E}|X_n| I\{|X_n| < c\} < \infty$ 同时成立.

证明 "$\Rightarrow$". 由三级数定理立得.

"$\Leftarrow$". 若能证明 $\sum\limits_{n=1}^{\infty} \mathrm{Var}|X_n| I\{|X_n| < c\} < \infty$, 则由三级数定理得到欲证. 事实上, 由 $\sum\limits_{n=1}^{\infty} \mathrm{E}|X_n| I\{|X_n| < c\} < \infty$ 得

$$\sum_{n=1}^{\infty} \mathrm{Var}|X_n| I\{|X_n|<c\} \leqslant \sum_{n=1}^{\infty} \mathrm{E}|X_n|^2 I\{|X_n|<c\}$$
$$\leqslant c\sum_{n=1}^{\infty} \mathrm{E}|X_n| I\{|X_n|<c\}<\infty.$$

【评注】　对于独立 r.v. 序列 $\{X_n, n \geqslant 1\}$, 若 $\sum\limits_{n=1}^{\infty} \mathrm{E}|X_n|<\infty$，则 $\sum\limits_{n=1}^{\infty}|X_n|$ a.s. 收敛, 更有 $\sum\limits_{n=1}^{\infty} X_n$ a.s. 收敛.

20.11　设 $\{X_n, n \geqslant 1\}$ 是独立 r.v. 序列, 诸 $\mathrm{E}X_n=0$, 且

$$\sum_{n=1}^{\infty} \mathrm{E}\left[X_n^2 I\{|X_n|<1\}+|X_n| I\{|X_n| \geqslant 1\}\right]<\infty,$$

则 $\sum\limits_{n=1}^{\infty} X_n$ a.s. 收敛.

证明　我们用三级数定理证明本题结论. 易知

$$\sum_{n=1}^{\infty} P\{|X_n| \geqslant 1\} \leqslant \sum_{n=1}^{\infty} \mathrm{E}|X_n| I\{|X_n| \geqslant 1\}<\infty,$$

即定理 20.6 之 (i) 满足.

由 $\mathrm{E}X_n=0$ 得

$$\left|\sum_{n=1}^{\infty} \mathrm{E}X_n I\{|X_n|<1\}\right| \leqslant \sum_{n=1}^{\infty}\left|\mathrm{E}X_n I\{|X_n|<1\}\right|$$
$$=\sum_{n=1}^{\infty}\left|\mathrm{E}X_n I\{|X_n| \geqslant 1\}\right|$$
$$\leqslant \sum_{n=1}^{\infty} \mathrm{E}|X_n| I\{|X_n| \geqslant 1\}<\infty,$$

即定理 20.6 之 (ii) 满足.

$$\sum_{n=1}^{\infty} \mathrm{Var} X_n I\{|X_n|<1\} \leqslant \sum_{n=1}^{\infty} \mathrm{E}X_n^2 I\{|X_n|<1\}<\infty,$$

即定理 20.6 之 (iii) 满足.

20.12　(子序列方法之一) 对于 r.v. 序列 $\{\xi, \xi_n, n \geqslant 1\}$, 若存在正整数列 $\{n_k, k \geqslant 1\}$, 使得当 $k \rightarrow \infty$ 时, $n_k \uparrow \infty$, 且

$$\xi_{n_k} \rightarrow \xi \text{ a.s.},$$

$$\max_{n_{k-1}<n\leqslant n_k} |\xi_n - \xi_{n_k}| \to 0 \text{ a.s.},$$

则 $\xi_n \to \xi$ a.s..

证明 对任意给定的正整数 n, 选取 n_k 使得 $n_{k-1} < n \leqslant n_k$, 于是

$$|\xi_n - \xi| \leqslant \left|\xi_{n_{k-1}} - \xi\right| + \left|\xi_n - \xi_{n_{k-1}}\right| \leqslant \left|\xi_{n_{k-1}} - \xi\right| + \max_{n_{k-1}<n\leqslant n_k} \left|\xi_n - \xi_{n_{k-1}}\right|,$$

令 $n \to \infty$, 从而 $k \to \infty$, 由假设就得到 $\xi_n \to \xi$ a.s..

【评注】 (a) 注意到 $\sum\limits_{k=2}^{n} \dfrac{1}{k} \sim \log n$, 由 Toeplitz 引理, 本题结论可加强为

$$\frac{1}{\log n} \sum_{k=2}^{n} \frac{\xi_k}{k} \to \xi \text{ a.s.};$$

(b) 注意到 $\sum\limits_{k=2}^{n} \dfrac{1}{k \log k} \sim \log\log n$, 由 Toeplitz 引理, 本题结论又可加强为

$$\frac{1}{\log\log n} \sum_{k=2}^{n} \frac{\xi_k}{k \log k} \to \xi \text{ a.s.}.$$

20.13 (子序列方法之二) 设 $\{\xi, \xi_n, n \geqslant 1\}$ 是满足 $0 \leqslant \xi_n \uparrow$ 的 r.v. 序列, $\{c, c_n, n \geqslant 1\}$ 是满足 $0 \leqslant c_n \uparrow$ 的数列, 若存在正整数列 $\{n_k, k \geqslant 1\}$, 使得当 $k \to \infty$ 时, $n_k \uparrow \infty$, 且

$$\frac{\xi_{n_k}}{c_{n_k}} \to \frac{\xi}{c} \text{ a.s.},$$

$$\frac{c_{n_{k+1}}}{c_{n_k}} \to 1,$$

则 $\dfrac{\xi_n}{c_n} \to \dfrac{\xi}{c}$ a.s..

证明 对任意给定的正整数 n, 由于 $n_k \uparrow \infty$, 可选取 n_k 使得 $n_k < n \leqslant n_{k+1}$, 从而

$$\frac{\xi_{n_k}}{c_{n_{k+1}}} \leqslant \frac{\xi_n}{c_n} \leqslant \frac{\xi_{n_{k+1}}}{c_{n_k}},$$

等价地

$$\frac{c_{n_k}}{c_{n_{k+1}}} \cdot \frac{\xi_{n_k}}{c_{n_k}} \leqslant \frac{\xi_n}{c_n} \leqslant \frac{\xi_{n_{k+1}}}{c_{n_{k+1}}} \cdot \frac{c_{n_{k+1}}}{c_{n_k}},$$

令 $n \to \infty$, 由 $\dfrac{\xi_{n_k}}{c_{n_k}} \to \dfrac{\xi}{c}$ a.s. 和 $\dfrac{c_{n_{k+1}}}{c_{n_k}} \to 1$ 就得到欲证.

20.14 设 $\{X_n, n \geqslant 1\}$ 是独立 r.v. 序列, 且 $X_n \sim \mathrm{Po}(\lambda_n)$, 若 $\sum\limits_{n=1}^{\infty} \lambda_n = \infty$, 且 $\sup\limits_{n\geqslant 1} \lambda_n \leqslant c$ (c为某个正常数), 则 $\dfrac{S_n}{\mathrm{E}S_n} \to 1$ a.s..

证明 首先 $\mathrm{Var}S_n = \mathrm{E}S_n$, 其次将教材中的 (20.2) 式改写成 $k^2 \leqslant \mathrm{E}S_{n_k} \leqslant k^2 + c$. 接下来, 几乎照搬定理 20.7 的证明过程就完成本题的证明.

20.2 几个经典的强大数定律

20.2.1 内容提要

定义 20.8 设 $\{X_n, n \geqslant 1\}$ 为 r.v. 序列, $S_n = \sum\limits_{k=1}^{n} X_k$ 为其部分和.

(i) 若诸 $\mathrm{E}X_n$ 有限且

$$\frac{S_n - \mathrm{E}S_n}{n} \to 0 \text{ a.s.},$$

则称 $\{X_n\}$ 服从古典意义下的**强大数定律**;

(ii) 若存在中心化常数列 $\{a_n, n \geqslant 1\}$ 和正则化常数列 $\{b_n, n \geqslant 1\}$, 其中 $0 < b_n \to \infty$, 使得

$$\frac{S_n - a_n}{b_n} \to 0 \text{ a.s.},$$

则称 $\{X_n\}$ 服从现代意义下的强大数定律.

引理 20.9 (Kronecker 引理) 设 $\{b_n, n \geqslant 1\}$ 和 $\{x_n, n \geqslant 1\}$ 是两个实数列, $0 < b_n \uparrow \infty$. 若 $\sum\limits_{n=1}^{\infty} \dfrac{x_n}{b_n}$ 收敛, 则

$$\frac{1}{b_n} \sum_{k=1}^{n} x_k \to 0, \quad n \to \infty.$$

定理 20.10 设独立 r.v. 序列 $\{X_n, n \geqslant 1\}$ 满足

$$\sigma_n^2 = \mathrm{Var}X_n < \infty, \quad n \geqslant 1,$$

又设实数列 $\{b_n, n \geqslant 1\}$ 满足 $0 < b_n \uparrow \infty$. 若 $\sum\limits_{n=1}^{\infty} \dfrac{\sigma_n^2}{b_n^2} < \infty$, 则 $\dfrac{1}{b_n}(S_n - \mathrm{E}S_n) \to 0$ a.s..

定理 20.11 (Kolmogorov 强大数定律) 设 $\{X_n, n \geqslant 1\}$ 是独立同分布于 X 的 r.v. 序列.

(i) 若 $\mathrm{E}|X| < \infty$, 记 $\mathrm{E}X = \mu \in \mathbb{R}$, 则

$$\frac{S_n}{n} \to \mu \text{ a.s.};$$

(ii) 若 $\frac{S_n}{n} \to c$ a.s. ($c \in \mathbb{R}$ 是常数), 则

$$\mathrm{E}|X| < \infty, \quad \text{且} \quad c = \mathrm{E}X.$$

定理 20.14 (Marcinkiewicz-Zygmund 强大数定律) 设 $\{X_n, n \geqslant 1\}$ 是独立同分布于 X 的 r.v. 序列, 则对某个常数 $a \in \mathbb{R}$ 及 $p \in (0, 2)$,

$$n^{-\frac{1}{p}}(S_n - na) \to 0 \ \text{ a.s.}$$

的充分必要条件是 $\mathrm{E}|X|^p < \infty$, 且当 $0 < p < 1$ 时, a 可取任意常数 (不妨取 $a = 0$), 而当 $1 \leqslant p < 2$ 时, $a = \mathrm{E}X$.

定理 20.15 设 $\{X_n, n \geqslant 1\}$ 是独立同分布的非退化 r.v. 序列, $p \geqslant 2$, 则对任何常数列 $\{a_n, n \geqslant 1\}$ 都有

$$\varlimsup_{n\to\infty} n^{-\frac{1}{p}}|S_n - a_n| = \infty \text{ a.s..}$$

定理 20.16 设 $\{X_n, n \geqslant 1\}$ 是独立 r.v. 序列, $\{b_n, n \geqslant 1\}$ 是实数列, 且 $0 < b_n \uparrow \infty$.

(i) 若对某个 $p \in (0, 1]$, 有

$$\sum_{n=1}^{\infty} \frac{\mathrm{E}|X_n|^p}{b_n^p} < \infty, \tag{20.13}$$

则 $\frac{S_n}{b_n} \to 0$ a.s.;

(ii) 若对某个 $p \in (1, 2]$, (20.13) 式成立, 则 $\frac{S_n - \mathrm{E}S_n}{b_n} \to 0$ a.s..

20.2.2 习题 20.2 解答与评注

20.15 设 r.v. 序列 $\{X_n, n \geqslant 1\}$ 满足 $\sum\limits_{n=1}^{\infty} \frac{\mathrm{E}X_n^2}{n} < \infty$, 则 $\frac{S_n}{n} \to 0$ a.s..

证明 由 $\sum\limits_{n=1}^{\infty} \frac{\mathrm{E}X_n^2}{n} < \infty$ 及 Fatou 引理得

$$\mathrm{E}\left(\sum_{n=1}^{\infty} \frac{X_n^2}{n}\right) = \mathrm{E}\left(\lim_{m\to\infty} \sum_{n=1}^{m} \frac{X_n^2}{n}\right) \leqslant \varliminf_{m\to\infty} \mathrm{E}\left(\sum_{n=1}^{m} \frac{X_n^2}{n}\right)$$

$$= \lim_{m\to\infty}\sum_{n=1}^{m}\frac{\mathrm{E}X_n^2}{n} = \sum_{n=1}^{\infty}\frac{\mathrm{E}X_n^2}{n} < \infty,$$

从而 $\sum\limits_{n=1}^{\infty}\frac{X_n^2}{n} < \infty$ a.s., 进而由 Kronecker 引理得 $\frac{1}{n}\sum\limits_{k=1}^{n}X_k^2 \to 0$ a.s.. 最后由 $\left(\frac{1}{n}\sum\limits_{k=1}^{n}X_k\right)^2 \leqslant \frac{1}{n}\sum\limits_{k=1}^{n}X_k^2$ 得 $\frac{1}{n}\sum\limits_{k=1}^{n}X_k \to 0$ a.s..

【评注】 (a) 本题中没有独立性假设;

(b) 如果加进独立性假设, 那么由定理 20.10 易得 $\frac{S_n - \mathrm{E}S_n}{\sqrt{n}} \to 0$ a.s..

20.16 设 $\{X_n, n\geqslant 1\}$ 是独立同分布的 r.v. 序列, $\mathrm{E}X_1 = 0$, $\mathrm{E}X_1^2 < \infty$, 则 $\forall\varepsilon > 0$,

$$\frac{S_n}{n^{\frac{1}{2}}(\log n)^{\frac{1}{2}+\varepsilon}} \to 0 \text{ a.s.}.$$

证明 设 $b_1 > 0$, $b_n = n^{\frac{1}{2}}(\log n)^{\frac{1}{2}+\varepsilon}$, $n \geqslant 2$, 则

$$\sum_{n=1}^{\infty}\frac{\mathrm{Var}X_n}{b_n^2} = \mathrm{Var}X_1\cdot\sum_{n=1}^{\infty}\frac{1}{b_n^2} = \mathrm{Var}X_1\cdot\left(\frac{1}{b_1^2} + \sum_{n=2}^{\infty}\frac{1}{n(\log n)^{1+2\varepsilon}}\right) < \infty,$$

从而由定理 20.10 知结论成立.

【评注】 (a) 由 Kolmogorov 强大数定律得到 $\frac{S_n}{n} \to 0$ a.s., 它显然比本题的结论弱一些.

(b) 第 25 章 (定理 25.8) 将证明如下更强的结论:

$$\varlimsup_{n\to\infty}\frac{S_n}{(n\log\log n)^{\frac{1}{2}}} = \sqrt{2}\sigma \text{ a.s.},$$

其中 $\sigma^2 = \mathrm{E}X_1^2$, 所以本题的结论不是最优的.

20.17 设独立 r.v. 序列 $\{X_n, n\geqslant 1\}$ 满足

$$\sigma_n^2 = \mathrm{Var}X_n < \infty, \quad n \geqslant 1,$$

$$\sum_{n=1}^{\infty}\frac{1}{\sigma_n^2} = \infty,$$

则 $\dfrac{\sum\limits_{k=1}^{n}\frac{X_k - \mathrm{E}X_k}{\sigma_k^2}}{\sum\limits_{k=1}^{n}\frac{1}{\sigma_k^2}} \to 0$ a.s..

证明 由定理 20.10, 只需证明

$$\sum_{n=1}^{\infty}\frac{\operatorname{Var}\left(\dfrac{X_n}{\sigma_n^2}\right)}{\left(\displaystyle\sum_{k=1}^{n}\frac{1}{\sigma_k^2}\right)^2}<\infty.$$

事实上, 由 $\sum\limits_{n=1}^{\infty}\dfrac{1}{\sigma_n^2}=\infty$ 得

$$\begin{aligned}\sum_{n=1}^{\infty}\frac{\operatorname{Var}\left(\dfrac{X_n}{\sigma_n^2}\right)}{\left(\displaystyle\sum_{k=1}^{n}\frac{1}{\sigma_k^2}\right)^2}&=\sum_{n=1}^{\infty}\frac{\dfrac{1}{\sigma_n^2}}{\left(\displaystyle\sum_{k=1}^{n}\frac{1}{\sigma_k^2}\right)^2}=1+\sum_{n=2}^{\infty}\frac{\dfrac{1}{\sigma_n^2}}{\left(\displaystyle\sum_{k=1}^{n}\frac{1}{\sigma_k^2}\right)^2}\\&\leqslant 1+\sum_{n=2}^{\infty}\frac{\displaystyle\sum_{k=1}^{n}\frac{1}{\sigma_k^2}-\sum_{k=1}^{n-1}\frac{1}{\sigma_k^2}}{\left(\displaystyle\sum_{k=1}^{n}\frac{1}{\sigma_k^2}\right)^2\left(\displaystyle\sum_{k=1}^{n-1}\frac{1}{\sigma_k^2}\right)^2}\\&=1+\sum_{n=2}^{\infty}\left[\frac{1}{\left(\displaystyle\sum_{k=1}^{n-1}\frac{1}{\sigma_k^2}\right)^2}-\frac{1}{\left(\displaystyle\sum_{k=1}^{n}\frac{1}{\sigma_k^2}\right)^2}\right]\\&=1+\sigma_1^2<\infty.\end{aligned}$$

20.18 (弱大数定律成立但强大数定律不成立的例子) 设 $\{X_n,n\geqslant 1\}$ 是独立同分布于 X 的 r.v. 序列,

$$P\{|X|\geqslant x\}=\begin{cases}0, & x<\mathrm{e},\\ \dfrac{\mathrm{e}}{x\log x}, & x\geqslant \mathrm{e},\end{cases}$$

证明 $\dfrac{S_n}{n}\xrightarrow{P}0$, 但 $\left\{\dfrac{S_n}{n},n\geqslant 1\right\}$ 并不 a.s. 收敛.

证明 因为

$$nP\{|X|\geqslant n\}=n\cdot\frac{\mathrm{e}}{n\log n}=\frac{\mathrm{e}}{\log n}\to 0,$$

所以由定理 19.25 知 $\dfrac{S_n}{n}-\mathrm{E}XI\{|X|<n\}\xrightarrow{P}0$, 但由对称性得 $\mathrm{E}XI\{|X|<n\}=0$, 故 $\dfrac{S_n}{n}\xrightarrow{P}0$. 又因为

$$\mathrm{E}|X| = \int_0^{\infty} P\{|X| \geqslant x\}\mathrm{d}x = \int_{\mathrm{e}}^{\infty} \frac{\mathrm{e}}{x\log x}\mathrm{d}x = \infty,$$

所以由定理 20.11 之 (ii) 知 $\left\{\dfrac{S_n}{n}, n \geqslant 1\right\}$ 不 a.s. 收敛.

【评注】 Kolmogorov 强大数定律既包含充分性结论, 又包含必要性结论, 下面的计算题来自中国科技大学 2012 年概率论与数理统计专业研究生入学考试试题, 应用 Kolmogorov 强大数定律充分性结论就可以轻松地解决.

设 $\{X_n, n\geqslant 1\}$ 是独立同分布的 r.v. 序列, $\mathrm{E}X_1 = a \in \mathbb{R}$, 求 $\lim\limits_{n\to\infty} \sin\left(\dfrac{1}{n}\sum\limits_{i=1}^n X_i\right)$.

答案显然为 $\lim\limits_{n\to\infty} \sin\left(\dfrac{1}{n}\sum\limits_{i=1}^n X_i\right) = \sin a$ a.s..

20.19 设 $\{X_n, n \geqslant 1\}$ 是独立同分布于 X 的 r.v. 序列.

(1) 若 $\mathrm{E}X = +\infty$, 则 $\dfrac{S_n}{n} \to +\infty$ a.s.;

(2) 若 $\mathrm{E}X = -\infty$, 则 $\dfrac{S_n}{n} \to -\infty$ a.s.;

(3) 若 $\mathrm{E}|X| = +\infty$, 则 $\varlimsup\limits_{n\to\infty} \dfrac{|S_n|}{n} = +\infty$ a.s..

证明　(1) 此时 $\mathrm{E}X^+ = +\infty$, $\mathrm{E}X^- < +\infty$, 对任意固定的 $c > 0$, 令

$$X^c = XI\{X < c\}, \quad X_n^c = X_n I\{X_n < c\},$$

则由 $X^c < c$ 知 $\mathrm{E}X^c < c$, 再由 $X^c \geqslant -X^-$ 知 $\mathrm{E}X^c \geqslant -\mathrm{E}X^- > -\infty$, 从而 $-\infty < \mathrm{E}X^c < +\infty$, 即 $\mathrm{E}X^c \in \mathbb{R}$. 令 $S_n^c = \sum\limits_{k=1}^n X_k^c$, 则由 Kolmogorov 强大数定律,

$$\frac{S_n^c}{n} \to \mathrm{E}X^c \text{ a.s.}.$$

另一方面, 由 $X_n \geqslant X_n^c$ 知 $S_n \geqslant S_n^c$, 于是

$$\varliminf_{n\to\infty} \frac{S_n}{n} \geqslant \varliminf_{n\to\infty} \frac{S_n^c}{n} = \mathrm{E}X^c \text{ a.s.},$$

令 $c \to \infty$, 由单调收敛定理得 $\mathrm{E}X^c \to \mathrm{E}X = +\infty$, 由此得到欲证.

(2) 考虑 r.v. 序列 $\{-X_n, n \geqslant 1\}$, 由已证的 (1) 即得.

(3) 任意固定 $A > 0$, 由 $\mathrm{E}|X| = \infty$ 及习题 20.4 知 $P\{|S_n| \geqslant nA, \text{ i.o.}\} = 1$, 这等价于

$$\varlimsup_{n\to\infty} \frac{|S_n|}{n} \geqslant A \text{ a.s.},$$

由 A 的任意性得到 $\varlimsup\limits_{n\to\infty}\dfrac{|S_n|}{n}=\infty$ a.s..

【评注】 可将本题之 (3) 扩展为: 设 $p>0$, $\{X_n,n\geqslant 1\}$ 是独立同分布于 X 的 r.v. 序列, 若 $\mathrm{E}|X|^p=\infty$, 则 $\varlimsup\limits_{n\to\infty}\dfrac{|S_n|}{n^{1/p}}=\infty$ a.s..

20.20 设 $\{X_n,n\geqslant 1\}$ 如圣彼得堡悖论[①]中独立同分布于 X 的 r.v. 序列, 证明:

$$\varlimsup_{n\to\infty}\frac{X_n}{n\log_2 n}=\infty \text{ a.s.},$$

更有

$$\varlimsup_{n\to\infty}\frac{S_n}{n\log_2 n}=\infty \text{ a.s.}.$$

证明 任意固定 $A>0$, 由 $P\{X\geqslant 2^{n+1}\}=\sum\limits_{k=n+1}^{\infty}\dfrac{1}{2^k}=\dfrac{1}{2^n}$ 得

$$\begin{aligned}
&\sum_{n=1}^{\infty}P\{|X_n|\geqslant An\log_2 n\}=\sum_{n=1}^{\infty}P\{X\geqslant An\log_2 n\}\\
=&\sum_{n=1}^{\infty}P\left\{X\geqslant 2^{\log_2(An\log_2 n)}\right\}\geqslant\sum_{n=1}^{\infty}P\left\{X\geqslant 2^{\lceil\log_2(An\log_2 n)\rceil+1}\right\}\\
=&\sum_{n=1}^{\infty}\frac{1}{2^{\lceil\log_2(An\log_2 n)\rceil}}\geqslant\sum_{n=1}^{\infty}\frac{1}{2^{\log_2(An\log_2 n)}}\\
=&\sum_{n=1}^{\infty}\frac{1}{An\log_2 n}=\frac{1}{A}\sum_{n=1}^{\infty}\frac{1}{n\log_2 n}=\infty,
\end{aligned}$$

于是, 由 Borel-Cantelli 引理得

$$P\{|X_n|\geqslant An\log_2 n,\text{i.o.}\}=1,$$

由此得

$$\varlimsup_{n\to\infty}\frac{X_n}{n\log_2 n}\geqslant A \text{ a.s.},$$

最后, 由 A 的任意性得到

$$\varlimsup_{n\to\infty}\frac{X_n}{n\log_2 n}=\infty \text{ a.s.}.$$

① 圣彼得堡悖论见例 19.23.

【评注】 例 19.23 已经证明 $\dfrac{S_n}{n\log_2 n}\xrightarrow{P}1$, 本题又得到 $\overline{\lim\limits_{n\to\infty}}\dfrac{S_n}{n\log_2 n}=\infty$ a.s., 实际上再次提供了依概率收敛但不几乎处处收敛的例子.

20.21① (推广的 Kolmogorov 强大数定律) 设 $\{X_n, n\geqslant 1\}$ 是独立同分布于 X 的 r.v. 序列, $\{c_n, n\geqslant 1\}$ 是有界实数列, 若 $\mathrm{E}X=0$, 则

$$\frac{1}{n}\sum_{k=1}^{n}c_kX_k\to 0 \text{ a.s.}.$$

证明 令 $X_n'=X_nI\{|X_n|<n\}$, 则由 $\mathrm{E}X=0$ 及习题 20.3 之 (1) 知

$$\sum_{n=1}^{\infty}P\{X_n\neq X_n'\}=\sum_{n=1}^{\infty}P\{|X_n|\geqslant n\}=\sum_{n=1}^{\infty}P\{|X|\geqslant n\}\leqslant \mathrm{E}|X|<\infty,$$

即 $\{X_n\}$ 与 $\{X_n'\}$ 是尾等价的, 因此由引理 20.5 之 (iii), 只需证明

$$\frac{1}{n}\sum_{k=1}^{n}c_kX_k'\to 0 \text{ a.s.}.$$

事实上, 在定理 20.11 的证明中已经得到

$$\sum_{n=1}^{\infty}\frac{\mathrm{Var}\,(c_nX_n')}{n^2}\leqslant \sup_{n\geqslant 1}c_n^2\sum_{n=1}^{\infty}\frac{\mathrm{Var}X_n'}{n^2}<\infty,$$

所以由定理 20.10 知

$$\frac{1}{n}\sum_{k=1}^{n}c_k\left(X_k'-\mathrm{E}X_k'\right)\to 0 \text{ a.s.},$$

而由 $\mathrm{E}X=0$ 及控制收敛定理不难得到 $\mathrm{E}X_n'\to 0$, 从而 Toeplitz 引理保证

$$\frac{1}{n}\sum_{k=1}^{n}c_k\mathrm{E}X_k'\to 0,$$

故 $\frac{1}{n}\sum\limits_{k=1}^{n}c_kX_k'\to 0$ a.s..

【评注】 当 $c_n\equiv 1$ 时, 本题就回到定理 20.11 之 (i).

20.22 设 $\{X_n, n\geqslant 1\}$ 是独立同分布于 X 的 r.v. 序列, $\mathrm{E}X^2<\infty$, 则

$$\frac{1}{n-1}\sum_{k=1}^{n}\left(X_k-\overline{X}_n\right)^2\to \mathrm{Var}X \text{ a.s.},$$

① 本题是习题 19.13 的加强版本.

其中 $\overline{X}_n = \dfrac{S_n}{n}$.

证明 分别对 r.v. 序列 $\{X_n, n \geqslant 1\}$ 和 $\{X_n^2, n \geqslant 1\}$ 使用 Kolmogorov 强大数定律得

$$\overline{X}_n \to \mathrm{E}X \text{ a.s.},$$

$$\frac{1}{n}\sum_{k=1}^{n} X_k^2 \to \mathrm{E}X^2 \text{ a.s.},$$

于是

$$\begin{aligned}\frac{1}{n-1}\sum_{k=1}^{n}\left(X_k - \overline{X}_n\right)^2 &= \frac{1}{n-1}\left(\sum_{k=1}^{n} X_k^2 - n\overline{X}_n^2\right)\\ &= \frac{1}{n-1}\sum_{k=1}^{n} X_k^2 - \frac{n}{n-1}\overline{X}_n^2\\ &\to \mathrm{E}X^2 - (\mathrm{E}X)^2 = \mathrm{Var}X \text{ a.s.}.\end{aligned}$$

【评注】 本题表明: 样本方差是总体方差的强相合估计, 它是习题 19.5 之 (2) 的加强版本.

20.23 设 $\{X_n, n \geqslant 1\}$ 是独立同分布于 X 的 r.v. 序列, $\mathrm{E}X = \mu$, $\mathrm{Var}X = \sigma^2$, 则

$$\frac{X_1 + X_2 + \cdots + X_n}{X_1^2 + X_2^2 + \cdots + X_n^2} \to \frac{\mu}{\sigma^2 + \mu^2} \text{ a.s.}.$$

证明 分别对 r.v. 序列 $\{X_n, n \geqslant 1\}$ 和 $\{X_n^2, n \geqslant 1\}$ 使用 Kolmogorov 强大数定律得

$$\frac{1}{n}(X_1 + X_2 + \cdots + X_n) \to \mu \text{ a.s.},$$

$$\frac{1}{n}\left(X_1^2 + X_2^2 + \cdots + X_n^2\right) \to \mathrm{E}X^2 = \sigma^2 + \mu^2 \text{ a.s.},$$

于是

$$\frac{X_1 + X_2 + \cdots + X_n}{X_1^2 + X_2^2 + \cdots + X_n^2} = \frac{\frac{1}{n}(X_1 + X_2 + \cdots + X_n)}{\frac{1}{n}(X_1^2 + X_2^2 + \cdots + X_n^2)} \to \frac{\mu}{\sigma^2 + \mu^2} \text{ a.s.}.$$

20.24 证明: (1) 对于 $p > 1$, 存在仅与 p 有关的正常数 c, 使得

$$\sum_{k=n}^{\infty} k^{-p} \leqslant cn^{-p+1}, \quad n = 1, 2, \cdots;$$

(2) 对于 $0 < p < 1$, 存在仅与 p 有关的正常数 c, 使得

$$\sum_{k=1}^{n} k^{-p} \leqslant cn^{-p+1}, \quad n=1,2,\cdots.$$

证明 (1) 由

$$\frac{1}{p-1}n^{-p+1}=\int_n^{\infty}\frac{1}{x^p}\mathrm{d}x=\sum_{k=n}^{\infty}\int_k^{k+1}\frac{1}{x^p}\mathrm{d}x \geqslant \sum_{k=n}^{\infty}\frac{1}{(k+1)^p}$$
$$\geqslant \sum_{k=n}^{\infty}\frac{1}{(2k)^p}=\frac{1}{2^p}\sum_{k=n}^{\infty}\frac{1}{k^p}$$

得到

$$\sum_{k=n}^{\infty}\frac{1}{k^p} \leqslant cn^{-p+1}, \quad n=1,2,\cdots,$$

其中常数 $c=\dfrac{2^p}{p-1}$.

(2) 由

$$\sum_{k=1}^{n}k^{-p}=\sum_{k=1}^{n}\frac{1}{k^p}=2^p\sum_{k=1}^{n}\frac{1}{(2k)^p}\leqslant 2^p\sum_{k=1}^{n}\frac{1}{(k+1)^p}$$
$$\leqslant 2^p\sum_{k=1}^{n}\int_k^{k+1}\frac{1}{x^p}\mathrm{d}x=2^p\int_1^{n+1}\frac{1}{x^p}\mathrm{d}x=\frac{2^p}{1-p}\left[(n+1)^{-p+1}-1\right]$$
$$\leqslant \frac{2^p}{1-p}(n+1)^{-p+1}\leqslant \frac{2^p}{1-p}(2n)^{-p+1}=\frac{2}{1-p}n^{-p+1}$$

得到

$$\sum_{k=1}^{n} k^{-p} \leqslant cn^{-p+1}, \quad n=1,2,\cdots,$$

其中常数 $c=\dfrac{2}{1-p}$.

【评注】 只要 $p>0$, 显然就有 $\sum\limits_{k=1}^{n}k^p \leqslant n^{p+1}$.

20.25 设 $\{X_n, n\geqslant 1\}$ 是独立同分布于 X 的 r.v. 序列, $p\in(0,2)$, $\mathrm{E}|X|^p<\infty$, $X_n'=X_nI\left\{|X_n|<n^{\frac{1}{p}}\right\}$, $n\geqslant 1$, 则

(1) $\sum\limits_{n=1}^{\infty}\mathrm{Var}\left(n^{-\frac{1}{p}}X_n'\right)<\infty$;

(2) $n^{-\frac{1}{p}}\sum\limits_{k=1}^{n}(X_k'-\mathrm{E}X_k')\to 0$ a.s..

证明 (1) 这是因为

$$\begin{aligned}\sum_{n=1}^{\infty}\operatorname{Var}\left(n^{-\frac{1}{p}}X_n'\right) &\leqslant \sum_{k=1}^{n} n^{-\frac{2}{p}}\mathrm{E}X_n'^2 = \sum_{k=1}^{n} n^{-\frac{2}{p}}\mathrm{E}X^2 I\left\{|X_n|^p<n\right\}\\ &= \sum_{n=1}^{\infty} n^{-\frac{2}{p}}\sum_{k=1}^{n}\mathrm{E}X^2 I\left\{k-1\leqslant |X|^p<k\right\}\\ &\leqslant \sum_{n=1}^{\infty} n^{-\frac{2}{p}}\sum_{k=1}^{n}k^{\frac{2-p}{p}}\mathrm{E}|X|^p I\left\{k-1\leqslant |X|^p<k\right\}\\ &= \sum_{k=1}^{\infty}k^{\frac{2-p}{p}}\mathrm{E}|X|^p I\left\{k-1\leqslant |X|^p<k\right\}\cdot\sum_{n=k}^{\infty}n^{-\frac{2}{p}}\\ &\leqslant \sum_{k=1}^{\infty}k^{\frac{2-p}{p}}\mathrm{E}|X|^p I\left\{k-1\leqslant |X|^p<k\right\}\cdot ck^{-\frac{2}{p}+1}\\ &= c\sum_{k=1}^{\infty}\mathrm{E}|X|^p I\left\{k-1\leqslant |X|^p<k\right\}\\ &= c\mathrm{E}\,|X|^p<\infty,\end{aligned}$$

其中, 倒数第一个不等式使用了习题 20.24 之 (1) 的结论.

(2) 由 (1) 及定理 20.1 知 $\sum\limits_{n=1}^{\infty} n^{-\frac{1}{p}}\left(X_n'-\mathrm{E}X_n'\right)$ a.s. 收敛, 进而由 Kronecker 引理知 $n^{-\frac{1}{p}}\sum\limits_{k=1}^{n}\left(X_k'-\mathrm{E}X_k'\right)\to 0$ a.s..

20.26 设 $\{X_n, n\geqslant 1\}$ 是独立 r.v. 序列, 若存在 $\delta>0$ 及 $M>0$, 使对一切 $n\geqslant 1$, 都有 $\mathrm{E}\,|X_n|^{1+\delta}\leqslant M$, 则 $\dfrac{S_n-\mathrm{E}S_n}{n}\to 0$ a.s..

证明 设 δ' 满足

$$0<\delta'<\delta,$$

则由 Lyapunov 不等式 (推论 9.9 之 (i)) 得

$$\left(\mathrm{E}\,|X_n|^{1+\delta'}\right)^{\frac{1}{1+\delta'}}\leqslant\left(\mathrm{E}\,|X_n|^{1+\delta}\right)^{\frac{1}{1+\delta}},$$

从而

$$\mathrm{E}\,|X_n|^{1+\delta'}\leqslant M^{\frac{1+\delta'}{1+\delta}},$$

故可不妨假设 $0<\delta\leqslant 1$, 于是 $1+\delta\in(1,2]$. 在 (20.13) 式中取 $b_n=n$, $p=1+\delta$, 有

$$\sum_{n=1}^{\infty}\frac{\mathrm{E}\,|X_n|^p}{b_n^p}=\sum_{n=1}^{\infty}\frac{\mathrm{E}\,|X_n|^{1+\delta}}{n^{1+\delta}}\leqslant M\sum_{n=1}^{\infty}\frac{1}{n^{1+\delta}}<\infty,$$

从而由定理 20.16 之 (ii) 得到欲证.

20.3　强大数定律的几个经典应用

20.3.1　内容提要

定理 20.17 (强更新定理)　若 $\mathrm{E}X_1 = \mu \leqslant \infty$, 则当 $t \to \infty$ 时, $\dfrac{N_t}{t} \to \dfrac{1}{\mu}$ a.s., 即长期更新率为 $\dfrac{1}{\mu}$.

定理 20.18　$D_n \to 0$ a.s..

定理 20.19　设 $X_1, X_2, \cdots, X_n$ 是来自总体 $X \sim F(x)$ 的随机样本, $0 < p < 1$, F 在 $F^{\leftarrow}(p)$ 处严格单调增, 则

$$\hat{F}_n^{\leftarrow}(p) \to F^{\leftarrow}(p) \text{ a.s..}$$

定义 20.20　称

$$\hat{f}_n(x) = \frac{1}{nh_n}\sum_{j=1}^{n} K\left(\frac{x - X_j}{h_n}\right), \quad x \in \mathbb{R}$$

为总体未知密度 $f(x)$ 的一个**核估计**, 其中 $K(x)$ 是某个已知的密度函数, 称之为**核函数**, 而 $h_n > 0$ 是某个仅与 n 有关的常数, 称之为核估计 $\hat{f}_n(x)$ 的**窗宽**.

注记 20.21　关于窗宽的两条注记.

(i) “窗宽” 这个词是从核估计的特殊形式 (20.20), (20.21) 中 h_n 的含义派生出来的. 从公式 (20.20), (20.21) 可以解释 Rosenblatt 估计为: 把每次观测 X_j 都限制在高为 $\dfrac{1}{nh_n}$, 宽为 h_n 的 “窗” 内, 而估计值为 n 个这种 “窗” 之和. 因而 h_n 正是这 n 个 “窗” 的公共 “窗宽” 参数.

(ii) 核估计既与样本有关, 又与核函数 K 及窗宽 h_n 有关. 当 h_n 选得过大, 由于 x 经压缩变换 $\dfrac{x - X_j}{h_n}$ 之后使分布的主要部分的某些特征 (如多峰性) 被掩盖起来了, 估计量有较大偏差; 如 h_n 选得过小, 整个估计特别是尾部出现较大的干扰, 从而有增大方差的趋势. 因而在实际使用核估计时, 如何选取适当的窗宽是一项很细致的工作.

定理 20.22　若 f 有界, 则 $\forall x \in C(f)$,

$$\mathrm{E}\hat{f}_n(x) \to f(x),$$

即 $\hat{f}_n(x)$ 是 $f(x)$ 的渐近无偏估计.

定理 20.23 若 f 一致连续, 则 $\sup\limits_{x\in\mathbb{R}}\left|\mathrm{E}\hat{f}_n(x)-f(x)\right|\to 0$.

定理 20.24 若 f 有界, K 有界, 且

$$nh_n\to\infty,$$

则对每个 $x\in C(f)$,

$$\mathrm{E}\left[\hat{f}_n(x)-f(x)\right]^2\to 0.$$

推论 20.25 在定理 20.24 的条件下, 对每个 $x\in C(f)$,

$$\hat{f}_n(x)\xrightarrow{P}f(x).$$

引理 20.26 若 $\varphi_K(t)$ 绝对可积, 则

$$\hat{f}_n(x)=\frac{1}{2\pi}\int_{-\infty}^{\infty}\mathrm{e}^{-\mathrm{i}tx}\varphi_K(h_nt)Z_n(t)\,\mathrm{d}t.$$

引理 20.27 若 $\varphi_K(t)$ 绝对可积, 且 $\lim\limits_{n\to\infty}nh_n^2=\infty$, 则

$$\mathrm{E}\sup_{x\in\mathbb{R}}\left|\hat{f}_n(x)-\mathrm{E}\hat{f}_n(x)\right|\to 0.$$

定理 20.28 令 $V_n=\sup\limits_{x\in\mathbb{R}}\left|\hat{f}_n(x)-f(x)\right|$, 若

(i) $f(x)$ 一致连续;

(ii) K 在每个点 $x\in\mathbb{R}$ 处都左连续或右连续, 且 $\varphi_K(t)$ 绝对可积;

(iii) $\lim\limits_{n\to\infty}nh_n^2=\infty$,

则 $V_n\to 0$ a.s., 即核密度估计量是总体密度函数的一致强相合估计.

20.3.2 习题 20.3 解答与评注

20.27 设 N_t 如定理 20.17 中定义.

(1) 证明: 当 $t\to\infty$ 时, $N_t\xrightarrow{P}\infty$, 即 $\forall n\in\mathbb{N}$, $P\{N_t<n\}\to 0$;

(2) 利用 (1) 的结论证明: 当 $t\to\infty$ 时, $N_t\uparrow\infty$ a.s..

证明 (1) $\forall n\in\mathbb{N}$, 因为 $\{N_t<n\}=\{T_n>t\}$, 并且 $T_n<\infty$, 所以

$$\lim_{t\to\infty}P\{N_t<n\}=\lim_{t\to\infty}P\{T_n>t\}=0.$$

(2) 为证当 $t\to\infty$ 时, $N_t\uparrow\infty$ a.s., 只需证明当 $m\to\infty$ 时, $N_m\uparrow\infty$ a.s.. 事实上, 因为

$$P\{N_m\uparrow\infty\}=P\left(\bigcup_{m=1}^{\infty}\bigcap_{k=m}^{\infty}\{N_k\geqslant n\}\right),\quad\forall n\in\mathbb{N},$$

而由已证的 (1) 得

$$
\begin{aligned}
&P\left(\bigcup_{m=1}^{\infty}\bigcap_{k=m}^{\infty}\{N_k\geqslant n\}\right)\\
&=P\left(\bigcup_{m=1}^{\infty}\{N_m\geqslant n\}\right)\geqslant P\{N_m\geqslant n\},\quad \forall n\in\mathbb{N},\quad \forall m\in\mathbb{N},
\end{aligned}
$$

取 $m\to\infty$ 得 $P\left(\bigcup\limits_{m=1}^{\infty}\bigcap\limits_{k=m}^{\infty}\{N_k\geqslant n\}\right)=1, \forall n\in\mathbb{N}$, 所以 $P\{N_m\uparrow\infty\}=1$.

20.28 试证由 (20.15) 式定义的 D_n 是 r.v..

证明 记 $D_n^+=\sup\limits_{x\in\mathbb{R}}\left[\hat{F}_n(x)-F(x)\right]$, $D_n^-=\sup\limits_{x\in\mathbb{R}}\left[F(x)-\hat{F}_n(x)\right]$, 显然

$$D_n=\max\left\{D_n^+,D_n^-\right\}.$$

任意固定 $\omega\in\Omega$, 记 $x_k=X_k(\omega)$, $X_{(1)}\leqslant X_{(2)}\leqslant\cdots\leqslant X_{(n)}$ 是次序统计量, $x_{(1)}\leqslant x_{(2)}\leqslant\cdots\leqslant x_{(n)}$ 是对应的观测值. 经计算得 D_n^+ 的观测值

$$
\begin{aligned}
d_n^+&=\sup_{x\in\mathbb{R}}\left[\frac{1}{n}\sum_{k=1}^{n}I\{x_k\leqslant x\}-F(x)\right]\\
&=\sup_{x<x_{(1)}}[0-F(x)]\vee\sup_{x_{(1)}\leqslant x<x_{(2)}}\left[\frac{1}{n}-F(x)\right]\vee\cdots\\
&\quad\vee\sup_{x_{(n-1)}\leqslant x<x_{(n)}}\left[\frac{n-1}{n}-F(x)\right]\vee\sup_{x\geqslant x_{(n)}}\left[\frac{n}{n}-F(x)\right]\\
&=0\vee\left[\frac{1}{n}-F\left(x_{(1)}\right)\right]\vee\cdots\vee\left[\frac{n-1}{n}-F\left(x_{(n-1)}\right)\right]\vee\left[\frac{n}{n}-F\left(x_{(n)}\right)\right]\\
&=0\vee\max_{1\leqslant k\leqslant n}\left[\frac{k}{n}-F\left(x_{(k)}\right)\right],
\end{aligned}
$$

这表明 $D_n^+=0\vee\max\limits_{1\leqslant k\leqslant n}\left[\frac{k}{n}-F\left(X_{(k)}\right)\right]$ 是 r.v.. 同理 D_n^- 的观测值

$$
\begin{aligned}
d_n^-&=\sup_{x\in\mathbb{R}}\left[F(x)-\frac{1}{n}\sum_{k=1}^{n}I\{x_k\leqslant x\}\right]\\
&=\sup_{x<x_{(1)}}[F(x)-0]\vee\sup_{x_{(1)}\leqslant x<x_{(2)}}\left[F(x)-\frac{1}{n}\right]\vee\cdots
\end{aligned}
$$

$$\vee \sup_{x_{(n-1)}\leqslant x<x_{(n)}}\left[F(x)-\frac{n-1}{n}\right]\vee\sup_{x\geqslant x_{(n)}}\left[F(x)-\frac{n}{n}\right]$$

$$=\left[F\left(x_{(1)}-0\right)-0\right]\vee\left[F\left(x_{(2)}-0\right)-\frac{1}{n}\right]\vee\cdots\vee\left[F\left(x_{(n)}-0\right)-\frac{n-1}{n}\right]\vee 0$$

$$=\max_{1\leqslant k\leqslant n}\left[F\left(x_{(k)}-0\right)-\frac{k-1}{n}\right]\vee 0,$$

这表明 $D_n^-=0\vee\max\limits_{1\leqslant k\leqslant n}\left[F\left(X_{(k)}-0\right)-\dfrac{k-1}{n}\right]$ 也是 r.v., 这就完成了 D_n 是 r.v. 的证明.

20.29 设 ν 是 $\mathcal{B}(\mathbb{R})$ 上的概率测度, 则存在 $\mathbb{R}$ 上的 Dirac 测度序列 $\{\delta_{x_n}, n\geqslant 1\}$, 使得 $\nu_n\xrightarrow{w}\nu$, 其中 $\nu_n=\dfrac{1}{n}\sum\limits_{k=1}^{n}\delta_{x_k}$, $x_n\in\mathbb{R}$, $n\geqslant 1$.

证明 设 F 是与 ν 对应的 d.f., 即 $F(x)=\nu(-\infty,x]$, 又设 $X\sim F(x)$, $\{X_n,n\geqslant 1\}$ 是独立同分布于 X 的 r.v. 序列, 回忆经验分布函数

$$\hat{F}_n(x,\omega)=\frac{1}{n}\sum_{k=1}^{n}I\{X_k(\omega)\leqslant x\},$$

则由 Glivenko-Cantelli 定理知

$$\sup_{x\in\mathbb{R}}\left|\hat{F}_n(x,\omega)-F(x,\omega)\right|\to 0 \text{ a.s. } \omega.$$

任意固定 $\omega_0\in\left\{\sup\limits_{x\in\mathbb{R}}\left|\hat{F}_n(x,\omega)-F(x,\omega)\right|\to 0\right\}$, 则

$$\hat{F}_n(x,\omega_0)\xrightarrow{w}F(x,\omega_0).$$

记 $X_n(\omega_0)=x_n$, 显然, 在 $\mathcal{B}(\mathbb{R})$ 上由 d.f. $\hat{F}_n(x,\omega_0)$ 诱导的概率测度为 $\nu_n=\dfrac{1}{n}\sum\limits_{k=1}^{n}\delta_{x_k}$, 故 $\nu_n\xrightarrow{w}\nu$.

20.30 设 ν 是 $\mathcal{B}(0,\infty)$ 上的概率测度, 则

$$\varphi(t)=\int_0^\infty\left(1-\frac{|t|}{r}\right)^+\nu(\mathrm{d}r),\quad t\in\mathbb{R}$$

是 ch.f..

证明 令

$$\tilde{\nu}(A)=\nu(A\cap(0,\infty)),\quad A\in\mathcal{B}(\mathbb{R}),$$

则 $\tilde{\nu}$ 是 $\mathcal{B}(\mathbb{R})$ 上的概率测度. 由习题 20.29 知, 存在 $\mathbb{R}$ 上的 Dirac 测度序列 $\{\delta_{x_n}, n \geqslant 1\}$, 使得 $\tilde{\nu}_n \xrightarrow{w} \tilde{\nu}$, 其中 $\tilde{\nu}_n = \dfrac{1}{n}\sum\limits_{k=1}^{n}\delta_{x_k}$, $x_n \in \mathbb{R}$, $n \geqslant 1$. 对任意固定的 $t \in \mathbb{R}$, 注意到

$$r \mapsto \left(1 - \left|\frac{t}{r}\right|\right)^+$$

是有界连续函数, 由 $\tilde{\nu}_n \xrightarrow{w} \tilde{\nu}$ 得

$$\int_{-\infty}^{\infty}\left(1 - \left|\frac{t}{r}\right|\right)^+ \tilde{\nu}_n(\mathrm{d}r) \to \int_{-\infty}^{\infty}\left(1 - \left|\frac{t}{r}\right|\right)^+ \tilde{\nu}(\mathrm{d}r).$$

而

$$\varphi_n(t) = \int_{-\infty}^{\infty}\left(1 - \left|\frac{t}{r}\right|\right)^+ \tilde{\nu}_n(\mathrm{d}r) = \frac{1}{n}\sum_{k=1}^{n}\left(1 - \left|\frac{t}{x_k}\right|\right)^+$$

是 ch.f. $\left(1 - \left|\dfrac{t}{x_1}\right|\right)^+, \left(1 - \left|\dfrac{t}{x_2}\right|\right)^+, \cdots, \left(1 - \left|\dfrac{t}{x_n}\right|\right)^+$ 的凸组合, 故 $\varphi_n(t)$ 是 ch.f. (推论 17.38), 进而由连续性定理知

$$\varphi(t) = \int_{-\infty}^{\infty}\left(1 - \left|\frac{t}{r}\right|\right)^+ \tilde{\nu}(\mathrm{d}r) = \int_{0}^{\infty}\left(1 - \frac{|t|}{r}\right)^+ \nu(\mathrm{d}r)$$

是 ch.f..

20.31　若密度函数 f 一致连续①, 则 f 有界.

证明　$\forall \varepsilon > 0$, 由 f 的一致连续性, $\exists \delta > 0$, 只要 $|x - y| < \delta$, 就有 $|f(x) - f(y)| < \varepsilon$.

谬设 f 无界, 则可取 $x_0 \in \mathbb{R}$, 使 $f(x_0) > \varepsilon + \dfrac{1}{\delta}$, 从而当 $x \in (x_0 - \delta, x_0 + \delta)$ 时, $f(x) > \dfrac{1}{\delta}$. 于是

$$1 = \int_{-\infty}^{\infty} f(x)\mathrm{d}x \geqslant \int_{x_0-\delta}^{x_0+\delta} f(x)\mathrm{d}x \geqslant 2\delta \cdot \frac{1}{\delta} = 2,$$

此矛盾式说明了 f 有界.

20.32　若 $\lim\limits_{|u|\to\infty} uK(u) = 0$, 则 $\forall x \in C(f)$, 有

$$\mathrm{E}\hat{f}_n(x) \to f(x).$$

① 实际上, 除一致连续外, 这里只需假设 f 可积而不必是密度函数.

证明 对任意固定的 $\delta>0$, 由 (20.23) 式有

$$
\begin{aligned}
&\left|\mathrm{E}\hat{f}_n(x)-f(x)\right| \\
=&\left|\int_{-\infty}^{\infty}[f(x-v)-f(x)]\frac{1}{h_n}K\left(\frac{v}{h_n}\right)\mathrm{d}v\right| \\
\leqslant&\int_{-\infty}^{\infty}|f(x-v)-f(x)|\frac{1}{h_n}K\left(\frac{v}{h_n}\right)\mathrm{d}v \\
\leqslant&\int_{|v|\leqslant\delta}|f(x-v)-f(x)|\frac{1}{h_n}K\left(\frac{v}{h_n}\right)\mathrm{d}v \\
&+\int_{|v|>\delta}|f(x)|\frac{1}{h_n}K\left(\frac{v}{h_n}\right)\mathrm{d}v+\int_{|v|>\delta}|f(x-v)|\frac{1}{h_n}K\left(\frac{v}{h_n}\right)\mathrm{d}v \\
\leqslant&\sup_{|v|\leqslant\delta}|f(x-v)-f(x)|+f(x)\int_{|v|>\delta}\frac{1}{h_n}K\left(\frac{v}{h_n}\right)\mathrm{d}v \\
&+\int_{|v|>\delta}\frac{f(x-v)}{|v|}\cdot\frac{|v|}{h_n}\cdot K\left(\frac{v}{h_n}\right)\mathrm{d}v \\
\leqslant&\sup_{|v|\leqslant\delta}|f(x-v)-f(x)|+f(x)\int_{|v|>\delta}\frac{1}{h_n}K\left(\frac{v}{h_n}\right)\mathrm{d}v \\
&+\frac{1}{\delta}\int_{|v|>\delta}f(x-v)\cdot\frac{|v|}{h_n}\cdot K\left(\frac{v}{h_n}\right)\mathrm{d}v \\
=&\sup_{|v|\leqslant\delta}|f(x-v)-f(x)|+f(x)\int_{|t|>\frac{\delta}{h_n}}K(t)\,\mathrm{d}t \\
&+\frac{1}{\delta}\int_{|t|>\frac{\delta}{h_n}}f(x-h_nt)\cdot|t|\,K(t)\,h_n\mathrm{d}t \\
\leqslant&\sup_{|v|\leqslant\delta}|f(x-v)-f(x)|+f(x)\int_{|t|>\frac{\delta}{h_n}}K(t)\,\mathrm{d}t+\frac{1}{\delta}\sup_{|t|>\frac{\delta}{h_n}}[|t|\,K(t)].
\end{aligned}
$$

$\forall\varepsilon>0$, 因 $x\in C(f)$, 可选 $\delta>0$ 充分小使得 $\sup\limits_{|v|\leqslant\delta}|f(x-v)-f(x)|<\varepsilon$, 然后固定此 δ. 由 $\displaystyle\int_{-\infty}^{\infty}K(t)\mathrm{d}t=1$ 知 $\displaystyle\int_{|t|>\frac{\delta}{h_n}}K(t)\,\mathrm{d}t\to0$, 又由 $tK(t)\to0$ 知 $\sup\limits_{|t|>\frac{\delta}{h_n}}[|t|\,K(t)]\to0$, 从而

$$
\varlimsup_{n\to\infty}\left|\mathrm{E}\hat{f}_n(x)-f(x)\right|\leqslant\varepsilon,
$$

由 ε 的任意性得证结论.

20.33[①]　(Bochner 定理) 若 f 有界, K 有界, 则对每个 $r \geqslant 1$ 及 $x \in C(f)$,

$$\frac{1}{h_n}\mathrm{E}K^r\left(\frac{x-X}{h_n}\right) \to f(x)\int_{-\infty}^{\infty} K^r(x)\,\mathrm{d}x.$$

证明　假设 $K(x) \leqslant M$, 那么由

$$K^r(x) = K^{r-1}(x)K(x) \leqslant M^{r-1}K(x)$$

得 $\displaystyle\int_{-\infty}^{\infty} K^r(x)\,\mathrm{d}x \leqslant M^{r-1}$, 用 K^r 代替 K, 重复定理 20.22 的证明过程, 我们得到

$$\begin{aligned}\frac{1}{h_n}\mathrm{E}K^r\left(\frac{x-X}{h_n}\right) &= \frac{1}{h_n}\int_{-\infty}^{\infty} K^r\left(\frac{x-y}{h_n}\right) f(y)\,\mathrm{d}y\\ &= \frac{1}{h_n}\int_{-\infty}^{\infty} K^r\left(\frac{z}{h_n}\right) f(x-z)\,\mathrm{d}z\\ &\to f(x)\int_{-\infty}^{\infty} K^r(x)\,\mathrm{d}x.\end{aligned}$$

20.34　若 $Z_1, Z_2, \cdots, Z_n$ 是独立的具有零均值的复值 r.v., 则

$$\mathrm{E}\left|\sum_{j=1}^{n} Z_j\right|^2 = \sum_{j=1}^{n}\mathrm{E}\left|Z_j\right|^2.$$

证明　令 $Z_j = X_j + \mathrm{i}Y_j$, 则 $X_1, X_2, \cdots, X_n$ 独立, $Y_1, Y_2, \cdots, Y_n$ 独立, 且 $\mathrm{E}X_j = \mathrm{E}Y_j = 0$, 从而

$$\begin{aligned}\mathrm{E}\left|\sum_{j=1}^{n} Z_j\right|^2 &= \mathrm{E}\left|\sum_{j=1}^{n}(X_j + \mathrm{i}Y_j)\right|^2 = \mathrm{E}\left|\sum_{j=1}^{n} X_j + \mathrm{i}\sum_{j=1}^{n} Y_j\right|^2\\ &= \mathrm{E}\left(\sum_{j=1}^{n} X_j\right)^2 + \mathrm{E}\left(\sum_{j=1}^{n} Y_j\right)^2 = \sum_{j=1}^{n}\mathrm{E}X_j^2 + \sum_{j=1}^{n}\mathrm{E}Y_j^2\\ &= \sum_{j=1}^{n}\mathrm{E}\left(X_j^2 + Y_j^2\right) = \sum_{j=1}^{n}\mathrm{E}\left|Z_j\right|^2.\end{aligned}$$

20.35　设 f 在每个点 $x \in \mathbb{R}$ 处都左连续或右连续, g 连续, 若 X 是 r.v., 则 $\sup\limits_{x\in\mathbb{R}}\left|f(x-X) - g(x)\right|$ 也是 r.v..

证明　$\forall a \geqslant 0$, 注意到

① 本题是定理 20.22 的推广.

$$\left\{\sup_{x\in\mathbb{R}}|f(x-X)-g(x)|>a\right\}=\bigcup_{x\in\mathbb{R}}\{|f(x-X)-g(x)|>a\},$$

若能证明

$$\bigcup_{x\in\mathbb{R}}\left\{|f(x-X)-g(x)|>a\right\}=\bigcup_{r\in\mathbb{Q}}\left\{|f(r-X)-g(r)|>a\right\}, \qquad ①$$

则由命题 5.8 知欲证结论成立.

下面补充证明①式. 显然,

$$\bigcup_{r\in\mathbb{Q}}\left\{|f(r-X)-g(r)|>a\right\}\subset\bigcup_{x\in\mathbb{R}}\left\{|f(x-X)-g(x)|>a\right\},$$

往证反向不等式. 若 $\omega\in\bigcup\limits_{x\in\mathbb{R}}\left\{|f(x-X)-g(x)|>a\right\}$, 则存在 $x_0\in\mathbb{R}$, 使得

$$|f(x_0-X(\omega))-g(x_0)|>a,$$

从而由 f,g 的假设易知, 存在 $r_0\in\mathbb{Q}$, 使得

$$|f(r_0-X(\omega))-g(r_0)|>a,$$

这表明 $\omega\in\bigcup\limits_{r\in\mathbb{Q}}\left\{|f(r-X)-g(r)|>a\right\}$, 于是 ① 式得证.

第 21 章　中心极限定理

在自然科学、工程技术和经济科学中, 经常要探索大量起微小作用的随机因素的叠加收敛于正态分布的条件. 换成概率论语言, 就是要固化项数越来越多而参与项的值越来越“小”的随机变量的部分和序列逼近正态分布的结论, 这就是**中心极限定理**.

中心极限定理揭示随机现象的渐近正态性, 是概率论极限理论中最重要的板块, 也是大样本理论中寻找区间估计的枢轴量及假设检验的检验统计量的理论源泉.

本章只涉及方差有界这种相对简单的情形, 而方差无界情形属于普遍极限问题的范畴, 将在第 23 章作专门讨论.

21.1　几个经典的中心极限定理

21.1.1　内容提要

定义 21.1　设 $\{X_n, n \geqslant 1\}$ 为 r.v. 序列, $S_n = \sum\limits_{k=1}^{n} X_k$ 为其部分和.

(i) 若诸 $\mathrm{Var}S_n < \infty$ 且

$$\frac{S_n - \mathrm{E}S_n}{\sqrt{\mathrm{Var}S_n}} \xrightarrow{d} \mathrm{N}(0,1),$$

则称 $\{X_n\}$ 服从古典意义下的中心极限定理;

(ii) 若存在中心化数列 $\{a_n, n \geqslant 1\}$ 和正则化数列 $\{b_n, n \geqslant 1\}$, 其中 $0 < b_n \to \infty$, 使得

$$\frac{S_n - a_n}{b_n} \xrightarrow{d} \mathrm{N}(0,1),$$

则称 $\{X_n\}$ 服从现代意义下的中心极限定理, 此时也称 $\dfrac{S_n - a_n}{b_n}$ **渐近标准正态**.

定理 21.2 (Dé Moivre-Laplace 中心极限定理)　设 $\{X_n, n \geqslant 1\}$ 是独立同分布于 X 的 r.v. 序列,

$$P\{X=1\} = p, \quad P\{X=0\} = 1-p,$$

则

$$\frac{S_n - np}{\sqrt{np(1-p)}} \xrightarrow{d} \mathrm{N}(0,1).$$

定理 21.3 (Lindeberg-Lévy 中心极限定理) 设 $\{X_n, n \geqslant 1\}$ 是独立同分布于 X 的 r.v. 序列, $\mathrm{E}X = \mu$, $\mathrm{Var}X = \sigma^2 < \infty$, 则

$$\frac{S_n - n\mu}{\sqrt{n}\sigma} \xrightarrow{d} \mathrm{N}(0,1).$$

定理 21.5 (Lindeberg-Feller 中心极限定理) 设 $\{X_n, n \geqslant 1\}$ 是独立 r.v. 序列, 诸 $\sigma_n^2 = \mathrm{Var}X_n < \infty$. 记 $\mu_n = \mathrm{E}X_n$, $B_n^2 = \sum\limits_{k=1}^{n} \sigma_k^2$, 则

(i) (Feller 条件) $\lim\limits_{n\to\infty} \max\limits_{1\leqslant k\leqslant n} \dfrac{\sigma_k^2}{B_n^2} = 0$;

(ii) $\dfrac{S_n - \mathrm{E}S_n}{B_n} \xrightarrow{d} \mathrm{N}(0,1)$

同时成立的充分必要条件是 **Lindeberg 条件**满足, 即 $\forall \varepsilon > 0$,

$$\lim_{n\to\infty} \frac{1}{B_n^2} \sum_{k=1}^{n} \mathrm{E}(X_k - \mu_k)^2 I\{|X_k - \mu_k| \geqslant \varepsilon B_n\} = 0.$$

注记 21.6 如果把方差 σ_k^2 看作是被加项 X_k 对和式 S_n 的“贡献”的话, 那么 Feller 条件 (注意习题 21.6) 相当于说, 与总和相比, 各被加项的贡献“一致渐近可忽略”, 或者说总和是大量“一致渐近可忽略”的分量之和.

注记 21.8 用分布函数弱收敛语言叙述, 定理 21.5 之 (ii) 就是

$$P\left\{\frac{S_n - \mathrm{E}S_n}{B_n} \leqslant x\right\} \xrightarrow{w} \Phi(x),$$

注意到 $\Phi(x)$ 处处连续, 上式可加强为

$$\sup_{x\in\mathbb{R}} \left| P\left\{\frac{S_n - \mathrm{E}S_n}{B_n} \leqslant x\right\} - \Phi(x) \right| \to 0, \quad n \to \infty,$$

等价地

$$\sup_{x\in\mathbb{R}} \left| P\{S_n \leqslant x\} - \Phi\left(\frac{x - \mathrm{E}S_n}{B_n}\right) \right| \to 0, \quad n \to \infty,$$

这个极限等式使我们有理由分别称 $\mathrm{E}S_n$ 和 B_n^2 为 S_n 的**渐近均值**和**渐近方差**.

定理 21.9 (Lyapunov 中心极限定理) 设独立 r.v. 序列 $\{X_n, n \geqslant 1\}$ 满足 **Lyapunov 条件**, 即存在 $\delta > 0$, 使得

$$\lim_{n\to\infty} \frac{1}{B_n^{2+\delta}} \sum_{k=1}^{n} \mathrm{E}|X_k - \mathrm{E}X_k|^{2+\delta} = 0,$$

则

$$\frac{S_n - \mathrm{E}S_n}{B_n} \xrightarrow{d} \mathrm{N}(0,1).$$

21.1.2　习题 21.1 解答与评注

21.1　设 $\{X_n, n \geqslant 1\}$ 是独立同分布的 r.v. 序列, $\mathrm{E}X_1 = 0$, $\mathrm{Var}X_1 = \sigma^2$, 确定 $\gamma > 0$ 和 $b^2 > 0$ 的具体值, 使得 $\dfrac{S_n}{n^\gamma} \xrightarrow{d} \mathrm{N}(0, b^2)$.

解　由 Lindeberg-Lévy 中心极限定理知 $\dfrac{S_n}{\sqrt{n}\sigma} \xrightarrow{d} \mathrm{N}(0,1)$, 这等价于 $\dfrac{S_n}{\sqrt{n}} \xrightarrow{d} \mathrm{N}(0,\sigma^2)$, 故 $\gamma = \dfrac{1}{2}$, $b^2 = \sigma^2$.

【评注】 对于独立同分布的 r.v. 序列 $\{X_n, n \geqslant 1\}$, 当 $\mathrm{E}X_1 = 0$, $\mathrm{Var}X_1 = 1$ 时, Lindeberg -Lévy 中心极限定理断言 $\dfrac{S_n}{\sqrt{n}} \xrightarrow{d} \mathrm{N}(0,1)$, 试问: $\left\{\dfrac{S_n}{\sqrt{n}}, n \geqslant 1\right\}$ 是否依概率收敛? 该问题的答案是否定的, 这只需证明 $\left\{\dfrac{S_n}{\sqrt{n}}, n \geqslant 1\right\}$ 不是依概率收敛的基本列即可. 事实上,

$$\frac{S_{2n}}{\sqrt{2n}} - \frac{S_n}{\sqrt{n}} = \frac{1-\sqrt{2}}{\sqrt{2}} \cdot \frac{\sum\limits_{k=1}^{n} X_k}{\sqrt{n}} + \frac{1}{\sqrt{2}} \cdot \frac{\sum\limits_{k=n+1}^{2n} X_k}{\sqrt{n}} =: \frac{1-\sqrt{2}}{\sqrt{2}} U_n + \frac{1}{\sqrt{2}} V_n,$$

其中 U_n 与 V_n 独立. 由

$$\varphi_{\frac{1-\sqrt{2}}{\sqrt{2}}U_n}(t) \to \mathrm{e}^{-\left(\frac{1-\sqrt{2}}{\sqrt{2}}\right)^2 \frac{t^2}{2}}, \varphi_{\frac{1}{\sqrt{2}}V_n}(t) \to \mathrm{e}^{-\left(\frac{1}{\sqrt{2}}\right)^2 \frac{t^2}{2}}$$

得

$$\varphi_{\frac{S_{2n}}{\sqrt{2n}} - \frac{S_n}{\sqrt{n}}}(t) \to \mathrm{e}^{-\left(2-\sqrt{2}\right)\frac{t^2}{2}},$$

这表明 $\dfrac{S_{2n}}{\sqrt{2n}} - \dfrac{S_n}{\sqrt{n}} \xrightarrow{d} \mathrm{N}\left(0, 2-\sqrt{2}\right)$. 于是 $\forall \varepsilon > 0$,

$$P\left\{\frac{1}{\sqrt{2-\sqrt{2}}}\left|\frac{S_{2n}}{\sqrt{2n}} - \frac{S_n}{\sqrt{n}}\right| > \varepsilon\right\} \to 2 - 2\Phi(\varepsilon) \neq 0.$$

21.2　利用 Lindeberg-Lévy 中心极限定理证明

$$\mathrm{e}^{-n} \sum_{k=0}^{n} \frac{n^k}{k!} \to \frac{1}{2}, \quad n \to \infty.$$

证明 设 $\{X_n, n\geqslant 1\}$ 是独立同 Po(1) 分布的 r.v. 序列, 则 $\mathrm{E}X_n = 1$, $\mathrm{Var}X_n = 1$. 由 Lindeberg-Lévy 中心极限定理,

$$P\left\{\sum_{i=1}^{n} X_i \leqslant n\right\} = P\left\{\frac{\sum\limits_{i=1}^{n} X_i - n}{\sqrt{n}} \leqslant 0\right\} \to \Phi(0) = \frac{1}{2}, \quad n\to\infty.$$

另一方面, 由泊松分布的可加性, $\sum\limits_{i=1}^{n} X_i \sim \mathrm{Po}(n)$, 于是

$$P\left\{\sum_{i=1}^{n} X_i \leqslant n\right\} = \sum_{k=0}^{n} P\left\{\sum_{i=1}^{n} X_i = k\right\} = \sum_{k=0}^{n} \frac{n^k}{k!}\mathrm{e}^{-n}.$$

比较得 $\mathrm{e}^{-n}\sum\limits_{k=0}^{n}\frac{n^k}{k!} \to \frac{1}{2}$, $n\to\infty$.

【评注】 这里用 Lindeberg-Lévy 中心极限定理非常轻松地证明了本题的结论, 你是否觉得妙不可言? 试想: 如果用纯分析的方法证明, 该如何入手?

21.3 (自正则化中心极限定理) 设 $\{X_n, n\geqslant 1\}$ 是独立同分布的 r.v. 序列, $\mathrm{E}X_1 = 0$, $\mathrm{E}X_1^2 = \sigma^2 \in (0,\infty)$, 则

$$\frac{\sum\limits_{k=1}^{n} X_k}{\sqrt{\sum\limits_{k=1}^{n} X_k^2}} \xrightarrow{d} \mathrm{N}(0,1).$$

证明 弱大数定律保证 $\frac{1}{n}\sum\limits_{k=1}^{n} X_k^2 \xrightarrow{P} \sigma^2$, 等价地 $\frac{\sqrt{n}\sigma}{\sqrt{\sum\limits_{k=1}^{n} X_k^2}} \xrightarrow{P} 1$. 另一方面, 中心极限定理保证 $\frac{\sum\limits_{k=1}^{n} X_k}{\sqrt{n}\sigma} \xrightarrow{d} \mathrm{N}(0,1)$, 进而由 Slutzky 定理得

$$\frac{\sum\limits_{k=1}^{n} X_k}{\sqrt{\sum\limits_{k=1}^{n} X_k^2}} = \frac{\sum\limits_{k=1}^{n} X_k}{\sqrt{n}\sigma}\cdot\frac{\sqrt{n}\sigma}{\sqrt{\sum\limits_{k=1}^{n} X_k^2}} \xrightarrow{d} \mathrm{N}(0,1).$$

21.4 设 $\mathrm{E}X^2 = \sigma^2 < \infty$, $X \stackrel{d}{=} \dfrac{Y+Z}{\sqrt{2}}$, 其中 Y, Z 独立同分布于 X, 则 $X \sim \mathrm{N}(0, \sigma^2)$.

证明 首先, 由 $X \stackrel{d}{=} \dfrac{Y+Z}{\sqrt{2}}$ 知 $\mathrm{E}X = \mathrm{E}\left(\dfrac{Y+Z}{\sqrt{2}}\right) = \sqrt{2}\mathrm{E}X$, 从而 $\mathrm{E}X = 0$.

其次, 设 $\{X_n, n \geqslant 1\}$ 是独立同分布于 X 的 r.v. 序列, 则 $\forall m \geqslant 1$, 由独立性的 ch.f. 刻画 (命题 17.19) 易得

$$X \stackrel{d}{=} \frac{X_1+X_2}{\sqrt{2}} \stackrel{d}{=} \frac{X_1+X_2+X_3+X_4}{\sqrt{2^2}} \stackrel{d}{=} \cdots \stackrel{d}{=} \frac{X_1+X_2+\cdots+X_{2^m}}{\sqrt{2^m}},$$

自然有 $\dfrac{X_1+X_2+\cdots+X_{2^m}}{\sqrt{2^m}} \stackrel{d}{\to} X$.

另一方面, 由 Lindeberg-Lévy 中心极限定理得 $\dfrac{X_1+X_2+\cdots+X_{2^m}}{\sqrt{2^m}} \stackrel{d}{\to} \mathrm{N}(0, \sigma^2)$.

最后, 由弱收敛的唯一性知 $X \sim \mathrm{N}(0, \sigma^2)$.

21.5 设 $p \geqslant 2$, $\{X_n, n \geqslant 1\}$ 是独立同分布于 X 的 r.v. 序列, $\mathrm{E}X = 0$, $\mathrm{E}|X|^p < \infty$, 则

$$\mathrm{E}\left|\frac{S_n}{\sqrt{n}\sigma}\right|^p \to \mathrm{E}|\xi|^p,$$

其中 $\xi \sim \mathrm{N}(0,1)$, $\sigma^2 = \mathrm{Var}X$.

证明 由 Lindeberg-Lévy 中心极限定理得 $\dfrac{S_n}{\sqrt{n}\sigma} \stackrel{d}{\to} \xi$, 而习题 14.25 保证 $\left\{\left|\dfrac{S_n}{\sqrt{n}}\right|^p, n \geqslant 1\right\}$ 一致可积, 于是由习题 12.25 之 (1) 得 $\mathrm{E}\left|\dfrac{S_n}{\sqrt{n}\sigma}\right|^p \to \mathrm{E}|\xi|^p$.

21.6 定理 21.5 中的条件 (i) 等价于 $\lim\limits_{n\to\infty} B_n = \infty$ 且 $\lim\limits_{n\to\infty} \dfrac{\sigma_n}{B_n} = 0$.

证明 “$\Rightarrow$”. 若定理 21.5 中的条件 (i) 成立, 则由

$$\frac{\sigma_n}{B_n} \leqslant \max_{1\leqslant k\leqslant n} \frac{\sigma_k}{B_n}$$

推出 $\lim\limits_{n\to\infty} \dfrac{\sigma_n}{B_n} = 0$.

谬设 $\lim\limits_{n\to\infty} B_n \neq \infty$, 则可设 $B_n^2 \leqslant M$, $\forall n \geqslant 1$, 于是 $\max\limits_{1\leqslant k\leqslant n} \dfrac{\sigma_k^2}{B_n^2} \geqslant \dfrac{\sigma_1^2}{M}$, 此与 $\lim\limits_{n\to\infty} \max\limits_{1\leqslant k\leqslant n} \dfrac{\sigma_k^2}{B_n^2} = 0$ 矛盾.

"⇐". $\forall\varepsilon>0$, 由 $\lim\limits_{n\to\infty}\dfrac{\sigma_n}{B_n}=0$ 知, $\exists n_1\in\mathbb{N}$, 当 $n>n_1$ 时, $\dfrac{\sigma_n^2}{B_n^2}<\dfrac{\varepsilon}{2}$. 又由 $\lim\limits_{n\to\infty}B_n=\infty$, $\exists n_2\in\mathbb{N}$, 当 $n>n_2$ 时, $\dfrac{\max\limits_{1\leqslant k\leqslant n_1}\sigma_k^2}{B_n^2}<\dfrac{\varepsilon}{2}$. 于是, 当 $n>\max\{n_1,n_2\}$ 时,

$$\max_{1\leqslant k\leqslant n}\frac{\sigma_k^2}{B_n^2}\leqslant\max_{1\leqslant k\leqslant n_1}\frac{\sigma_k^2}{B_n^2}+\max_{n_1<k\leqslant n}\frac{\sigma_k^2}{B_n^2}<\frac{\varepsilon}{2}+\max_{n_1<k\leqslant n}\frac{\frac{\varepsilon}{2}B_k^2}{B_n^2}=\frac{\varepsilon}{2}+\frac{\varepsilon}{2}=\varepsilon,$$

这就完成了证明.

21.7 在 Lindeberg-Feller 中心极限定理中, Lindeberg 条件等价于

$$\lim_{n\to\infty}\frac{1}{B_n^2}\sum_{k=1}^n\mathrm{E}(X_k-\mu_k)^2I\{|X_k-\mu_k|\geqslant\varepsilon B_k\}=0.$$

证明 注意到 B_n 的单调性, 我们只需证明前者蕴含后者. 事实上, $\forall\delta\in(0,1)$,

$$\begin{aligned}&\frac{1}{B_n^2}\sum_{k=1}^n\mathrm{E}(X_k-\mu_k)^2I\{|X_k-\mu_k|\geqslant\varepsilon B_k\}\\&=\frac{1}{B_n^2}\left(\sum_{k:B_k\leqslant\delta B_n}+\sum_{k:B_k>\delta B_n}\right)\mathrm{E}(X_k-\mu_k)^2I\{|X_k-\mu_k|\geqslant\varepsilon B_k\}\\&\leqslant\frac{1}{B_n^2}\sum_{k:B_k\leqslant\delta B_n}\mathrm{E}\left(X_k-\mu_k\right)^2+\sum_{k:B_k>\delta B_n}\mathrm{E}(X_k-\mu_k)^2I\{|X_k-\mu_k|\geqslant\varepsilon\delta B_n\}\\&=\frac{B_m^2}{B_n^2}+\frac{1}{B_n^2}\sum_{k=1}^n\mathrm{E}(X_k-\mu_k)^2I\{|X_k-\mu_k|\geqslant\varepsilon\delta B_n\},\end{aligned}$$

其中 $m=\sup\{k:B_k\leqslant\delta B_n\}$, 从而

$$\begin{aligned}&\frac{1}{B_n^2}\sum_{k=1}^n\mathrm{E}(X_k-\mu_k)^2I\{|X_k-\mu_k|\geqslant\varepsilon B_k\}\\&\leqslant\delta+\frac{1}{B_n^2}\sum_{k=1}^n\mathrm{E}(X_k-\mu_k)^2I\{|X_k-\mu_k|\geqslant\varepsilon\delta B_n\},\end{aligned}$$

先令 $n\to\infty$, 再令 $\delta\to0$ 就得到

$$\frac{1}{B_n^2}\sum_{k=1}^n\mathrm{E}(X_k-\mu_k)^2I\{|X_k-\mu_k|\geqslant\varepsilon B_k\}\to0.$$

21.8 设 $\{X_n, n \geqslant 1\}$ 是一致有界① 的独立 r.v. 序列, 则 $\dfrac{S_n - \mathrm{E}S_n}{\sqrt{\mathrm{Var}S_n}} \xrightarrow{d} \mathrm{N}(0,1)$ 的充分必要条件是 $\mathrm{Var}S_n \to \infty$.

证明 "$\Leftarrow$". 注意到 $|X_k - \mu_k| \leqslant 2M$, 由 Chebyshëv 不等式得

$$\mathrm{E}(X_k-\mu_k)^2 I\{|X_k-\mu_k| \geqslant \varepsilon B_n\} \leqslant (2M)^2 P\{|X_k-\mu_k| \geqslant \varepsilon B_n\} \leqslant (2M)^2 \frac{\mathrm{Var}X_k}{\varepsilon^2 B_n^2},$$

于是, 当 $n \to \infty$ 时,

$$\frac{1}{B_n^2}\sum_{k=1}^n \mathrm{E}(X_k-\mu_k)^2 I\{|X_k-\mu_k| \geqslant \varepsilon B_n\} \leqslant \frac{4M^2}{\varepsilon^2 B_n^2} \to 0,$$

即 Lindeberg 条件满足, 故欲证结论成立.

"$\Rightarrow$". 谬设 $\mathrm{Var}S_n \to B < \infty$, 注意到

$$\frac{S_n - \mathrm{E}S_n}{\sqrt{\mathrm{Var}S_n}} = \frac{X_1 - \mathrm{E}X_1}{\sqrt{\mathrm{Var}S_n}} + \frac{\sum\limits_{k=2}^n X_k - \mathrm{E}\left(\sum\limits_{k=2}^n X_k\right)}{\sqrt{\mathrm{Var}S_n}},$$

对每个 $n \geqslant 1$, $\dfrac{X_1 - \mathrm{E}X_1}{\sqrt{\mathrm{Var}S_n}}$ 与 $\dfrac{\sum\limits_{k=2}^n X_k - \mathrm{E}\left(\sum\limits_{k=2}^n X_k\right)}{\sqrt{\mathrm{Var}S_n}}$ 独立, $\dfrac{S_n - \mathrm{E}S_n}{\sqrt{\mathrm{Var}S_n}} \xrightarrow{d} \mathrm{N}(0,1)$, 所以由习题 17.19 知 $\dfrac{X_1 - \mathrm{E}X_1}{\sqrt{\mathrm{Var}S_n}}$ 的极限分布是正态分布, 但这是不可能, 因为 $\dfrac{X_1 - \mathrm{E}X_1}{\sqrt{\mathrm{Var}S_n}}$ 的极限 $\dfrac{X_1 - \mathrm{E}X_1}{\sqrt{B}}$ 是有界 r.v..

21.9 设 $\{X_n, n \geqslant 1\}$ 是独立 r.v. 序列, 对每个 $n \geqslant 1$, X_n 服从区间 $(-\sqrt{n}, \sqrt{n})$ 上的均匀分布, 试证 $\dfrac{S_n - \mathrm{E}S_n}{\sqrt{\mathrm{Var}S_n}} \xrightarrow{d} \mathrm{N}(0,1)$.

证明 易得 $\sigma_n^2 = \mathrm{Var}X_n = \dfrac{n}{3}$, 从而 $B_n^2 = \sum\limits_{k=1}^n \sigma_k^2 = \dfrac{n(n+1)}{6}$. 取 $\delta = 2$, 则 $B_n^{2+\delta} = \left[\dfrac{n(n+1)}{6}\right]^2$, 且

$$\sum_{k=1}^n \mathrm{E}|X_k - \mathrm{E}X_k|^{2+\delta} = \sum_{k=1}^n \mathrm{E}X_k^4 = \sum_{k=1}^n \int_{-\sqrt{k}}^{\sqrt{k}} \frac{x^4}{2\sqrt{k}}\mathrm{d}x = \frac{1}{30}n(n+1)(2n+1),$$

① 所谓一致有界意指存在 $M > 0$, 使得 $|X_n| \leqslant M$ 对所有的 $n \geqslant 1$ 成立.

因此

$$\lim_{n\to\infty}\frac{1}{B_n^{2+\delta}}\sum_{k=1}^{n}\mathrm{E}\left|X_k-\mathrm{E}X_k\right|^{2+\delta}=\frac{6\,(2n+1)}{5n\,(n+1)}\to 0,$$

即 Lyapunov 条件满足, 故欲证结论成立.

21.10 设复数列 $\{z_n, n\geqslant 1\}$ 使得 $\lim\limits_{n\to\infty}(1+z_n)^n$ 存在, 则 $\lim\limits_{n\to\infty}nz_n$ 也存在, 且 $\lim\limits_{n\to\infty}(1+z_n)^n=\mathrm{e}^{\lim\limits_{n\to\infty}nz_n}$.

证明 设

$$n\mathrm{Log}\,(1+z_n)=a_n+\mathrm{i}b_n, \qquad ①$$

则

$$(1+z_n)^n=\mathrm{e}^{n\mathrm{Log}(1+z_n)}=\mathrm{e}^{a_n+\mathrm{i}b_n},$$

故由 $\lim\limits_{n\to\infty}(1+z_n)^n$ 存在可设

$$\lim_{n\to\infty}a_n=a,\quad \lim_{n\to\infty}b_n=b,$$

且 $\lim\limits_{n\to\infty}(1+z_n)^n=\mathrm{e}^{a+\mathrm{i}b}$. 为了我们的目的, 只需证明

$$\lim_{n\to\infty}nz_n=a+\mathrm{i}b.$$

事实上, 由 ① 式得

$$z_n=\mathrm{e}^{\frac{1}{n}(a_n+\mathrm{i}b_n)}-1,$$

从而

$$nz_n=n\left[\mathrm{e}^{\frac{1}{n}(a_n+\mathrm{i}b_n)}-1\right]=n\left[\left(\mathrm{e}^{\frac{a_n}{n}}\cos\frac{b_n}{n}-1\right)+\mathrm{i}\sin\frac{b_n}{n}\right], \qquad ②$$

而

$$\lim_{n\to\infty}n\sin\frac{b_n}{n}=\lim_{n\to\infty}b_n=b,$$

$$\lim_{n\to\infty}n\left(\mathrm{e}^{\frac{a_n}{n}}\cos\frac{b_n}{n}-1\right)=\lim_{n\to\infty}n\left(\mathrm{e}^{\frac{a_n}{n}}-1\right)=\lim_{n\to\infty}a_n=a,$$

此二式结合 ② 式得到欲证.

【评注】 本题将应用于习题 21.11 的证明.

21.11 设 $\{X_n, n\geqslant 1\}$ 是独立同分布的 r.v. 序列, $\dfrac{S_n}{\sqrt{n}}\xrightarrow{d}\mathrm{N}\,(0,1)$, 则 $\mathrm{E}X_1=0$, $\mathrm{E}X_1^2=1$.

证明　由 $\dfrac{S_n}{\sqrt{n}} \xrightarrow{d} \mathrm{N}(0,1)$ 得

$$\lim_{n\to\infty} \varphi_{\frac{S_n}{\sqrt{n}}}(u) = \mathrm{e}^{-\frac{u^2}{2}},$$

注意到 $\varphi_{\frac{S_n}{\sqrt{n}}}(u) = \left[\varphi_{X_1}\left(\dfrac{u}{\sqrt{n}}\right)\right]^n$, 所以 $\lim\limits_{n\to\infty}\left[\varphi_{X_1}\left(\dfrac{u}{\sqrt{n}}\right)\right]^n = \mathrm{e}^{-\frac{u^2}{2}}$, 即

$$\lim_{n\to\infty}\left\{1+\left[\varphi_{X_1}\left(\frac{u}{\sqrt{n}}\right)-1\right]\right\}^n = \mathrm{e}^{-\dfrac{u^2}{2}},$$

进而由习题 21.10 知

$$\lim_{n\to\infty} n\left[\varphi_{X_1}\left(\frac{u}{\sqrt{n}}\right)-1\right] = -\frac{u^2}{2},$$

此蕴含

$$\lim_{t\to 0}\frac{1-\varphi_{X_1}(t)}{t^2} = \frac{1}{2},$$

最后由习题 17.43 完成欲证.

【评注】　本题的逆命题当然成立, 所以本题结论本质上是充分必要条件.

21.12　设 $\boldsymbol{X}^{(n)} = (X_1, X_2, \cdots, X_n)^{\mathrm{T}}$ 是来自标准正态总体的容量为 n 的随机样本, 当 n 充分大时, n 阶实对称矩阵 $\boldsymbol{\Sigma}^{(n)}$ 满足

$$\lambda_{\max}\left(\boldsymbol{\Sigma}^{(n)}\right) \leqslant C_1, \quad n^{-1}\mathrm{tr}\left(\boldsymbol{\Sigma}^{(n)2}\right) \geqslant C_2,$$

其中 $\lambda_{\max}\left(\boldsymbol{\Sigma}^{(n)}\right)$ 是 $\boldsymbol{\Sigma}^{(n)}$ 的最大特征值, C_1, C_2 均为正常数, 试证

$$\frac{\boldsymbol{X}^{(n)\mathrm{T}}\boldsymbol{\Sigma}^{(n)}\boldsymbol{X}^{(n)} - \mathrm{tr}\left(\boldsymbol{\Sigma}^{(n)}\right)}{\sqrt{2\mathrm{tr}\left(\boldsymbol{\Sigma}^{(n)2}\right)}} \xrightarrow{d} \mathrm{N}(0,1).$$

证明　因为 $\boldsymbol{\Sigma}^{(n)}$ 对称, 所以存在 n 阶正交矩阵 $\boldsymbol{U}^{(n)}$, 使得

$$\boldsymbol{U}^{(n)\mathrm{T}}\boldsymbol{\Sigma}^{(n)}\boldsymbol{U}^{(n)} = \mathrm{diag}(\lambda_1, \lambda_2, \cdots, \lambda_n) =: \boldsymbol{\Lambda}^{(n)},$$

即 $\boldsymbol{\Sigma}^{(n)} = \boldsymbol{U}^{(n)}\boldsymbol{\Lambda}^{(n)}\boldsymbol{U}^{(n)\mathrm{T}}$. 令 $\boldsymbol{Z}^{(n)} = \boldsymbol{U}^{(n)\mathrm{T}}\boldsymbol{X}^{(n)} = (Z_1, Z_2, \cdots, Z_n)^{\mathrm{T}}$, 则由 $\boldsymbol{X}^{(n)} \sim \mathrm{N}_n(\boldsymbol{0}, \boldsymbol{I}_n)$ 知 $\boldsymbol{Z}^{(n)} \sim \mathrm{N}_n(\boldsymbol{0}, \boldsymbol{I}_n)$, 从而 $Z_1, Z_2, \cdots, Z_n$ 独立, 且诸 $Z_k \sim N(0,1)$. 由

$$\boldsymbol{X}^{(n)\mathrm{T}}\boldsymbol{\Sigma}^{(n)}\boldsymbol{X}^{(n)} = \boldsymbol{Z}^{(n)\mathrm{T}}\boldsymbol{\Lambda}^{(n)}\boldsymbol{Z}^{(n)} = \sum_{k=1}^{n}\lambda_k Z_k^2,$$

易得

$$\mathrm{E}\left(\boldsymbol{X}^{(n)\mathrm{T}}\boldsymbol{\Sigma}^{(n)}\boldsymbol{X}^{(n)}\right)=\sum_{k=1}^{n}\lambda_k=\mathrm{tr}\left(\boldsymbol{\Sigma}^{(n)}\right),$$

$$\mathrm{Var}\left(\boldsymbol{X}^{(n)\mathrm{T}}\boldsymbol{\Sigma}^{(n)}\boldsymbol{X}^{(n)}\right)=2\sum_{k=1}^{n}\lambda_k^2=2\mathrm{tr}\left(\boldsymbol{\Sigma}^{(n)2}\right).$$

对独立随机变量序列 $\{Y_n,n\geqslant 1\}:=\{\lambda_n Z_n^2,n\geqslant 1\}$, 显然

$$B_n^2=\sum_{k=1}^{n}\mathrm{Var}Y_k=2\mathrm{tr}\left(\Sigma^{(n)2}\right)^{-1}\geqslant C_2 n,$$

$$\sum_{k=1}^{n}\mathrm{E}\left|Y_k-\mathrm{E}Y_k\right|^3=\sum_{k=1}^{n}\lambda_k^3\mathrm{E}\left|Z_k^2-1\right|^3\leqslant\sum_{k=1}^{n}\left(\mathrm{E}Z_k^6+3\mathrm{E}Z_k^4+3\mathrm{E}Z_k^2+1\right)\lambda_k^3$$

$$=28\sum_{k=1}^{n}\lambda_k^3\leqslant 28C_1^3 n,$$

从而

$$\lim_{n\to\infty}\frac{1}{B_n^3}\sum_{k=1}^{n}\mathrm{E}\left|Y_k-\mathrm{E}Y_k\right|^3\leqslant\lim_{n\to\infty}\frac{28C_1^3 n}{(C_2 n)^{\frac{3}{2}}}=0,$$

即 Lyapunov 条件 ($\delta=1$) 满足, 故欲证结论成立.

21.2 随机变量阵列的中心极限定理

21.2.1 内容提要

定义 21.10 称 r.v. 阵列 $\{X_{nk},1\leqslant k\leqslant k_n,n\geqslant 1\}$ 满足**条件 (C)**, 如果

(i) 当 $n\to\infty$ 时, $k_n\to\infty$;

(ii) $\{X_{nk}\}$ 是行态独立的;

(iii) 诸 $\mathrm{E}X_{nk}=0$, $\sigma_{nk}^2=\mathrm{Var}X_{nk}<\infty$;

(iv) $B_n^2=\sum\limits_{k=1}^{k_n}\sigma_{nk}^2=1$.

定理 21.11 (经典正态收敛准则) 设 r.v. 阵列 $\{X_{nk},1\leqslant k\leqslant k_n,n\geqslant 1\}$ 满足条件 (C), 则

(i) $\lim\limits_{n\to\infty}\max\limits_{1\leqslant k\leqslant k_n}\sigma_{nk}^2=0$;

(ii) $S_n\xrightarrow{d}\mathrm{N}(0,1)$

同时成立的充分必要条件是

$$\lim_{n\to\infty}\sum_{k=1}^{k_n}\mathrm{E}X_{nk}^2 I\left\{|X_{nk}|\geqslant\varepsilon\right\}=0,\quad \forall\varepsilon>0.$$

定理 21.12 (Hájek-Sidak 定理)　设 $\{X_n, n\geqslant 1\}$ 是独立同分布于 X 的 r.v. 序列, $\mathrm{E}X=\mu$, $\mathrm{Var}X=\sigma^2$. 若常数向量 $\boldsymbol{c}_n=(c_{n1},c_{n2},\cdots,c_{nn})^{\mathrm{T}}$ 满足

$$\lim_{n\to\infty}\frac{\max\limits_{1\leqslant k\leqslant n} c_{nk}^2}{\sum\limits_{k=1}^{n}c_{nk}^2}=0,$$

则

$$\frac{\sum\limits_{k=1}^{n}c_{nk}\left(X_k-\mu\right)}{\sigma\sqrt{\sum\limits_{k=1}^{n}c_{nk}^2}}\xrightarrow{d}\mathrm{N}\left(0,1\right).$$

定理 21.13 (随机变量阵列版本的 Lyapunov 中心极限定理)　设 r.v. 阵列 $\{X_{nk}, 1\leqslant k\leqslant k_n, n\geqslant 1\}$ 满足条件 (C), 若存在 $\delta>0$, 使

$$\lim_{n\to\infty}\sum_{k=1}^{k_n}\mathrm{E}\left|X_{nk}\right|^{2+\delta}=0,$$

则

$$S_n\xrightarrow{d}\mathrm{N}\left(0,1\right).$$

定理 21.14 (核估计量的渐近正态性)　若 f 有界, K 有界, 则对每个 $x\in C\left(f\right)$, 有

$$\frac{\hat{f}_n\left(x\right)-\mathrm{E}\hat{f}_n\left(x\right)}{\sqrt{\mathrm{Var}\hat{f}_n\left(x\right)}}\xrightarrow{d}\mathrm{N}\left(0,1\right).$$

定理 21.15 (经典正态收敛准则的等价形式)　设 $\{X_{nk}, 1\leqslant k\leqslant k_n, n\geqslant 1\}$ 是行态独立的 r.v. 阵列, 诸 $\mathrm{E}X_{nk}=0$, $\sigma_{nk}^2=\mathrm{Var}X_{nk}<\infty$, 记 $B_n^2=\sum\limits_{k=1}^{k_n}\sigma_{nk}^2$, 则

(i) $\lim\limits_{n\to\infty}\dfrac{1}{B_n^2}\max\limits_{1\leqslant k\leqslant k_n}\sigma_{nk}^2=0$;

(ii) $\dfrac{S_n}{B_n}\xrightarrow{d}\mathrm{N}\left(0,1\right)$

同时成立的充分必要条件是

$$\lim_{n\to\infty}\frac{1}{B_n^2}\sum_{k=1}^{k_n}\mathrm{E}X_{nk}^2 I\{|X_{nk}|\geqslant\varepsilon B_n\}=0,\quad\forall\varepsilon>0.$$

定理 21.16 (样本分位数的渐近正态性) 设 $X_1,X_2,\cdots,X_n$ 是来自总体 $X\sim F(x)$ 的随机样本, $0<p<1$, F 在 $F^{\leftarrow}(p)$ 处连续.

(i) 若 $F'_+(F^{\leftarrow}(p))>0$, 则

$$\sqrt{n}\left[X_{(\lceil np\rceil)}-F^{\leftarrow}(p)\right]\xrightarrow{d}\mathrm{N}\left(0,\frac{p(1-p)}{\left[F'_+(F^{\leftarrow}(p))\right]^2}\right);$$

(ii) 若 $F'_-(F^{\leftarrow}(p))>0$, 则

$$\sqrt{n}\left[X_{(\lceil np\rceil)}-F^{\leftarrow}(p)\right]\xrightarrow{d}\mathrm{N}\left(0,\frac{p(1-p)}{\left[F'_-(F^{\leftarrow}(p))\right]^2}\right);$$

(iii) 在 (i) 或 (ii) 的条件下, 均有

$$P\left\{\sqrt{n}\left[X_{(\lceil np\rceil)}-F^{\leftarrow}(p)\right]\leqslant 0\right\}=\frac{1}{2}.$$

21.2.2 习题 21.2 解答与评注

21.13 (Poisson 定理) 设行态独立的 r.v. 阵列 $\{X_{nk},1\leqslant k\leqslant n,n\geqslant 1\}$ 满足 $X_{nk}\sim\mathrm{Be}(p_n)$, 即 $P\{X_{nk}=1\}=p_n=1-P\{X_{nk}=0\}$, 若 $np_n\to\lambda$, 常数 $\lambda\in(0,\infty)$, 则 $\sum\limits_{k=1}^{n}X_{nk}\xrightarrow{d}\mathrm{Po}(\lambda)$.

证明 易知 X_{nk} 的特征函数为 $1+p_n(\mathrm{e}^{\mathrm{i}t}-1)$, 从而由独立性知 $\sum\limits_{k=1}^{n}X_{nk}$ 的特征函数为 $\left[1+p_n(\mathrm{e}^{\mathrm{i}t}-1)\right]^n$. 注意到 $np_n\to\lambda$, 习题 19.12 之 (3) 保证

$$\left[1+p_n\left(\mathrm{e}^{\mathrm{i}t}-1\right)\right]^n=\left[1+\frac{np_n\left(\mathrm{e}^{\mathrm{i}t}-1\right)}{n}\right]^n\to\mathrm{e}^{\lambda\left(\mathrm{e}^{\mathrm{i}t}-1\right)},$$

后者是 $\mathrm{Po}(\lambda)$ 分布的特征函数, 由特征函数的连续性定理完成本题的证明.

【评注】 (a) Poisson 定理又称为**稀有事件定律**, 在一般的初等概率论中都可以找到本定理的纯分析证明;

(b) 若将 "r.v. 阵列" 改成 "r.v. 序列", 本题结论不再成立, 本题放置在这儿的另一个目的是让读者领悟到, 在各种收敛性的研究中有必要引进 r.v. 阵列, 以使研究的广度和深度更上一层楼.

21.14 设 $\{X_n, n \geqslant 1\}$ 是独立同分布于 X 的 r.v. 序列, X 服从对称分布, 且

$$P\{|X| > x\} = \frac{1}{x^2}, \quad x \geqslant 1,$$

则 $\dfrac{S_n}{\sqrt{n\log n}} \xrightarrow{d} \mathrm{N}(0,1)$.

证明 取 $n_0 \in \mathbb{N}$ 使得 $\log\log\log n_0 > 0$, 对 $n \geqslant n_0$, 令

$$X_{nk} = \frac{X_k I\{|X_k| \leqslant \sqrt{n}\log\log n\}}{\sqrt{n\log n}}, \quad 1 \leqslant k \leqslant n,$$

则 $\{X_{nk}, 1 \leqslant k \leqslant k_n, n \geqslant n_0\}$ 是行态独立的 r.v. 序列, 显然 $\mathrm{E}X_{nk} = 0$, 而

$$\begin{aligned}\sigma_{nk}^2 = \mathrm{E}X_{nk}^2 &= \frac{1}{n\log n}\int_\Omega X^2 I\{|X| \leqslant \sqrt{n}\log\log n\}\,\mathrm{d}P \\ &= \frac{1}{n\log n}\int_{1<|X|\leqslant\sqrt{n}\log\log n} X^2 \mathrm{d}P = \frac{2}{n\log n}\int_1^{\sqrt{n}\log\log n} x^2 \mathrm{d}\left(1 - \frac{1}{2x^2}\right) \\ &= \frac{2}{n\log n}\int_1^{\sqrt{n}\log\log n} \frac{1}{x}\mathrm{d}x = \frac{1}{n} + \frac{2\log\log\log n}{n\log n},\end{aligned}$$

从而 $\{X_{nk}, 1 \leqslant k \leqslant k_n, n \geqslant n_0\}$ 满足条件 (C), 故定理 21.11 保证

$$\frac{1}{\sqrt{n\log n}}\sum_{k=1}^n X_k I\{|X_k| \leqslant \sqrt{n}\log\log n\} \xrightarrow{d} \mathrm{N}(0,1).$$

为完成欲证, 剩下的只需证明

$$\frac{S_n}{\sqrt{n\log n}} - \frac{1}{\sqrt{n\log n}}\sum_{k=1}^n X_k I\{|X_k| \leqslant \sqrt{n}\log\log n\} \xrightarrow{P} 0,$$

实际上, 根据题设条件易证比上述结论更强的一个结论:

$$S_n - \sum_{k=1}^n X_k I\{|X_k| \leqslant \sqrt{n}\log\log n\} \xrightarrow{P} 0.$$

【评注】 本题中, 尽管 $\mathrm{E}X^2 = \infty$, 但 S_n 适当正则化后仍然依分布收敛于标准正态分布.

21.15 设 $\{X_n, n \geqslant 1\}$ 是独立同分布于 X 的 r.v. 序列, X 服从对称分布, 且存在常数 $\alpha \in (0,2)$, 使得

$$P\{|X| > x\} = x^{-\alpha}, \quad x \geqslant 1,$$

则 $\dfrac{S_n}{n^{1/\alpha}} \xrightarrow{d} Y$, 其中 Y 是某个非退化 r.v..

证明 记 $\varphi(t)$ 为 X 的 ch.f., 则

$$\begin{aligned}
1-\varphi(t) &= \int_1^{\infty}\left(1-\mathrm{e}^{\mathrm{i}tx}\right)\frac{\alpha}{2|x|^{\alpha+1}}\mathrm{d}x + \int_{-\infty}^{-1}\left(1-\mathrm{e}^{\mathrm{i}tx}\right)\frac{\alpha}{2|x|^{\alpha+1}}\mathrm{d}x \\
&\quad + \mathrm{E}(1-\cos tX)\, I\{|X|<1\} \\
&= \alpha\int_1^{\infty}\frac{1-\cos tx}{x^{\alpha+1}}\mathrm{d}x + \mathrm{E}(1-\cos tX)\, I\{|X|<1\} \\
&= \alpha\int_{|t|}^{\infty}\frac{1-\cos u}{(u/|t|)^{\alpha+1}}\frac{1}{|t|}\mathrm{d}u + \mathrm{E}(1-\cos tX)\, I\{|X|<1\} \\
&= \alpha|t|^{\alpha}\int_{|t|}^{\infty}\frac{1-\cos u}{u^{\alpha+1}}\mathrm{d}u + \mathrm{E}(1-\cos tX)\, I\{|X|<1\}.
\end{aligned}$$

因为当 $u \to 0$ 时, $\dfrac{1-\cos u}{u^{\alpha+1}} \sim \dfrac{1}{2u^{\alpha-1}}$, 而 $0<\alpha<2$ 推出 $\alpha-1<1$, 所以

$$c := \alpha\int_0^{\infty}\frac{1-\cos u}{u^{\alpha+1}}\mathrm{d}u < \infty.$$

于是当 $t \to 0$ 时,

$$1-\varphi(t) \sim c|t|^{\alpha}. \qquad ①$$

注意到

$$\mathrm{E}\exp\left(\frac{\mathrm{i}tS_n}{n^{1/\alpha}}\right) = \left[\varphi\left(\frac{t}{n^{1/\alpha}}\right)\right]^n = \left\{1-\left[1-\varphi\left(\frac{t}{n^{1/\alpha}}\right)\right]\right\}^n,$$

而当 $n \to \infty$ 时, ① 式保证

$$n\left[1-\varphi\left(\frac{t}{n^{1/\alpha}}\right)\right] \to c|t|^{\alpha},$$

从而习题 19.12 之 (3) 保证

$$\mathrm{E}\exp\left(\frac{\mathrm{i}tS_n}{n^{1/\alpha}}\right) \to \mathrm{e}^{-c|t|^{\alpha}}.$$

最后, 由习题 17.32 知上式右边是某个 r.v. Y (显然非退化) 的 ch.f., 故 $\dfrac{S_n}{n^{1/\alpha}} \xrightarrow{d} Y$.

【评注】 (a) 本题应该与上一题比较;

(b) 从证明过程立知: 对任意的 $0<\alpha<2$, $\gamma\in\mathbb{R}$, $c>0$, $\varphi(t)=\mathrm{e}^{\mathrm{i}\gamma t-c|t|^\alpha}$ 都是 ch.f..

21.16 考虑简单线性回归模型: $y_k=\beta_0+\beta_1x_k+\varepsilon_k$, $k=1,2,\cdots,n$, 其中 $\varepsilon_1,\varepsilon_2,\cdots,\varepsilon_n$ 独立同分布, 且 $\mathrm{E}\varepsilon_1=0$, $\mathrm{Var}\varepsilon_1=\sigma^2$. 熟知, β_1 的最小二乘估计是

$$\hat\beta_{1,n}=\frac{\sum\limits_{k=1}^n(y_k-\overline{y}_n)(x_k-\overline{x}_n)}{\sum\limits_{k=1}^n(x_k-\overline{x}_n)^2}=\beta_1+\frac{\sum\limits_{k=1}^n\varepsilon_k(x_k-\overline{x}_n)}{\sum\limits_{k=1}^n(x_k-\overline{x}_n)^2},$$

其中 $\overline{x}_n=\dfrac{1}{n}\sum\limits_{k=1}^n x_k$, $\overline{y}_n=\dfrac{1}{n}\sum\limits_{k=1}^n y_k$. 若 $\max\limits_{1\leqslant k\leqslant n}\dfrac{(x_k-\overline{x}_n)^2}{\sum\limits_{j=1}^n(x_j-\overline{x}_n)^2}\to 0$, 试用 Hájek-Sidak 定理证明

$$\sqrt{\sum_{k=1}^n(x_k-\overline{x}_n)^2}\,\frac{\hat\beta_{1,n}-\beta_1}{\sigma}\xrightarrow{d}\mathrm{N}(0,1).$$

证明 令 $c_{nk}=x_k-\overline{x}_n$, 则由 $\max\limits_{1\leqslant k\leqslant n}\dfrac{(x_k-\overline{x}_n)^2}{\sum\limits_{j=1}^n(x_j-\overline{x}_n)^2}\to 0$ 知 $\dfrac{\max\limits_{1\leqslant k\leqslant n}c_{nk}^2}{\sum\limits_{j=1}^n c_{nj}^2}\to 0$, 从而由 Hájek-Sidak 定理得

$$\frac{\sum\limits_{k=1}^n c_{nk}\varepsilon_k}{\sigma\sqrt{\sum\limits_{j=1}^n c_{nj}^2}}\xrightarrow{d}\mathrm{N}(0,1).$$

注意到 $\hat\beta_{1,n}-\beta_1=\dfrac{\sum\limits_{k=1}^n\varepsilon_k(x_k-\overline{x}_n)}{\sum\limits_{k=1}^n(x_k-\overline{x}_n)^2}=\dfrac{\sum\limits_{k=1}^n c_{nk}\varepsilon_k}{\sum\limits_{k=1}^n c_{nk}^2}$, 所以 $\sqrt{\sum\limits_{k=1}^n(x_k-\overline{x}_n)^2}\,\dfrac{\hat\beta_{1,n}-\beta_1}{\sigma}\xrightarrow{d}$ $\mathrm{N}(0,1)$.

【评注】 (a) 我们知道, 当随机误差 ε_k 被假定服从正态分布时, β_1 的最小二乘估计 $\hat{\beta}_{1,n}$ 服从正态分布. 本题中只假定 $\varepsilon_1,\varepsilon_2,\cdots,\varepsilon_n$ 独立同分布——取消了正态性假定, 这里得到了 $\hat{\beta}_{1,n}$ 渐近正态的结论.

(b) 对于简回归模型 $y_k=\beta x_k+\varepsilon_k$, $k=1,2,\cdots,n$, β 的最小二乘估计是

$$\hat{\beta}_n=\frac{\sum\limits_{k=1}^{n}x_ky_k}{\sum\limits_{k=1}^{n}x_k^2}=\beta+\frac{\sum\limits_{k=1}^{n}\varepsilon_kx_k}{\sum\limits_{k=1}^{n}x_k^2}.$$

若 $\max\limits_{1\leqslant k\leqslant n}\dfrac{x_k^2}{\sum\limits_{j=1}^{n}x_j^2}\to 0$, 则

$$\sqrt{\sum_{k=1}^{n}x_k^2}\left(\hat{\beta}_n-\beta\right)\xrightarrow{d}\mathrm{N}\left(0,\sigma^2\right).$$

21.17 设 W_n, $Z_{n,t}$ 分别如 (21.14) 式, (21.15) 式定义, 则 (21.16) 式成立.

证明 注意到 $\mathrm{E}Z_{n,t}=\mathrm{E}W_n=0$, 我们有

$$\begin{aligned}\mathrm{E}\left(Z_{n,t}-W_n\right)^2&=\mathrm{Var}\left(Z_{n,t}-W_n\right)\\&=n\mathrm{Var}\left[\hat{F}_n\left(F^{\leftarrow}(p)+\frac{t}{\sqrt{n}}\right)-\hat{F}_n\left(F^{\leftarrow}(p)\right)\right],\end{aligned}$$

而由习题 19.16,

$$n\mathrm{Var}\left[\hat{F}_n\left(F^{\leftarrow}(p)+\frac{t}{\sqrt{n}}\right)-\hat{F}_n\left(F^{\leftarrow}(p)\right)\right]=\beta_n\left(1-\beta_n\right),$$

其中

$$\beta_n=\left|F\left(F^{\leftarrow}(p)\right)-F\left(F^{\leftarrow}(p)+\frac{t}{\sqrt{n}}\right)\right|.$$

注意到 F 在 $F^{\leftarrow}(p)$ 处连续, 所以

$$\mathrm{E}\left(Z_{n,t}-W_n\right)^2\to 0,$$

即 $Z_{n,t}-W_n\xrightarrow{L^2}0$, 由此得 (21.16) 式.

21.3 多维中心极限定理和 Delta 方法

21.3.1 内容提要

定理 21.17 (Cramér-Wold 方法) 设 $\{\boldsymbol{X}, \boldsymbol{X}_n, n \geqslant 1\}$ 是取值于 $\mathbb{R}^k$ 的 R.V. 序列, 则

$$\boldsymbol{X}_n \xrightarrow{d} \boldsymbol{X} \Leftrightarrow \text{对任意的 } \boldsymbol{\theta} \in \mathbb{R}^k, \quad \boldsymbol{\theta}^{\mathrm{T}} \boldsymbol{X}_n \xrightarrow{d} \boldsymbol{\theta}^{\mathrm{T}} \boldsymbol{X}.$$

定理 21.18 (多维版本的 Lindeberg-Lévy 中心极限定理) 设 $\{\boldsymbol{X}_n, n \geqslant 1\}$ 是独立同分布的 k 维 R.V. 序列, $\mathrm{E}\boldsymbol{X}_1 = \boldsymbol{\mu}$, $\mathrm{Cov}(\boldsymbol{X}_1) = \boldsymbol{\Sigma}$, 则

$$\frac{\sum_{j=1}^{n} \boldsymbol{X}_j - n\boldsymbol{\mu}}{\sqrt{n}} \xrightarrow{d} \mathrm{N}_k(\mathbf{0}, \boldsymbol{\Sigma}),$$

等价地

$$\sqrt{n}\left(\overline{\boldsymbol{X}}_n - \boldsymbol{\mu}\right) \xrightarrow{d} \mathrm{N}_k(\mathbf{0}, \boldsymbol{\Sigma}),$$

其中 $\overline{\boldsymbol{X}}_n = \frac{1}{n}\sum_{j=1}^{n} \boldsymbol{X}_j$.

定理 21.20 (Delta 定理) 设 $\boldsymbol{g}: \mathbb{R}^k \to \mathbb{R}^m$, 且 $\dot{\boldsymbol{g}}$ 在 $\boldsymbol{\theta} \in \mathbb{R}^k$ 的某个邻域内连续. 若 k 维 R.V. 序列 $\{\boldsymbol{T}, \boldsymbol{T}_n, n \geqslant 1\}$ 满足 $\sqrt{n}(\boldsymbol{T}_n - \boldsymbol{\theta}) \xrightarrow{d} \boldsymbol{T}$, 则

$$\sqrt{n}(\boldsymbol{g}(\boldsymbol{T}_n) - \boldsymbol{g}(\boldsymbol{\theta})) \xrightarrow{d} \dot{\boldsymbol{g}}(\boldsymbol{\theta})\boldsymbol{T}.$$

特别地, 如果 $\sqrt{n}(\boldsymbol{T}_n - \boldsymbol{\theta}) \xrightarrow{d} \mathrm{N}_k(\mathbf{0}, \boldsymbol{\Sigma})$, 那么

$$\sqrt{n}(\boldsymbol{g}(\boldsymbol{T}_n) - \boldsymbol{g}(\boldsymbol{\theta})) \xrightarrow{d} \mathrm{N}_m\left(\mathbf{0}, \dot{\boldsymbol{g}}(\boldsymbol{\theta})\boldsymbol{\Sigma}\dot{\boldsymbol{g}}(\boldsymbol{\theta})^{\mathrm{T}}\right).$$

21.3.2 习题 21.3 解答与评注

21.18 (最值版本的 Slutzky 定理) 设 $X_n \xrightarrow{d} X_\infty$, $Y_n \xrightarrow{P} a$ ($a \in \mathbb{R}$ 为常数), 则

(1) $\max\{X_n, Y_n\} \xrightarrow{d} \max\{X_\infty, a\}$;

(2) $\min\{X_n, Y_n\} \xrightarrow{d} \min\{X_\infty, a\}$.

证明 对任意的 $\boldsymbol{\theta} \in \mathbb{R}^2$, 由 $X_n \xrightarrow{d} X_\infty$ 及定理 12.38 知 $\theta_1 X_n \xrightarrow{d} \theta_1 X_\infty$, 又显然 $\theta_2 Y_n \xrightarrow{P} \theta_2 a$, 从而由习题 12.19 之 (1) 知 $\theta_1 X_n + \theta_2 Y_n \xrightarrow{d} \theta_1 X_\infty + \theta_2 a$, 再由定理 21.17 知 $\begin{pmatrix} X_n \\ Y_n \end{pmatrix} \xrightarrow{d} \begin{pmatrix} X_\infty \\ a \end{pmatrix}$.

(1) 取 $h(x,y)=\max\{x,y\}$, 它是连续函数 (习题 2.24 之 (3)), 再次由定理 12.38 得

$$h(X_n,Y_n)\xrightarrow{d}h(X_\infty,a),$$

即 $\max\{X_n,Y_n\}\xrightarrow{d}\max\{X_\infty,a\}$.

(2) 取 $h(x,y)=\min\{x,y\}$, 它是连续函数 (习题 2.24 之 (4)), 则类似于 (1) 的推理得 $\min\{X_n,Y_n\}\xrightarrow{d}\min\{X_\infty,a\}$.

21.19 设 $\{X_n,n\geqslant 1\}$ 是独立同分布于 X 的 r.v. 序列, $\mathrm{E}X^4<\infty$, 记

$$\boldsymbol{T}_n=\begin{pmatrix}\dfrac{1}{n}\sum\limits_{j=1}^{n}X_j\\ \dfrac{1}{n}\sum\limits_{j=1}^{n}X_j^2\end{pmatrix},\quad \boldsymbol{\theta}=\begin{pmatrix}\mathrm{E}X\\ \mathrm{E}X^2\end{pmatrix},$$

$$\boldsymbol{\Sigma}=\begin{pmatrix}\mathrm{Var}X & \mathrm{Cov}(X,X^2)\\ \mathrm{Cov}(X,X^2) & \mathrm{Var}X^2\end{pmatrix},$$

则 $\sqrt{n}(\boldsymbol{T}_n-\boldsymbol{\theta})\xrightarrow{d}\mathrm{N}_2(\boldsymbol{0},\boldsymbol{\Sigma})$.

证明 考察独立同分布于 $\begin{pmatrix}X\\ X^2\end{pmatrix}$ 的 2 维 R.V. 序列 $\begin{pmatrix}X_1\\ X_1^2\end{pmatrix}$, $\begin{pmatrix}X_2\\ X_2^2\end{pmatrix}$, $\cdots$, 显然

$$\mathrm{E}\begin{pmatrix}X\\ X^2\end{pmatrix}=\boldsymbol{\theta},\quad \mathrm{Cov}\begin{pmatrix}X\\ X^2\end{pmatrix}=\boldsymbol{\Sigma},$$

由定理 21.18 得

$$\frac{\begin{pmatrix}\sum\limits_{j=1}^{n}X_j\\ \sum\limits_{j=1}^{n}X_j^2\end{pmatrix}-n\boldsymbol{\theta}}{\sqrt{n}}\xrightarrow{d}\mathrm{N}_2(\boldsymbol{0},\boldsymbol{\Sigma}),$$

即 $\sqrt{n}(\boldsymbol{T}_n-\boldsymbol{\theta})\xrightarrow{d}\mathrm{N}_2(\boldsymbol{0},\boldsymbol{\Sigma})$.

21.20 在习题 21.19 的条件下, 证明

$$\sqrt{n}\left[\frac{1}{n}\sum_{j=1}^{n}\left(X_j-\overline{X}_n\right)^2-\mathrm{Var}X\right]\xrightarrow{d}\mathrm{N}\left(0,\mu_4-\sigma^4\right),$$

其中 $\overline{X}_n = \frac{1}{n}\sum\limits_{j=1}^{n} X_j, \mu_4 = \mathrm{E}(X-\mu)^4$ 是 X 的 4 阶中心矩, $\sigma^4 = (\mathrm{Var}X)^2$.

证明 在习题 21.19 中, 我们已经证明了 $\sqrt{n}(\boldsymbol{T}_n - \boldsymbol{\theta}) \xrightarrow{d} \mathrm{N}_2(\mathbf{0}, \boldsymbol{\Sigma})$. 现在取二元函数, $g(\boldsymbol{x}) = x_2 - x_1^2$, 则 $\dot{g}(\boldsymbol{x}) = (-2x_1, 1)$, 从而 $\dot{g}(\boldsymbol{\theta}) = (-2\mu, 1)$, 故

$$\begin{aligned}\dot{g}(\boldsymbol{\theta})\boldsymbol{\Sigma}\dot{g}(\boldsymbol{\theta})^{\mathrm{T}} &= (-2\mu, 1)\,\mathrm{Cov}\begin{pmatrix} X \\ X^2 \end{pmatrix}\begin{pmatrix} -2\mu \\ 1 \end{pmatrix} \\ &= \mathrm{Cov}\left[(-2\mu, 1)\begin{pmatrix} X \\ X^2 \end{pmatrix}\right] = \mathrm{Var}\left(X^2 - 2\mu X\right) \\ &= \mathrm{Var}\left(X^2 - 2\mu X + \mu^2\right) = \mathrm{Var}\left[(X-\mu)^2\right] \\ &= \mathrm{E}(X-\mu)^4 - \left[\mathrm{E}(X-\mu)^2\right]^2 = \mu_4 - \sigma^4.\end{aligned}$$

有了上述准备工作之后, 现在由 Delta 定理就得到

$$\begin{aligned}\sqrt{n}\left[\frac{1}{n}\sum_{j=1}^{n}\left(X_j - \overline{X}_n\right)^2 - \mathrm{Var}X\right] &= \sqrt{n}\left(g(\boldsymbol{T}_n) - g(\boldsymbol{\theta})\right) \\ &\xrightarrow{d} \mathrm{N}\left(0, \dot{g}(\boldsymbol{\theta})\boldsymbol{\Sigma}\dot{g}(\boldsymbol{\theta})^{\mathrm{T}}\right) = \mathrm{N}\left(0, \mu_4 - \sigma^4\right).\end{aligned}$$

21.21 设独立同分布的 r.v. 序列 $\{X_n, n \geqslant 1\}$ 满足 $\mathrm{E}X_1 = \mu > 0$, $\mathrm{Var}X_1 = \sigma^2 < \infty$, 则

$$\sqrt{n}\left[\overline{X}_n I\left\{\overline{X}_n \geqslant 0\right\} - \mu\right] \xrightarrow{d} \mathrm{N}\left(0, \sigma^2\right),$$

其中 $\overline{X}_n = \frac{1}{n}\sum\limits_{k=1}^{n} X_k$.

证明 首先, Lindeberg-Lévy 中心极限定理保证 $\dfrac{\sum\limits_{k=1}^{n} X_k - n\mu}{\sqrt{n}\sigma} \xrightarrow{d} \mathrm{N}(0, 1)$, 从而 $\sqrt{n}\left(\overline{X}_n - \mu\right) \xrightarrow{d} \mathrm{N}(0, \sigma^2)$.

其次, 取 $g(x) = xI\{x \geqslant 0\}$, 显然 g' 在 $x = \mu$ 的某个邻域内连续, 且 $g'(\mu) = 1$, 故上述已证结果结合 Delta 定理产生

$$\sqrt{n}\left[g\left(\overline{X}_n\right) - g(\mu)\right] \xrightarrow{d} \mathrm{N}\left(0, g'(\mu)\,\sigma^2 g'(\mu)\right),$$

即

$$\sqrt{n}\left[\overline{X}_n I\left\{\overline{X}_n \geqslant 0\right\} - \mu\right] \xrightarrow{d} \mathrm{N}\left(0, \sigma^2\right).$$

【评注】 设 $X_1, X_2, \cdots, X_n$ 是来自总体 $X \sim \mathrm{N}(\mu, \sigma^2)$ 的随机样本, 其中 $\mu > 0$, 易知 $\hat{\mu}_n = \overline{X}_n I\left\{\overline{X}_n \geqslant 0\right\}$ 是 μ 的最大似然估计, 于是本题结论保证 $\sqrt{n}(\hat{\mu}_n - \mu) \xrightarrow{d} \mathrm{N}(0, \sigma^2)$.

21.4 中心极限定理中收敛速度的估计

21.4.1 内容提要

定理 21.23 (Esseen 定理) 设 r.v. V, 满足

$$\sup_{x \in \mathbb{R}} F_V'(x) \leqslant A < \infty,$$

则对任意的 r.v. U 和任意的 $T > 0$, 有

$$\begin{aligned}\sup_{x \in \mathbb{R}} |F_U(x) - F_V(x)| &\leqslant \frac{1}{\pi} \int_{-T}^{T} \left|\frac{\varphi_U(t) - \varphi_V(t)}{t}\right| \left(1 - \frac{|t|}{T}\right) \mathrm{d}t + \frac{24A}{\pi T} \\ &\leqslant \frac{1}{\pi} \int_{-T}^{T} \left|\frac{\varphi_U(t) - \varphi_V(t)}{t}\right| \mathrm{d}t + \frac{24A}{\pi T}.\end{aligned}$$

引理 21.24 设 $X_1, X_2, \cdots, X_n$ 是具有零均值的独立 r.v., 诸 $\gamma_k^3 = \mathrm{E}|X_k|^3 < \infty$, 记

$$\sigma_k^2 = \mathrm{E}X_k^2, \quad B_n^2 = \sum_{k=1}^n \sigma_k^2, \quad \beta_n^3 = \sum_{k=1}^n \gamma_k^3,$$

则当 $|t| \leqslant \dfrac{B_n^3}{4\beta_n^3}$ 时, 有

$$\left|\varphi_{S_n/B_n}(t) - \mathrm{e}^{-\frac{t^2}{2}}\right| \leqslant 16 \frac{\beta_n^3}{B_n^3} |t|^3 \mathrm{e}^{-\frac{t^2}{3}}.$$

定理 21.25 (Esseen 不等式) 在引理 21.24 的条件下, 有

$$\sup_{x \in \mathbb{R}} \left|F_{S_n/B_n}(x) - \Phi(x)\right| \leqslant \frac{36\beta_n^3}{B_n^3}.$$

定理 21.26 (Berry-Esseen 不等式) 设 $X_1, X_2, \cdots, X_n$ 是具有零均值的独立同分布的 r.v., $\sigma^2 = \mathrm{E}X_1^2$, $\gamma^3 = \mathrm{E}|X_1|^3 < \infty$, 则

$$\sup_{x \in \mathbb{R}} \left|F_{S_n/(\sqrt{n}\sigma)}(x) - \Phi(x)\right| \leqslant \frac{36\gamma^3}{\sqrt{n}\sigma^3}.$$

21.4.2　习题 21.4 解答与评注

21.22　令 $\tilde{\Delta}(x) = F_{-U}(x) - F_{-V}(x)$, $\tilde{\Delta}^* = \sup\limits_{x\in\mathbb{R}}\left|\tilde{\Delta}(x)\right|$, 则当 $\Delta^* = |\Delta(x_0-0)|$ 时, $\tilde{\Delta}^* = \left|\tilde{\Delta}(x_0)\right|$, 其中 $\Delta(x)$ 和 Δ^* 如 (21.22) 式定义.

证明　由

$$\begin{aligned}\tilde{\Delta}(x) &= \Big[1 - F_U(-x-0)\Big] - \Big[1 - F_V(-x-0)\Big]\\ &= -\Big[F_U(-x-0) - F_V(-x-0)\Big]\end{aligned}$$

知

$$\begin{aligned}\tilde{\Delta}^* &= \sup_{x\in\mathbb{R}}\Big|F_U(-x-0) - F_V(-x-0)\Big|\\ &= \sup_{x\in\mathbb{R}}\Big|F_U(x-0) - F_V(x-0)\Big| = \sup_{x\in\mathbb{R}}|\Delta(x-0)|,\end{aligned}$$

于是, 当 $\Delta^* = |\Delta(x_0-0)|$ 时,

$$\tilde{\Delta}^* = |\Delta(x_0-0)| = \left|\tilde{\Delta}(x_0)\right|.$$

21.23　当 $\Delta^* = -\Delta(x_0)$ 时, 证明 (21.25) 式仍然成立.

证明　$\forall s > 0$, 由 (21.21) 式得

$$\begin{aligned}-\Delta(x_0-s) - \Delta^* &= -\Delta(x_0-s) + \Delta(x_0)\\ &= -\Big[F_U(x_0-s) - F_V(x_0-s)\Big] + \Big[F_U(x_0) - F_V(x_0)\Big]\\ &\geqslant -\Big[F_V(x_0) - F_V(x_0-s)\Big]\\ &= -\int_{x_0-s}^{x_0} F_V'(y)\,\mathrm{d}y\\ &\geqslant -\int_{x_0-s}^{x_0} A\mathrm{d}y = -As,\end{aligned}$$

即

$$-\Delta(x_0-s) \geqslant \Delta^* - As, \quad s > 0,$$

特别地

$$-\Delta\left(x_0 - \frac{\Delta^*}{2A} + y\right) \geqslant \Delta^* - A\left(\frac{\Delta^*}{2A} - y\right) = \frac{\Delta^*}{2} + Ay, \quad |y| \leqslant \frac{\Delta^*}{2A}.$$

注意, 由 Δ^* 的定义,

$$-\Delta\left(x_0-\frac{\Delta^*}{2A}+y\right)\geqslant -\Delta^*,\quad |y|>\frac{\Delta^*}{2A},$$

于是

$$\begin{aligned}-\Delta_T\left(x_0+\frac{\Delta^*}{2A}\right)&=-\int_{-\infty}^{\infty}\Delta\left(x_0+\frac{\Delta^*}{2A}-y\right)f_{W_T}(y)\,\mathrm{d}y\\&=-\int_{-\infty}^{\infty}\Delta\left(x_0+\frac{\Delta^*}{2A}+y\right)f_{W_T}(y)\,\mathrm{d}y\\&=-\int_{|y|\leqslant\frac{\Delta^*}{2A}}\Delta\left(x_0+\frac{\Delta^*}{2A}+y\right)f_{W_T}(y)\,\mathrm{d}y\\&\quad-\int_{|y|>\frac{\Delta^*}{2A}}\Delta\left(x_0+\frac{\Delta^*}{2A}+y\right)f_{W_T}(y)\,\mathrm{d}y\\&\geqslant\int_{|y|\leqslant\frac{\Delta^*}{2A}}\left(\frac{\Delta^*}{2}+Ay\right)f_{W_T}(y)\,\mathrm{d}y-\Delta^*\int_{|y|>\frac{\Delta^*}{2A}}f_{W_T}(y)\,\mathrm{d}y\\&=\frac{\Delta^*}{2}P\left\{|W_T|\leqslant\frac{\Delta^*}{2A}\right\}-\Delta^*P\left\{|W_T|>\frac{\Delta^*}{2A}\right\}\\&=\frac{\Delta^*}{2}\left[1-3P\left\{|W_T|>\frac{\Delta^*}{2A}\right\}\right],\end{aligned}$$

由此得到 (21.25) 式.

21.24 对于 $z\in\mathbb{C}$,

(1) 当 $|z|\leqslant\dfrac{1}{2}$ 时, $|\mathrm{Log}\,(1-z)+z|\leqslant|z|^2$;

(2) $|\mathrm{e}^z-1|\leqslant|z|\,\mathrm{e}^{|z|}$.

证明 (1) 由 $\mathrm{Log}\,(1-z)=-\sum\limits_{n=1}^{\infty}\dfrac{z^n}{n}$ 得

$$|\mathrm{Log}\,(1-z)+z|\leqslant\sum_{n=2}^{\infty}\frac{|z|^n}{n}\leqslant\frac{|z|^2}{2}\sum_{n=2}^{\infty}|z|^{n-2}\leqslant|z|^2.$$

(2) 由 $\mathrm{e}^z=\sum\limits_{n=0}^{\infty}\dfrac{z^n}{n!}$ 得

$$|\mathrm{e}^z-1|\leqslant\sum_{n=1}^{\infty}\frac{|z|^n}{n!}=|z|\sum_{n=0}^{\infty}\frac{|z|^n}{(n+1)!}\leqslant|z|\sum_{n=0}^{\infty}\frac{|z|^n}{n!}=|z|\,\mathrm{e}^{|z|}.$$

第 22 章　无穷可分分布

寻找行态独立随机变量阵列的部分和的极限分布族及收敛于给定的极限分布的条件属于普遍极限问题的范畴, Finetti 于 1929 年引进无穷可分分布概念是关键的第一步, 1937 年 Lévy 和 Khinchin 给出其完全刻画.

无穷可分分布将特征函数方法运用到极致, 是众多概率论学者在 20 世纪将古典极限定理抽枝展叶, 精心浇灌出来的繁茂大树.

22.1　无穷可分分布的基本知识

22.1.1　内容提要

定义 22.1　(i) 称 d.f. F 是**无穷可分的** (简记为 i.d.), 如果对每个 $n \geqslant 1$, 存在 d.f. F_n, 使得 F 是 F_n 的 n 重卷积, 即

$$F = \underbrace{F_n * F_n * \cdots * F_n}_{n\text{次}};$$

(ii) 称 ch.f. φ 是 i.d. 的, 如果它对应的分布是 i.d. 的, 即对每个 $n \geqslant 1$, 存在 ch.f. φ_n 使得

$$\varphi(t) = [\varphi_n(t)]^n; \tag{22.1}$$

(iii) 称 r.v. X 是 i.d. 的, 如果它对应的分布是 i.d. 的, 即对每个 $n \geqslant 1$, 存在独立同分布的 r.v. $X_{n1}, X_{n2}, \cdots, X_{nn}$, 使得

$$X \overset{d}{=} X_{n1} + X_{n2} + \cdots + X_{nn}.$$

命题 22.2　若 $\varphi \in \mathcal{D}$, 则 $|\varphi| \in \mathcal{D}$.

命题 22.3　若 $\varphi \in \mathcal{D}$, 则 φ 无处为零, 即对每个 $t \in \mathbb{R}$, $\varphi(t) \neq 0$.

注记 22.4　假设函数 $\theta : \mathbb{R} \to \mathbb{C}$ 连续, 无处为零, 且 $\theta(0) = 1$, 那么 θ 可以写成

$$\theta(t) = |\theta(t)| \mathrm{e}^{\mathrm{i}\omega(t)},$$

其中, 函数 $\omega : \mathbb{R} \to (-\pi, \pi]$ 连续, 满足 $\omega(0) = 0$. 此时, 定义对数函数

$$\mathrm{Log}\theta(t) = \log|\theta(t)| + \mathrm{i}\omega(t).$$

命题 22.5　若 $\varphi \in \mathcal{D}$, 对每个 $n \in \mathbb{N}$, φ_n 满足 (22.1) 式, 则

$$\lim_{n\to\infty} n\left(\varphi_n - 1\right) = \mathrm{Log}\varphi.$$

定理 22.6 若 $\{\varphi_n, n \geqslant 1\} \subset \mathcal{D}$ 收敛于某个 ch.f. φ, 则 $\varphi \in \mathcal{D}$.

定理 22.7 r.v. X 是 i.d. 的当且仅当存在行态独立且行态同分布的三角阵列 $\{X_{nk}, 1 \leqslant k \leqslant n, n \geqslant 1\}$, 使得 $S_n \xrightarrow{d} X$.

定义 22.8 称 ch.f. φ 是 **Poisson 型的**, 如果 φ 具有形式

$$\varphi(t) = \exp\left[\mathrm{i}\alpha t + \lambda\left(\mathrm{e}^{\mathrm{i}\beta t} - 1\right)\right],$$

其中 $\lambda \geqslant 0$, $\alpha, \beta \in \mathbb{R}$.

定理 22.9 (无穷可分特征函数的构造定理) $\varphi \in \mathcal{D}$ 当且仅当 φ 在 $t = 0$ 处连续, 且 φ 能表示成有限多个 Poisson 型 ch.f. 之积的极限.

22.1.2 习题 22.1 解答与评注

22.1 若 $\varphi^{(1)}, \varphi^{(2)} \in \mathcal{D}$, 则 $\varphi^{(1)}\varphi^{(2)} \in \mathcal{D}$.

证明 对每个 $n \in \mathbb{N}$, 存在 ch.f. $\varphi_n^{(1)}, \varphi_n^{(2)}$ 使得 $\varphi^{(1)} = \left[\varphi_n^{(1)}\right]^n, \varphi^{(2)} = \left[\varphi_n^{(2)}\right]^n$, 注意到 $\varphi_n^{(1)}\varphi_n^{(2)}$ 是 ch.f., 由 $\varphi^{(1)}\varphi^{(2)} = \left[\varphi_n^{(1)}\varphi_n^{(2)}\right]^n$ 知 $\varphi^{(1)}\varphi^{(2)}$ 是 i.d. 的.

【评注】 本题翻译成随机变量的语言即是: 若 X, Y 是两个独立的无穷可分的随机变量, 则 $X + Y$ 也是无穷可分的.

22.2 设 r.v. X 与独立同分布的 r.v. $X_{n1}, X_{n2}, \cdots, X_{nn}$ 满足 $X \stackrel{d}{=} X_{n1} + X_{n2} + \cdots + X_{nn}$, 若 $P\{|X| \leqslant M\} = 1$, 则 $P\left\{|X_{n1}| \leqslant \dfrac{M}{n}\right\} = 1$.

证明 由

$$\begin{aligned}
0 = P\{X > M\} &= P\{X_{n1} + X_{n2} + \cdots + X_{nn} > M\} \\
&\geqslant P\left\{X_{n1} > \frac{M}{n}, X_{n2} > \frac{M}{n}, \cdots, X_{nn} > \frac{M}{n}\right\} \\
&= \left[P\left\{X_{n1} > \frac{M}{n}\right\}\right]^n
\end{aligned}$$

得 $P\left\{X_{n1} > \dfrac{M}{n}\right\} = 0$. 由

$$\begin{aligned}
0 &= P\{X < -M\} \\
&= P\{X_{n1} + X_{n2} + \cdots + X_{nn} < -M\} \\
&\geqslant P\left\{X_{n1} < -\frac{M}{n}, X_{n2} < -\frac{M}{n}, \cdots, X_{nn} < -\frac{M}{n}\right\}
\end{aligned}$$

$$= \left[P\left\{X_{n1} < -\frac{M}{n}\right\}\right]^n$$

得 $P\left\{X_{n1} < -\dfrac{M}{n}\right\} = 0$. 故 $P\left\{|X_{n1}| > \dfrac{M}{n}\right\} = 0$, 即 $P\left\{|X_{n1}| \leqslant \dfrac{M}{n}\right\} = 1$.

22.3 设 r.v. X 具有**有界支撑**, 即存在 $M > 0$ 使得 $P\{|X| \leqslant M\} = 1$, 若 X 非退化, 则 X 不是 i.d. 的.

证明 谬设 X 是 i.d., 则对每个 $n \in \mathbb{N}$, 存在独立同分布的 r.v. $X_{n1}, X_{n2}, \cdots, X_{nn}$, 使得

$$X \overset{d}{=} X_{n1} + X_{n2} + \cdots + X_{nn}.$$

上式结合习题 22.2 得 $P\left\{|X_{n1}| \leqslant \dfrac{M}{n}\right\} = 1$, 这蕴含

$$\mathrm{Var}X_{n1} \leqslant \mathrm{E}X_{n1}^2 \leqslant \frac{M^2}{n^2},$$

因此 $\mathrm{Var}X = n\mathrm{Var}X_{n1} \leqslant \dfrac{M^2}{n}$. 令 $n \to \infty$ 得 $\mathrm{Var}X = 0$, 此与 X 非退化矛盾.

【评注】 (a) 本题可以叙述成：设 X 是有界随机变量, 则 X 无穷可分 $\Leftrightarrow$ X 退化;

(b) 容易明白, d.f. $F(x) = \begin{cases} 0, & x < 0, \\ \dfrac{1}{2}, & 0 \leqslant x < 1, \\ 1, & x \geqslant 1 \end{cases}$ 不是 i.d. 的.

22.4 任何均匀分布都不是 i.d. 的.

证法 1 设 $X \sim \mathrm{U}[a,b]$, 则 $P\{|X| \leqslant |a| \vee |b|\} = 1$, 从而 X 具有有界支撑, 再由习题 22.3 知 X 不是 i.d. 的.

证法 2 对于均匀分布 $\mathrm{U}[a,b]$, 其 ch.f. 为

$$\varphi(t) = \frac{\mathrm{e}^{\mathrm{i}bt} - \mathrm{e}^{\mathrm{i}at}}{\mathrm{i}(b-a)t} = \frac{\mathrm{e}^{\mathrm{i}at}\left[\mathrm{e}^{\mathrm{i}(b-a)t} - 1\right]}{\mathrm{i}(b-a)t},$$

显然

$$\varphi\left(\frac{2\pi}{b-a}\right) = 0,$$

这说明 φ 不是无处为零的, 所以由命题 22.3 知任何均匀分布都不是 i.d. 的.

22.5 对任意复数 $z \neq 0$, 恒有 $\lim\limits_{n\to\infty} n\left(z^{\frac{1}{n}} - 1\right) = \mathrm{Log}z$.

证明 设 $\mathrm{Log}z = a + \mathrm{i}b$, 其中 $a, b \in \mathbb{R}$, 则

$$n\left(z^{\frac{1}{n}} - 1\right) = n\left(\mathrm{e}^{\frac{1}{n}\mathrm{Log}z} - 1\right) = n\left[\mathrm{e}^{\frac{a}{n}}\left(\cos\frac{b}{n} + \mathrm{i}\sin\frac{b}{n}\right) - 1\right]$$

$$= n\left(\mathrm{e}^{\frac{a}{n}}\cos\frac{b}{n} - 1\right) + \mathrm{i}\mathrm{e}^{\frac{a}{n}}n\sin\frac{b}{n} \to a + \mathrm{i}b = \mathrm{Log}z,$$

这就完成了证明.

【评注】 本题结论可扩展为 $\lim\limits_{x\downarrow 0}\dfrac{z^x - 1}{x} = \mathrm{Log}z$.

22.6 设 $\{X_n, n \geqslant 1\}$ 是无穷可分的 r.v. 序列, $X_n \xrightarrow{d} X$, 则 X 无穷可分.

证明 由连续性定理, 对应的特征函数满足

$$\varphi_n \to \varphi,$$

由定理 22.6 知 φ 无穷可分, 从而 X 无穷可分.

22.7 设离散型 r.v. X 的分布列为

$$P\{X = -1\} = \frac{1}{8}, \quad P\{X = 0\} = \frac{3}{4}, \quad P\{X = 1\} = \frac{1}{8},$$

证明 X 不是无穷可分 r.v.[①].

证明 显然 $P\{|X| \leqslant 1\} = 1$, X 具有有界支撑, 从而习题 22.3 保证 X 不是 i.d. 的.

22.8 若 φ 是 ch.f., 则对任意的 $\lambda \geqslant 0$, $\mathrm{e}^{\lambda(\varphi-1)}$ 是 i.d.ch.f..

证明 当 φ 是 ch.f. 时, 推论 17.38 后的讨论表明 $\mathrm{e}^{\lambda(\varphi-1)}$ 也是 ch.f., 而

$$\mathrm{e}^{\lambda(\varphi-1)} = \left[\mathrm{e}^{\frac{\lambda(\varphi-1)}{n}}\right]^n,$$

这就完成了 $\mathrm{e}^{\lambda(\varphi-1)}$ 是 i.d.ch.f. 的证明.

22.9 设 $\varphi \in \mathcal{D}$, 则对任意的 $c \geqslant 0$, $\varphi_c(t) = \mathrm{e}^{c\mathrm{Log}\varphi(t)} \in \mathcal{D}$.

证明 显然只需证明 $\varphi_c(t)$ 是 ch.f., 我们分下面两步推进式证明.

(a) 对任意的正有理数 $r = \dfrac{m}{n}$, 其中 m, n 是正整数, 因为 $\varphi(t)$ 是 i.d. 的, 存在 ch.f. $\theta_m(t)$, 使得 $\varphi(t) = [\theta_m(t)]^m$, 故

$$\varphi_r(t) = \mathrm{e}^{r\mathrm{Log}\varphi(t)} = \mathrm{e}^{\frac{n}{m}\mathrm{Log}\varphi(t)} = \mathrm{e}^{\frac{n}{m}\mathrm{Log}[\theta_m(t)]^m} = [\theta_m(t)]^n$$

是 ch.f..

① 本题同时说明无处为 0 的 ch.f. 未必 i.d..

(b) 对任意的 $c \geqslant 0$, 存在正有理数序列 $\{r_n, n \geqslant 1\}$, 使得 $r_n \to c$, 于是

$$\varphi_c(t) = \mathrm{e}^{c\mathrm{Log}\varphi(t)} = \lim_{n\to\infty} \mathrm{e}^{r_n \mathrm{Log}\varphi(t)}.$$

由已证的 (a) 知 $\mathrm{e}^{r_n \mathrm{Log}\varphi(t)}$ 是 ch.f., 故 $\varphi_c(t)$ 也是 ch.f..

【评注】 (a) 待到 22.2 节时, 若使用定理 22.14, 本题的结论便成为显然;

(b) 本题能否加强为 "设 φ 是 ch.f., 则对任意的 $c \geqslant 0$, $\varphi_c(t) = \mathrm{e}^{c\mathrm{Log}\varphi(t)}$ 也是 ch.f."?

22.2 无穷可分特征函数的三大表示

22.2.1 内容提要

定理 22.11 $\mathrm{e}^{\psi(t)} \in \mathcal{D}$, 其中 $\psi(t)$ 由 (22.3) 式定义.

引理 22.12 (22.3) 式中的函数 ψ 与元素对 (α, G) 相互唯一决定.

引理 22.13 (封闭性及连续性) 设

$$\psi_n(t) = \mathrm{i}\alpha_n t + \int_{-\infty}^{\infty} \left(\mathrm{e}^{\mathrm{i}tx} - 1 - \frac{\mathrm{i}tx}{1+x^2}\right) \frac{1+x^2}{x^2} \mathrm{d}G_n(x), \quad n \geqslant 1,$$

其中 α_n 是实数, G_n 是 q.d.f..

(i) 若 $\alpha_n \to \alpha$, $G_n \xrightarrow{w} G$, 则

$$\psi_n \to \psi = (\alpha, G);$$

(ii) 若 $\psi_n \to \psi$, $\psi(t)$ 在 $t = 0$ 处连续, 则存在实数 α 和 q.d.f. G, 使得 $\alpha_n \to \alpha$, $G_n \xrightarrow{w} G$, 且 $\psi = (\alpha, G)$.

定理 22.14 $\varphi \in \mathcal{D}$ 当且仅当 φ 具有 **Lévy-Khinchin 表示**:

$$\varphi(t) = \exp\left[\mathrm{i}\alpha t + \int_{-\infty}^{\infty} \left(\mathrm{e}^{\mathrm{i}tx} - 1 - \frac{\mathrm{i}tx}{1+x^2}\right) \frac{1+x^2}{x^2} \mathrm{d}G(x)\right],$$

其中 α 是实常数, G 是 q.d.f., 称之为 φ 的 **Lévy-Khinchin 谱函数**.

引理 22.16 设

(i) 常数 $\sigma^2 \geqslant 0$;

(ii) 函数 $M(x)$ 在 $(-\infty, 0)$ 上单调不减、处处右连续且 $M(-\infty) = 0$;

(iii) 函数 $N(x)$ 在 $(0, \infty)$ 上单调不减、处处右连续且 $N(\infty) = 0$;

(iv) 对任何 $\delta > 0$ 有

$$\int_{-\delta<x<0} x^2 \mathrm{d}M(x) + \int_{0<x<\delta} x^2 \mathrm{d}N(x) < \infty,$$

则 $\mathcal{B}(\mathbb{R})$ 上存在唯一的有限测度 μ, 使得

$$\mu(A)=\begin{cases}\displaystyle\int_A \frac{y^2}{1+y^2}\mathrm{d}M(y), & A\in\mathcal{B}(-\infty,0),\\ \displaystyle\int_A \frac{y^2}{1+y^2}\mathrm{d}N(y), & A\in\mathcal{B}(0,\infty),\\ \sigma^2, & A=\{0\}.\end{cases}$$

引理 22.17 在引理 22.16 的条件下, 存在 $\mathbb{R}$ 上唯一的 q.d.f. G 使得

$$\sigma^2=G(0)-G(0-0),$$

$$M(x)=\int_{-\infty}^{x}\frac{1+y^2}{y^2}\mathrm{d}G(y),\quad x<0,$$

$$N(x)=-\int_{x}^{\infty}\frac{1+y^2}{y^2}\mathrm{d}G(y),\quad x>0.$$

定理 22.18 $\varphi\in\mathcal{D}$ 当且仅当 φ 具有 **Lévy 表示**:

$$\varphi(t)=\exp\left[\mathrm{i}\beta t-\frac{1}{2}\sigma^2t^2+\int_{(-\infty,0)}\left(\mathrm{e}^{\mathrm{i}tx}-1-\frac{\mathrm{i}tx}{1+x^2}\right)\mathrm{d}M(x)\right.$$
$$\left.+\int_{(0,\infty)}\left(\mathrm{e}^{\mathrm{i}tx}-1-\frac{\mathrm{i}tx}{1+x^2}\right)\mathrm{d}N(x)\right],$$

其中 β 是实常数, 而 σ^2, M, N 如引理 22.16 之 (i)—(iv) 所述, 称 (M,N) 为 φ 的 **Lévy 谱函数**.

推论 22.19 $\varphi\in\mathcal{D}$ 当且仅当 φ 具有表示式

$$\varphi(t)=\exp\left[\mathrm{i}\beta t-\frac{1}{2}\sigma^2t^2+\int_{-\infty}^{\infty}\left(\mathrm{e}^{\mathrm{i}tx}-1-\frac{\mathrm{i}tx}{1+x^2}\right)\mu(\mathrm{d}x)\right],$$

其中 β 是实常数, 而 μ 是 $\mathcal{B}(\mathbb{R})$ 上满足 $\mu\{0\}=0$ 的有限测度, 称之为 **Lévy 测度**.

引理 22.20 (22.15) 式中的函数 ψ 与元素对 (γ,K) 相互唯一决定.

定理 22.21 设 $\varphi\in\mathcal{D}$, 则 φ 具有有限方差当且仅当 φ 具有 **Kolmogorov 表示**:

$$\varphi(t)=\exp\left[\mathrm{i}\gamma t+\int_{-\infty}^{\infty}\frac{\mathrm{e}^{\mathrm{i}tx}-1-\mathrm{i}tx}{x^2}\mathrm{d}K(x)\right],$$

其中 γ 是实常数, K 是 q.d.f., 称 $K(x)$ 为 $\varphi(t)$ 的 **Kolmogorov 谱函数**.

命题 22.22 由 (22.16) 式确定的 ch.f., 其期望为 γ, 方差为 $K(\infty)$.

22.2.2 习题 22.2 解答与评注

22.10 设 $G(x)$ 是 q.d.f., 证明: 对任意的 $t \in \mathbb{R}$, R-S 积分

$$\int_{-\infty}^{\infty}\left(\mathrm{e}^{\mathrm{i}tx}-1-\frac{\mathrm{i}tx}{1+x^2}\right)\frac{1+x^2}{x^2}\mathrm{d}G(x)$$

可积.

证明 记 $g(t,x)=\left(\mathrm{e}^{\mathrm{i}tx}-1-\dfrac{\mathrm{i}tx}{1+x^2}\right)\dfrac{1+x^2}{x^2}$, 因为 $\lim\limits_{x\to 0}g(t,x)=-\dfrac{t^2}{2}$, 所以存在 $\varepsilon>0$, 当 $0<x\leqslant\varepsilon$ 时,

$$|g(t,x)|\leqslant 1+\frac{t^2}{2},$$

而当 $x>\varepsilon$ 时,

$$|g(t,x)|\leqslant\left(2+\frac{|tx|}{1+x^2}\right)\frac{1+x^2}{x^2}=\frac{2(1+x^2)}{x^2}+\left|\frac{t}{x}\right|\leqslant\frac{2(1+\varepsilon^2)}{\varepsilon^2}+\frac{|t|}{\varepsilon}.$$

显然,

$$\varphi(x)=\begin{cases}1+\dfrac{t^2}{2}, & 0<x\leqslant\varepsilon,\\ \dfrac{2(1+\varepsilon^2)}{\varepsilon^2}+\dfrac{|t|}{\varepsilon}, & x>\varepsilon\end{cases}$$

在 $\mathbb{R}$ 上关于 $G(x)$ R-S 可积, 而 $|g(t,x)|\leqslant\varphi(x)$ 意味着 $g(t,x)$ 在 $\mathbb{R}$ 上关于 $G(x)$ R-S 可积, 进而由定理 7.45 知 $g(t,x)$ 在 $\mathbb{R}$ 上关于 $G(x)$ R-S 可积.

22.11 设 G 是 q.d.f., 证明函数 $I_+(t)=\displaystyle\int_{x>0}\left(\mathrm{e}^{\mathrm{i}tx}-1-\frac{\mathrm{i}tx}{1+x^2}\right)\frac{1+x^2}{x^2}\mathrm{d}G(x)$ 在 $t=0$ 处连续.

证明 记 $g(t,x)=\left(\mathrm{e}^{\mathrm{i}tx}-1-\dfrac{\mathrm{i}tx}{1+x^2}\right)\dfrac{1+x^2}{x^2}$, 并限制 $|t|\leqslant 1$. 因为 $\lim\limits_{x\to 0}g(t,x)=-\dfrac{t^2}{2}$, 所以存在 $\varepsilon>0$, 当 $0<x\leqslant\varepsilon$ 时,

$$|g(t,x)|\leqslant\frac{1}{2}+\frac{t^2}{2}\leqslant 1,$$

而当 $x>\varepsilon$ 时,

$$|g(t,x)|\leqslant\left(2+\frac{|tx|}{1+x^2}\right)\frac{1+x^2}{x^2}=\frac{2(1+x^2)}{x^2}+\left|\frac{t}{x}\right|$$

$$\leqslant \frac{2\left(1+\varepsilon^2\right)}{\varepsilon^2}+\frac{1}{\varepsilon}=\frac{2+\varepsilon+2\varepsilon^2}{\varepsilon^2}.$$

注意到

$$\varphi(x)=\begin{cases}1, & 0<x\leqslant\varepsilon,\\ \dfrac{2+\varepsilon+2\varepsilon^2}{\varepsilon^2}, & x>\varepsilon\end{cases}$$

在 $(0,\infty)$ 上关于 $G(x)$ R-S 可积, 由 $|g(t,x)|\leqslant\varphi(x)$ 及连续参数的控制收敛定理知

$$\lim_{t\to 0} I_+(t)=\lim_{t\to 0+}\int_{x>0} g(t,x)\,\mathrm{d}G(x)=\int_{x>0}\lim_{t\to 0} g(t,x)\,\mathrm{d}G(x)=0=I_+(0),$$

这表明 $I_+(t)$ 在 $t=0$ 处连续.

22.12 对任意固定的 $T>0$, 总有 $\inf\limits_{x\in\mathbb{R}}\left(1-\dfrac{\sin Tx}{Tx}\right)\dfrac{1+x^2}{x^2}\geqslant\dfrac{1}{2}\wedge\left(\dfrac{2}{15}T^2\right)$.

证明 当 $|Tx|\leqslant 2$ 时, 注意到 $\sin Tx\leqslant Tx-\dfrac{(Tx)^3}{3!}+\dfrac{(Tx)^5}{5!}$, 我们有

$$\left(1-\frac{\sin Tx}{Tx}\right)\frac{1+x^2}{x^2}\geqslant\left(1-\frac{\sin Tx}{Tx}\right)\frac{1}{x^2}\geqslant\left(1-\frac{Tx-\dfrac{(Tx)^3}{3!}+\dfrac{(Tx)^5}{5!}}{Tx}\right)\frac{1}{x^2}$$

$$=T^2\left[\frac{1}{3!}-\frac{(Tx)^2}{5!}\right]\geqslant T^2\left(\frac{1}{3!}-\frac{4}{5!}\right)=\frac{2}{15}T^2.$$

而当 $|Tx|>2$ 时, 我们有

$$\left(1-\frac{\sin Tx}{Tx}\right)\frac{1+x^2}{x^2}\geqslant 1-\frac{\sin Tx}{Tx}=1-\frac{|\sin Tx|}{|Tx|}\geqslant 1-\frac{1}{|Tx|}\geqslant 1-\frac{1}{2}=\frac{1}{2}.$$

将两种情况综合起来就得到欲证.

22.13 设 X_1, X_2 独立, 且都 i.d., 若 $X_1+X_2\sim\operatorname{Po}(\lambda)$, 则必存在满足 $\lambda_1+\lambda_2=\lambda$ 的 $\lambda_1>0$ 和 $\lambda_2>0$, 使得 $X_1\sim\operatorname{Po}(\lambda_1)$, $X_2\sim\operatorname{Po}(\lambda_2)$①.

证明 因为 φ_1, φ_2 都是 i.d. 的, 所以由定理 22.14 知, 它们都有 Lévy-Khinchin 表示, 记

$$\varphi_1=(\alpha_1,G_1),\quad \varphi_2=(\alpha_2,G_2),$$

① 其实, 去掉 "且都 i.d." 后本题结论仍然成立, 这就是著名的 **Raikov-Ottaviani 定理**, 证明可参阅 [10] 第 274 页.

进而由独立性知

$$\varphi_{X_1+X_2}=(\alpha_1+\alpha_2,G_1+G_2)\,.$$

而由例 22.15 之 (iii),

$$\alpha_1+\alpha_2=\frac{\lambda}{2},\quad G_1\,(x)+G_2\,(x)=\begin{cases}0, & x<1,\\ \dfrac{\lambda}{2}, & x\geqslant 1,\end{cases}$$

注意到最后的函数仅在 $x=1$ 处有跳跃, 由此推知 $G_1\,(x)$, $G_2\,(x)$ 必须仅在 $x=1$ 处有跳跃.

最后, 不妨设

$$\alpha_1=\frac{\lambda_1}{2},\quad \alpha_2=\frac{\lambda_2}{2},$$

$$G_1\,(x)=\begin{cases}0, & x<1,\\ \dfrac{\lambda_1}{2}, & x\geqslant 1,\end{cases}\qquad G_2\,(x)=\begin{cases}0, & x<1,\\ \dfrac{\lambda_2}{2}, & x\geqslant 1,\end{cases}$$

其中 λ_1,λ_2 是满足 $\lambda_1+\lambda_2=\lambda$ 的任意正数, 再次利用例 22.15 之 (iii) 就完成证明.

【评注】 我们知道: Poisson 分布具有可加性, 本题给出了这个命题的部分逆.

22.14 利用引理 22.17 可得如下三个关系式:

(1) 当 $x<0$ 时, $G\,(x)=\displaystyle\int_{-\infty}^{x}\frac{y^2}{1+y^2}\mathrm{d}M\,(y)$;

(2) 当 $x>0$ 时, $G\,(x)=G\,(\infty)-\displaystyle\int_{x}^{\infty}\frac{y^2}{1+y^2}\mathrm{d}N\,(y)$;

(3) $G\,(\infty)-\displaystyle\int_{(-\infty,0)}\frac{x^2}{1+x^2}\mathrm{d}M\,(x)-\int_{(0,\infty)}\frac{x^2}{1+x^2}\mathrm{d}N\,(x)=\sigma^2$.

证明 (1) 由 $M\,(x)=\displaystyle\int_{-\infty}^{x}\frac{1+y^2}{y^2}\mathrm{d}G\,(y)$, $x<0$ 得之.

(2) 由 $N\,(x)=-\displaystyle\int_{x}^{\infty}\frac{1+y^2}{y^2}\mathrm{d}G\,(y)$, $x>0$ 得之.

(3) 由

$$\mathrm{d}M\,(x)=\frac{1+x^2}{x^2}\mathrm{d}G\,(x)\,,\quad x<0,$$

$$\mathrm{d}N\,(x)=\frac{1+x^2}{x^2}\mathrm{d}G\,(x)\,,\quad x>0$$

得

$$\begin{aligned} & G(\infty)-\int_{(-\infty,0)} \frac{x^2}{1+x^2} \mathrm{d} M(x)-\int_{(0,\infty)} \frac{x^2}{1+x^2} \mathrm{d} N(x) \\ & =\int_{(-\infty,\infty)} \mathrm{d} G(x)-\int_{(-\infty,0)} \mathrm{d} G(x)-\int_{(0,\infty)} \mathrm{d} G(x) \\ & =G(0)-G(0-0) \\ & =\sigma^2 . \end{aligned}$$

22.15 设 $x_0<0$, 利用 (22.10) 式证明：$x_0 \in C(G) \Leftrightarrow x_0 \in C(M)$.

证明 注意到 $G(x)$, $M(x)$ 都处处右连续, 所以只需证明

$$\lim_{x \uparrow x_0} G(x)=G(x_0) \Leftrightarrow \lim_{x \uparrow x_0} M(x)=M(x_0) .$$

"$\Rightarrow$". 这是因为

$$\begin{aligned} \lim_{x \uparrow x_0} G(x)=G(x_0) & \Rightarrow \lim_{x \uparrow x_0} \int_x^{x_0} \mathrm{d} G(y)=0 \Rightarrow \frac{1+x_0^2}{x_0^2} \lim_{x \uparrow x_0} \int_x^{x_0} \mathrm{d} G(y)=0 \\ & \Rightarrow \lim_{x \uparrow x_0} \int_x^{x_0} \frac{1+y^2}{y^2} \mathrm{d} G(y)=0 \Rightarrow \lim_{x \uparrow x_0} M(x)=M(x_0) . \end{aligned}$$

"$\Leftarrow$". 首先由习题 22.14 之 (1) 式得到

$$G(x)=\int_{-\infty}^x \frac{y^2}{1+y^2} \mathrm{d} M(y), \quad x<0,$$

然后使用类似于上面的讨论完成证明.

22.16 设 $x_0>0$, 利用 (22.11) 式证明：$x_0 \in C(G) \Leftrightarrow x_0 \in C(N)$.

证明 注意到 $G(x)$, $N(x)$ 都处处右连续, 所以只需证明

$$\lim_{x \uparrow x_0} G(x)=G(x_0) \Leftrightarrow \lim_{x \uparrow x_0} N(x)=N(x_0) .$$

"$\Rightarrow$". 这是因为

$$\begin{aligned} \lim_{x \uparrow x_0} G(x)=G(x_0) & \Rightarrow \lim_{x \uparrow x_0} \int_x^{x_0} \mathrm{d} G(y)=0 \Rightarrow \frac{1+x_0^2}{x_0^2} \lim_{x \uparrow x_0} \int_x^{x_0} \mathrm{d} G(y)=0 \\ & \Rightarrow \lim_{x \uparrow x_0} \int_x^{x_0} \frac{1+y^2}{y^2} \mathrm{d} G(y)=0 \Rightarrow \lim_{x \uparrow x_0} N(x)=N(x_0) . \end{aligned}$$

“⇐”. 首先由习题 22.14 之 (2) 式得到

$$G(x)=G(\infty)-\int_x^{\infty}\frac{y^2}{1+y^2}\mathrm{d}N(y),\quad x>0,$$

然后使用类似于上面的讨论完成证明.

22.17　求正态分布 $\mathrm{N}(\mu,\sigma^2)$ 的 ch.f. φ 的 Lévy 表示.

解　因为 $\mathrm{Log}\varphi(t)=\mathrm{i}\mu t-\dfrac{\sigma^2t^2}{2}$, 所以 φ 有 Lévy 表示, 其中

$$\beta=\mu,\ \sigma^2\ \text{就是}\ \mathrm{N}\left(\mu,\sigma^2\right)\ \text{中的}\ \sigma^2,$$

$$M(x)\equiv 0,\quad N(x)\equiv 0.$$

22.18　求 Poisson 分布 $\mathrm{Po}(\lambda)$ 的 ch.f. φ 的 Lévy 表示.

解　因为

$$\mathrm{Log}\varphi(t)=\lambda\left(\mathrm{e}^{\mathrm{i}t}-1\right)=\mathrm{i}\frac{\lambda}{2}t+\lambda\left(\mathrm{e}^{\mathrm{i}t}-1-\frac{\mathrm{i}t}{2}\right),$$

所以 φ 有 Lévy 表示, 其中

$$\beta=\frac{\lambda}{2},\quad \sigma^2=0,$$

$$M(x)\equiv 0,\quad N(x)=\begin{cases}-\lambda, & 0<x<1,\\ 0, & x\geqslant 1.\end{cases}$$

22.19　求正态分布 $\mathrm{N}(\mu,\sigma^2)$ 的 ch.f. φ 的 Kolmogorov 表示.

解　因为 $\mathrm{Log}\varphi(t)=\mathrm{i}\mu t-\dfrac{\sigma^2t^2}{2}$, 所以 φ 有 Kolmogorov 表示, 其中

$$\gamma=\mu,\quad K(x)=\begin{cases}0, & x<0,\\ \sigma^2, & x\geqslant 0.\end{cases}$$

22.20　求 Poisson 分布 $\mathrm{Po}(\lambda)$ 的 ch.f. φ 的 Kolmogorov 表示.

解　因为

$$\mathrm{Log}\varphi(t)=\lambda\left(\mathrm{e}^{\mathrm{i}t}-1\right)=\mathrm{i}\lambda t+\lambda\left(\mathrm{e}^{\mathrm{i}t}-1-\mathrm{i}t\right),$$

所以 φ 有 Kolmogorov 表示, 其中

$$\gamma=\lambda,\quad K(x)=\begin{cases}0, & x<1,\\ \lambda, & x\geqslant 1.\end{cases}$$

22.21 设 $\varphi \in \mathcal{D}$ 的方差有限, 则对任意的 $n \geqslant 1$, $\varphi_n = \varphi^{\frac{1}{n}}$ 的方差也有限, 且

$$\mu_\varphi = n\mu_{\varphi_n}, \quad \sigma_\varphi^2 = n\sigma_{\varphi_n}^2,$$

其中 $\mu_\varphi, \mu_{\varphi_n}$ 分别是 φ 和 φ_n 的期望, $\sigma_\varphi^2, \sigma_{\varphi_n}^2$ 分别是 φ 和 φ_n 的方差.

证明 在 $\mathrm{Log}\varphi = n\mathrm{Log}\varphi_n$ 两边连续两次求导得

$$\frac{\varphi'(t)}{\varphi(t)} = n\frac{\varphi_n'(t)}{\varphi_n(t)},$$

$$\frac{\varphi''(t)\varphi(t) - [\varphi'(t)]^2}{\varphi^2(t)} = n\frac{\varphi_n''(t)\varphi_n(t) - [\varphi_n'(t)]^2}{\varphi_n^2(t)},$$

令 $t = 0$ 得

$$\varphi'(0) = n\varphi_n'(0),$$

$$\varphi''(0) - [\varphi'(0)]^2 = n\left\{\varphi_n''(0) - [\varphi_n'(0)]^2\right\},$$

故由定理 17.42 得

$$\mu_\varphi = \frac{\varphi'(0)}{\mathrm{i}} = n\frac{\varphi_n'(0)}{\mathrm{i}} = n\mu_{\varphi_n},$$

$$\sigma_\varphi^2 = \frac{\varphi''(0) - [\varphi'(0)]^2}{\mathrm{i}^2} = n\frac{\varphi_n''(0) - [\varphi_n'(0)]^2}{\mathrm{i}^2} = n\sigma_{\varphi_n}^2.$$

22.3 无穷可分特征函数收敛的条件

22.3.1 内容提要

定理 22.23 设 $\{\varphi, \varphi_n, n \geqslant 1\}$ 是一列 i.d.ch.f., 则 $\varphi_n \to \varphi$ 的充分必要条件是

$$G_n \xrightarrow{w} G, \quad \alpha_n \to \alpha,$$

其中 α, G 和 α_n, G_n 分别由 φ, φ_n 的 Lévy-Khinchin 表示 (22.7) 式确定.

定理 22.24 设 $\{\varphi, \varphi_n, n \geqslant 1\}$ 是一列 i.d.ch.f., $\varphi_n \to \varphi$, 则

(A) 对任意的 $x < 0$ 时, 只要 $x \in C(M)$, 就有

$$M_n(x) \to M(x),$$

对任意的 $x > 0$ 时, 只要 $x \in C(N)$, 就有

$$N_n(x) \to N(x);$$

(B) 对任意的 $\tau > 0$, 只要 $-\tau \in C(M)$, $\tau \in C(N)$, 就有

$$\beta_n(\tau) \to \beta(\tau);$$

(C) $$\lim_{\varepsilon\to 0}\overline{\lim_{n\to\infty}}\left[\int_{(-\varepsilon,0)} x^2 \mathrm{d}M_n(x) + \sigma_n^2 + \int_{(0,\varepsilon]} x^2 \mathrm{d}N_n(x)\right]$$
$$=\sigma^2$$
$$=\lim_{\varepsilon\to 0}\underline{\lim_{n\to\infty}}\left[\int_{(-\varepsilon,0)} x^2 \mathrm{d}M_n(x) + \sigma_n^2 + \int_{(0,\varepsilon]} x^2 \mathrm{d}N_n(x)\right],$$

其中 σ^2, M, N 和 σ_n^2, M_n, N_n 分别由 φ 和 φ_n 的 Lévy 表示 (22.12) 式确定, $\beta(\tau)$, $\beta_n(\tau)$ 由 (22.14) 式确定.

反过来, 若 (A), (C) 成立, 且存在某个 $\tau_0 > 0$ 使 (B) 成立, 则 $\varphi_n \to \varphi$.

定理 22.25 设 $\{\varphi, \varphi_n, n \geqslant 1\}$ 是一列 i.d.ch.f., 则 $\varphi_n \to \varphi$ 和 $K_n(\infty) \to K(\infty)$ 同时成立的充分必要条件是

$$K_n \xrightarrow{w} K, \quad \gamma_n \to \gamma,$$

其中 γ, K 和 γ_n, K_n 分别由 φ 和 φ_n 的 Kolmogorov 表示 (22.16) 式确定.

22.3.2 习题 22.3 解答与评注

22.22 设 $0 \in C(G)$, 雇用 (22.21) 式和 (22.22) 式证明 $G_n(0) \to G(0)$.

证明 先由 (22.21) 式得

$$\underline{\lim_{n\to\infty}} G_n(0) \geqslant \lim_{\varepsilon\to 0}\underline{\lim_{n\to\infty}} G_n(-\varepsilon) = G(0-0) = G(0),$$

然后由 (22.22) 式得

$$\overline{\lim_{n\to\infty}} G_n(0) \leqslant \lim_{\varepsilon\to 0}\underline{\lim_{n\to\infty}} G_n(\varepsilon) = G(0),$$

从而 $G_n(0) \to G(0)$.

第 23 章　普遍极限问题

寻找行态独立随机变量阵列的部分和的极限分布族及收敛于某个给定的极限分布的条件属于普遍极限问题的范畴, 1936 年 Khinchin 和 Bernstein 证明在某种条件下独立随机变量序列的部分和的极限分布是无穷可分分布. 1939 年 Gnedenko 和 Doeblin 独立地给出收敛于无穷可分分布的充分必要条件.

普遍极限问题将特征函数方法运用到极致, 是众多概率论学者在 20 世纪将古典极限定理抽枝展叶, 精心浇灌出来的繁茂大树.

23.1　从古典极限问题到普遍极限问题

23.1.1　内容提要

概率论**古典极限问题**是独立随机变量序列的大数定律与中心极限定理的合称. 设

$$\begin{aligned}\tilde{\mathcal{D}} = \{F : F \text{ 是 d.f., 存在一个行态独立的 r.v. 阵列} \\ \left.\{X_{nk}, 1 \leqslant k \leqslant k_n, n \geqslant 1\}, \text{ s.t. } \mathscr{L}(S_n) \xrightarrow{w} F\right\},\end{aligned}$$

普遍极限问题关心的是

(I) $\tilde{\mathcal{D}}$ 是什么? 比如, 它与无穷可分分布族 $\mathcal{D}$ 有何关系?

(II) 任取 $F \in \tilde{\mathcal{D}}$, $\mathscr{L}(S_n) \xrightarrow{w} F$ 的充分必要条件是什么?

23.1.2　习题 23.1 解答与评注

23.1　设 $\{X_n, n \geqslant 1\}$ 是独立同分布的 r.v. 序列, $\mathrm{Var}X_1 < \infty$, 对中心化数列 $\{a_n, n \geqslant 1\}$ 和正则化数列 $\{b_n, n \geqslant 1\}$ 的任意选取, 只要

$$\frac{S_n - a_n}{b_n} \xrightarrow{d} \xi,$$

那么 ξ 必然服从退化分布或者正态分布.

证明　由习题 6.12 知, 对任意事先固定的中心化数列 $\{a_n, n \geqslant 1\}$, 总能选取正则化数列 $\{b_n, n \geqslant 1\}$, 使得 $\dfrac{S_n - a_n}{b_n} \xrightarrow{d} \xi$, 且 ξ 服从退化分布.

若存在某个中心化数列 $\{a_n, n \geqslant 1\}$ 和正则化数列 $\{b_n, n \geqslant 1\}$, 使得 $\dfrac{S_n - a_n}{b_n} \xrightarrow{d} \xi$, 但 ξ 不服从退化分布, 往证 ξ 服从正态分布. 事实上, 取 $a_n = \mathrm{E}S_n$, $b_n = \sqrt{\mathrm{Var}S_n}$, 由 Lindeberg-Lévy 中心极限定理,

$$\frac{S_n - a_n}{b_n} \xrightarrow{d} \xi \sim \mathrm{N}(0, 1).$$

假设另有中心化数列 $\{a_n', n \geqslant 1\}$ 和正则化数列 $\{b_n', n \geqslant 1\}$, 使得

$$\frac{S_n - a_n'}{b_n'} \xrightarrow{d} \xi',$$

其中 ξ' 非退化, 则由定理 18.2 之 (i), 存在 $a \in \mathbb{R}$ 及 $b > 0$, 使得

$$\xi' \stackrel{d}{=} b^{-1}(\xi - a),$$

故 ξ' 服从正态分布.

23.2 方差有界情形的普遍极限问题

23.2.1 内容提要

定义 23.1 称 r.v. 阵列 $\{X_{nk}, 1 \leqslant k \leqslant k_n, n \geqslant 1\}$ 满足**条件 $(\mathbf{K}_0)$**, 如果

(i) $\{X_{nk}\}$ 是行态独立的;

(ii) 诸 $\mathrm{E}X_{nk} = 0$, $\sigma_{nk}^2 = \mathrm{Var}X_{nk} < \infty$;

(iii) (方差有界) 存在常数 $C > 0$, 使得 $B_n^2 = \sum\limits_{k=1}^{k_n} \sigma_{nk}^2 \leqslant C$;

(iv) (Feller 条件) $\lim\limits_{n\to\infty} \max\limits_{1\leqslant k\leqslant k_n} \sigma_{nk}^2 = 0$.

引理 23.2 对任意的 $T > 0$, 在 $[-T, T]$ 上关于 t 一致地有

$$\lim_{n\to\infty} \max_{1\leqslant k\leqslant k_n} |\varphi_{nk}(t) - 1| = 0.$$

引理 23.3 (比较引理) 设

$$\theta_n(t) = \sum_{k=1}^{k_n} [\varphi_{nk}(t) - 1],$$

则对充分大的 n, $\psi_n = \mathrm{Log}\varphi_n$ 存在, 且对任意的 $T > 0$, 在 $[-T, T]$ 上关于 t 一致地有

$$\lim_{n\to\infty} [\psi_n(t) - \theta_n(t)] = 0.$$

引理 23.4 引理 23.3 中定义的函数 θ_n 有积分表示式

$$\theta_n(t)=\int_{-\infty}^{\infty}\frac{\mathrm{e}^{\mathrm{i}tx}-1-\mathrm{i}tx}{x^2}\mathrm{d}K_n(x), \tag{23.3}$$

其中 $K_n(x)$ 是满足 $K_n(\infty)\leqslant C$ 的 q.d.f., 根据连续性要求, (23.3) 式中的被积函数在 $x=0$ 处的值定义为 $-\dfrac{t^2}{2}$.

定理 23.5 $\mathcal{D}_0=\mathcal{K}_0$, 即基于条件 (K_0), $\{S_n\}$ 的极限特征函数族重合于期望为 0 的 Kolmogorov 表示族, 等价地说, $\{S_n\}$ 的极限分布函数族重合于期望为 0、方差有限的 i.d.d.f. 族.

定理 23.6 任取满足条件 (K_0) 的 r.v. 阵列 $\{X_{nk},1\leqslant k\leqslant k_n,n\geqslant 1\}$, 则

$$\varphi_n\to\mathrm{e}^{\psi},$$

其中 ψ 由 (23.5) 式定义, 当且仅当

$$K_n\xrightarrow{v}K,$$

其中 K_n 由 (23.4) 式定义.

定义 23.7 称 r.v. 阵列 $\{X_{nk},1\leqslant k\leqslant k_n,n\geqslant 1\}$ 满足**条件 $(\mathbf{K}_1)$**, 如果把条件 (K_0) 中的 $\mathrm{E}X_{nk}=0$ 改为 $\mathrm{E}X_{nk}=\gamma_{nk}$, 其他设置不变.

定理 23.8 $\mathcal{D}_1=\mathcal{K}$, 即基于条件 (K_1), $\{S_n\}$ 的极限特征函数族重合于 Kolmogorov 表示族, 等价地说, $\{S_n\}$ 的极限分布函数族重合于方差有限的 i.d.d.f. 族.

定理 23.9 任取满足条件 (K_1) 的 r.v. 阵列 $\{X_{nk},1\leqslant k\leqslant k_n,n\geqslant 1\}$, 则

$$\varphi_n\to\mathrm{e}^{\psi},$$

其中 ψ 由 (22.15) 定义, 当且仅当

$$\gamma_n=\sum_{k=1}^{k_n}\gamma_{nk}\to\gamma,\quad \tilde{K}_n\xrightarrow{v}K,$$

其中

$$\tilde{K}_n(x)=\sum_{k=1}^{k_n}\mathrm{E}(X_{nk}-\gamma_{nk})^2 I\{X_{nk}-\gamma_{nk}\leqslant x\}.$$

23.2.2 习题 23.2 解答与评注

23.2 证明：由 (23.4) 式定义的 $K_n(x)$ 是 q.d.f..

证明　显然 $K_n(x)$ 是单调不减函数, 且 $K_n(-\infty)=0$. 下面证明 $K_n(x)$ 处处右连续, 这又只需证明 $\int_{-\infty}^{x} y^2 \mathrm{d}F_{nk}(y)$ 处处右连续. 事实上, $\forall x_0\in\mathbb{R}$, 令 $x\downarrow x_0$, 则

$$\int_{-\infty}^{x} y^2\mathrm{d}F_{nk}(y)-\int_{-\infty}^{x_0} y^2\mathrm{d}F_{nk}(y)=\int_{(x_0,x]} y^2\mathrm{d}F_{nk}(y)=\int_{-\infty}^{\infty} y^2 I_{(x_0,x]}\mathrm{d}F_{nk}(y),$$

注意到

$$y^2 I_{(x_0,x]}\underset{x\downarrow x_0}{\to} y^2 I_{\varnothing}=0,\quad y^2 I_{(x_0,x]}\leqslant y^2,$$

而 $\int_{-\infty}^{\infty} y^2\mathrm{d}F_{nk}(y)=\sigma_{nk}^2<\infty$, 控制收敛定理保证

$$\int_{-\infty}^{\infty} y^2 I_{(x_0,x]}\mathrm{d}F_{nk}(y)\underset{x\downarrow x_0}{\to}\int_{-\infty}^{\infty} y^2 I_{\varnothing}\mathrm{d}F_{nk}(y)=0,$$

等价地

$$\int_{-\infty}^{x} y^2\mathrm{d}F_{nk}(y)-\int_{-\infty}^{x_0} y^2\mathrm{d}F_{nk}(y)\underset{x\downarrow x_0}{\to}\int_{(x_0,x]} y^2\mathrm{d}F_{nk}(y).$$

23.3　对每个 $n\geqslant 1$, 设 $\tilde{K}_n(x)$ 是满足 $\tilde{K}_n(\infty)\leqslant C<\infty$ 的 q.d.f., 定义

$$\tilde{\theta}_n(t)=\int_{-\infty}^{\infty}\frac{\mathrm{e}^{\mathrm{i}tx}-1-\mathrm{i}tx}{x^2}\mathrm{d}\tilde{K}_n(x),$$

$$\theta_n(t)=\mathrm{i}\gamma_n t+\tilde{\theta}_n(t),$$

其中 $\{\gamma_n,n\geqslant 1\}\subset\mathbb{R}$.

(1) 若 $\tilde{K}_n\xrightarrow{v}K$ (某个 q.d.f.), $\gamma_n\to\gamma\in\mathbb{R}$, 则 $\theta_n(t)\to\theta(t)$, 其中

$$\theta(t)=\mathrm{i}\gamma t+\tilde{\theta}(t),$$

$$\tilde{\theta}(t)=\int_{-\infty}^{\infty}\frac{\mathrm{e}^{\mathrm{i}tx}-1-\mathrm{i}tx}{x^2}\mathrm{d}K(x);$$

(2) 若 $\theta_n(t)\to\theta(t)$ (定义在 $\mathbb{R}$ 上的某个复值函数), 则 $\tilde{K}_n\xrightarrow{v}K$ (某个 q.d.f.), $\gamma_n\to\gamma\in\mathbb{R}$, 且 γ,K 由 θ 唯一决定.

证明　(1) $\tilde{K}_n\xrightarrow{v}K$ 并注意到 $g(x)=\dfrac{\mathrm{e}^{\mathrm{i}tx}-1-\mathrm{i}tx}{x^2}\in C_0(\mathbb{R})$, 由定理 12.24 得 $\tilde{\theta}_n(t)\to\tilde{\theta}(t)$, 进而 $\theta_n(t)\to\theta(t)$.

(2) 由定理 12.19 知, 对 $\left\{\tilde{K}_n, n\geqslant 1\right\}$ 的任何子序列 $\left\{\tilde{K}_{n_k}, k\geqslant 1\right\}$, 存在其子序列 $\left\{\tilde{K}_{n_{k_l}}, l\geqslant 1\right\}$, 使得 $\tilde{K}_{n_{k_l}}\xrightarrow{v}K^*$ (某个满足 $\tilde{K}^*(\infty)\leqslant C<\infty$ 的 q.d.f.), 定义

$$\tilde{\theta}^*(t)=\int_{-\infty}^{\infty}\frac{\mathrm{e}^{\mathrm{i}tx}-1-\mathrm{i}tx}{\mathrm{i}t}\mathrm{d}\tilde{K}^*(x), \qquad ①$$

则再由定理 12.24 知 $\tilde{\theta}_{n_{k_l}}(t)\to\tilde{\theta}^*(t)$. 另一方面, 由假设知 $\theta_{n_{k_l}}(t)\to\theta(t)$, 而

$$\theta_{n_{k_l}}(t)=\mathrm{i}\gamma_{n_{k_l}}t+\tilde{\theta}_{n_{k_l}}(t),$$

所以当 $t\neq 0$ 时,

$$\gamma_{n_{k_l}}=\frac{\theta_{n_{k_l}}(t)-\tilde{\theta}_{n_{k_l}}(t)}{\mathrm{i}t}\to\frac{\theta(t)-\tilde{\theta}^*(t)}{\mathrm{i}t}=:\gamma^*, \qquad ②$$

这里 $\gamma^*\in\mathbb{R}$ 与 t 无关.

接下来, 考虑 $\left\{\tilde{K}_n, n\geqslant 1\right\}$ 的不同于 $\left\{\tilde{K}_{n_k}, k\geqslant 1\right\}$ 的另一个子列 $\left\{\tilde{K}_{n'_k}, k\geqslant 1\right\}$, 仍然存在其子序列 $\left\{\tilde{K}_{n'_{k_l}}, l\geqslant 1\right\}$, 使得 $\tilde{K}_{n'_{k_l}}\xrightarrow{v}\tilde{K}^{**}$ (某个满足 $\tilde{K}^{**}(\infty)\leqslant C<\infty$ 的 q.d.f.), 定义

$$\tilde{\theta}^{**}(t)=\int_{-\infty}^{\infty}\frac{\mathrm{e}^{\mathrm{i}tx}-1-\mathrm{i}tx}{\mathrm{i}t}\mathrm{d}\tilde{K}^{**}(x), \qquad ③$$

类似于前面的推理可得 $\tilde{\theta}_{n'_{k_l}}(t)\to\tilde{\theta}^{**}(t)$, $\theta_{n'_{k_l}}(t)\to\theta(t)$, 且当 $t\neq 0$ 时,

$$\gamma_{n'_{k_l}}=\frac{\theta_{n'_{k_l}}(t)-\tilde{\theta}_{n'_{k_l}}(t)}{\mathrm{i}t}\to\frac{\theta(t)-\tilde{\theta}^{**}(t)}{\mathrm{i}t}=:\gamma^{**}, \qquad ④$$

此处 $\gamma^{**}\in\mathbb{R}$ 仍然与 t 无关.

由 ②式和 ④式得到

$$\theta(t)=\mathrm{i}\gamma^*t+\tilde{\theta}^*(t)=\mathrm{i}\gamma^{**}t+\tilde{\theta}^{**}(t), \qquad ⑤$$

于是

$$\theta''(t)=\tilde{\theta}^{*\prime\prime}(t)=\tilde{\theta}^{**\prime\prime}(t),$$

进而由 ①式和 ③式得到

$$\theta''(t)=\tilde{\theta}^{*\prime\prime}(t)=-\int_{-\infty}^{\infty}\mathrm{e}^{\mathrm{i}tx}\mathrm{d}\tilde{K}^*(x)=-\int_{-\infty}^{\infty}\mathrm{e}^{\mathrm{i}tx}\mathrm{d}\tilde{K}^{**}(x)=\tilde{\theta}^{**\prime\prime}(t),$$

这表明 $\tilde{K}^*$ 与 $\tilde{K}^{**}$ 有相同的 ch.f., 因而 $\tilde{K}^* = \tilde{K}^{**} =: K$, 这就完成了 $K_n \xrightarrow{v} K$ 的证明. 最后, 由 $\tilde{K}^* = \tilde{K}^{**}$ 知 $\tilde{\theta}^* = \tilde{\theta}^{**}$, 进而由 ⑤ 式知 $\gamma^* = \gamma^{**} =: \gamma$, 故 $\gamma_n \to \gamma$.

23.4 (Poisson 判别法) 设 $\{X_{nk}, 1 \leqslant k \leqslant k_n, n \geqslant 1\}$ 是行态独立的 r.v. 阵列, $\mathrm{E}X_{nk} = \lambda_{nk}$, $\mathrm{Var}X_{nk} = \sigma_{nk}^2 < \infty$, 且

$$B_n^2 = \sum_{k=1}^{k_n} \sigma_{nk}^2 \to \lambda \in (0, \infty), \quad \max_{1 \leqslant k \leqslant k_n} \sigma_{nk}^2 \to 0,$$

则

$$S_n \xrightarrow{d} \mathrm{Po}(\lambda)$$

成立的充分必要条件是

$$\lambda_n = \sum_{k=1}^{k_n} \lambda_{nk} \to \lambda$$

和

$$h_n(\varepsilon) = \sum_{k=1}^{k_n} \mathrm{E}(X_{nk} - \lambda_{nk})^2 I\{|X_{nk} - \lambda_{nk} - 1| \geqslant \varepsilon\} \to 0, \quad \forall \varepsilon > 0$$

同时成立.

证明 “$\Leftarrow$”. 由定理 23.9, 我们仅需证明 $\tilde{K}_n \xrightarrow{v} K$, 其中

$$\tilde{K}_n(x) = \sum_{k=1}^{k_n} \mathrm{E}(X_{nk} - \lambda_{nk})^2 I\{X_{nk} - \lambda_{nk} \leqslant x\},$$

$$K(x) = \begin{cases} 0, & x < 1, \\ \lambda, & x \geqslant 1. \end{cases}$$

事实上, 当 $x < 1$ 时,

$$\begin{aligned}\tilde{K}_n(x) &= \sum_{k=1}^{k_n} \mathrm{E}(X_{nk} - \lambda_{nk})^2 I\{X_{nk} - \lambda_{nk} \leqslant x\} \\ &= \sum_{k=1}^{k_n} \mathrm{E}(X_{nk} - \lambda_{nk})^2 I\{X_{nk} - \lambda_{nk} - 1 \leqslant x - 1\} \\ &\to 0,\end{aligned}$$

而当 $x > 1$ 时,

$$\tilde{K}_n(x) = \sum_{k=1}^{k_n} \mathrm{E}(X_{nk} - \lambda_{nk})^2 I\{X_{nk} - \lambda_{nk} \leqslant x\}$$

$$
\begin{aligned}
&= B_n^2 - \sum_{k=1}^{k_n} \mathrm{E}(X_{nk} - \lambda_{nk})^2 I\{X_{nk} - \lambda_{nk} > x\} \\
&= B_n^2 - \sum_{k=1}^{k_n} \mathrm{E}(X_{nk} - \lambda_{nk})^2 I\{X_{nk} - \lambda_{nk} - 1 > x - 1\} \\
&\to \lambda - 0 = \lambda.
\end{aligned}
$$

不管是哪一种情况, 都有 $\tilde{K}_n(x) \xrightarrow{v} K(x)$, $x \neq 1$.

"⇒". 由 $S_n \xrightarrow{d} \mathrm{Po}(\lambda)$ 并利用定理 23.9 得 $\lambda_n \to \lambda$, $\tilde{K}_n \xrightarrow{v} K$, 于是

$$
\begin{aligned}
h_n(\varepsilon) &= \sum_{k=1}^{k_n} \mathrm{E}(X_{nk} - \lambda_{nk})^2 I\{X_{nk} - \lambda_{nk} - 1 \leqslant -\varepsilon\} \\
&\quad + \sum_{k=1}^{k_n} \mathrm{E}(X_{nk} - \lambda_{nk})^2 I\{X_{nk} - \lambda_{nk} - 1 \geqslant \varepsilon\} \\
&= \tilde{K}_n(1-\varepsilon) + B_n^2 - \sum_{k=1}^{k_n} \mathrm{E}(X_{nk} - \lambda_{nk})^2 I\{X_{nk} - \lambda_{nk} - 1 < \varepsilon\} \\
&\leqslant \tilde{K}_n(1-\varepsilon) + B_n^2 - \sum_{k=1}^{k_n} \mathrm{E}(X_{nk} - \lambda_{nk})^2 I\left\{X_{nk} - \lambda_{nk} - 1 \leqslant \frac{\varepsilon}{2}\right\} \\
&= \tilde{K}_n(1-\varepsilon) + B_n^2 - \tilde{K}_n\left(1 + \frac{\varepsilon}{2}\right) \\
&\to 0 + \lambda - \lambda = 0.
\end{aligned}
$$

23.3 一般情形的普遍极限问题

23.3.1 内容提要

定义 23.11 称 r.v. 阵列 $\{X_{nk}, 1 \leqslant k \leqslant k_n, n \geqslant 1\}$ 满足**无穷小条件**, 如果 $\forall \varepsilon > 0$, 都有

$$\lim_{n\to\infty} \max_{1\leqslant k\leqslant k_n} P\{|X_{nk}| \geqslant \varepsilon\} = 0.$$

定义 23.12 称 r.v. 阵列 $\{X_{nk}, 1 \leqslant k \leqslant k_n, n \geqslant 1\}$ 是 **i.c. 体系**, 如果 $\{X_{nk}\}$ 行态独立且满足无穷小条件.

引理 23.13 下列各条等价:

(i) $\{X_{nk}, 1 \leqslant k \leqslant k_n, n \geqslant 1\}$ 满足无穷小条件;

(ii) 任给 $T > 0$, 在 $[-T, T]$ 上关于 t 一致地有

$$\lim_{n\to\infty}\max_{1\leqslant k\leqslant k_n}\mathrm{Re}\left[1-\varphi_{nk}(t)\right]=0;$$

(iii) 任给 $T>0$, 在 $[-T,T]$ 上关于 t 一致地有

$$\lim_{n\to\infty}\max_{1\leqslant k\leqslant k_n}\left|1-\varphi_{nk}(t)\right|=0;$$

(iv) 对任意的 $t\in\mathbb{R}$, $\lim\limits_{n\to\infty}\max\limits_{1\leqslant k\leqslant k_n}\left|1-\varphi_{nk}(t)\right|=0$;

(v) 对任意的 $t\in\mathbb{R}$, $\lim\limits_{n\to\infty}\max\limits_{1\leqslant k\leqslant k_n}\mathrm{Re}\left[1-\varphi_{nk}(t)\right]=0$;

(vi) $\lim\limits_{n\to\infty}\max\limits_{1\leqslant k\leqslant k_n}\displaystyle\int_{-\infty}^{\infty}\frac{x^2}{1+x^2}\mathrm{d}F_{nk}(x)=0$.

引理 23.14 若 r.v. 阵列 $\{X_{nk},1\leqslant k\leqslant k_n,n\geqslant 1\}$ 满足无穷小条件, 则

(i) 任意固定 $T>0$, 当 $|t|\leqslant T$ 时, 对充分大的 n 有

$$\mathrm{Log}\varphi_{nk}(t)=\left[\varphi_{nk}(t)-1\right]+\theta_{nk}\left[\varphi_{nk}(t)-1\right]^2,$$

其中复数 θ_{nk} 满足 $|\theta_{nk}|\leqslant 1$;

(ii) $\max\limits_{1\leqslant k\leqslant k_n}\left|\mathrm{med}\left(X_{nk}\right)\right|\to 0$;

(iii) $\{X_{nk}-\mathrm{med}\left(X_{nk}\right)\}$ 满足无穷小条件;

(iv) $\{X_{nk}^{\mathrm{s}}\}$ 满足无穷小条件, 其中 X_{nk}^{s} 是 X_{nk} 的对称化.

引理 23.15 设 $\tau>0$, $\{X_{nk},1\leqslant k\leqslant k_n,n\geqslant 1\}$ 满足无穷小条件, 则

(i) 对任意的 $r>0$, $\max\limits_{1\leqslant k\leqslant k_n}\displaystyle\int_{|x|<\tau}|x|^r\mathrm{d}F_{nk}(x)\to 0$;

(ii) $\left\{\tilde{X}_{nk},1\leqslant k\leqslant k_n,n\geqslant 1\right\}$ 满足无穷小条件;

(iii) 对任意的 $T>0$, $\max\limits_{|t|\leqslant T}\max\limits_{1\leqslant k\leqslant k_n}\left|1-\tilde{\varphi}_{nk,\tau}(t)\right|\to 0$;

(iv) 任意固定 $T>0$, 当 $|t|\leqslant T$ 时, 对充分大的 n 有

$$\mathrm{Log}\tilde{\varphi}_{nk,\tau}(t)=\left[\tilde{\varphi}_{nk,\tau}(t)-1\right]+\tilde{\theta}_{nk,\tau}\left[\tilde{\varphi}_{nk,\tau}(t)-1\right]^2,$$

其中复数 $\tilde{\theta}_{nk,\tau}$ 满足 $\left|\tilde{\theta}_{nk,\tau}\right|\leqslant 1$.

引理 23.16 (中心不等式) 设 $\{X_{nk},1\leqslant k\leqslant k_n,n\geqslant 1\}$ 满足无穷小条件, 则对任意的 $T>0$ 和 $\tau>0$, 存在正整数 $N=N(T,\tau)$, 常数 $c_1(\tau,T)>0$ 及 $c_2(\tau,T)>0$, 使得当 $n\geqslant N$ 时, 对每个 $k=1,2,\cdots,k_n$ 都有

$$c_1(\tau,T)\max_{|t|\leqslant T}\left|\tilde{\varphi}_{nk,\tau}(t)-1\right|\leqslant\int_{-\infty}^{\infty}\frac{x^2}{1+x^2}\mathrm{d}\tilde{F}_{nk,\tau}(x)$$

$$\leqslant c_2(\tau,T)\int_0^T\left[1-|\varphi_{nk}(t)|^2\right]\mathrm{d}t$$

$$\leqslant -2c_2(\tau,T)\int_0^T \mathrm{Log}\,|\varphi_{nk}(t)|\,\mathrm{d}t.$$

引理 23.17 设 $\tau>0$, $\{\varphi_{nk},1\leqslant k\leqslant k_n,n\geqslant 1\}$ 是 i.c. 体系, 且

$$\prod_{k=1}^{k_n}\varphi_{nk}\to\varphi,$$

其中 φ 是 ch.f., 则存在常数 $C(\tau)>0$, 当 n 充分大时,

$$\sum_{k=1}^{k_n}\int_{-\infty}^{\infty}\frac{x^2}{1+x^2}\mathrm{d}\widetilde{F}_{nk,\tau}(x)\leqslant C(\tau).\tag{23.8}$$

引理 23.18 设 $\tau>0$, $T>0$, $\{\varphi_{nk},1\leqslant k\leqslant k_n,n\geqslant 1\}$ 是 i.c. 体系, 且 (23.8) 式成立, 则

$$\max_{|t|\leqslant T}\left|\sum_{k=1}^{k_n}\left\{\mathrm{Log}\widetilde{\varphi}_{nk,\tau}(t)-\left[\widetilde{\varphi}_{nk,\tau}(t)-1\right]\right\}\right|\to 0.$$

定理 23.19 $\mathcal{D}_2=\mathcal{D}$, 即 i.c. 体系的极限特征函数族重合于无穷可分特征函数族.

定理 23.20 设 $\{\varphi_{nk},1\leqslant k\leqslant k_n,n\geqslant 1\}$ 是 i.c. 体系, $\varphi\in\mathcal{D}$ 的 Lévy-Khinchin 表示如 (22.7) 式, $\{A_n,n\geqslant 1\}$ 是实数列.

(i) 若 $\mathrm{e}^{-\mathrm{i}A_nt}\varphi_n(t)\to\varphi(t)$, 则对任意的 $\tau>0$,

$$-A_n+\widetilde{\alpha}_n(\tau)\to\alpha,\tag{23.15}$$

$$\widetilde{G}_n(\cdot,\tau)\xrightarrow{w}G(\cdot),\tag{23.16}$$

其中 $\widetilde{\alpha}_n(\tau)$ 和 $\widetilde{G}_n(x,\tau)$ 分别如 (23.13) 式和 (23.14) 式定义.

(ii) 反过来, 若存在某个 $\tau_0>0$ 使得 (23.15) 式和 (23.16) 式同时成立, 则 $\mathrm{e}^{-\mathrm{i}A_nt}\varphi_n(t)\to\varphi(t)$.

23.3.2 习题 23.3 解答与评注

23.5 设 $\{X_n,n\geqslant 1\}$ 是独立同分布的 r.v. 序列, $0<b_n\uparrow\infty$, 定义

$$X_{nk}=\frac{X_k}{b_n},\quad 1\leqslant k\leqslant n,n\geqslant 1,$$

则 $\{X_{nk},1\leqslant k\leqslant n,n\geqslant 1\}$ 是 i.c. 体系.

证明　显然, 只需证明 $\{X_{nk}, 1\leqslant k\leqslant n, n\geqslant 1\}$ 满足无穷小条件. 事实上, $\forall\varepsilon >0$, 都有

$$\max_{1\leqslant k\leqslant n} P\left\{|X_{nk}|\geqslant\varepsilon\right\}=\max_{1\leqslant k\leqslant n} P\left\{\frac{|X_k|}{b_n}\geqslant\varepsilon\right\}=P\left\{|X_1|\geqslant b_n\varepsilon\right\}\to 0.$$

23.6　设 $\{X_{nk}, 1\leqslant k\leqslant k_n, n\geqslant 1\}$ 是行态独立的 r.v. 阵列, 若 $\max\limits_{1\leqslant k\leqslant k_n}|X_{nk}| \xrightarrow{P} 0$, 则 $\{X_{nk}\}$ 满足无穷小条件.

证明　由习题 19.20 得

$$\begin{aligned}\max_{1\leqslant k\leqslant n}|X_{nk}|\xrightarrow{P}0 &\Rightarrow \forall\varepsilon>0,\quad \sum_{k=1}^{k_n}P\left\{|X_{nk}|\geqslant\varepsilon\right\}\to 0\\ &\Rightarrow \forall\varepsilon>0,\quad \max_{1\leqslant k\leqslant k_n}P\left\{|X_{nk}|\geqslant\varepsilon\right\}\to 0\\ &\Rightarrow \{X_{nk}\}\ \text{满足无穷小条件.}\end{aligned}$$

23.7　设 $z, z_1, z_2\in\mathbb{C}$.

(1) 若 $|z_1|\leqslant|z_2|$, 则存在满足 $|\theta|\leqslant 1$ 的 $\theta\in\mathbb{C}$, 使得 $z_1=\theta z_2$;

(2) 若 $|z|\leqslant\dfrac{1}{2}$, 则存在满足 $|\theta|\leqslant 1$ 的 $\theta\in\mathbb{C}$, 使得 $\operatorname{Log}(1-z)=-z+\theta z^2$.

证明　(1) 设 $z_1=\mathrm{e}^{r_1}(\cos\alpha_1+\mathrm{i}\sin\alpha_1)$, $z_2=\mathrm{e}^{r_2}(\cos\alpha_2+\mathrm{i}\sin\alpha_2)$, 取

$$\theta=\mathrm{e}^{r_1-r_2}\left[\cos(\alpha_1-\alpha_2)+\mathrm{i}\sin(\alpha_1-\alpha_2)\right],$$

则

$$\begin{aligned}\theta z_2&=\mathrm{e}^{r_1-r_2}\left[\cos(\alpha_1-\alpha_2)+\mathrm{i}\sin(\alpha_1-\alpha_2)\right]\cdot\mathrm{e}^{r_2}(\cos\alpha_2+\mathrm{i}\sin\alpha_2)\\&=\mathrm{e}^{r_1}(\cos\alpha_1+\mathrm{i}\sin\alpha_1)=z_1,\end{aligned}$$

并且由 $|z_1|\leqslant|z_2|$ 知 $r_1\leqslant r_2$, 因而 $|\theta|\leqslant 1$.

(2) 将 $\operatorname{Log}(1-z)$ 幂级数展开得

$$\operatorname{Log}(1-z)=-z-\frac{1}{2}z^2-\frac{1}{3}z^3-\cdots=-z+\rho(z),$$

其中 $\rho(z)=-\left(\dfrac{1}{2}z^2+\dfrac{1}{3}z^3+\dfrac{1}{4}z^4+\cdots\right)$, 因此, 当 $|z|\leqslant\dfrac{1}{2}$ 时,

$$|\rho(z)|\leqslant\frac{1}{2}|z|^2+\frac{1}{3}|z|^3+\frac{1}{4}|z|^4+\cdots=|z|^2\left(\frac{1}{2}+\frac{1}{3}|z|+\frac{1}{4}|z|^2+\cdots\right)$$

$$\leqslant |z|^2 \left[\frac{1}{2}+\left(\frac{1}{2}\right)^2+\left(\frac{1}{2}\right)^3+\cdots\right]=|z|^2.$$

由 (1) 知, 存在满足 $|\theta| \leqslant 1$ 的 $\theta \in \mathbb{C}$, 使得 $\rho(z)=\theta z^2$, 由此得证 $\operatorname{Log}(1-z)=-z+\theta z^2$.

23.8 对于 r.v. 阵列 $\{X_{nk}, 1 \leqslant k \leqslant k_n, n \geqslant 1\}$, 下列三条等价:

(1) 存在常数阵列 $\{c_{nk}, 1 \leqslant k \leqslant k_n, n \geqslant 1\}$, 使得 $\{X_{nk}-c_{nk}\}$ 满足无穷小条件;

(2) $\{X_{nk}^{\mathrm{s}}\}$ 满足无穷小条件, 其中 X_{nk}^{s} 是 X_{nk} 的对称化;

(3) $\{X_{nk}-\operatorname{med}(X_{nk})\}$ 满足无穷小条件, 其中 $\operatorname{med}(X_{nk})$ 是 X_{nk} 的中位数.

证明 "(1)⇒(2)". 由弱对称化不等式 (命题 14.20),

$$\max_{1 \leqslant k \leqslant k_n} P\{|X_{nk}^{\mathrm{s}}| \geqslant \varepsilon\} \leqslant 2 \max_{1 \leqslant k \leqslant k_n} P\left\{|X_{nk}-c_{nk}| \geqslant \frac{\varepsilon}{2}\right\},$$

进而由 (1) 得到 (2).

"(2)⇒(3)". 仍然由弱对称化不等式,

$$\max_{1 \leqslant k \leqslant k_n} P\{|X_{nk}-\operatorname{med}(X_{nk})| \geqslant \varepsilon\} \leqslant 2 \max_{1 \leqslant k \leqslant k_n} P\{|X_{nk}^{\mathrm{s}}| \geqslant \varepsilon\},$$

进而由 (2) 得到 (3).

"(3)⇒(1)". 这是显然的.

23.9 设 $\tau>0$, $\{X_{nk}, 1 \leqslant k \leqslant k_n, n \geqslant 1\}$ 满足无穷小条件, 则

$$\max_{1 \leqslant k \leqslant k_n} |\mu_{nk}(\tau)| \to 0, \quad \max_{1 \leqslant k \leqslant k_n} \sigma_{nk}^2(\tau) \to 0.$$

证明 由引理 23.15 之 (i),

$$\max_{1 \leqslant k \leqslant k_n} |\mu_{nk}(\tau)|=\max_{1 \leqslant k \leqslant k_n}\left|\int_{|x|<\tau} x \mathrm{d} F_{nk}(x)\right| \leqslant \max_{1 \leqslant k \leqslant k_n} \int_{|x|<\tau}|x| \mathrm{d} F_{nk}(x) \to 0,$$

$$\max_{1 \leqslant k \leqslant k_n} \sigma_{nk}^2(\tau) \leqslant \max_{1 \leqslant k \leqslant k_n} \mathrm{E}(X_{nk}^\tau)^2=\max_{1 \leqslant k \leqslant k_n} \int_{|x|<\tau} x^2 \mathrm{d} F_{nk}(x) \to 0.$$

23.10 设 $\{\varphi_{nk}, 1 \leqslant k \leqslant k_n, n \geqslant 1\}$ 是 i.c. 体系, 则 (23.16) 式成立当且仅当

(1) 当 $x<0$ 时, 只要 $x \in C(G)$ 就有

$$\lim_{n \to \infty} \sum_{k=1}^{k_n} \tilde{F}_{nk, \tau}(x)=\int_{(-\infty, x]} \frac{1+y^2}{y^2} \mathrm{d} G(y);$$

(2) 当 $x>0$ 时, 只要 $x\in C(G)$ 就有

$$\lim_{n\to\infty}\sum_{k=1}^{k_n}\left[1-\tilde{F}_{nk,\tau}(x)\right]=\int_{(x,\infty)}\frac{1+y^2}{y^2}\mathrm{d}G(y);$$

(3) $\lim\limits_{\varepsilon\to 0}\varlimsup\limits_{n\to\infty}\sum\limits_{k=1}^{k_n}\int_{|x|<\varepsilon}\frac{x^2}{1+x^2}\mathrm{d}\tilde{F}_{nk,\tau}(x)$

$=G(0)-G(0-0)$

$=\lim\limits_{\varepsilon\to 0}\varliminf\limits_{n\to\infty}\sum\limits_{k=1}^{k_n}\int_{|x|<\varepsilon}\frac{x^2}{1+x^2}\mathrm{d}\tilde{F}_{nk,\tau}(x).$

证明 由引理 23.17 知 $\{G(\cdot),G_n(\cdot,\tau),n\geqslant n_0\}$ 是 q.d.f. 序列, 其中 n_0 是仅与 τ 有关的某个正整数, $G_n(x,\tau)=\sum\limits_{k=1}^{k_n}\int_{-\infty}^{x}\frac{y^2}{1+y^2}\mathrm{d}\tilde{F}_{nk,\tau}(y)$.

先证必要性. 若 $G_n(\cdot,\tau)\xrightarrow{w}G(\cdot)$, 则习题 12.15 得

$$\begin{aligned}\lim_{n\to\infty}\sum_{k=1}^{k_n}\tilde{F}_{nk,\tau}(x)&=\lim_{n\to\infty}\int_{(-\infty,x]}\frac{1+y^2}{y^2}\mathrm{d}G_n(y,\tau)\\&=\int_{(-\infty,x]}\frac{1+y^2}{y^2}\mathrm{d}G(y),\quad x<0,x\in C(G),\end{aligned}$$

$$\begin{aligned}\lim_{n\to\infty}\sum_{k=1}^{k_n}\left[1-\tilde{F}_{nk,\tau}(x)\right]&=\lim_{n\to\infty}\int_{(x,\infty)}\frac{1+y^2}{y^2}\mathrm{d}G_n(y,\tau)\\&=\int_{(x,\infty)}\frac{1+y^2}{y^2}\mathrm{d}G(y),\quad x>0,x\in C(G),\end{aligned}$$

即 (1), (2) 成立. 而由

$$\sum_{k=1}^{k_n}\int_{|x|<\varepsilon}\frac{x^2}{1+x^2}\mathrm{d}\tilde{F}_{nk,\tau}(x)=G(\varepsilon-0,\tau)-G(-\varepsilon,\tau),$$

知 (3) 是习题 12.11 之 (3) 的直接结果.

再证充分性. 此时需要证明的是 $G_n(\infty,\tau)\to G(\infty)$, 且当 $x\in C(G)$ 时, $G_n(x,\tau)\to G(x)$.

(a) 往证 $G_n(\infty,\tau)\to G(\infty)$. 事实上, 任取 $\varepsilon>0$, $\frac{\varepsilon}{2},\pm\varepsilon\in C(G)$, 在不等式

$$G_n(\infty,\tau)=\int_{(-\infty,-\varepsilon]}\mathrm{d}G_n(x,\tau)+\int_{(-\varepsilon,\varepsilon)}\mathrm{d}G_n(x,\tau)+\int_{[\varepsilon,\infty)}\mathrm{d}G_n(x,\tau)$$

$$\leqslant \int_{(-\infty,-\varepsilon]} \mathrm{d}G_n(x,\tau) + \int_{(-\varepsilon,\varepsilon)} \mathrm{d}G_n(x,\tau) + \int_{\left(\frac{\varepsilon}{2},\infty\right)} \mathrm{d}G_n(x,\tau)$$
$$= G_n(-\varepsilon,\tau) + \left[G_n(\varepsilon-0,\tau) - G_n(-\varepsilon,\tau)\right] + \left[G_n(\infty,\tau) - G_n\left(\frac{\varepsilon}{2},\tau\right)\right]$$

的两边先令 $n\to\infty$, 再令 $\varepsilon\to 0$ 得

$$\overline{\lim_{n\to\infty}} G_n(\infty,\tau) \leqslant G(0-0) + \left[G(0) - G(0-0)\right] + \left[G(\infty) - G(0)\right] = G(\infty),$$

在不等式

$$G_n(\infty,\tau) \geqslant \int_{(-\infty,-\varepsilon]} \mathrm{d}G_n(x,\tau) + \int_{(-\varepsilon,\varepsilon)} \mathrm{d}G_n(x,\tau) + \int_{(\varepsilon,\infty)} \mathrm{d}G_n(x,\tau)$$
$$= G_n(-\varepsilon,\tau) + \left[G_n(\varepsilon-0,\tau) - G_n(-\varepsilon,\tau)\right] + \left[G_n(\infty,\tau) - G_n(\varepsilon,\tau)\right]$$

的两边先令 $n\to\infty$, 再令 $\varepsilon\to 0$ 得

$$\underline{\lim_{n\to\infty}} G_n(\infty,\tau) \geqslant G(0-0) + \left[G(0) - G(0-0)\right] + \left[G(\infty) - G(0)\right] = G(\infty),$$

故 $\lim\limits_{n\to\infty} G_n(\infty,\tau) = G(\infty)$.

(b) 往证当 $x\in C(G)$ 时, $G_n(x,\tau)\to G(x)$. 事实上, 当 $x<0$, 由 (1) 知 $G_n(x,\tau)\to G(x)$; 当 $x>0$ 时, 由 (2) 及已证的 $G_n(\infty,\tau)\to G(\infty)$ 知 $G_n(x,\tau)\to G(x)$.

23.4 收敛于无穷可分分布的条件

23.4.1 内容提要

定理 23.21 (基于 Lévy-Khinchin 表示的中心收敛准则) 设 $\{\varphi_{nk}, 1\leqslant k\leqslant k_n, n\geqslant 1\}$ 是 i.c. 体系, $\varphi\in\mathcal{D}$ 的 Lévy-Khinchin 表示如 (22.7) 式.

(i) 若 $\varphi_n\to\varphi$, 则

(A) 当 $x<0$ 时, 只要 $x\in C(G)$, 就有

$$\lim_{n\to\infty}\sum_{k=1}^{k_n} F_{nk}(x) = \int_{(-\infty,x)} \frac{1+y^2}{y^2}\mathrm{d}G(y);$$

(B) 当 $x>0$ 时, 只要 $x\in C(G)$, 就有

$$\lim_{n\to\infty}\sum_{k=1}^{k_n} \left[1-F_{nk}(x)\right] = \int_{\langle x,\infty)} \frac{1+y^2}{y^2}\mathrm{d}G(y);$$

(C) $\lim_{\varepsilon\to 0}\overline{\lim_{n\to\infty}}\sum_{k=1}^{k_n}\left\{\int_{|x|<\varepsilon}x^2\mathrm{d}F_{nk}(x)-\left[\int_{|x|<\varepsilon}x\mathrm{d}F_{nk}(x)\right]^2\right\}$

$=G(0)-G(0-0)$

$=\lim_{\varepsilon\to 0}\underline{\lim_{n\to\infty}}\sum_{k=1}^{k_n}\left\{\int_{|x|<\varepsilon}x^2\mathrm{d}F_{nk}(x)-\left[\int_{|x|<\varepsilon}x\mathrm{d}F_{nk}(x)\right]^2\right\}$;

(D) 对任何 $\tau>0$, 只要 $\pm\tau\in C(G)$, 就有

$$\lim_{n\to\infty}\sum_{k=1}^{k_n}\int_{|x|<\tau}x\mathrm{d}F_{nk}(x)=\alpha+\int_{|x|<\tau}x\mathrm{d}G(x)-\int_{|x|\geqslant\tau}\frac{1}{x}\mathrm{d}G(x).$$

(ii) 反过来, 若 (A)—(C) 成立, 且存在某个 $\tau_0>0$ 使 (D) 成立, 则 $\varphi_n\to\varphi$.

定理 23.22 (基于 Lévy 表示的中心收敛准则)　设 $\{\varphi_{nk},1\leqslant k\leqslant k_n,n\geqslant 1\}$ 是 i.c. 体系, $\varphi\in\mathcal{D}$ 的 Lévy 表示如 (22.12) 式.

(i) 若 $\varphi_n\to\varphi$, 则

(A) 当 $x<0$ 时, 只要 $x\in C(M)$, 就有

$$\lim_{n\to\infty}\sum_{k=1}^{k_n}F_{nk}(x)=M(x);$$

(B) 当 $x>0$ 时, 只要 $x\in C(N)$, 就有

$$\lim_{n\to\infty}\sum_{k=1}^{k_n}[1-F_{nk}(x)]=-N(x);$$

(C) $\lim_{\varepsilon\to 0}\overline{\lim_{n\to\infty}}\sum_{k=1}^{k_n}\left\{\int_{|x|<\varepsilon}x^2\mathrm{d}F_{nk}(x)-\left[\int_{|x|<\varepsilon}x\mathrm{d}F_{nk}(x)\right]^2\right\}$

$=\sigma^2$

$=\lim_{\varepsilon\to 0}\underline{\lim_{n\to\infty}}\sum_{k=1}^{k_n}\left\{\int_{|x|<\varepsilon}x^2\mathrm{d}F_{nk}(x)-\left[\int_{|x|<\varepsilon}x\mathrm{d}F_{nk}(x)\right]^2\right\}$;

(D) 对任何 $\tau>0$, 只要 $-\tau\in C(M)$, $\tau\in C(N)$, 就有

$$\lim_{n\to\infty}\sum_{k=1}^{k_n}\int_{|x|<\tau}x\mathrm{d}F_{nk}(x)=\beta(\tau),$$

其中 $\beta(\tau)$ 如 (22.14) 式定义.

(ii) 反过来, 若 (A)—(C) 成立, 且存在某个 $\tau_0>0$ 使 (D) 成立, 则 $\varphi_n\to\varphi$.

命题 23.23 设 r.v. 阵列 $\{X_{nk},1\leqslant k\leqslant k_n,n\geqslant 1\}$ 是 i.c. 体系, 则 $S_n\xrightarrow{d}\mathrm{N}(\mu,\sigma^2)$ 当且仅当

(i) 对任意的 $\varepsilon>0$, 有 $\lim\limits_{n\to\infty}\sum\limits_{k=1}^{k_n}P\{|X_{nk}|\geqslant\varepsilon\}=0$;

(ii) $\lim\limits_{\varepsilon\to 0}\varlimsup\limits_{n\to\infty}\sum\limits_{k=1}^{k_n}\sigma_{nk}^2(\varepsilon)=\sigma^2=\lim\limits_{\varepsilon\to 0}\varliminf\limits_{n\to\infty}\sum\limits_{k=1}^{k_n}\sigma_{nk}^2(\varepsilon)$, 其中

$$\sigma_{nk}^2(\varepsilon)=\sum_{k=1}^{k_n}\left\{\int_{|x|<\varepsilon}x^2\mathrm{d}F_{nk}(x)-\left[\int_{|x|<\varepsilon}x\mathrm{d}F_{nk}(x)\right]^2\right\};$$

(iii) 对任何 $\tau>0$, 有 $\lim\limits_{n\to\infty}\sum\limits_{k=1}^{k_n}\mu_{nk}(\tau)=\mu$.

命题 23.24 设 $\{X_{nk},1\leqslant k\leqslant k_n,n\geqslant 1\}$ 是行态独立的 r.v. 阵列, 则 $S_n\xrightarrow{d}\mathrm{N}(\mu,\sigma^2)$ 且 $\{X_{nk}\}$ 满足无穷小条件的充分必要条件是 $\forall\varepsilon>0$, 下面三条成立:

(A) $\lim\limits_{n\to\infty}\sum\limits_{k=1}^{k_n}P\{|X_{nk}|\geqslant\varepsilon\}=0$;

(B) $\lim\limits_{n\to\infty}\sum\limits_{k=1}^{k_n}\sigma_{nk}^2(\varepsilon)=\sigma^2$;

(C) $\lim\limits_{n\to\infty}\sum\limits_{k=1}^{k_n}\mu_{nk}(\varepsilon)=\mu$.

定理 23.25 (正态收敛准则) 设 $\{X_{nk},1\leqslant k\leqslant k_n,n\geqslant 1\}$ 是行态独立的 r.v. 阵列.

(i) 若 $S_n\xrightarrow{d}\mathrm{N}(\mu,\sigma^2)$ 且 $\{X_{nk}\}$ 满足无穷小条件, 则 $\forall\varepsilon>0$, 下面三条成立:

(A) $\lim\limits_{n\to\infty}\sum\limits_{k=1}^{k_n}P\{|X_{nk}|\geqslant\varepsilon\}=0$;

(B) $\lim\limits_{n\to\infty}\sum\limits_{k=1}^{k_n}\sigma_{nk}^2(\varepsilon)=\sigma^2$;

(C) $\lim\limits_{n\to\infty}\sum\limits_{k=1}^{k_n}\mu_{nk}(\varepsilon)=\mu$.

(ii) 反过来, 若 (A) 成立, 且 (B), (C) 对某个 $\varepsilon_0>0$ 成立, 则 $S_n\xrightarrow{d}\mathrm{N}(\mu,\sigma^2)$ 且 $\{X_{nk}\}$ 满足无穷小条件.

推论 23.26 设 $\{X_n,n\geqslant 1\}$ 是独立 r.v. 序列, $\{F_n,n\geqslant 1\}$ 是对应的 d.f. 序列, $\{b_n,n\geqslant 1\}$ 是正数列, 则 $\left\{\dfrac{X_k}{b_n},1\leqslant k\leqslant n,n\geqslant 1\right\}$ 满足无穷小条件且

$\dfrac{1}{b_n}\sum\limits_{k=1}^{n} X_k \xrightarrow{d} \mathrm{N}(0,1)$ 的充分必要条件是

(i) $\forall \varepsilon > 0$,

$$\lim_{n\to\infty}\sum_{k=1}^{n} P\{|X_k| \geqslant \varepsilon b_n\} = 0;$$

(ii) $\lim\limits_{n\to\infty}\dfrac{1}{b_n^2}\sum\limits_{k=1}^{n}\left\{\displaystyle\int_{|x|<b_n} x^2 \mathrm{d}F_k(x) - \left[\int_{|x|<b_n} x \mathrm{d}F_k(x)\right]^2\right\} = 1;$

(iii) $\lim\limits_{n\to\infty}\dfrac{1}{b_n}\sum\limits_{k=1}^{n}\displaystyle\int_{|x|<b_n} x \mathrm{d}F_k(x) = 0.$

定理 23.27 (Khinchin 定理)　设 $\{X_{nk}, 1 \leqslant k \leqslant k_n, n \geqslant 1\}$ 是行态独立的 r.v. 阵列, $S_n \xrightarrow{d} S$, 其中 S 是某个非退化 r.v., 则 S 服从正态分布且 $\{X_{nk}\}$ 满足无穷小条件当且仅当 $\forall \varepsilon > 0$, $\lim\limits_{n\to\infty}\sum\limits_{k=1}^{k_n} P\{|X_{nk}| \geqslant \varepsilon\} = 0$.

定理 23.28 (退化收敛准则)　设 $\{X_{nk}, 1 \leqslant k \leqslant k_n, n \geqslant 1\}$ 是行态独立的 r.v. 阵列.

(i) 若 $S_n \xrightarrow{P} 0$, 则 $\forall \varepsilon > 0$, 下面三条成立：

(A) $\lim\limits_{n\to\infty}\sum\limits_{k=1}^{k_n} P\{|X_{nk}| \geqslant \varepsilon\} = 0;$

(B) $\lim\limits_{n\to\infty}\sum\limits_{k=1}^{k_n} \sigma_{nk}^2(\varepsilon) = 0;$

(C) $\lim\limits_{n\to\infty}\sum\limits_{k=1}^{k_n} \mu_{nk}(\varepsilon) = 0.$

(ii) 反过来, 若 (A) 成立, 且 (B), (C) 对某个 $\varepsilon_0 > 0$ 成立, 则 $S_n \xrightarrow{P} 0$.

推论 23.29 (Feller 定理)　设 $\{X_n, n \geqslant 1\}$ 是独立 r.v. 序列, $\{b_n, n \geqslant 1\}$ 是满足 $0 < b_n \uparrow \infty$ 的实数列, 则 $\dfrac{S_n}{b_n} \xrightarrow{P} 0$ 的充分必要条件是

(i) $\lim\limits_{n\to\infty}\sum\limits_{k=1}^{n} P\{|X_k| \geqslant b_n\} = 0;$

(ii) $\lim\limits_{n\to\infty}\dfrac{1}{b_n}\sum\limits_{k=1}^{n} \mathrm{E}X_k^{b_n} = 0;$

(iii) $\lim\limits_{n\to\infty}\dfrac{1}{b_n^2}\sum\limits_{k=1}^{n} \mathrm{Var}X_k^{b_n} = 0,$

这里 $X_k^{b_n}$ 是 X_k 的 b_n 截尾.

推论 23.30　设 $\{X_n, n \geqslant 1\}$ 是独立同分布的 r.v. 序列, 则 $\dfrac{S_n}{n} \xrightarrow{P} 0$ 的充分

必要条件是

$$\lim_{n\to\infty} nP\{|X_1| \geqslant n\} = 0$$

和

$$\lim_{n\to\infty} \mathrm{E}X_1 I\{|X_1| < n\} = 0$$

同时成立.

注记 23.31 若 $\mathrm{E}X_1 = 0$, 则 (23.26) 式和 (23.27) 式自动成立, 从而 $\dfrac{S_n}{n} \xrightarrow{P} 0$, 这就是 Khinchin 大数定律.

命题 23.32 设 r.v. 阵列 $\{X_{nk}, 1\leqslant k\leqslant k_n, n\geqslant 1\}$ 是 i.c. 体系, 则 $S_n \xrightarrow{d} \mathrm{Po}(\lambda)$ 的充分必要条件是

(i) 对任意的 $x < 0$, 有

$$\lim_{n\to\infty} \sum_{k=1}^{k_n} F_{nk}(x) = 0;$$

(ii) 对任意的 $x > 0$, 有

$$\lim_{n\to\infty} \sum_{k=1}^{k_n} [1 - F_{nk}(x)] = \begin{cases} \lambda, & 0 < x < 1, \\ 0, & x > 1; \end{cases}$$

(iii) $\lim\limits_{\varepsilon\to 0} \overline{\lim\limits_{n\to\infty}} \sum\limits_{k=1}^{k_n} \sigma_{nk}^2(\varepsilon) = 0 = \lim\limits_{\varepsilon\to 0} \underline{\lim\limits_{n\to\infty}} \sum\limits_{k=1}^{k_n} \sigma_{nk}^2(\varepsilon)$;

(iv) 对任意的 $\tau > 0$, 有

$$\lim_{n\to\infty} \sum_{k=1}^{k_n} \mu_{nk}(\tau) = \begin{cases} 0, & 0 < \tau < 1, \\ \lambda, & \tau > 1. \end{cases}$$

定理 23.33 (Poisson 收敛准则) 设 r.v. 阵列 $\{X_{nk}, 1 \leqslant k \leqslant k_n, n \geqslant 1\}$ 是 i.c. 体系, 则 $S_n \xrightarrow{d} \mathrm{Po}(\lambda)$ 的充分必要条件是

(A) 对任意的 $x < 0$, 有

$$\lim_{n\to\infty} \sum_{k=1}^{k_n} F_{nk}(x) = 0;$$

(B) 对任意的 $x > 0$, 有

$$\lim_{n\to\infty} \sum_{k=1}^{k_n} [1 - F_{nk}(x)] = \begin{cases} \lambda, & 0 < x < 1, \\ 0, & x > 1; \end{cases}$$

(C) 对任意的 $0<\varepsilon<1$, 有

$$\lim_{n\to\infty}\sum_{k=1}^{k_n}\sigma_{nk}^2(\varepsilon)=0;$$

(D) 对任意的 $0<\tau<1$, 有

$$\lim_{n\to\infty}\sum_{k=1}^{k_n}\mu_{nk}(\tau)=0.$$

23.4.2　习题 23.4 解答与评注

23.11　利用定理 23.21 之 (i) 中的 (A) 和 (B) 证明 (23.20) 式.

证明　任取 $0<\delta<\varepsilon$, 由 $\beta_n\to 0$ 知, 对充分大的 n 有 $\beta_n<\delta$, 从而

$$\sum_{k=1}^{k_n}\int_{\varepsilon-\beta_n\leqslant|x|\leqslant\varepsilon+\beta_n}\mathrm{d}F_{nk}(x)\leqslant\sum_{k=1}^{k_n}\int_{\varepsilon-\delta<|x|\leqslant\varepsilon+\delta}\mathrm{d}F_{nk}(x),$$

而由定理 23.21 之 (i) 中的 (A) 和 (B) 得

$$\begin{aligned}\lim_{n\to\infty}\sum_{k=1}^{k_n}\int_{\varepsilon-\delta<|x|\leqslant\varepsilon+\delta}\mathrm{d}F_{nk}(x)=&\int_{(-(\varepsilon+\delta),-(\varepsilon-\delta)]}\frac{1+x^2}{x^2}\mathrm{d}G(x)\\&+\int_{(\varepsilon-\delta,\varepsilon+\delta]}\frac{1+x^2}{x^2}\mathrm{d}G(x),\end{aligned}$$

进而由 δ 的任意性知

$$\lim_{n\to\infty}\sum_{k=1}^{k_n}\int_{\varepsilon-\delta<|x|\leqslant\varepsilon+\delta}\mathrm{d}F_{nk}(x)=0,$$

由此得到欲证.

23.12　利用定理 23.21 之 (i) 中的 (A) 和 (B) 证明 (23.24) 式.

证明　因为

$$\begin{aligned}&\left|\sum_{k=1}^{k_n}\int_{|x|<\tau}x\mathrm{d}F_{nk}(x+\mu_{nk}(\tau))\right|\\=&\left|\sum_{k=1}^{k_n}\int_{|x-a_{nk}(\tau)|<\tau}[x-\mu_{nk}(\tau)]\,\mathrm{d}F_{nk}(x)\right|\\\leqslant&\left|\sum_{k=1}^{k_n}\int_{|x|<\tau}[x-\mu_{nk}(\tau)]\,\mathrm{d}F_{nk}(x)\right|\end{aligned}$$

$$
+\left|\sum_{k=1}^{k_n}\int_{|x-\mu_{nk}(\tau)|<\tau}\left[x-\mu_{nk}(\tau)\right]\mathrm{d}F_{nk}(x)-\sum_{k=1}^{k_n}\int_{|x|<\tau}\left[x-\mu_{nk}(\tau)\right]\mathrm{d}F_{nk}(x)\right|
$$

$$
\leqslant\beta_n\sum_{k=1}^{k_n}\int_{|x|\geqslant\tau}\mathrm{d}F_{nk}(x)+(\tau+\beta_n)\sum_{k=1}^{k_n}\int_{\tau-\beta_n\leqslant|x|<\tau+\beta_n}\mathrm{d}F_{nk}(x),
$$

而习题 23.11 保证

$$
\lim_{n\to\infty}\sum_{k=1}^{k_n}\int_{\tau-\beta_n\leqslant|x|\leqslant\tau+\beta_n}\mathrm{d}F_{nk}(x)=0,
$$

定理 23.21 之 (i) 中的 (A) 和 (B) 保证

$$
\lim_{n\to\infty}\sum_{k=1}^{k_n}\int_{|x|\geqslant\tau}\mathrm{d}F_{nk}(x)=\int_{|x|\geqslant\tau}\frac{1+x^2}{x^2}\mathrm{d}G(x)<\infty,
$$

又注意到 $\beta_n\to 0$, 因此得到欲证.

23.13 (定理 23.21 的推广) 设 $\{\varphi_{nk},1\leqslant k\leqslant k_n,n\geqslant 1\}$ 是 i.c. 体系, $\{A_n, n\geqslant 1\}$ 是实数列, $\varphi\in\mathcal{D}$ 的 Lévy-Khinchin 表示如 (22.7) 式.

(1) 若 $\mathrm{e}^{-\mathrm{i}A_nt}\varphi_n(t)\to\varphi(t)$, 则

(a) 当 $x<0$ 时, 只要 $x\in C(G)$, 就有

$$
\lim_{n\to\infty}\sum_{k=1}^{k_n}F_{nk}(x)=\int_{(-\infty,x)}\frac{1+y^2}{y^2}\mathrm{d}G(y);
$$

(b) 当 $x>0$ 时, 只要 $x\in C(G)$, 就有

$$
\lim_{n\to\infty}\sum_{k=1}^{k_n}\left[1-F_{nk}(x)\right]=\int_{(x,\infty)}\frac{1+y^2}{y^2}\mathrm{d}G(y);
$$

(c) $\displaystyle\lim_{\varepsilon\to 0}\overline{\lim_{n\to\infty}}\sum_{k=1}^{k_n}\left\{\int_{|x|<\varepsilon}x^2\mathrm{d}F_{nk}(x)-\left[\int_{|x|<\varepsilon}x\mathrm{d}F_{nk}(x)\right]^2\right\}$

$=G(0)-G(0-0)$

$\displaystyle=\lim_{\varepsilon\to 0}\underline{\lim_{n\to\infty}}\sum_{k=1}^{k_n}\left\{\int_{|x|<\varepsilon}x^2\mathrm{d}F_{nk}(x)-\left[\int_{|x|<\varepsilon}x\mathrm{d}F_{nk}(x)\right]^2\right\};$

(d) 对任何 $\tau > 0$, 只要 $\pm\tau \in C(G)$, 就有

$$\lim_{n\to\infty}\left[-A_n + \sum_{k=1}^{k_n}\int_{|x|<\tau} x\mathrm{d}F_{nk}(x)\right] = \alpha + \int_{|x|<\tau} x\mathrm{d}G(x) - \int_{|x|\geqslant\tau}\frac{1}{x}\mathrm{d}G(x).$$

(2) 反过来, 若 (a)—(c) 成立, 且存在某个 $\tau_0>0$ 使 (d) 成立, 则 $\mathrm{e}^{-\mathrm{i}A_nt}\varphi_n(t) \to \varphi(t)$.

证明 在定理 23.21 的证明中, 将 $\sum_{k=1}^{k_n}\int_{|x|<\tau} x\mathrm{d}F_{nk}(x)$ 换成 $-A_n + \sum_{k=1}^{k_n}\int_{|x|<\tau} x\mathrm{d}F_{nk}(x)$ 即可.

23.14 (定理 23.22 的推广) 设 $\{\varphi_{nk}, 1\leqslant k\leqslant k_n, n\geqslant 1\}$ 是 i.c. 体系, $\{A_n, n\geqslant 1\}$ 是实数列, $\varphi \in \mathcal{D}$ 的 Lévy 表示如 (22.12) 式.

(1) 若 $\mathrm{e}^{-\mathrm{i}A_nt}\varphi_n(t) \to \varphi(t)$, 则

(a) 当 $x < 0$ 时, 只要 $x \in C(M)$, 就有

$$\lim_{n\to\infty}\sum_{k=1}^{k_n} F_{nk}(x) = M(x);$$

(b) 当 $x > 0$ 时, 只要 $x \in C(N)$, 就有

$$\lim_{n\to\infty}\sum_{k=1}^{k_n}\left[1 - F_{nk}(x)\right] = -N(x);$$

(c) $$\lim_{\varepsilon\to 0}\varlimsup_{n\to\infty}\sum_{k=1}^{k_n}\left\{\int_{|x|<\varepsilon} x^2\mathrm{d}F_{nk}(x) - \left[\int_{|x|<\varepsilon} x\mathrm{d}F_{nk}(x)\right]^2\right\}$$

$$=\sigma^2$$

$$=\lim_{\varepsilon\to 0}\varliminf_{n\to\infty}\sum_{k=1}^{k_n}\left\{\int_{|x|<\varepsilon} x^2\mathrm{d}F_{nk}(x) - \left[\int_{|x|<\varepsilon} x\mathrm{d}F_{nk}(x)\right]^2\right\};$$

(d) 对任何 $\tau > 0$, 只要 $-\tau \in C(M)$, $\tau \in C(N)$, 就有

$$\lim_{n\to\infty}\left[-A_n + \sum_{k=1}^{k_n}\int_{|x|<\tau} x\mathrm{d}F_{nk}(x)\right] = \beta(\tau),$$

其中 $\beta(\tau)$ 如 (22.14) 式定义.

(2) 反过来, 若 (a)—(c) 成立, 且存在某个 $\tau_0>0$ 使 (d) 成立, 则 $\mathrm{e}^{-\mathrm{i}A_nt}\varphi_n(t) \to \varphi(t)$.

证明 在定理 23.22 的证明中, 将 $\sum\limits_{k=1}^{k_n}\int_{|x|<\tau} x\mathrm{d}F_{nk}(x)$ 换成 $-A_n + \sum\limits_{k=1}^{k_n}\int_{|x|<\tau} x\mathrm{d}F_{nk}(x)$ 即可.

23.15 (定理 23.25 的推广) 设 $\{X_{nk}, 1 \leqslant k \leqslant k_n, n \geqslant 1\}$ 是行态独立的 r.v. 阵列, $\{A_n, n \geqslant 1\}$ 是实数列.

(1) 若 $S_n - A_n \xrightarrow{d} \mathrm{N}(\mu, \sigma^2)$ 且 $\{X_{nk}\}$ 满足无穷小条件, 则 $\forall \varepsilon > 0$, 下面三条成立:

(a) $\lim\limits_{n\to\infty}\sum\limits_{k=1}^{k_n} P\{|X_{nk}| \geqslant \varepsilon\} = 0$;

(b) $\lim\limits_{n\to\infty}\sum\limits_{k=1}^{k_n} \sigma_{nk}^2(\varepsilon) = \sigma^2$;

(c) $\lim\limits_{n\to\infty}\left[-A_n + \sum\limits_{k=1}^{k_n}\mu_{nk}(\varepsilon)\right] = \mu$.

(2) 反过来, 若 (a) 成立, 且 (b), (c) 对某个 $\varepsilon_0 > 0$ 成立, 则 $S_n - A_n \xrightarrow{d} \mathrm{N}(\mu, \sigma^2)$ 且 $\{X_{nk}\}$ 满足无穷小条件.

证明 在定理 23.25 的证明中, 将 $\sum\limits_{k=1}^{k_n}\mu_{nk}(\varepsilon)$ 换成 $-A_n + \sum\limits_{k=1}^{k_n}\mu_{nk}(\varepsilon)$ 即可.

23.16 设 $\{X_n, n \geqslant 1\}$ 是独立 r.v. 序列, $\{F_n, n \geqslant 1\}$ 是对应的 d.f. 序列, $\{b_n, n \geqslant 1\}$ 是正数列, 若 (23.25) 式成立, 且

$$\lim_{n\to\infty}\frac{1}{b_n^2}\sum_{k=1}^{n}\int_{|x|<b_n} x^2\mathrm{d}F_k(x) = 1,$$

$$\lim_{n\to\infty}\frac{1}{b_n}\sum_{k=1}^{n}\left|\int_{|x|<b_n} x\mathrm{d}F_k(x)\right| = 0,$$

则 $\frac{1}{b_n}\sum\limits_{k=1}^{n} X_k \xrightarrow{d} \mathrm{N}(0,1)$.

证明 只需证明推论 23.26 之 (ii) 和 (iii) 成立.

首先, $\lim\limits_{n\to\infty}\frac{1}{b_n}\sum\limits_{k=1}^{n}\left|\int_{|x|<b_n} x\mathrm{d}F_k(x)\right| = 0$ 保证推论 23.26 之 (iii).

其次, 由

$$\frac{1}{b_n^2}\sum_{k=1}^{n}\left[\int_{|x|<b_n} x\mathrm{d}F_k(x)\right]^2 \leqslant \left[\frac{1}{b_n}\sum_{k=1}^{n}\left|\int_{|x|<b_n} x\mathrm{d}F_k(x)\right|\right]^2 \to 0$$

及 $\lim\limits_{n\to\infty}\dfrac{1}{b_n^2}\sum\limits_{k=1}^{n}\int_{|x|<b_n}x^2\mathrm{d}F_k(x)=1$ 得到推论 23.26 之 (ii).

23.17 (定理 23.28 的推广) 设 $\{X_{nk},1\leqslant k\leqslant k_n,n\geqslant 1\}$ 是行态独立的 r.v. 阵列, $\{A_n,n\geqslant 1\}$ 是实数列.

(1) 若 $S_n-A_n\xrightarrow{P}0$ 且 $\{X_{nk}\}$ 满足无穷小条件, 则 $\forall\varepsilon>0$, 下面三条成立:

(a) $\lim\limits_{n\to\infty}\sum\limits_{k=1}^{k_n}P\{|X_{nk}|\geqslant\varepsilon\}=0$;

(b) $\lim\limits_{n\to\infty}\sum\limits_{k=1}^{k_n}\sigma_{nk}^2(\varepsilon)=0$;

(c) $\lim\limits_{n\to\infty}\left[-A_n+\sum\limits_{k=1}^{k_n}\mu_{nk}(\varepsilon)\right]=0$.

(2) 反过来, 若 (a) 成立, 且 (b), (c) 对某个 $\varepsilon_0>0$ 成立, 则 $S_n-A_n\xrightarrow{P}0$ 且 $\{X_{nk}\}$ 满足无穷小条件.

证明 类似于习题 23.15 的处理方法.

23.18 若 $\mathrm{E}|X|<\infty$, 则 $\lim\limits_{n\to\infty}nP\{|X|\geqslant n\}=0$.

证明 由习题 10.26 之 (2),

$$\begin{aligned}\infty>\mathrm{E}|X|&=\int_0^{\infty}xP\{|X|\geqslant x\}\,\mathrm{d}x=\sum_{n=1}^{\infty}\int_{n-1}^{n}xP\{|X|\geqslant x\}\,\mathrm{d}x\\&\geqslant\sum_{n=1}^{\infty}(n-1)P\{|X|\geqslant n\}=\sum_{n=2}^{\infty}(n-1)P\{|X|\geqslant n\}\\&\geqslant\frac{1}{2}\sum_{n=2}^{\infty}nP\{|X|\geqslant n\},\end{aligned}$$

由级数收敛的必要条件得 $\lim\limits_{n\to\infty}nP\{|X|\geqslant n\}=0$.

23.19 定理 23.33 之 (A)—(D) 蕴含 $\lim\limits_{n\to\infty}\sum\limits_{k=1}^{k_n}\mu_{nk}(\tau)=\lambda$ 对任意 $\tau>1$ 成立.

证明 (a) 往证 $\varliminf\limits_{n\to\infty}\sum\limits_{k=1}^{k_n}\mu_{nk}(\tau)$ 及 $\varlimsup\limits_{n\to\infty}\sum\limits_{k=1}^{k_n}\mu_{nk}(\tau)$ 均与 τ 无关. 事实上, 任取 $1<\tau'<\tau$, 则

$$\sum_{k=1}^{k_n}\mu_{nk}(\tau)=\sum_{k=1}^{k_n}\mu_{nk}(\tau')+\sum_{k=1}^{k_n}\int_{-\tau<x\leqslant-\tau'}x\mathrm{d}F_{nk}(x)+\sum_{k=1}^{k_n}\int_{\tau'\leqslant x<\tau}x\mathrm{d}F_{nk}(x).$$

由定理 23.33 之 (A) 得

$$\begin{aligned}\sum_{k=1}^{k_n}\int_{-\tau<x\leqslant-\tau'}x\mathrm{d}F_{nk}(x)&\leqslant-\tau'\sum_{k=1}^{k_n}\int_{-\tau<x\leqslant-\tau'}\mathrm{d}F_{nk}(x)\\&=-\tau'\left[\sum_{k=1}^{k_n}F_{nk}(-\tau')-\sum_{k=1}^{k_n}F_{nk}(-\tau)\right]\to0,\\\sum_{k=1}^{k_n}\int_{-\tau<x\leqslant-\tau'}x\mathrm{d}F_{nk}(x)&\geqslant-\tau\sum_{k=1}^{k_n}\int_{-\tau<x\leqslant-\tau'}\mathrm{d}F_{nk}(x)\\&=-\tau\left[\sum_{k=1}^{k_n}F_{nk}(-\tau')-\sum_{k=1}^{k_n}F_{nk}(-\tau)\right]\to0,\end{aligned}$$

故 $\lim\limits_{n\to\infty}\sum\limits_{k=1}^{k_n}\int_{-\tau<x\leqslant-\tau'}x\mathrm{d}F_{nk}(x)=0$.

由定理 23.33 之 (B) 得

$$\begin{aligned}\sum_{k=1}^{k_n}\int_{\tau'\leqslant x<\tau}x\mathrm{d}F_{nk}(x)&\leqslant\tau\sum_{k=1}^{k_n}\int_{\frac{\tau'+1}{2}<x\leqslant\tau}\mathrm{d}F_{nk}(x)\\&=\tau\left[\sum_{k=1}^{k_n}F_{nk}(\tau)-\sum_{k=1}^{k_n}F_{nk}\left(\frac{\tau'+1}{2}\right)\right]\\&=\tau\left\{\sum_{k=1}^{k_n}\left[1-F_{nk}\left(\frac{\tau'+1}{2}\right)\right]-\sum_{k=1}^{k_n}[1-F_{nk}(\tau)]\right\}\to0,\\\sum_{k=1}^{k_n}\int_{\tau'\leqslant x<\tau}x\mathrm{d}F_{nk}(x)&\geqslant\tau'\sum_{k=1}^{k_n}\int_{\tau'<x\leqslant\frac{\tau'+\tau}{2}}\mathrm{d}F_{nk}(x)\\&=\tau'\left[\sum_{k=1}^{k_n}F_{nk}\left(\frac{\tau'+\tau}{2}\right)-\sum_{k=1}^{k_n}F_{nk}(\tau')\right]\\&=\tau'\left\{\sum_{k=1}^{k_n}[1-F_{nk}(\tau')]-\sum_{k=1}^{k_n}\left[1-F_{nk}\left(\frac{\tau'+\tau}{2}\right)\right]\right\}\to0,\end{aligned}$$

故 $\lim\limits_{n\to\infty}\sum\limits_{k=1}^{k_n}\int_{\tau'\leqslant x<\tau}x\mathrm{d}F_{nk}(x)=0$.

综上, 我们得到

$$\overline{\lim_{n\to\infty}}\sum_{k=1}^{k_n}\mu_{nk}(\tau)=\overline{\lim_{n\to\infty}}\sum_{k=1}^{k_n}\mu_{nk}(\tau'),$$

$$\underline{\lim_{n\to\infty}}\sum_{k=1}^{k_n}\mu_{nk}(\tau)=\underline{\lim_{n\to\infty}}\sum_{k=1}^{k_n}\mu_{nk}(\tau'),$$

即 $\underline{\lim\limits_{n\to\infty}}\sum\limits_{k=1}^{k_n}\mu_{nk}(\tau)$ 及 $\overline{\lim\limits_{n\to\infty}}\sum\limits_{k=1}^{k_n}\mu_{nk}(\tau)$ 均与 τ 无关.

(b) 往证 $\lim\limits_{n\to\infty}\sum\limits_{k=1}^{k_n}\mu_{nk}(\tau)=\lambda$ 对任意的 $\tau>1$ 成立, 而由已证的 (a), 这又只需证明对任意取定的 $0<\delta<\dfrac{1}{2}$, 有 $\overline{\lim\limits_{n\to\infty}}\sum\limits_{k=1}^{k_n}\mu_{nk}(1+\delta)=\lambda=\underline{\lim\limits_{n\to\infty}}\sum\limits_{k=1}^{k_n}\mu_{nk}(1+\delta)$. 事实上,

$$\sum_{k=1}^{k_n}\mu_{nk}(1+\delta)=\sum_{k=1}^{k_n}\mu_{nk}(1-\delta)+\sum_{k=1}^{k_n}\int_{-1-\delta<x\leqslant-1+\delta}x\mathrm{d}F_{nk}(x)$$
$$+\sum_{k=1}^{k_n}\int_{1-\delta\leqslant x<1+\delta}x\mathrm{d}F_{nk}(x),$$

而由定理 23.33 之 (D) 得

$$\lim_{n\to\infty}\sum_{k=1}^{k_n}\mu_{nk}(1-\delta)=0,$$

由定理 23.33 之 (A) 得

$$\lim_{n\to\infty}\sum_{k=1}^{k_n}\int_{-1-\delta<x\leqslant-1+\delta}x\mathrm{d}F_{nk}(x)=0,$$

由定理 23.33 之 (B) 得

$$\sum_{k=1}^{k_n}\int_{1-\delta\leqslant x<1+\delta}x\mathrm{d}F_{nk}(x)\leqslant(1+\delta)\sum_{k=1}^{k_n}\int_{1-2\delta<x\leqslant 1+\delta}\mathrm{d}F_{nk}(x)\to\lambda(1+\delta),$$

$$\sum_{k=1}^{k_n}\int_{1-\delta\leqslant x<1+\delta}x\mathrm{d}F_{nk}(x)\geqslant(1-\delta)\sum_{k=1}^{k_n}\int_{1-\delta<x\leqslant 1+\frac{\delta}{2}}\mathrm{d}F_{nk}(x)\to\lambda(1-\delta),$$

故

$$\lim_{\delta\to 0}\overline{\lim_{n\to\infty}}\sum_{k=1}^{k_n}\int_{1-\delta\leqslant x<1+\delta}x\mathrm{d}F_{nk}(x)=\lambda=\lim_{\delta\to 0}\underline{\lim_{n\to\infty}}\sum_{k=1}^{k_n}\int_{1-\delta\leqslant x<1+\delta}x\mathrm{d}F_{nk}(x).$$

综上, 我们得到 $\overline{\lim\limits_{n\to\infty}}\sum\limits_{k=1}^{k_n}\mu_{nk}(1+\delta)=\lambda=\underline{\lim\limits_{n\to\infty}}\sum\limits_{k=1}^{k_n}\mu_{nk}(1+\delta)$, 即

$$\lim_{n\to\infty}\sum_{k=1}^{k_n}\mu_{nk}(1+\delta)=\lambda.$$

第 24 章　$\mathcal{L}$ 族和稳定分布族

在普遍极限定理的讨论中, 当仅考虑独立随机变量序列的普遍极限问题时就产生无穷可分分布族的一个子族, 名曰 $\mathcal{L}$ 族. 本章讨论的另一个重点是稳定分布族, 作为 $\mathcal{L}$ 族的子族, 推广正态分布是其产生的动因, 它在天文学、金融数学、Brown 运动等领域的应用都卓有成效.

历史上, 稳定分布族比 $\mathcal{L}$ 族出现得更早, 前者的理论成熟于 1925 年, 后者的理论建立始于 1936 年, Lévy 和 Khinchin 是推动稳定分布族和 $\mathcal{L}$ 族理论发展的先驱.

24.1　$\mathcal{L}$ 族

24.1.1　内容提要

定义 24.1　(i) 称 d.f. F 属于 **$\mathcal{L}$ 族**, 如果存在正数列 $\{b_n, n \geqslant 1\}$ 和实数列 $\{a_n, n \geqslant 1\}$ 及满足 (24.1) 式的独立 r.v. 序列 $\{X_n, n \geqslant 1\}$, 使得

$$\mathscr{L}\left(\frac{S_n}{b_n} - a_n\right) \xrightarrow{w} F,$$

其中 $S_n = \sum\limits_{k=1}^{n} X_k$;

(ii) 称 ch.f. φ 属于 $\mathcal{L}$ 族, 如果它对应的分布属于 $\mathcal{L}$ 族, 即存在数列 $\{b_n, n \geqslant 1\}$, $\{a_n, n \geqslant 1\}$, 诸 $b_n > 0$ 及满足 (24.2) 式的 ch.f. 序列 $\{\theta_n, n \geqslant 1\}$, 使得

$$\mathrm{e}^{-\mathrm{i}a_n t} \prod_{k=1}^{n} \theta_k \left(\frac{t}{b_n}\right) \to \varphi(t);$$

(iii) 称 r.v. X 属于 $\mathcal{L}$ 族, 如果它对应的分布属于 $\mathcal{L}$ 族, 即存在数列 $\{b_n, n \geqslant 1\}$, $\{a_n, n \geqslant 1\}$, 诸 $b_n > 0$ 及满足 (24.1) 式的独立 r.v. 序列 $\{X_n, n \geqslant 1\}$, 使得

$$\frac{S_n}{b_n} - a_n \xrightarrow{d} X.$$

引理 24.2　设 $\{b_n, n \geqslant 1\}$ 是正数列, 则下列陈述等价:

(i) $\lim\limits_{n\to\infty} b_n = b \in (0,\infty]$, 且当 $b=\infty$ 时, 存在 $b'_n \uparrow \infty$ 使得 $\dfrac{b'_n}{b_n} \to 1$;

(ii) 对自然数列的任意两个子列 $\{m_k\}$ 和 $\{n_k\}$, 只要 $m_k \leqslant n_k$ 恒成立, 就有 $\varlimsup\limits_{k\to\infty} \dfrac{b_{m_k}}{b_{n_k}} \leqslant 1$.

引理 24.3 设 $\{\theta_n, n\geqslant 1\}$ 是 ch.f. 序列, φ 是非退化 ch.f., $\{a_n, n\geqslant 1\}$ 是实数列, $\{b_n, n\geqslant 1\}$ 是正数列, 若

$$\lim_{n\to\infty} \mathrm{e}^{-\mathrm{i}a_n t} \prod_{k=1}^{n} \theta_k\left(\frac{t}{b_n}\right) = \varphi(t),$$

则 $\lim\limits_{n\to\infty} b_n = b \in (0,\infty]$ 存在, 且当 $b=\infty$ 时, 存在 $b'_n \uparrow \infty$ 使 $\dfrac{b'_n}{b_n} \to 1$.

引理 24.4 设 $\{\theta_n, n\geqslant 1\}$ 是 ch.f. 序列, φ, $\tilde{\varphi}$ 都是非退化 ch.f., $\{a_n, n\geqslant 1\}$ 是实数列, $\{b_n, n\geqslant 1\}$ 是正数列, 若

$$\lim_{n\to\infty} \theta_n(t) = \varphi(t),$$

$$\lim_{n\to\infty} \mathrm{e}^{-\mathrm{i}a_n t}\theta_n\left(\frac{t}{b_n}\right) = \tilde{\varphi}(t),$$

则 $\lim\limits_{n\to\infty} a_n =: a \in \mathbb{R}$, $\lim\limits_{n\to\infty} b_n =: b \in (0,\infty)$ 都存在.

推论 24.5 设 $\{\theta_n, n\geqslant 1\}$ 是 ch.f. 序列, φ 是非退化 ch.f., $\{a_n, n\geqslant 1\}$ 是实数列, $\{b_n, n\geqslant 1\}$ 是正数列, 若

$$\lim_{n\to\infty} \theta_n(t) = \varphi(t) = \lim_{n\to\infty} \mathrm{e}^{-\mathrm{i}a_n t}\theta_n\left(\frac{t}{b_n}\right),$$

则 $\lim\limits_{n\to\infty} a_n = 0$, $\lim\limits_{n\to\infty} b_n = 1$.

推论 24.6 设 $\{\theta_n, n\geqslant 1\}$ 是 ch.f. 序列, φ 是非退化 ch.f., $\{a_n, n\geqslant 1\}$ 是实数列, $\{b_n, n\geqslant 1\}$ 是正数列,

$$\lim_{n\to\infty} \mathrm{e}^{-\mathrm{i}a_n t} \prod_{k=1}^{n} \theta_k\left(\frac{t}{b_n}\right) = \varphi(t),$$

则

(i) $\lim\limits_{n\to\infty} \dfrac{b_{n+1}}{b_n} = 1 \Leftrightarrow \lim\limits_{n\to\infty} \left|\theta_n\left(\dfrac{t}{b_n}\right)\right| = 1$;

(ii) $\left\{\theta_k\left(\dfrac{t}{b_n}\right), 1\leqslant k\leqslant n, n\geqslant 1\right\}$ 是 i.c. 体系 $\Leftrightarrow \lim\limits_{n\to\infty} b_n=\infty$, 且对每个 $t\in\mathbb{R}$, $\lim\limits_{n\to\infty}\theta_n\left(\dfrac{t}{b_n}\right)=1$ 成立.

推论 24.7　设 $\{\theta_n, n\geqslant 1\}$ 是 ch.f. 序列, φ 是非退化 ch.f., $\{b_n, n\geqslant 1\}$ 是正数列, 若

$$\lim_{n\to\infty}\prod_{k=1}^{n}\theta_k\left(\frac{t}{b_n}\right)=\varphi(t),$$

则

$$\lim_{n\to\infty}\theta_n\left(\frac{t}{b_n}\right)=1 \Leftrightarrow \lim_{n\to\infty}\frac{b_{n+1}}{b_n}=1 \Leftrightarrow \lim_{n\to\infty}\left|\theta_n\left(\frac{t}{b_n}\right)\right|=1.$$

引理 24.8　设 $\{\theta_n, n\geqslant 1\}$ 是 ch.f. 序列, φ 是非退化 ch.f., $\{b_n, n\geqslant 1\}$ 是正数列, 若

$$\lim_{n\to\infty}\prod_{k=1}^{n}\theta_k\left(\frac{t}{b_n}\right)=\varphi(t),$$

则下列三条陈述等价:

(i) $\left\{\theta_k\left(\dfrac{t}{b_n}\right), 1\leqslant k\leqslant n, n\geqslant 1\right\}$ 是 i.c. 体系;

(ii) $\lim\limits_{n\to\infty} b_n=\infty$, 且 $\lim\limits_{n\to\infty}\theta_n\left(\dfrac{t}{b_n}\right)=1$ 对每个 $t\in\mathbb{R}$ 成立;

(iii) $\lim\limits_{n\to\infty} b_n=\infty$, $\lim\limits_{n\to\infty}\dfrac{b_{n+1}}{b_n}=1$.

定理 24.9　设 φ 是 ch.f., 关于 $\mathcal{L}$ 中的元素有以下三条等价陈述:

(i) $\varphi\in\mathcal{L}$;

(ii) 对每个 $c\in(0,1)$, 存在 ch.f. $\varphi_c(t)$ 使得

$$\varphi(t)=\varphi_c(t)\varphi(ct); \tag{24.17}$$

(iii) 存在 i.c. 体系 $\left\{\theta_k\left(\dfrac{t}{b_n}\right), 1\leqslant k\leqslant n, n\geqslant 1\right\}$ 使得 $\prod\limits_{k=1}^{n}\theta_k\left(\dfrac{t}{b_n}\right)\to\varphi(t)$.

注记 24.10　可以将 (24.17) 式中的 $\varphi_c(t)$ 加强为 i.d.ch.f., 这是因为 (24.19) 式保证 $\varphi_c(t)$ 是 i.c. 体系的极限 ch.f., 从而 $\varphi_c(t)$ 是 i.d.ch.f..

定理 24.11　设 $\varphi=\mathrm{e}^{\psi}\in\mathcal{D}$, 其中 $\psi=(\alpha,G)$, 则 $\varphi\in\mathcal{L}$ 当且仅当 G 在 $\mathbb{R}\backslash\{0\}$ 中各点的左、右导数都存在, 且 $\dfrac{1+x^2}{x}G'(x)$ 单调不增, 其中 G' 是 G 的左导数或右导数.

24.1.2 习题 24.1 解答与评注

24.1 设 $\{b_n, n \geqslant 1\}$ 是满足 $b_n \to 0$ 的正数列, 则对任意的 $M > 1$, 都存在 $\{b_n\}$ 的子列 $\{b_{n_k}, k \geqslant 1\}$, 使得 $\overline{\lim\limits_{k\to\infty}} \dfrac{b_{n_k}}{b_{n_{k+1}}} \geqslant M$.

证明 取 $n_1 = 1$, 对于 b_{n_1}, 由 $b_n \to 0$ 知存在 $n_2 > n_1$, 使得 $b_{n_2} \leqslant \dfrac{1}{M} b_{n_1}$. 同理, 存在 $n_3 > n_2$, 使得 $b_{n_3} \leqslant \dfrac{1}{M} b_{n_2}$. 继续这个过程, 就得到 $\{b_n\}$ 的一个子列 $\{b_{n_k}, k \geqslant 1\}$, 使得 $b_{n_{k+1}} \leqslant \dfrac{1}{M} b_{n_k}$, 即 $\dfrac{b_{n_k}}{b_{n_{k+1}}} \geqslant M$ 恒成立, 从而 $\overline{\lim\limits_{k\to\infty}} \dfrac{b_{n_k}}{b_{n_{k+1}}} \geqslant M$.

24.2 设 $\{b_n, n \geqslant 1\}$ 是正数列, 若对任意两个自然数列的子列 $\{m_k\}$ 和 $\{n_k\}$, 只要 $m_k \leqslant n_k$ 恒成立, 就有 $\overline{\lim\limits_{k\to\infty}} \dfrac{b_{m_k}}{b_{n_k}} \leqslant 1$, 则 $\lim\limits_{n\to\infty} b_n = b \in (0, \infty]$.

证明 首先证明 $\lim\limits_{n\to\infty} b_n = b \in [0, \infty]$ 存在. 谬设 $\lim\limits_{n\to\infty} b_n$ 不存在, 则 $0 \leqslant s = \underline{\lim\limits_{n\to\infty}} b_n < \overline{\lim\limits_{n\to\infty}} b_n = t \leqslant \infty$, 因而存在 $\{b_n\}$ 的两个不同子列 $\{b_{s_k}, k \geqslant 1\}$ 和 $\{b_{t_k}, k \geqslant 1\}$, 使得 $\lim\limits_{k\to\infty} b_{s_k} = s$, $\lim\limits_{k\to\infty} b_{t_k} = t$.

注意到 $t_k \to \infty$, 可取 $l_1 = \inf\{t_k : t_k \geqslant s_1\}$, 从而 $l_1 \geqslant s_1$. 同理可取 $l_2 = \inf\{t_k : t_k > l_1, t_k \geqslant s_2\}$, 从而 $l_2 > l_1$, $l_2 \geqslant s_2$. 继续这个过程, 就得到 $\{t_k, k \geqslant 1\}$ 的一个子列 $\{l_k, k \geqslant 1\}$, 使得 $l_k \geqslant s_k$ 恒成立, 但是 $\overline{\lim\limits_{k\to\infty}} \dfrac{b_{s_k}}{b_{l_k}} = \dfrac{s}{t} > 1$, 此与题设矛盾.

其次, 由习题 24.1 知 $\lim\limits_{n\to\infty} b_n = 0$ 不能成立, 所以 $\lim\limits_{n\to\infty} b_n = b \in (0, \infty]$ 存在.

24.3 设 $\{a_n, n \geqslant 1\}$ 是实数列, $t \in [0, T]$, $\lim\limits_{n\to\infty} \mathrm{e}^{\mathrm{i}a_n t} =: g(t)$ 存在, 则 $\lim\limits_{n\to\infty} a_n =: a \in \mathbb{R}$ 存在.

证明 首先证明 $\{a_n, n \geqslant 1\}$ 必为有界数列. 若不然, 则存在子列 $\{a_{n_k}, k \geqslant 1\}$, 使得诸 $a_{n_k} \neq 0$, 且

$$\lim_{k\to\infty} a_{n_k} = \infty \quad (\text{或} -\infty),$$

从而由控制收敛定理得

$$\int_0^b g(t)\mathrm{d}t = \lim_{k\to\infty} \int_0^b \mathrm{e}^{\mathrm{i}a_{n_k} t}\mathrm{d}t = \lim_{k\to\infty} \frac{\mathrm{e}^{\mathrm{i}a_{n_k} b} - 1}{\mathrm{i}a_{n_k}} = 0, \quad 0 \leqslant b \leqslant T,$$

进而对任意 $A \in \mathcal{B}[0, T]$, 有 $\displaystyle\int_A g(t)\,\mathrm{d}t = 0$, 故 $g = 0$ a.e., 此与 $|g| \equiv 1$ 矛盾.

接下来只需证明 $\{a_n, n \geqslant 1\}$ 不含具有相异极限的二收敛子列, 谬设

$$\lim_{k\to\infty} a_{n_k} = a, \quad \lim_{k\to\infty} a_{m_k} = a',$$

则当 $t \in [0,T]$ 时,

$$\mathrm{e}^{\mathrm{i}at} = \lim_{k\to\infty} \mathrm{e}^{\mathrm{i}a_{n_k} t} = g(t) = \lim_{k\to\infty} \mathrm{e}^{\mathrm{i}a_{m_k} t} = \mathrm{e}^{\mathrm{i}a' t},$$

这是不可能的.

24.4 设非负的三角阵列 $\{\lambda_{nk}, 1 \leqslant k \leqslant n, n \geqslant 1\}$ 满足 $\lim\limits_{n\to\infty} \lambda_{nn} = 0$, 且对每个固定的 $k \geqslant 1$, 当 $n \to \infty$ 时, $\lambda_{nk} \downarrow 0$, 则 $\lim\limits_{n\to\infty} \max\limits_{1\leqslant k\leqslant n} \lambda_{nk} = 0$.

证明 $\forall \varepsilon > 0$, 由 $\lim\limits_{n\to\infty} \lambda_{nn} = 0$ 知, 存在 $N_1 \in \mathbb{N}$, 当 $n \geqslant N_1$ 时, $0 \leqslant \lambda_{nn} < \varepsilon$. 注意到 λ_{nk} 关于 n 单调下降, 所以当 $n \geqslant k \geqslant N_1$ 时,

$$0 \leqslant \lambda_{nk} \leqslant \lambda_{kk} < \varepsilon.$$

任意固定 $k = 1, 2, \cdots, N_1$, 由 $\lim\limits_{n\to\infty} \lambda_{nk} = 0$ 知, 存在 $N_2 \in \mathbb{N}$, 当 $n \geqslant N_2$ 时, $0 \leqslant \lambda_{nk} < \varepsilon$. 综合上述二式可知, 当 $n \geqslant N_1 \vee N_2$ 时,

$$0 \leqslant \max_{1\leqslant k\leqslant n} \lambda_{nk} < \varepsilon,$$

此即 $\lim\limits_{n\to\infty} \max\limits_{1\leqslant k\leqslant n} \lambda_{nk} = 0$.

24.5 证明 (24.18) 式.

证明 (a) 往证 $m_n \to \infty$. 谬设 $m_n \not\to \infty$, 则存在 $N \in \mathbb{N}$ 及 $\{m_n, n \geqslant 1\}$ 的某个子列 $\{m_{n_l}, l \geqslant 1\}$, 使得诸 $m_{n_l} \leqslant N$, 故每个 $b_{m_{n_l}}$ 都是 $b_1, b_2, \cdots, b_N$ 之一.

由 $b_{m_{n_l}+1} > cb_{n_l}$ 知, 对任意 $l \geqslant 1$, 存在 $i \in \{1, 2, \cdots, N\}$, 使得 $b_{i+1} > cb_{n_l}$, 此与 $b_{n_l} \to \infty$ 矛盾.

(b) 往证 $n - m_n \to \infty$. 谬设 $n - m_n \not\to \infty$, 则存在 $N \in \mathbb{N}$ 及 $\{n - m_n, n \geqslant 1\}$ 的某个子列 $\{n_l - m_{n_l}, l \geqslant 1\}$, 使得诸 $n_l - m_{n_l} \leqslant N$, 故 $m_{n_l} \geqslant n_l - N$. 由 m_{n_l} 的定义得 $b_{n_l - N} \leqslant cb_{n_l}$, 从而 $\lim\limits_{n\to\infty} \dfrac{b_{n_l-N}}{b_{n_l}} \leqslant c < 1$, 此与 $\dfrac{b_{n-N}}{b_n} \to \infty$ 矛盾.

(c) 往证 $\dfrac{b_{m_n}}{b_n} \to c$. 一方面, 由 $\dfrac{b_{m_n}}{b_n} \leqslant c$ 得 $\varlimsup\limits_{n\to\infty} \dfrac{b_{m_n}}{b_n} \leqslant c$, 另一方面, 由 $\dfrac{b_{m_n}}{b_n} = \dfrac{b_{m_n}}{b_{m_n+1}} \cdot \dfrac{b_{m_n+1}}{b_n} > c\dfrac{b_{m_n}}{b_{m_n+1}}$ 及 $\dfrac{b_{m_n}}{b_{m_n+1}} \to 1$ 得 $\varliminf\limits_{n\to\infty} \dfrac{b_{m_n}}{b_n} \geqslant c$, 这就完成了 $\dfrac{b_{m_n}}{b_n} \to c$ 的证明.

24.6 证明 Laplace 分布 L(0,1) 属于 $\mathcal{L}$ 族.

证明 注意到 Laplace 分布 L(0,1) 的 ch.f. 为 $\varphi(t)=\dfrac{1}{1+t^2}$, 所以对每个 $0<c<1$,

$$\frac{\varphi(t)}{\varphi(ct)}=\frac{1+c^2t^2}{1+t^2}=:\varphi_c(t),$$

而习题 17.30 保证 $\varphi_c(t)$ 是 ch.f., 故由定理 24.9 知 $\varphi\in\mathcal{L}$, 即 Laplace 分布 L(0,1) 属于 $\mathcal{L}$ 族.

24.7 证明: 非退化 d.f. $F\in\mathcal{L}$ 的充分必要条件是存在独立 r.v. 序列 $\{X_n, n\geqslant 1\}$, 使得

$$\mathscr{L}\left(\frac{S_n}{b_n}-a_n\right)\xrightarrow{w}F.$$

证明 "⇐". 在题设条件下, 引理 24.8 保证 $\left\{\dfrac{X_k}{n}, 1\leqslant k\leqslant n, n\geqslant 1\right\}$ 满足无穷小条件, 进而由 $\mathcal{L}$ 族的定义立得欲证.

"⇒". 设 $F\in\mathcal{L}$, φ 是 F 对应的 ch.f., 显然对任意固定 $n\geqslant 1$, $\varphi(nt)\in\mathcal{L}$, 从而定理 24.9 保证

$$\varphi_n(t):=\frac{\varphi(nt)}{\varphi((n-1)t)}=\frac{\varphi(nt)}{\varphi\left(\dfrac{n-1}{n}\cdot nt\right)}$$

是 ch.f.. 设 $X_n\sim\varphi_n(t)$, 且 $\{X_n, n\geqslant 1\}$ 独立, 则由

$$\varphi_{\frac{S_n}{n}}(t)=\prod_{k=1}^{n}\varphi_k\left(\frac{t}{n}\right)=\frac{\varphi\left(\dfrac{t}{n}\right)}{\varphi(0)}\cdot\frac{\varphi\left(\dfrac{2t}{n}\right)}{\varphi\left(\dfrac{t}{n}\right)}\cdots\frac{\varphi(t)}{\varphi\left(\dfrac{(n-1)t}{n}\right)}=\varphi(t)$$

知 $\mathscr{L}\left(\dfrac{S_n}{b_n}-a_n\right)\xrightarrow{w}F$.

24.2 稳定分布族

24.2.1 内容提要

定义 24.12 (i) 称 d.f. F 是**稳定的**, 如果对任意的 $b_1>0$, $b_2>0$, $a_1\in\mathbb{R}$, $a_2\in\mathbb{R}$, 存在 $b>0$, $a\in\mathbb{R}$ 使得

$$F(b_1x+a_1)*F(b_2x+a_2)=F(bx+a);$$

(ii) 称 ch.f. φ 是稳定的, 如果它对应的分布是稳定的, 即对任意的 $b_1>0$, $b_2>0$, 存在 $b>0$, $a\in\mathbb{R}$ 使得

$$\varphi(b_1t)\,\varphi(b_2t)=\mathrm{e}^{\mathrm{i}at}\varphi(bt);$$

(iii) 称 r.v. X 是稳定的, 如果它对应的分布是稳定的, 即对任意的 $b_1>0$, $b_2>0$, 存在 $b>0$, $a\in\mathbb{R}$ 及独立同分布于 X 的 r.v. X_1,X_2, 使得

$$b_1X_1+b_2X_2\stackrel{d}{=}bX+a.$$

命题 24.13　$\mathcal{S}\subset\mathcal{L}$, 即任何稳定分布都属于 $\mathcal{L}$ 族.

定理 24.14　$\mathcal{L}_0=\mathcal{S}$.

定理 24.15　r.v. Y 是稳定的当且仅当存在独立同分布的 r.v. 序列 $\{X_n,n\geqslant 1\}$ 及正则化常数列 $\{b_n,n\geqslant1\}$ 和中心化常数列 $\{a_nb_n,n\geqslant1\}$, 使得

$$\frac{X_1+X_2+\cdots+X_n}{b_n}-a_n\xrightarrow{d}Y,$$

且

$$b_n\to\infty,\quad \frac{b_{n+1}}{b_n}\to 1.$$

定理 24.16　$\varphi\in\mathcal{S}$ 的充分必要条件是 $\varphi\in\mathcal{D}$, 且下面两种情形之一成立:

(a) 存在常数 $\beta\in\mathbb{R}$, $\sigma^2\geqslant0$ 使得

$$\mathrm{Log}\varphi(t)=\mathrm{i}\beta t-\frac{1}{2}\sigma^2t^2;$$

(b) 存在常数 $\beta\in\mathbb{R}$, $c_1\geqslant0$, $c_2\geqslant0$, $c_1+c_2>0$, $0<\alpha<2$ 使得

$$\begin{aligned}\mathrm{Log}\varphi(t)=&\,\mathrm{i}\beta t+c_1\int_{-\infty}^{0}\left(\mathrm{e}^{\mathrm{i}tx}-1-\frac{\mathrm{i}tx}{1+x^2}\right)\frac{1}{|x|^{1+\alpha}}\mathrm{d}x\\&+c_2\int_{0}^{\infty}\left(\mathrm{e}^{\mathrm{i}tx}-1-\frac{\mathrm{i}tx}{1+x^2}\right)\frac{1}{x^{1+\alpha}}\mathrm{d}x.\end{aligned}$$

定理 24.17　$\varphi\in\mathcal{S}$ 的充分必要条件是

$$\mathrm{Log}\varphi(t)=\begin{cases}\mathrm{i}\beta t-c\,|t|\left(1-\mathrm{i}\gamma\,\mathrm{sgn}(t)\,\dfrac{2\log|t|}{\pi}\right), & \alpha=1,\\ \mathrm{i}\beta t-c\,|t|^{\alpha}\left(1+\mathrm{i}\gamma\,\mathrm{sgn}(t)\tan\dfrac{\pi\alpha}{2}\right), & \alpha\in(0,2]\setminus\{1\},\end{cases}$$

其中符号函数 $\mathrm{sgn}(t)=\begin{cases}-1, & t<0,\\ 0, & t=0,\\ 1, & t>0,\end{cases}$ 常数 $|\gamma|\leqslant1$, $c\geqslant0$, $\beta\in\mathbb{R}$, $\alpha\ (0<\alpha\leqslant2)$ 叫做稳定分布的**特征指数**.

注记 24.18　若 φ 是非退化稳定分布的 ch.f., 则 $|\varphi(t)|=\mathrm{e}^{-c|t|^{\alpha}}$, $0<\alpha\leqslant2$, $c>0$, 此时 φ 绝对可积, 其概率密度可由 (17.10) 式计算得知.

24.2.2 习题 24.2 解答与评注

24.8 证明：定义 24.12 之 (i) 中的定义式 (24.24) 可以改写成

$$F(b_1x)*F(b_2x)=F(bx+a).$$

证明 设 X_1,X_2 独立同分布于 X, 且 $X\sim F(x)$, 则 (24.24) 式, 即

$$F(b_1x+a_1)*F(b_2x+a_2)=F(bx+a)$$

等价于 $\dfrac{X_1-a_1}{b_1}+\dfrac{X_2-a_2}{b_2}\overset{d}{=}\dfrac{X-a}{b}$, 重置常数 a 知它等价于 $\dfrac{X_1}{b_1}+\dfrac{X_2}{b_2}\overset{d}{=}\dfrac{X-a}{b}$, 显然最后的等式等价于欲证等式.

24.9 设 $\varphi\in\mathcal{D}$ 且非退化, 若对任意的 $n\in\mathbb{N}$, 都存在 $a_n\in\mathbb{R}$, $b_n>0$, 使得 (24.27) 式成立, 则 $b_n\to\infty$.

证明 首先由 $\mathrm{e}^{-\mathrm{i}\frac{a_n}{b_n}t}\left[\varphi\left(\dfrac{t}{b_n}\right)\right]^n=\varphi(t)$ 及引理 24.3 知 $\lim\limits_{n\to\infty}b_n=b\in(0,\infty]$ 存在.

其次由 $\mathrm{e}^{-\mathrm{i}\frac{a_n}{b_n}t}\left[\varphi\left(\dfrac{t}{b_n}\right)\right]^n=\varphi(t)$ 得

$$\log\left|\varphi\left(\frac{t}{b_n}\right)\right|=\frac{1}{n}\log|\varphi(t)|,$$

而由 $\varphi\in\mathcal{D}$ 推出 φ 无处为 0, 所以对任意的 $t\in\mathbb{R}$, $\lim\limits_{n\to\infty}\dfrac{1}{n}\log|\varphi(t)|=0$.

谬设 $\lim\limits_{n\to\infty}b_n=b\in(0,\infty)$, 则对任意的 $t\in\mathbb{R}$, 有

$$\log\left|\varphi\left(\frac{t}{b}\right)\right|=\lim_{n\to\infty}\log\left|\varphi\left(\frac{t}{b_n}\right)\right|=0,$$

等价地说 $|\varphi(t)|=1$, 此与 φ 非退化矛盾.

24.10 证明：由 (24.30) 式定义的 ch.f. $\varphi\in\mathcal{S}$.

证明 对任意的 $b_1>0$, 由 (24.30) 式知

$$\begin{aligned}\mathrm{Log}\varphi(b_1t)=\mathrm{i}\beta b_1t&+c_1\int_{-\infty}^{0}\left(\mathrm{e}^{\mathrm{i}b_1tx}-1-\frac{ib_1tx}{1+x^2}\right)\frac{1}{|x|^{1+\alpha}}\mathrm{d}x\\&+c_2\int_{0}^{\infty}\left(\mathrm{e}^{\mathrm{i}b_1tx}-1-\frac{ib_1tx}{1+x^2}\right)\frac{1}{x^{1+\alpha}}\mathrm{d}x.\end{aligned}$$

令 $b_1x=y$, 作积分变换得

$$\begin{aligned}
&\int_{-\infty}^{0}\left(\mathrm{e}^{\mathrm{i}b_1tx}-1-\frac{\mathrm{i}b_1tx}{1+x^2}\right)\frac{1}{|x|^{1+\alpha}}\mathrm{d}x\\
=&\,b_1^{\alpha}\int_{-\infty}^{0}\left(\mathrm{e}^{\mathrm{i}ty}-1-\frac{\mathrm{i}b_1^2ty}{b_1^2+y^2}\right)\frac{1}{|y|^{1+\alpha}}\mathrm{d}y\\
=&\,b_1^{\alpha}\int_{-\infty}^{0}\left(\mathrm{e}^{\mathrm{i}ty}-1-\frac{\mathrm{i}ty}{1+y^2}\right)\frac{1}{|y|^{1+\alpha}}\mathrm{d}y+b_1^{\alpha}\int_{-\infty}^{0}\left(\frac{\mathrm{i}ty}{1+y^2}-\frac{\mathrm{i}b_1^2ty}{b_1^2+y^2}\right)\frac{1}{|y|^{1+\alpha}}\mathrm{d}y\\
=&\,b_1^{\alpha}\int_{-\infty}^{0}\left(\mathrm{e}^{\mathrm{i}ty}-1-\frac{\mathrm{i}ty}{1+y^2}\right)\frac{1}{|y|^{1+\alpha}}\mathrm{d}y\\
&+\mathrm{i}b_1^{\alpha}\left(1-b_1^2\right)t\int_{-\infty}^{0}\frac{y^3}{(1+y^2)\left(b_1^2+y^2\right)}\frac{1}{|y|^{1+\alpha}}\mathrm{d}y\\
=:&\,b_1^{\alpha}\int_{-\infty}^{0}\left(\mathrm{e}^{\mathrm{i}ty}-1-\frac{\mathrm{i}ty}{1+y^2}\right)\frac{1}{|y|^{1+\alpha}}\mathrm{d}y+\mathrm{i}A_{11}t,
\end{aligned}$$

同理

$$\int_{0}^{\infty}\left(\mathrm{e}^{\mathrm{i}b_1tx}-1-\frac{\mathrm{i}b_1tx}{1+x^2}\right)\frac{1}{x^{1+\alpha}}\mathrm{d}x=b_1^{\alpha}\int_{0}^{\infty}\left(\mathrm{e}^{\mathrm{i}ty}-1-\frac{\mathrm{i}ty}{1+y^2}\right)\frac{1}{y^{1+\alpha}}\mathrm{d}y+\mathrm{i}A_{12}t,$$

于是, 对任意的 $b_1>0$,

$$\begin{aligned}
\mathrm{Log}\varphi\left(b_1t\right)=&\,\mathrm{i}\beta b_1t+c_1b_1^{\alpha}\int_{-\infty}^{0}\left(\mathrm{e}^{\mathrm{i}ty}-1-\frac{\mathrm{i}ty}{1+y^2}\right)\frac{1}{|y|^{1+\alpha}}\mathrm{d}y+\mathrm{i}c_1A_{11}t\\
&+c_2b_1^{\alpha}\int_{0}^{\infty}\left(\mathrm{e}^{\mathrm{i}ty}-1-\frac{\mathrm{i}ty}{1+y^2}\right)\frac{1}{y^{1+\alpha}}\mathrm{d}y+\mathrm{i}c_2A_{12}t\\
=&\,\mathrm{i}\left(\beta b_1+c_1A_{11}+c_2A_{12}\right)t+c_1b_1^{\alpha}\int_{-\infty}^{0}\left(\mathrm{e}^{\mathrm{i}ty}-1-\frac{\mathrm{i}ty}{1+y^2}\right)\frac{1}{|y|^{1+\alpha}}\mathrm{d}y\\
&+c_2b_1^{\alpha}\int_{0}^{\infty}\left(\mathrm{e}^{\mathrm{i}ty}-1-\frac{\mathrm{i}ty}{1+y^2}\right)\frac{1}{y^{1+\alpha}}\mathrm{d}y.
\end{aligned}$$

类似地, 对任意的 $b_2>0$,

$$\begin{aligned}
\mathrm{Log}\varphi\left(b_2t\right)=&\,\mathrm{i}\left(\beta b_2+c_1B_{11}+c_2B_{12}\right)t+c_1b_2^{\alpha}\int_{-\infty}^{0}\left(\mathrm{e}^{\mathrm{i}ty}-1-\frac{\mathrm{i}ty}{1+y^2}\right)\frac{1}{|y|^{1+\alpha}}\mathrm{d}y\\
&+c_2b_2^{\alpha}\int_{0}^{\infty}\left(\mathrm{e}^{\mathrm{i}ty}-1-\frac{\mathrm{i}ty}{1+y^2}\right)\frac{1}{y^{1+\alpha}}\mathrm{d}y.
\end{aligned}$$

可见

$$\begin{aligned}\operatorname{Log}\varphi(b_1t)+\operatorname{Log}\varphi(b_2t)=&\mathrm{i}(\beta b_1+c_1A_{11}+c_2A_{12}+\beta b_2+c_1B_{11}+c_2B_{12})t\\&+c_1(b_1^\alpha+b_2^\alpha)\int_{-\infty}^0\left(\mathrm{e}^{\mathrm{i}ty}-1-\frac{\mathrm{i}ty}{1+y^2}\right)\frac{1}{|y|^{1+\alpha}}\mathrm{d}y\\&+c_2(b_1^\alpha+b_2^\alpha)\int_0^{\infty}\left(\mathrm{e}^{\mathrm{i}ty}-1-\frac{\mathrm{i}ty}{1+y^2}\right)\frac{1}{y^{1+\alpha}}\mathrm{d}y,\end{aligned}$$

取 $b>0$, 使得 $b^\alpha=b_1^\alpha+b_2^\alpha$, 则存在唯一的 $a\in\mathbb{R}$, 使得上式右端可写成 $\mathrm{i}at+\operatorname{Log}\varphi(bt)$, 从而

$$\operatorname{Log}\varphi(b_1t)+\operatorname{Log}\varphi(b_2t)=\mathrm{i}at+\operatorname{Log}\varphi(bt),$$

这表明 (24.25) 式成立, 因而 $\varphi\in\mathcal{S}$.

24.11 证明：在定理 24.16 证明过程中引进的 $m_2(x)$ 是奇函数.

证明 为证 $m_2(x)$ 是奇函数, 只需证明 $m_1(-x)m_1(x)=1$, 等价地证明

$$m(x_0-x)m(x_0+x)=m^2(x_0).$$

事实上, 对任意的 $x\in\mathbb{R}$, 取 $s>0$ 使得 $\lambda(s)=x$, 则

$$\begin{aligned}m(x_0-x)m(x_0+x)&=m(x_0-\lambda(s))m(x_0+\lambda(s))\\&=s^{-1}m(x_0)\cdot sm(x_0)=m^2(x_0).\end{aligned}$$

24.12 设 $f(x)$ 是定义在 $\mathbb{R}$ 上的单调奇函数, 且对任意正整数 m 都有

$$f(mx)=mf(x),$$

则 $f(x)=f(1)x$.

证明 不妨假设 f 单调不减.

对任意正有理数 $r=\dfrac{n}{m}$, 两次利用所给方程得到

$$f(r)=f\left(\frac{m}{n}\right)=mf\left(\frac{1}{n}\right)=\frac{m}{n}f(1)=rf(1).$$

设 $x>0$, 取有理数列 $\left\{r_n^{(1)},n\geqslant1\right\}$ 使得 $r_n^{(1)}\uparrow x$, 则

$$f(x)\geqslant f(x-0)\geqslant\lim_{n\to\infty}f\left(r_n^{(1)}\right)=\lim_{n\to\infty}r_n^{(1)}f(1)=xf(1),$$

又取有理数列 $\left\{r_n^{(2)},n\geqslant1\right\}$ 使得 $r_n^{(2)}\downarrow x$, 则

$$f(x)\leqslant f(x+0)\leqslant\lim_{n\to\infty}f\left(r_n^{(2)}\right)=\lim_{n\to\infty}r_n^{(2)}f(1)=xf(1),$$

因此 $f(x-0)=f(x)=f(x+0)$, 且 $f(x)=xf(1)$. 再由于 $f(x)$ 是奇函数, 所以 $f(x)=f(1)x$ 对一切实数成立.

24.13[①] 利用围道积分法证明 (24.37) 式和 (24.38) 式

证明 这里只证 (24.37) 式, 类似地可证 (24.38) 式. 建立如图所示的围道, 容易证明

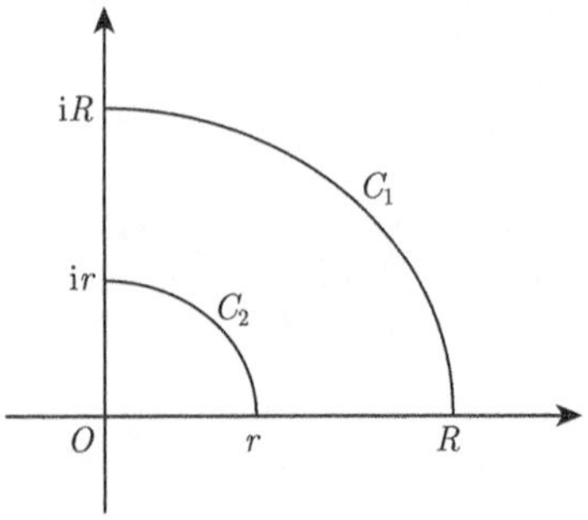

$$\begin{aligned}&\lim_{R\to\infty}\int_{C_1}\frac{\mathrm{e}^{\mathrm{i}z}-1}{z^{1+\alpha}}\mathrm{d}z\\=&\lim_{R\to\infty}\int_0^{\frac{\pi}{2}}\frac{\mathrm{e}^{\mathrm{i}R\mathrm{e}^{\mathrm{i}\theta}}-1}{\left(R\mathrm{e}^{\mathrm{i}\theta}\right)^{1+\alpha}}\cdot\mathrm{i}R\mathrm{e}^{\mathrm{i}\theta}\mathrm{d}\theta\\=&\,\mathrm{i}\lim_{R\to\infty}\frac{1}{R^\alpha}\int_0^{\frac{\pi}{2}}\left[\mathrm{e}^{\mathrm{i}\left(R\mathrm{e}^{\mathrm{i}\theta}-\alpha\theta\right)}-\mathrm{e}^{\mathrm{i}\alpha\theta}\right]\mathrm{d}\theta=0.\end{aligned}$$

下面证明 $\lim\limits_{r\to0}\int_{C_2}\frac{\mathrm{e}^{\mathrm{i}z}-1}{z^{1+\alpha}}\mathrm{d}z=0$. 显然由

$$\int_{C_2}\frac{\mathrm{e}^{\mathrm{i}z}-1}{z^{1+\alpha}}\mathrm{d}z=\mathrm{i}\frac{\int_0^{\frac{\pi}{2}}\left[\mathrm{e}^{\mathrm{i}\left(r\mathrm{e}^{\mathrm{i}\theta}-\alpha\theta\right)}-\mathrm{e}^{\mathrm{i}\alpha\theta}\right]\mathrm{d}\theta}{r^\alpha}$$

知只需证明 $\lim\limits_{r\to0}\frac{\int_0^{\frac{\pi}{2}}\left[\mathrm{e}^{\mathrm{i}\left(r\mathrm{e}^{\mathrm{i}\theta}-\alpha\theta\right)}-\mathrm{e}^{\mathrm{i}\alpha\theta}\right]\mathrm{d}\theta}{r^\alpha}=0$. 事实上, 令 $g(r,\theta)=\mathrm{e}^{\mathrm{i}\left(r\mathrm{e}^{\mathrm{i}\theta}+\alpha\theta\right)}-\mathrm{e}^{\mathrm{i}\alpha\theta}$, 则对每个 r,

$$\left|\frac{\partial g}{\partial r}\right|=\left|\mathrm{i}\mathrm{e}^{\mathrm{i}\theta}\mathrm{e}^{\mathrm{i}\left(r\mathrm{e}^{\mathrm{i}\theta}+\alpha\theta\right)}\right|=\left|\mathrm{e}^{\mathrm{i}r\mathrm{e}^{\mathrm{i}\theta}}\right|=\left|\mathrm{e}^{\mathrm{i}r(\cos\theta+\mathrm{i}\sin\theta)}\right|=\mathrm{e}^{-r\sin\theta}\leqslant1=:\varphi(\theta),$$

而 $\varphi(\theta)$ 在 $\left[0,\frac{\pi}{2}\right]$ 上可积, 所以由洛必达法则和习题 7.31,

$$\begin{aligned}\lim_{r\to0}\frac{\int_0^{\frac{\pi}{2}}g(r,\theta)\,\mathrm{d}\theta}{r^\alpha}&=\lim_{r\to0}\frac{\frac{\partial}{\partial r}\int_0^{\frac{\pi}{2}}g(r,\theta)\,\mathrm{d}\theta}{\alpha r^{\alpha-1}}\\&=\frac{1}{\alpha}\lim_{r\to0}r^{1-\alpha}\int_0^{\frac{\pi}{2}}\frac{\partial}{\partial r}g(r,\theta)\,\mathrm{d}\theta=0.\end{aligned}$$

---

① 在给出本题及习题 24.14 的解答过程中, 作者与重庆大学数学与统计学院李江涛教授进行了系统的讨论, 在此表示感谢.

基于上述两个极限都等于 0 的事实, 由围道积分理论我们有

$$\begin{aligned}\int_0^{\infty}\left(\mathrm{e}^{\mathrm{i}x}-1\right)\frac{1}{x^{1+\alpha}}\mathrm{d}x&=\lim_{R\to\infty,r\to 0}\int_r^R\left(\mathrm{e}^{\mathrm{i}x}-1\right)\frac{1}{x^{1+\alpha}}\mathrm{d}x\\&=\lim_{R\to\infty,r\to 0}\int_{\mathrm{i}r}^{\mathrm{i}R}\left(\mathrm{e}^{\mathrm{i}x}-1\right)\frac{1}{x^{1+\alpha}}\mathrm{d}x\\&=\lim_{R\to\infty,r\to 0}\mathrm{i}^{-\alpha}\int_r^R\left(\mathrm{e}^{-u}-1\right)\frac{1}{u^{1+\alpha}}\mathrm{d}u\\&=\mathrm{i}^{-\alpha}\int_0^{\infty}\left(\mathrm{e}^{-u}-1\right)\frac{1}{u^{1+\alpha}}\mathrm{d}u\\&=-\mathrm{i}^{-\alpha}\frac{\Gamma(1-\alpha)}{\alpha}\\&=-\frac{\Gamma(1-\alpha)}{\alpha}\mathrm{e}^{-\mathrm{i}\frac{\pi\alpha}{2}}.\end{aligned}$$

24.14 利用围道积分法证明 (24.39) 式和 (24.40) 式.

证明 这里只证 (24.39) 式, 同理可证 (24.40) 式. 建立如习题 24.13 证明中所示的围道, 注意到 $1<\alpha<2$, 仿照习题 24.13 的证明过程可得

$$\lim_{R\to\infty}\int_{C_1}\frac{\mathrm{e}^{\mathrm{i}z}-1-\mathrm{i}z}{z^{1+\alpha}}\mathrm{d}z=0,\quad \lim_{r\to 0}\int_{C_2}\frac{\mathrm{e}^{\mathrm{i}z}-1-\mathrm{i}z}{z^{1+\alpha}}\mathrm{d}z=0,$$

进而由围道积分理论知

$$\begin{aligned}\int_0^{\infty}\left(\mathrm{e}^{\mathrm{i}x}-1-\mathrm{i}x\right)\frac{1}{x^{1+\alpha}}\mathrm{d}x&=\lim_{R\to\infty,r\to 0}\int_r^R\left(\mathrm{e}^{\mathrm{i}x}-1-\mathrm{i}x\right)\frac{1}{x^{1+\alpha}}\mathrm{d}x\\&=\lim_{R\to\infty,r\to 0}\int_{\mathrm{i}r}^{\mathrm{i}R}\left(\mathrm{e}^{\mathrm{i}x}-1-\mathrm{i}x\right)\frac{1}{x^{1+\alpha}}\mathrm{d}x\\&=\mathrm{i}^{-\alpha}\lim_{R\to\infty,r\to 0}\int_r^R\left(\mathrm{e}^{-u}-1+u\right)\frac{1}{u^{1+\alpha}}\mathrm{d}u\\&=\mathrm{i}^{-\alpha}\frac{\Gamma(2-\alpha)}{\alpha(\alpha-1)}\\&=\frac{\Gamma(2-\alpha)}{\alpha(\alpha-1)}\mathrm{e}^{-\mathrm{i}\frac{\pi\alpha}{2}}.\end{aligned}$$

24.15 在 (24.35) 式中令 $c=1$, $\alpha=\dfrac{1}{2}$, $\beta=0$, $\gamma=-1$ 即得

$$\varphi(t)=\exp\left\{-|t|^{\frac{1}{2}}\left[1-\mathrm{isgn}(t)\right]\right\},$$

证明它是 $\frac{1}{\xi^2}$ 的 ch.f., 其中 $\xi \sim \mathrm{N}(0,1)$.

证明　由分布函数法容易得到 $\frac{1}{\xi^2}$ 的密度函数

$$f(x)=\begin{cases}\dfrac{1}{\sqrt{2\pi}}x^{-\frac{3}{2}}\mathrm{e}^{-\frac{1}{2x}}, & x>0,\\ 0, & x\leqslant 0,\end{cases}$$

于是 $\frac{1}{\xi^2}$ 的 ch.f.

$$\varphi(t)=\frac{1}{\sqrt{2\pi}}\int_0^{\infty}x^{-\frac{3}{2}}\mathrm{e}^{\mathrm{i}tx-\frac{1}{2x}}\mathrm{d}x.$$

在上式中令 $t=\mathrm{i}u^2$ 得

$$\begin{aligned}\varphi\left(\mathrm{i}u^2\right)&=\frac{1}{\sqrt{2\pi}}\int_0^{\infty}x^{-\frac{3}{2}}\mathrm{e}^{-u^2x-\frac{1}{2x}}\mathrm{d}x\\&=\frac{\mathrm{e}^{-\sqrt{2}u}}{\sqrt{2\pi}}\int_0^{\infty}x^{-\frac{3}{2}}\exp\left[-\left(u\sqrt{x}-\frac{1}{\sqrt{2x}}\right)^2\right]\mathrm{d}x\\&\xlongequal{\frac{1}{\sqrt{x}}=y}\frac{2\mathrm{e}^{-\sqrt{2}u}}{\sqrt{2\pi}}\int_0^{\infty}\exp\left[-\left(\frac{u}{y}-\frac{y}{\sqrt{2}}\right)^2\right]\mathrm{d}y,\end{aligned}$$

继续令 $\frac{\sqrt{2}u}{y}=z$, 又得

$$\varphi\left(\mathrm{i}u^2\right)=\frac{2^{\frac{3}{2}}\mathrm{e}^{-\sqrt{2}u}}{\sqrt{2\pi}}\int_0^{\infty}uz^{-2}\exp\left[-\left(\frac{z}{\sqrt{2}}-\frac{u}{z}\right)^2\right]\mathrm{d}z.$$

取以上二式的平均值得

$$\begin{aligned}\varphi\left(\mathrm{i}u^2\right)&=\frac{\mathrm{e}^{-\sqrt{2}u}}{\sqrt{2\pi}}\int_0^{\infty}\left(1+\frac{\sqrt{2}u}{z^2}\right)\exp\left[-\left(\frac{z}{\sqrt{2}}-\frac{u}{z}\right)^2\right]\mathrm{d}z\\&=\frac{\mathrm{e}^{-\sqrt{2}u}}{\sqrt{\pi}}\int_0^{\infty}\exp\left[-\left(\frac{z}{\sqrt{2}}-\frac{u}{z}\right)^2\right]\mathrm{d}\left(\frac{z}{\sqrt{2}}-\frac{u}{z}\right)\\&=\frac{\mathrm{e}^{-\sqrt{2}u}}{\sqrt{\pi}}\int_{-\infty}^{\infty}\mathrm{e}^{-x^2}\mathrm{d}x=\mathrm{e}^{-\sqrt{2}u},\end{aligned}$$

因而

$$\varphi(t)=\exp\left(-\sqrt{-2\mathrm{i}t}\right)=\exp\left(-\sqrt{|t|\left[1-\mathrm{i}\operatorname{sgn}(t)\right]^2}\right)$$
$$=\exp\left\{-|t|^{\frac{1}{2}}\left[1-\mathrm{i}\operatorname{sgn}(t)\right]\right\}.$$

【评注】 当 $\xi\sim\mathrm{N}(0,1)$ 时, $\dfrac{1}{\xi^2}$ 是稳定的, 其特征指数为 $\dfrac{1}{2}$.

24.16 设非退化非正态 r.v. X 具有特征指数为 $\alpha\in(0,2)$ 的稳定分布, 利用定理 24.17 证明：当 $r\in(0,\alpha)$ 时, $\mathrm{E}|X|^r<\infty$.

证明 不妨假设 X 对称, 否则用 X^{s} 代替 X, 且注意到 $\mathrm{E}|X|^r<\infty\Leftrightarrow\mathrm{E}|X^{\mathrm{s}}|^r<\infty$ (习题 14.13) 即可.

由定理 24.17 易知, 存在某个 $\delta>0$, 当 $|t|\leqslant\delta$, $\alpha\in(0,2)$ 时, 有

$$\mathrm{Re}\varphi(t)\geqslant 1-c|t|^{\alpha},$$

其中 $c>0$. 于是, 当 $T\in(0,\delta)$ 时, 命题 17.13 保证

$$P\left\{|X|>\frac{2}{T}\right\}\leqslant\frac{1}{T}\int_{-T}^{T}\left[1-\mathrm{Re}\varphi(t)\right]\mathrm{d}t\leqslant\frac{c}{T}\int_{-T}^{T}|t|^{\alpha}\,\mathrm{d}t=\frac{2c}{\alpha+1}T^{\alpha},$$

因此, 当 n 充分大时, 有

$$P\{|X|^r>n\}\leqslant\frac{2^{\alpha+1}c}{\alpha+1}n^{-\frac{\alpha}{r}},$$

进而由习题 20.3 之 (1) 知

$$\mathrm{E}|X|^r\leqslant 1+\sum_{n=1}^{\infty}P\{|X|^r>n\}\leqslant 1+\frac{2^{\alpha+1}c}{\alpha+1}\sum_{n=1}^{\infty}n^{-\frac{\alpha}{r}}<\infty.$$

【评注】 在习题 24.21 的评注中将给出本题的另外一种证明.

24.3 稳定分布的吸引场

24.3.1 内容提要

定义 24.19 称可测函数 $h:[0,\infty)\to(0,\infty)$ 是**慢变函数**, 如果对每个 $t>0$, 都有

$$\lim_{x\to\infty}\frac{h(tx)}{h(x)}=1.$$

定理 24.20　设 $\{X_n, n \geqslant 1\}$ 是独立同分布的 r.v. 序列, r.v. Y 服从特征指数为 α $(0 < \alpha \leqslant 2)$ 的稳定分布, 若存在正则化常数列 $\{b_n, n \geqslant 1\}$ 和中心化常数列 $\{a_n b_n, n \geqslant 1\}$, 使得

$$\frac{X_1 + X_2 + \cdots + X_n}{b_n} - a_n \xrightarrow{d} Y,$$

则

$$b_n = n^{1/\alpha} h(n),$$

其中 $h(\cdot)$ 是慢变函数.

引理 24.21　若 h 是慢变函数, 则

$$\lim_{x \to \infty} \frac{x h(x)}{\displaystyle\int_0^x h(t)\,\mathrm{d}t} = 1.$$

定理 24.22 (Karamata 表示定理)　h 是慢变函数当且仅当 h 能表示成

$$h(x) = c(x) \exp\left[\int_\alpha^x \frac{\varepsilon(s)}{s} \mathrm{d}s\right], \quad x > 0,$$

其中 $\alpha > 0$,

$$\lim_{x \to \infty} c(x) = c \in (0, \infty),$$

$$\lim_{x \to \infty} \varepsilon(x) = 0.$$

定义 24.23　设 $\xi \sim H(x)$, $\{X_n, n \geqslant 1\}$ 是独立同分布的 r.v. 序列, 其公共 d.f. 为 $F(x)$, 称 F 属于 H 的**吸引场**, 记作 $F \in \mathcal{D}(H)$, 如果存在正数列 $\{b_n, n \geqslant 1\}$ 和实数列 $\{a_n, n \geqslant 1\}$, 使得

$$\frac{S_n}{b_n} - a_n \xrightarrow{d} \xi,$$

其中 $S_n = \sum\limits_{k=1}^{n} X_k$.

注记 24.24　(i) 稳定分布的吸引场总是非空的, 任何稳定分布都属于它自己的吸引场 (当然也可能是其他稳定分布的吸引场);

(ii) 仅稳定分布才拥有吸引场, 非稳定分布没有吸引场;

(iii) 若 $\mathrm{Var}X < \infty$, 则 X 属于正态分布的吸引场.

定理 24.25 (Khinchin-Feller-Lévy 定理) 分布函数 $F(x)$ 属于 $\mathrm{N}(0,1)$ 分布的吸引场的充分必要条件是

$$\lim_{a\to\infty}\frac{a^2\displaystyle\int_{|x|\geqslant a}\mathrm{d}F(x)}{\displaystyle\int_{|x|<a}x^2\mathrm{d}F(x)}=0.$$

引理 24.26 设 φ 是非退化非正态的稳定分布的 ch.f., 则 φ 的 Lévy-Khinchin 谱函数是

$$G(x)=\int_{-\infty}^{x}\left[\frac{c_1+c_2}{2}-\frac{c_1-c_2}{2}\mathrm{sgn}(y)\right]\frac{|y|^{1-\alpha}}{1+y^2}\mathrm{d}y,$$

其中 $0<\alpha<2$, $c_1\geqslant 0$, $c_2\geqslant 0$, $c_1+c_2>0$, 与定理 24.16 之 (b) 中的要求一致.

引理 24.27 设 $H(x)$ 是非退化非正态的稳定分布, 其 ch.f. 如 (24.30) 式所示, 则分布函数 $F(x)$ 属于 $H(x)$ 的吸引场的充分必要条件是存在正数列 $\{b_n, n\geqslant 1\}$, 常数 $c_1\geqslant 0$, $c_2\geqslant 0$, 且 $c_1+c_2>0$, 使得

(i) 当 $x<0$ 时,

$$\lim_{n\to\infty}nF(b_nx)=\frac{c_1}{\alpha}|x|^{-\alpha};$$

(ii) 当 $x>0$ 时,

$$\lim_{n\to\infty}n\{1-F(b_nx)\}=\frac{c_2}{\alpha}x^{-\alpha};$$

(iii) $\displaystyle\lim_{\varepsilon\to 0}\overline{\lim_{n\to\infty}}\, n\left\{\int_{|x|<\varepsilon}x^2\mathrm{d}F(b_nx)-\left[\int_{|x|<\varepsilon}x\mathrm{d}F(b_nx)\right]^2\right\}=0.$

定理 24.28 分布函数 $F(x)$ 属于某个特征指数为 α $(0<\alpha<2)$ 的稳定分布的吸引场当且仅当存在满足 $c_1\geqslant 0$, $c_2\geqslant 0$, $c_1+c_2>0$ 的常数 c_1, c_2, 使得

$$\lim_{x\to\infty}\frac{F(-x)}{1-F(x)}=\frac{c_1}{c_2},$$

且对每个常数 $k>0$,

$$\lim_{x\to\infty}\frac{1-F(x)+F(-x)}{1-F(kx)+F(-kx)}=k^{\alpha}.$$

24.3.2 习题 24.3 解答与评注

24.17 若 h 是慢变函数, 则 $\displaystyle\int_0^{\infty}h(x)\,\mathrm{d}x=\infty$.

证明 由慢变函数的定义知, 存在 $x_0>0$, 使得当 $x>x_0$ 时 $h(2x)>\dfrac{1}{2}h(x)$, 即 $2h(2x)>h(x)$. 设 $n\in\mathbb{N}$ 满足 $2^n>x_0$, 则

$$\int_{2^{n+1}}^{2^{n+2}} h(x)\,\mathrm{d}x = 2\int_{2^n}^{2^{n+1}} h(2x)\,\mathrm{d}x > \int_{2^n}^{2^{n+1}} h(x)\,\mathrm{d}x.$$

若取 $n_0 = \inf\{n : 2^n > x_0\}$, 则

$$\int_{x_0}^{\infty} h(x)\,\mathrm{d}x \geqslant \int_{2^{n_0+1}}^{\infty} h(x)\,\mathrm{d}x = \sum_{n=n_0}^{\infty}\int_{2^{n+1}}^{2^{n+2}} h(x)\,\mathrm{d}x$$

$$\geqslant \sum_{n=n_0}^{\infty}\int_{2^{n_0}}^{2^{n_0+1}} h(x)\,\mathrm{d}x = \infty.$$

24.18 设 h 是慢变函数, 则

(1) 对任意的 $t \geqslant 0$, $\lim\limits_{x\to\infty}\dfrac{h(x+t)}{h(x)} = 1$;

(2) 对任意的 $\varepsilon > 0$, $\lim\limits_{x\to\infty} x^{\varepsilon}h(x) = \infty$, $\lim\limits_{x\to\infty} x^{-\varepsilon}h(x) = 0$.

证明 由定理 24.22, h 能表示成

$$h(x) = c(x)\exp\left[\int_{\alpha}^{x}\frac{\varepsilon(s)}{s}\mathrm{d}s\right], \quad x > 0. \qquad ①$$

(1) 由表示式 ① 得

$$\frac{h(x+t)}{h(x)} = \frac{c(x+t)}{c(x)}\exp\left[\int_{x}^{x+t}\frac{\varepsilon(s)}{s}\mathrm{d}s\right],$$

显然 $\lim\limits_{x\to\infty}\varepsilon(x) = 0$ 保证 $\lim\limits_{x\to\infty}\int_{x}^{x+t}\dfrac{\varepsilon(s)}{s}\mathrm{d}s = 0$, 又注意到 $\lim\limits_{x\to\infty} c(x) = c \in (0,\infty)$, 由此得到欲证.

(2) 由表示式 ① 易得第一个极限等式. 为证第二个极限等式, 取 $\varepsilon' \in (0,\varepsilon)$, 由 $\lim\limits_{x\to\infty}\varepsilon(x) = 0$ 知存在 $x_0 > 0$, 使得

$$\varepsilon(x) < \varepsilon', \quad x > x_0,$$

从而

$$\int_{\alpha}^{x}\frac{\varepsilon(s)}{s}\mathrm{d}s \leqslant \varepsilon'\int_{\alpha}^{x}\frac{1}{s}\mathrm{d}s = \log\left(\frac{x}{\alpha}\right)^{\varepsilon'}, \quad x > x_0,$$

所以

$$\frac{h(x)}{x^{\varepsilon}} \leqslant \frac{c(x)\exp\left[\log\left(\frac{x}{\alpha}\right)^{\varepsilon'}\right]}{x^{\varepsilon}} = \frac{c(x)}{\alpha^{\varepsilon'}}\frac{1}{x^{\varepsilon-\varepsilon'}},$$

由此完成证明.

24.19 同型的分布函数的吸引场是相等的.

证明 设 $\xi \sim H(x)$, $X \sim F(x)$, F 属于 H 的吸引场, 即存在正数列 $\{b_n, n \geqslant 1\}$ 和实数列 $\{a_n, n \geqslant 1\}$, 使得

$$\frac{S_n}{b_n} - a_n \xrightarrow{d} \xi, \qquad ①$$

其中 $S_n = \sum\limits_{k=1}^{n} X_k$, $\{X_n, n \geqslant 1\}$ 是独立同分布于 X 的 r.v. 序列.

又设 $\tilde{H}$ 与 H 是同型的, 即存在 $a \in \mathbb{R}$ 及 $b \neq 0$, 使得

$$\tilde{\xi} \stackrel{d}{=} \frac{\xi - a}{b},$$

其中 $\tilde{\xi} \sim \tilde{H}(x)$, 则由 ① 式得

$$\frac{S_n}{bb_n} - \frac{a_n + a}{b} \xrightarrow{d} \frac{\xi - a}{b},$$

等价地

$$\frac{S_n}{bb_n} - (a_n - a) \xrightarrow{d} \xi,$$

这表明 $F \in \mathcal{D}\left(\tilde{H}\right)$.

24.20 证明: 由 (24.51) 式定义的 b_n 满足 (24.52) 式.

证明 $\forall m \geqslant 1$, 由 b_n 的定义式 (24.51) 得

$$\frac{n}{\left(b_n + \dfrac{1}{m}\right)^2} \int_{|x| < b_n + \frac{1}{m}} x^2 \mathrm{d}F(x) < 1, \qquad ①$$

因为

$$\bigcap_{m=1}^{\infty} \left\{x : |x| < b_n + \frac{1}{m}\right\} = \{x : |x| \leqslant b_n\},$$

所以在 ① 式中令 $m \to \infty$ 得

$$\frac{n}{b_n^2} \int_{|x| \leqslant b_n} x^2 \mathrm{d}F(x) \leqslant 1,$$

更有

$$\frac{n}{b_n^2}\int_{|x|<b_n} x^2 \mathrm{d}F(x) \leqslant 1. \qquad ②$$

仍然由 b_n 的定义式 (24.51) 得

$$\frac{n}{\left(b_n-\frac{1}{m}\right)^2}\int_{|x|<b_n-\frac{1}{m}} x^2 \mathrm{d}F(x) \geqslant 1, \qquad ③$$

因为

$$\bigcup_{m=1}^{\infty}\left\{x:|x|<b_n-\frac{1}{m}\right\}=\{x:|x|<b_n\},$$

所以在 ③ 式中令 $m\to\infty$ 得

$$\frac{n}{b_n^2}\int_{|x|<b_n} x^2 \mathrm{d}F(x) \geqslant 1. \qquad ④$$

综合 ②, ④ 式就得到欲证.

24.21[①] 设非退化非正态 r.v. X 具有特征指数为 $\alpha\in(0,2)$ 的稳定分布, 利用定理 24.28 的必要性部分证明：当 $r>\alpha$ 时, $\mathrm{E}|X|^r=\infty$.

证明 设 $0<\varepsilon<1$, 选取 $k>1$ 使得

$$k^{r-\alpha}>\frac{1}{1-\varepsilon}.$$

由定理 24.28 中的 (24.62) 式, 我们能选取充分大的 $x_0>0$, 使得

$$\frac{q(x_0k^n)}{q(x_0k^{n-1})}=k^{-\alpha}(1-\varepsilon_n),\quad n\geqslant 1,$$

其中

$$q(x)=1-F(x)+F(-x),$$

$$0\leqslant\varepsilon_n\leqslant\varepsilon,$$

从而

$$q(x_0k^n)=q(x_0)\frac{q(x_0k)}{q(x_0)}\cdots\frac{q(x_0k^{n-1})}{q(x_0k^{n-2})}\frac{q(x_0k^n)}{q(x_0k^{n-1})}$$

① 本题应该与习题 24.16 比较.

$$= q(x_0)\,k^{-n\alpha}\prod_{j=1}^{n}(1-\varepsilon_j),$$

所以

$$\begin{aligned}
q\left(x_0k^{n-1}\right)-q\left(x_0k^{n}\right) &= q(x_0)\,k^{-(n-1)\alpha}\prod_{j=1}^{n-1}(1-\varepsilon_j)-q(x_0)\,k^{-n\alpha}\prod_{j=1}^{n}(1-\varepsilon_j)\\
&= q(x_0)\,k^{-n\alpha}\prod_{j=1}^{n}(1-\varepsilon_j)\cdot\left(\frac{k^{\alpha}}{1-\varepsilon_n}-1\right)\\
&\geqslant q(x_0)\,k^{-n\alpha}(1-\varepsilon)^n\left(\frac{k^{\alpha}}{1-\varepsilon}-1\right)>0,
\end{aligned}$$

故由 $(1-\varepsilon)\,k^{(r-\alpha)}>1$ 得

$$\begin{aligned}
\mathrm{E}\,|X|^r &= \int_{|x|\leqslant x_0}|x|^r\,\mathrm{d}F(x)+\sum_{n=1}^{\infty}\int_{x_0k^{n-1}<|x|\leqslant x_0k^n}|x|^r\,\mathrm{d}F(x)\\
&= \int_{|x|\leqslant x_0}|x|^r\,\mathrm{d}F(x)+x_0^r\sum_{n=1}^{\infty}k^{r(n-1)}\left[q\left(x_0k^{n-1}\right)-q\left(x_0k^n\right)\right]\\
&\geqslant \int_{|x|\leqslant x_0}|x|^r\,\mathrm{d}F(x)+x_0^r q(x_0)\,k^{-r}\left(\frac{k^{\alpha}}{1-\varepsilon}-1\right)\sum_{n=1}^{\infty}\left[(1-\varepsilon)\,k^{(r-\alpha)}\right]^n\\
&= \infty.
\end{aligned}$$

【评注】 这里同时给出本题和习题 24.16 的另外一种简单清晰的证明.

首先作一些准备工作. 当 $r\in(0,2)$ 时, 容易明白 $0<\int_{-\infty}^{\infty}\frac{1-\cos y}{|y|^{r+1}}\mathrm{d}y<\infty$. 记

$$C(r)=\left(\int_{-\infty}^{\infty}\frac{1-\cos y}{|y|^{r+1}}\mathrm{d}y\right)^{-1},$$

作积分变换 $y=|x|\,t$ 可得

$$|x|^r=C(r)\int_{-\infty}^{\infty}\frac{1-\cos xt}{|t|^{r+1}}\mathrm{d}t,\quad x\in\mathbb{R}.$$

现在令 $x=X(\omega)$, 并积分上式得

$$\mathrm{E}\,|X|^r=C(r)\int_{-\infty}^{\infty}\frac{1-\mathrm{E}\cos Xt}{|t|^{r+1}}\mathrm{d}t=C(r)\int_{-\infty}^{\infty}\frac{1-\mathrm{Re}\varphi(t)}{|t|^{r+1}}\mathrm{d}t.$$

与习题 24.16 证明中阐述的理由一样, 不妨假设 X 是对称稳定 r.v., 于是

$$\mathrm{E}|X|^r = C(r)\int_{-\infty}^{\infty}\frac{1-\mathrm{e}^{-c|t|^\alpha}}{|t|^{r+1}}\mathrm{d}t.$$

注意到

$$\frac{1-\mathrm{e}^{-c|t|^\alpha}}{|t|^{r+1}} \sim c|t|^{\alpha-r-1}, \quad t\to 0,$$

我们有：当 $0<r<\alpha$ 时, $\mathrm{E}|X|^r<\infty$, 而当 $r\geqslant\alpha$ 时, $\mathrm{E}|X|^r=\infty$.

24.22　设分布函数 $F(x)$ 满足

(1) $\lim\limits_{x\to\infty}\dfrac{1-F(x)}{1-F(x)+F(-x)}=\theta\in[0,1]$;

(2) $1-F(x)+F(-x)=x^{-\alpha}h(x)$,

其中 $\alpha\in(0,2)$, $h(\cdot)$ 是慢变函数, 则 $F(x)$ 属于某个特征指数为 α 的稳定分布的吸引场.

证明　由条件 (1) 推得

$$\lim_{x\to\infty}\frac{F(-x)}{1-F(x)+F(-x)}=\lim_{x\to\infty}\left[1-\frac{1-F(x)}{1-F(x)+F(-x)}\right]=1-\theta,$$

从而

$$\lim_{x\to\infty}\frac{F(-x)}{1-F(x)}=\lim_{x\to\infty}\frac{F(-x)}{1-F(x)+F(-x)}\cdot\frac{1-F(x)+F(-x)}{1-F(x)}=\frac{1-\theta}{\theta}\in[0,\infty],$$

这表明定理 24.28 中的 (24.61) 式成立.

显然, 条件 (2) 保证定理 24.28 中的 (24.62) 式成立. 由定理 24.28 的充分性部分知结论成立.

第 25 章 重对数律

重对数律因此种类型极限定理中出现二重对数，故得名，起源于 1924 年 Khinchin 对实数的二进制展开问题的研究，1929 年被推广成著名的 Kolmogorov 有界重对数律，1941 年又诞生了著名的 Hartman-Wintner 重对数律. 重对数律将 Borel-Cantelli 引理用到了极致，以完全不同于大数定律和中心定理的形式刻画独立随机变量序列部分和的渐近性质，可以视为强大数定律的精确化.

如果说大数定律和中心极限定理是两类最基本、最重要的极限定理，那么重对数律就是争夺第三位置的热门候选者.

25.1 Kolmogorov 重对数律

25.1.1 内容提要

定义 25.1 设 $\{S_n, n \geqslant 1\}$ 是 r.v. 序列，$\{b_n, n \geqslant 1\}$ 是正数列.

(i) 称 $\{b_n\}$ 属于 $\{S_n\}$ 的**上类**，如果

$$P\{S_n > b_n, \text{i.o.}\} = 0;$$

(ii) 称 $\{b_n\}$ 属于 $\{S_n\}$ 的**下类**，如果

$$P\{S_n > b_n, \text{i.o.}\} = 1.$$

引理 25.2 设 $c > 0$，r.v. X 满足 $|X| \leqslant c$，$\mathrm{E}X = 0$，则对任意 $t > 0$，只要 $tc \leqslant 1$，就有

$$\exp\left[\frac{\sigma^2 t^2}{2}(1-ct)\right] \leqslant \mathrm{E}e^{tX} \leqslant \exp\left[\frac{\sigma^2 t^2}{2}\left(1+\frac{ct}{2}\right)\right],$$

其中 $\sigma^2 = \mathrm{Var}X$.

引理 25.3 (上指数界不等式) 设 $X_1, X_2, \cdots, X_n$ 是具有零均值的方差有限的独立 r.v.，满足

$$|X_k| \leqslant cB_n, \quad k = 1, 2, \cdots, n,$$

其中 $c>0$, $B_n^2=\mathrm{Var}S_n$, 则对任意的 $x>0$, 当 $0<cx\leqslant 1$ 时,

$$P\left\{S_n\geqslant xB_n\right\}\leqslant \exp\left[-\frac{x^2}{2}\left(1-\frac{cx}{2}\right)\right],$$

当 $cx>1$ 时,

$$P\left\{S_n\geqslant xB_n\right\}\leqslant \exp\left(-\frac{x}{4c}\right).$$

引理 25.4 (下指数界不等式)　设 $\{X_n,n\geqslant 1\}$ 是具有零均值的方差有限的独立 r.v. 序列, 满足

$$|X_k|\leqslant c_nB_n,\quad k=1,2,\cdots,n,n\geqslant 1,$$

其中常数 $c_n\to 0$, $B_n^2=\mathrm{Var}S_n$, 则对任意的 $\gamma>0$, 存在充分大的正常数 $\pi(\gamma)$ 和充分小的正常数 $\kappa(\gamma)$, 使得当 n 充分大且 ε 满足 $\pi(\gamma)\leqslant\varepsilon\leqslant\kappa(\gamma)/c_n$ 时就有

$$P\left\{S_n\geqslant \varepsilon B_n\right\}\geqslant \exp\left[-\frac{\varepsilon^2}{2}(1+\gamma)\right].$$

引理 25.5　设 $\{x_n\}$ 是非降的正数列, 满足

$$x_n\to\infty,\quad \frac{x_n}{x_{n+1}}\to 1,$$

则对每个 $\tau>0$, 存在终增的正整数列 $\{n_k\}$, 使得当 $k\to\infty$ 时, $n_k\to\infty$, $x_{n_k}\sim(1+\tau)^k$.

定理 25.6 (Kolmogorov 重对数律)　设 $\{X_n,n\geqslant 1\}$ 是独立 r.v. 序列, 诸 $\mathrm{E}X_n=0$, $\sigma_n^2=\mathrm{Var}X_n<\infty$, 记 $B_n^2=\sum\limits_{k=1}^{n}\sigma_k^2$, 若

(i) $B_n^2\to\infty$;

(ii) 存在满足 $p_n\to 0$ 的正数列 $\{p_n,n\geqslant 1\}$ 及增长性条件

$$|X_k|\leqslant\frac{p_nB_n}{\sqrt{L_2B_n^2}}\ \text{a.s.},\quad k=1,2,\cdots,n,n\geqslant 1,$$

则

$$\overline{\lim_{n\to\infty}}\frac{S_n}{\sqrt{2B_n^2L_2B_n^2}}=1\ \text{a.s.}.$$

推论 25.7　在定理 25.6 的条件下,

$$\overline{\lim_{n\to\infty}}\frac{T_n}{\sqrt{2B_n^2L_2B_n^2}}=1\ \text{a.s.},$$

其中 T_n 可以是 S_n, $-S_n$, $|S_n|$, $\max\limits_{1\leqslant k\leqslant n} S_k$, $\max\limits_{1\leqslant k\leqslant n}(-S_k)$, $\max\limits_{1\leqslant k\leqslant n}|S_k|$ 这六个中的任意一个.

25.1.2 习题 25.1 解答与评注

25.1 设 $\{X_n, n\geqslant 1\}$ 是独立 r.v. 序列, 记部分和为 $S_n=\sum\limits_{k=1}^{n}X_k$, 又设 $\{b_n, n\geqslant 1\}$ 是正数列, 证明 $\overline{\lim\limits_{n\to\infty}}\dfrac{S_n}{b_n}$ 是 $\{X_n\}$ 的尾函数.

证明 与习题 13.19 中证明 $\overline{\lim\limits_{n\to\infty}}\dfrac{1}{n}\sum\limits_{k=1}^{n}X_k$ 是 $\{X_n\}$ 的尾函数完全类似. $\forall m\geqslant 1$,

$$\overline{\lim_{n\to\infty}}\frac{S_n}{b_n}=\overline{\lim_{n\to\infty}}\frac{S_{m+n}}{b_{m+n}}=\overline{\lim_{n\to\infty}}\frac{S_{m+n}-S_m}{b_{m+n}},$$

而 $\forall x\in\mathbb{R}$,

$$\left\{\overline{\lim_{n\to\infty}}\frac{S_{m+n}-S_m}{b_{m+n}}\geqslant x\right\}=\bigcap_{j=1}^{\infty}\left\{\sup_{n\geqslant j}\frac{S_{m+n}-S_m}{b_{m+n}}\geqslant x\right\}$$

$$\in\sigma\left(X_{m+1},X_{m+2},\cdots\right)=:\mathcal{F}_m,$$

故 $\left\{\overline{\lim\limits_{n\to\infty}}\dfrac{S_n}{b_n}\geqslant x\right\}\in\mathcal{F}_\infty$, 即 $\overline{\lim\limits_{n\to\infty}}\dfrac{S_n}{b_n}$ 是 $\{X_n\}$ 的尾函数.

【评注】 题干中 “独立” 二字可以去掉.

25.2 证明: (25.1) 式等价于对任何 $\delta>0$, $\{(1+\delta)\,b_n\}$ 属于 $\{S_n\}$ 的上类且 $\{(1-\delta)\,b_n\}$ 属于 $\{S_n\}$ 的下类.

证明 “$\Rightarrow$”. 设 (25.1) 式成立, 则

$$1-\delta<\lim_{n\to\infty}\sup_{k\geqslant n}\frac{S_k}{b_k}\leqslant 1+\delta \text{ a.s.}. \qquad ①$$

由 ① 式右边知, 存在正整数 n_0, 当 $n\geqslant n_0$ 时, $\sup\limits_{k\geqslant n}\dfrac{S_k}{b_k}<1+\delta$ a.s., 从而当 $n\geqslant n_0$ 时, $\dfrac{S_n}{b_n}<1+\delta$ a.s., 这表明 $P\{S_n>(1+\delta)\,b_n,\text{i.o.}\}=0$, 即数列 $\{(1+\delta)\,b_n\}$ 属于 $\{S_n\}$ 的上类.

由 ① 式左边知, 对任意的 $n\geqslant 1$, $\sup\limits_{k\geqslant n}\dfrac{S_k}{b_k}>1-\delta$ a.s., 从而存在无穷多个 n 使得 $\dfrac{S_n}{b_n}>1-\delta$ a.s., 这表明 $P\{S_n>(1-\delta)\,b_n,\text{i.o.}\}=1$, 即数列 $\{(1-\delta)\,b_n\}$ 属于 $\{S_n\}$ 的下类.

"$\Leftarrow$". 设

$$P\{S_n > (1-\delta)\,b_n, \text{i.o.}\} = 1, \qquad ②$$

$$P\{S_n > (1+\delta)\,b_n, \text{i.o.}\} = 0, \qquad ③$$

则由 ② 式知, 存在无穷多个 n 使得 $\dfrac{S_n}{b_n} > 1-\delta$ a.s., 注意到 ③ 式等价于

$$P\{S_n \leqslant (1+\delta)\,b_n, \text{ult.}\} = 1,$$

这表明对几乎所有的 $\omega \in \Omega$, 除有限多项外都有 $\dfrac{S_n(\omega)}{b_n} \leqslant 1+\delta$, 故对任意的 $n \geqslant 1$,

$$1-\delta < \sup_{k\geqslant n}\frac{S_k}{b_k} \leqslant 1+\delta \text{ a.s.},$$

从而

$$1-\delta \leqslant \lim_{n\to\infty}\sup_{k\geqslant n}\frac{S_k}{b_k} \leqslant 1+\delta \text{ a.s.},$$

最后由 δ 的任意性得 $\lim\limits_{n\to\infty}\sup\limits_{k\geqslant n}\dfrac{S_k}{b_k} = 1$ a.s., 即 (25.1) 式成立.

25.3　证明：当 $x \geqslant 0$ 时, $1+x \geqslant \mathrm{e}^{x-x^2}$.

证明　由 $\mathrm{e}^{x-x^2} = \mathrm{e}^{-\left(x-\frac{1}{2}\right)^2+\frac{1}{4}}$ 知欲证不等式等价于当 $y \geqslant -\dfrac{1}{2}$ 时,

$$\frac{3}{2}+y \geqslant \mathrm{e}^{-y^2+\frac{1}{4}}. \qquad ①$$

而当 $y \geqslant 0$ 时, ① 式显然成立, 所以只需证明当 $-\dfrac{1}{2} \leqslant y < 0$ 时,

$$\frac{3}{2}+y \geqslant \mathrm{e}^{-y^2+\frac{1}{4}}. \qquad ②$$

事实上, 令

$$g(y) = \frac{3}{2}+y-\mathrm{e}^{-y^2+\frac{1}{4}},$$

则

$$g'(y) = 1+2y\mathrm{e}^{-y^2+\frac{1}{4}},$$

$$g''(y) = 2\left(1-2y^2\right)\mathrm{e}^{-y^2+\frac{1}{4}},$$

由 $g''(y) > 0$ 知 $g'(y)\uparrow$, 从而 $g'(y) \geqslant g'\left(-\dfrac{1}{2}\right) = 0$, 进而 $g(y)\uparrow$, 故 $g(y) \geqslant g\left(-\dfrac{1}{2}\right) = 0$, 这就完成了 ② 式的证明.

25.4 设正数列 $\{a_n, n \geqslant 1\}$ 和 $\{b_n, n \geqslant 1\}$ 满足 $a_n \to \infty$, $b_n \to \infty$.

(1) 若 $\dfrac{a_n}{a_{n-1}} \to c$ ($c > 0$ 为常数), 则 $\dfrac{\log a_n}{\log a_{n-1}} \to 1$[①];

(2) 若 $\dfrac{a_n}{b_n} \to c$ ($c > 0$ 为常数), 则 $\dfrac{\log a_n}{\log b_n} \to 1$[②].

证明 (1) 由下面推理得到欲证:

$$\frac{\log a_n}{\log a_{n-1}} = \frac{\log (a_n/a_{n-1}) + \log a_{n-1}}{\log a_{n-1}} = \frac{\log (a_n/a_{n-1})}{\log a_{n-1}} + 1 \to 0 + 1 = 1.$$

(2) 由下面推理得到欲证:

$$\frac{\log a_n}{\log b_n} = \frac{\log (a_n/b_n) + \log b_n}{\log b_n} = \frac{\log (a_n/b_n)}{\log b_n} + 1 \to 0 + 1 = 1.$$

25.5 若 $\varlimsup\limits_{n\to\infty} x_n = 1$, $\varliminf\limits_{n\to\infty} x_n = -1$, 则 $\varlimsup\limits_{n\to\infty} |x_n| = 1$.

证明 首先注意到 $\varlimsup\limits_{n\to\infty} |x_n| \geqslant \varlimsup\limits_{n\to\infty} x_n$, 因而 $\varlimsup\limits_{n\to\infty} |x_n| \geqslant 1$. 记 $\varlimsup\limits_{n\to\infty} |x_n| = \alpha$, 假设 $\alpha > 1$, 则存在 $\{|x_n|\}$ 的子序列 $\{|x_{n_k}|\}$ 使得 $|x_{n_k}| \to \alpha$. 作为 $\{x_n\}$ 的子序列 $\{x_{n_k}\}$, 若记 $\varlimsup\limits_{k\to\infty} x_{n_k} = \beta$, 则由

$$-1 = \varliminf_{n\to\infty} x_n \leqslant \varliminf_{k\to\infty} x_{n_k} \leqslant \varlimsup_{k\to\infty} x_{n_k} \leqslant \varlimsup_{n\to\infty} x_n = 1$$

推得 $|\beta| \leqslant 1 < \alpha$. 由 $\varlimsup\limits_{k\to\infty} x_{n_k} = \beta$ 知, 存在 $\{x_{n_k}\}$ 的子序列 $\left\{x_{n_{k_l}}\right\}$ 使得 $x_{n_{k_l}} \to \beta$, 从而 $\left|x_{n_{k_l}}\right| \to |\beta|$, 此与 $\left|x_{n_{k_l}}\right| \to \alpha$ 矛盾.

25.2 Hartman-Wintner 重对数律

25.2.1 内容提要

定理 25.8 设 $\{X_n, n \geqslant 1\}$ 是独立同分布的 r.v. 序列,

$$\mathrm{E}X_1 = 0, \quad \mathrm{E}X_1^2 = 1,$$

记

$$b_n = \sqrt{2nL_2 n}, \quad n \geqslant 1,$$

① 进而有 $\dfrac{L_2 a_n}{L_2 a_{n-1}} \to 1$.

② 进而有 $\dfrac{L_2 a_n}{L_2 b_n} \to 1$.

则

$$\varlimsup_{n\to\infty}\frac{S_n}{b_n}=1\ \text{a.s.}.$$

推论 25.9　定理 25.8 的条件下,

$$\varlimsup_{n\to\infty}\frac{T_n}{\sqrt{2nL_2n}}=1\ \text{a.s.},$$

其中 T_n 可以是 S_n, $-S_n$, $|S_n|$, $\max\limits_{1\leqslant k\leqslant n}S_k$, $\max\limits_{1\leqslant k\leqslant n}(-S_k)$, $\max\limits_{1\leqslant k\leqslant n}|S_k|$ 这六个中的任意一个.

引理 25.10　设 $\{X_n,n\geqslant 1\}$ 是独立对称的 r.v. 序列, $\{a_n,n\geqslant 1\}$ 和 $\{c_n,n\geqslant 1\}$ 是正数列. 若记 $T_n=\sum\limits_{k=1}^{n}X_kI\left\{|X_k|\leqslant c_k\right\}$, 则从

$$P\left\{\varlimsup_{n\to\infty}\frac{T_n}{a_n}\geqslant\sigma\right\}=1$$

可推出

$$P\left\{\varlimsup_{n\to\infty}\frac{S_n}{a_n}\geqslant\frac{1}{2}\sigma\right\}=1,$$

其中 $\sigma>0$ 是常数.

定理 25.11　设 $\{X_n,n\geqslant 1\}$ 是独立同分布的 r.v. 序列, 若

$$P\left\{\varlimsup_{n\to\infty}\frac{|S_n|}{\sqrt{2nL_2n}}<\infty\right\}>0,$$

则 $\mathrm{E}X_1=0$, $\mathrm{E}X_1^2<\infty$.

25.2.2　习题 25.2 解答与评注

25.6　设 $\mathrm{E}X^2<\infty$, 则存在正数列 $\{a_n,n\geqslant 1\}$, 使得 $a_n\uparrow$, $a_n=o\left(\sqrt{\dfrac{n}{L_2n}}\right)$, 且

$$\sum_{n=1}^{\infty}\frac{1}{\sqrt{2nL_2n}}\mathrm{E}|X|\,I\left\{|X|>a_n\right\}<\infty.$$

证明　注意到

$$\infty>\mathrm{E}X^2=2\int_0^{\infty}xP\left\{|X|>x\right\}\mathrm{d}x\geqslant 2\int_{\mathrm{e}^{\mathrm{e}/3}}^{\infty}xP\left\{|X|>x\right\}\mathrm{d}x,$$

令 $x=\left(\dfrac{t}{\log\log t}\right)^{\frac{1}{3}}$, 作积分变换得

$$\begin{aligned}
\infty &> 2\int_{\mathrm{e}^{\mathrm{e}}}^{\infty}\left(\frac{t}{\log\log t}\right)^{\frac{1}{3}}\cdot\frac{1}{3}\left(\frac{t}{\log\log t}\right)^{-2/3}\frac{\log\log t-\dfrac{1}{\log t}}{(\log\log t)^2}\\
&\quad\cdot P\left\{|X|>\left(\frac{t}{\log\log t}\right)^{1/3}\right\}\mathrm{d}t\\
&\geqslant \frac{1}{3}\int_{\mathrm{e}^{\mathrm{e}}}^{\infty}\left(\frac{t}{\log\log t}\right)^{-1/3}\frac{\log\log t}{(\log\log t)^2}P\left\{|X|>\left(\frac{t}{\log\log t}\right)^{1/3}\right\}\mathrm{d}t\\
&=\frac{1}{3}\int_{\mathrm{e}^{\mathrm{e}}}^{\infty}\frac{1}{t^{\frac{1}{3}}(\log\log t)^{\frac{2}{3}}}P\left\{|X|>\left(\frac{t}{\log\log t}\right)^{1/3}\right\}\mathrm{d}t\\
&\geqslant \frac{1}{3}\sum_{n=16}^{\infty}\int_{n}^{n+1}\frac{1}{t^{\frac{1}{3}}(\log\log t)^{\frac{2}{3}}}P\left\{|X|>\left(\frac{t}{\log\log t}\right)^{1/3}\right\}\mathrm{d}t\\
&\geqslant \frac{1}{3}\sum_{n=16}^{\infty}\frac{1}{n^{\frac{1}{3}}(\log\log n)^{\frac{2}{3}}}P\left\{|X|>\left(\frac{n+1}{\log\log(n+1)}\right)^{1/3}\right\},
\end{aligned}$$

取 $a_n=\left(\dfrac{n+1}{L_2(n+1)}\right)^{\frac{1}{3}}$ 就得到欲证.

25.7 在定理 25.8 的条件下,

$$\varlimsup_{n\to\infty}\frac{S_n}{\sqrt{\sum\limits_{k=1}^{n}X_k^2\cdot L_2\left(\sum\limits_{k=1}^{n}X_k^2\right)}}=\sqrt{2}\ \text{a.s.}.$$

证明 考虑独立同分布 r.v. 序列 $\{X_n^2,n\geqslant 1\}$, Kolmogorov 强大数定律保证

$$\frac{1}{n}\sum_{k=1}^{n}X_k^2\to 1\ \text{a.s.},$$

从而

$$\frac{\sqrt{\sum\limits_{k=1}^{n}X_k^2\cdot L_2\left(\sum\limits_{k=1}^{n}X_k^2\right)}}{\sqrt{2nL_2n}}\to\frac{1}{\sqrt{2}}\ \text{a.s.},$$

即

$$\frac{\sqrt{\sum_{k=1}^{n} X_k^2 \cdot L_2\left(\sum_{k=1}^{n} X_k^2\right)}}{b_n} \to \frac{1}{\sqrt{2}} \text{ a.s..}$$

而由定理 25.8 得

$$\varlimsup_{n\to\infty} \frac{S_n}{b_n} = 1 \text{ a.s.,}$$

于是

$$\varlimsup_{n\to\infty} \frac{S_n}{\sqrt{\sum_{k=1}^{n} X_k^2 \cdot L_2\left(\sum_{k=1}^{n} X_k^2\right)}} = \varlimsup_{n\to\infty} \frac{S_n}{b_n} \frac{b_n}{\sqrt{\sum_{k=1}^{n} X_k^2 \cdot L_2\left(\sum_{k=1}^{n} X_k^2\right)}} = \sqrt{2}.$$

25.8 证明 (25.37) 式, 其中 X_k^* 由 (25.36) 式定义.

证明 对任意的 $n \geqslant 1$, 注意到 $X_1, X_2, \cdots, X_n$ 独立, 从而 $X_1^*, X_2^*, \cdots, X_n^*$ 独立. 因此, 我们只需证明 $X_1^* \overset{d}{=} X_1$. 事实上, 由

$$X_1^* = \begin{cases} X_1, & |X_1| \leqslant c_1, \\ -X_1, & |X_1| > c_1 \end{cases}$$

和

$$-X_1 \overset{d}{=} X_1$$

得

$$\begin{aligned} F_{X_1^*}(x) &= P\{X_1^* \leqslant x\} = P\{X_1^* \leqslant x, |X_1| \leqslant c_1\} + P\{X_1^* \leqslant x, |X_1| > c_1\} \\ &= P\{X_1 \leqslant x, |X_1| \leqslant c_1\} + P\{-X_1 \leqslant x, |X_1| > c_1\} \\ &= P\{X_1 \leqslant x, |X_1| \leqslant c_1\} + P\{X_1 \leqslant x, |X_1| > c_1\} \\ &= P\{X_1 \leqslant x\} = F_{X_1}(x). \end{aligned}$$

25.9[①] 设 $\{X_n, n \geqslant 1\}$ 是独立同分布的 r.v. 序列, 若 $\mathrm{E}X_1^2 = \infty$, 则

$$\varlimsup_{n\to\infty} \frac{|S_n|}{\sqrt{nL_2 n}} = \infty \text{ a.s..}$$

① 本题结论由 Strassen 于 1966 年获得.

证明 谬设 $P\left\{\overline{\lim_{n\to\infty}}\frac{|S_n|}{\sqrt{nL_2n}}<\infty\right\}>0$, 则由定理 25.11 得 $\mathrm{E}X_1^2<\infty$, 此与 $\mathrm{E}X_1^2=\infty$ 矛盾.

【评注】 结论 "$\overline{\lim_{n\to\infty}}\frac{|S_n|}{\sqrt{nL_2n}}=\infty$ a.s." 等价于 "$\overline{\lim_{n\to\infty}}\frac{S_n}{\sqrt{nL_2n}}=\infty$ a.s." (后一个 ∞ 当然也是 $+\infty$). 事实上, 后者推前者是显然的, 现设前者成立, 而后者不成立, 即

$$P\left\{\overline{\lim_{n\to\infty}}\frac{S_n}{\sqrt{nL_2n}}<\infty\right\}>0.$$

设 $\omega\in\Omega$, 若

$$\overline{\lim_{n\to\infty}}\frac{S_n(\omega)}{\sqrt{nL_2n}}=\tau,$$

则用 $\{-X_n,n\geqslant 1\}$ 代替 $\{X_n,n\geqslant 1\}$ 得

$$\underline{\lim_{n\to\infty}}\frac{S_n(\omega)}{\sqrt{nL_2n}}=-\tau,$$

接下来, 用类似于习题 25.5 的证明方法可得

$$\underline{\lim_{n\to\infty}}\frac{|S_n(\omega)|}{\sqrt{nL_2n}}=\tau,$$

故

$$P\left\{\overline{\lim_{n\to\infty}}\frac{|S_n|}{\sqrt{nL_2n}}<\infty\right\}>0,$$

此与前者矛盾.

25.10 设 $\{X_n,n\geqslant 1\}$ 是独立同分布的 r.v. 序列, 若有限常数 a, τ 满足

$$\overline{\lim_{n\to\infty}}\frac{S_n-na}{\sqrt{2nL_2n}}=\tau^{①}\text{ a.s.},$$

则 $\mathrm{E}X_1=a$, $\mathrm{Var}X_1=\tau^2$.

证明 注意,

$$\overline{\lim_{n\to\infty}}\frac{S_n-na}{\sqrt{2nL_2n}}=\tau\text{ a.s.}$$

① 不难明白 $\tau\geqslant 0$.

等价于

$$\overline{\lim_{n\to\infty}} \frac{|S_n - na|}{\sqrt{2nL_2n}} = \tau \text{ a.s.},$$

此结合定理 25.11 得 $\mathrm{E}(X_1-a)=0$, $\mathrm{Var}(X_1-a)<\infty$, 于是

$$\mathrm{E}X_1 = a, \quad \mathrm{Var}X_1 < \infty,$$

最后由定理 25.8 得 $\mathrm{Var}X_1 = \tau^2$.

25.3 广义重对数律

25.3.1 内容提要

定理 25.12 设 $\{X_n, n\geqslant 1\}$ 是独立同分布的 r.v. 序列, $\mathrm{E}X_1=0$, $\mathrm{E}X_1^2=1$, 则 (25.45) 式成立.

定理 25.13 设 $\{X_n, n\geqslant 1\}$ 是独立同分布的 r.v. 序列, 则下列三条等价:

(i) (25.25) 式成立;

(ii) (25.45) 式成立;

(iii) (25.41) 式和 (25.42) 式同时成立.

25.3.2 习题 25.3 解答与评注

25.11 设数列 $\{x_n, n\geqslant 1\}$ 满足 $-\infty < \underline{\lim}_{n\to\infty} x_n \leqslant \overline{\lim}_{n\to\infty} x_n < \infty$, 则 $\{x_n\}$ 的极限点集

$$L(\{x_n, n\geqslant 1\}) \subset \left[\underline{\lim}_{n\to\infty} x_n, \overline{\lim}_{n\to\infty} x_n\right];$$

若进一步假设 $x_n - x_{n-1}\to 0$, 则

$$L(\{x_n, n\geqslant 1\}) = \left[\underline{\lim}_{n\to\infty} x_n, \overline{\lim}_{n\to\infty} x_n\right].$$

证明 设 $x\in L(\{x_n, n\geqslant 1\})$, 则存在 $\{x_n, n\geqslant 1\}$ 的某个子列 $\{x_{n_k}, k\geqslant 1\}$, 使得 $\lim_{k\to\infty} x_{n_k} = x$, 此结合上极限、下极限的性质知 $\underline{\lim}_{n\to\infty} x_n \leqslant x \leqslant \overline{\lim}_{n\to\infty} x_n$, 故 $L(\{x_n, n\geqslant 1\}) \subset \left[\underline{\lim}_{n\to\infty} x_n, \overline{\lim}_{n\to\infty} x_n\right]$.

现在进一步假设 $x_n - x_{n-1}\to 0$, 我们需要证明 $\left[\underline{\lim}_{n\to\infty} x_n, \overline{\lim}_{n\to\infty} x_n\right] \subset L(\{x_n, n\geqslant 1\})$, 这又只需证明 $\left(\underline{\lim}_{n\to\infty} x_n, \overline{\lim}_{n\to\infty} x_n\right) \subset L(\{x_n, n\geqslant 1\})$.

事实上, 假设 $x \in \left(\underline{\lim}_{n\to\infty} x_n, \overline{\lim}_{n\to\infty} x_n\right)$, 但 $x \notin L(\{x_n, n \geqslant 1\})$, 即 $x \notin \bigcap_{n=1}^{\infty} \overline{\{x_k, k \geqslant n\}}$, 则存在某个 $n_0 \in \mathbb{N}$, 使得 $x \notin \overline{\{x_k, k \geqslant n_0\}}$, 于是存在某个 $\varepsilon_0 > 0$, 使得

$$B(x, \varepsilon_0) \cap \{x_k, k \geqslant n_0\} = \varnothing.$$

因为 $x \in \left(\underline{\lim}_{n\to\infty} x_n, \overline{\lim}_{n\to\infty} x_n\right)$, 所以 $\{x_k, k \geqslant n_0\}$ 中有无穷多个 x_k 满足 $x_k \neq x$, 对于这些 x_k 由上式知

$$x_k \notin B(x, \varepsilon_0),$$

等价地

$$x_k \leqslant x - \varepsilon_0 \text{ 或 } x_k \geqslant x + \varepsilon_0.$$

仍然由 $x \in \left(\underline{\lim}_{n\to\infty} x_n, \overline{\lim}_{n\to\infty} x_n\right)$ 知满足

$$x_k \leqslant x - \varepsilon_0 \text{ 和 } x_k \geqslant x + \varepsilon_0$$

的 x_k 都分别有无穷多个, 由此推知 $x_k - x_{k-1} \to 0$ 不可能成立.

25.12 (1) $n\left[\log\log(n+1) - \log\log n\right] = o(\log\log n)$;

(2) 设 b_n 如 (25.26) 式定义, 则 $\dfrac{1}{b_n} - \dfrac{1}{b_{n+1}} \sim \dfrac{1}{2nb_n}$.

证明 (1) 因为

$$\log\log(n+1) - \log\log n = \log\log x\,\Big|_n^{n+1} = \int_n^{n+1} \frac{1}{x\log x}\mathrm{d}x,$$

而

$$\frac{1}{(n+1)\log(n+1)} \leqslant \int_n^{n+1} \frac{1}{x\log x}\mathrm{d}x \leqslant \frac{1}{n\log n},$$

所以

$$\frac{n}{(n+1)\log(n+1)} \leqslant n\left[\log\log(n+1) - \log\log n\right] \leqslant \frac{1}{\log n},$$

进而

$$\frac{n}{(n+1)\log(n+1)\cdot\log\log n} \leqslant \frac{n\left[\log\log(n+1) - \log\log n\right]}{\log\log n} \leqslant \frac{1}{\log n\cdot\log\log n},$$

由此得到欲证.

(2) 由

$$\begin{aligned}\frac{1/b_n - 1/b_{n+1}}{\dfrac{1}{2nb_n}} &= \frac{2n\left(b_{n+1} - b_n\right)}{b_{n+1}} \\ &= \frac{2n\left(b_{n+1}^2 - b_n^2\right)}{b_{n+1}\left(b_{n+1} + b_n\right)} \\ &\sim \frac{n\left(b_{n+1}^2 - b_n^2\right)}{b_n^2} \\ &= \frac{(n+1)\log\log(n+1) - n\log\log n}{\log\log n} \\ &= \frac{\left[(n+1)\log\log(n+1) - n\log\log n\right] + \log\log(n+1)}{\log\log n}\end{aligned}$$

和已证的 (1) 得到欲证.

参考文献

[1] 袁德美, 安军, 陶宝. 概率论与数理统计. 北京: 高等教育出版社, 2016.

[2] Chung K L. A Course in Probability Theory. 3rd ed. Singapore: Elsevier Pte Ltd, 2001.

[3] Breiman L. Probability. Philadelphia: SIAM, 1992.

[4] 程士宏. 高等概率论. 北京: 北京大学出版社, 1996.

[5] 胡晓予. 高等概率论. 北京: 科学出版社, 2009.

[6] Lin Z Y, Bai Z D. Probability Inequalities. Beijing: Science Press, 2010.

[7] Gut A. Probability: A Graduate Course. 2nd ed. New York: Springer-Verlag, 2013.

[8] Petrov V V. Limit Theorems of Probability Theory: Sequences of Independent Random Variables. Oxford: Clarendon Press, 1995.

[9] Doob J L. Stochastic Processes. New York: John Wiley and Sons, 1953.

[10] Laha R G, Rohatgi V K. Probability Theory. New York: John Wiley and Sons, 1979.

[11] Stoyanov J M. Counterexamples in Probability. 3rd ed. New York: John Wiley and Sons, 2013.

[12] Gnanadesikan R. Methods for Statistical Data Analysis of Multivariate Observations. 2nd ed. New York: John Wiley and Sons, 1997.

[13] Muirhead R J. Aspects of Multivariate Statistical Theory. Hoboken: John Wiley and Sons, 2005.

[14] Tong Y L. The Multivariate Normal Distribution. New York: Springer-Verlag, 1990.

[15] Feller W. An Introduction to Probability Theory and Its Applications, Vol.2. 2nd ed. New York: John Wiley and Sons, 1971.

[16] Chow Y S, Teicher H. Probability Theory: Independence, Interchangeability, Martingales. 3rd ed. New York: Springer-Verlag, 1997.

[17] Ushakov N G. Selected Topics in Characteristic Functions. Utrecht: VSP, 1999.

[18] Lukacs E. Characteristic Functions. 2nd ed. London: Griffin, 1970.

[19] Durret R. Probability: Theory and Examples. 5th ed. Cambridge: Cambridge University Press, 2019.

[20] Stout W F. Almost Sure Convergence. New York: Academic Press, 1974.

[21] Roussas G G. An Introduction to Measure-Theoretic probability. 2nd ed. Singapore: Elsevier Inc., 2016.

[22] Chandra T K. Laws of Large Numbers. New Delhi: Narosa Publishing House, 2012.

[23] Avanzi B, Beaulieu G B, Micheaux P, et al. A counterexample to the existence of a general central limit theorem for pairwise independent identically distributed random variables. Journal of Mathematical Analysis and Applications, 2021, 499: 124982.

[24] Chandra T K. A First Course in Asymptotic Theory of Statistics. New Delhi: Narosa Publishing House, 1999.

[25] DasGupta A. Asymptotic Theory of Statistics and Probability. New York: Springer-Verlag, 2008.

[26] van der Vaart A W. Asymptotic Statistics. Cambridge: Cambridge University Press, 1998.

[27] Gnedenko B V, Kolmogorov A N. Limit Distributions for Sums of Independent Random Variables. 2nd ed. London: Addison-Wesley, 1968.

[28] Ibragimov I A, Linnik Y V. Independent and Stationary Sequences of Random Variables. Groningen: Wolters-Noordhoff, 1971.

[29] Tucker H G. A Graduate Course in Probability. New York: Academic Press, 1967.